手把手教你学系列丛书

手把手教你学 DSP
——基于 TMS320F28335
（第 2 版）

张卿杰　徐　友　左　楠　卞康君　编著

北京航空航天大学出版社

内容简介

本书详细地阐述了TMS320F28335处理器内部各功能模块的硬件结构、工作原理、资源分配、功能特点以及应用等内容,同时每个模块都配了实验教程,方便学生掌握提高。本书是再版书,相比第1版,本书增加了DSP编程开发环境一章,并对各章节的部分内容进行了修订,使内容更加充实。

本书配套资料包括:书中所有实例例程、烧写软件工具、配套PPT、配套视频以及常用的调试工具软件,读者可以在研旭电气提供的交流论坛(www.armdsp.net)相关版块或 www.f28335.com 网站免费获取。

本书可作为DSP开发应用的入门级教材,也可作为其他层次DSP开发应用人员的参考手册。

图书在版编目(CIP)数据

手把手教你学 DSP : 基于 TMS320F28335 / 张卿杰等编著. -- 2 版. -- 北京 : 北京航空航天大学出版社,2018.1

ISBN 978 - 7 - 5124 - 2645 - 0

Ⅰ. ①手… Ⅱ. ①张… Ⅲ. ①数字信号处理 ②数字信号—微处理器 Ⅳ. ①TN911.72②TP332

中国版本图书馆 CIP 数据核字(2018)第 020341 号

手把手教你学 DSP——基于 TMS320F28335(第 2 版)
张卿杰　徐　友　左　楠　卞康君　编著
责任编辑　董立娟
*
北京航空航天大学出版社出版发行

北京市海淀区学院路 37 号(邮编 100191)　http://www.buaapress.com.cn
发行部电话:(010)82317024　传真:(010)82328026
读者信箱:emsbook@buaacm.com.cn　邮购电话:(010)82316936
三河市华骏印务包装有限公司印装　各地书店经销
*
开本:710×1 000　1/16　印张:31　字数:661 千字
2018 年 2 月第 2 版　2023 年 2 月第 8 次印刷　印数:13 501~15 500 册
ISBN 978 - 7 - 5124 - 2645 - 0　定价:79.00 元

第 2 版前言

本书第一版问世后,深受广大 DSP 爱好者的欢迎,很多读者也对此书的内容、编排提出了诸多宝贵意见。于是,我们对本书进行了修订:增加了 DSP 编程开发环境一章,也对各个章节的例程介绍做了修改,使内容更加充实。

TMS320F28335 是 TI 公司研发的一款经典 DSP,深受市场欢迎。随着产品需求的不断提升,TI 公司之后又推出了 TMS320F283xx 系列产品,但都是基于 TMS320F28335 架构进行拓展的;不管是高主频的 TMS320C28346,还是双核的 TMS320F28377,都与 TMS320F28335 内部结构类似。因此,只要掌握了 TMS320F28335,那么之后的 TMS320F283xx 系列在使用上都是大同小异。

随着操作系统的不断更新,近两年 TI 公司也在不断升级 DSP 集成开发环境 CCS,升级过程中出现了各个版本 CCS 与各类操作系统、各个版本的 DSP 烧写仿真工具使用上的兼容性问题。于是本书新增一个章节,专门对 DSP 编程开发环境做了详细的介绍,目的就是让开发者少走弯路,事半功倍。

本书共享的资料包括例程、烧写软件工具、配套 PPT、配套视频以及常用的调试工具软件,读者可以在研旭电气提供的 ARMDSP 技术交流论坛(www. armdsp. net)相关版块、QQ 技术交流群共享或 www.f28335.com 网站获取。改版过程中因篇幅等原因,部分内容未能选编入册,典型的如 MCBSP、CAN 等应用章节,感兴趣的读者也可以通过以上渠道获取。

本书编写过程中主要参考了 TI 提供的数据手册,这对于芯片应用来说是最权威、最准确的技术资料,建议读者在使用本书过程中与 TI 资料对照起来理解。同时,本书也参考了互联网上、专业论坛上、网络教学视频中大量的资料,部分资料可能未得以列举,在此对资料的提供者表示感谢;若有相关侵权,可及时提出,定做修改。

在此,感谢所有对本书提供帮助的人员,包括同事、家人、读者等。

由于作者水平、经验、精力有限,书中定有不妥之处,恳请读者和同行批评指正。对于书中存在的问题或需要共同进一步学习和探讨之处,可通过电子邮件联系:zqj518@vip. qq. com.

作 者
2018 年 1 月

第 1 版前言

　　TMS320F28335 是 TI(Texas Instruments,德州仪器)推出的 32 位浮点数字控制处理器,主频 150 MHz,外设丰富,性价比高,封装多样,广泛应用于电机控制、变频电源、UPS 电源、光伏并网逆变器、风力发电并网变流器、SVC、SVG 类 FACTS 装置、通信、医疗、航空航天等领域,是 TI 推出的 F2812、F2407、F2808 的升级产品,可以有效替代这些 DSP 控制器。TI 作为全球最大的 DSP 供应生产商之一,TMS320 系列 DSP 以强大的控制、信号处理能力以及高性价比的优势、相对易开发的特点,具有极高的市场占有率。南京研旭电气科技有限公司为此推出了系列的配套学习开发板,获得了极高的市场认可,同时不少高校也开始以 F28335 为基础开设 DSP 控制、信号处理、电机控制等相关课程,本书就是为这些学习者提供入门级的引导。

　　TI 提供了权威的、详细的数据手册,但是英文版的资料妨碍了初学者的深入理解。研旭电气提供了学习板卡以及数据手册,但是原理叙述不够全面。目前也有 F28335 参考书籍,但版本尚少,或有模块欠缺,或实践欠缺。本书在研旭 DSP 工程师开发使用经验的基础上,博众家之长,历经两年编写而成。书中详细阐述了 F28335 处理器内部各功能模块的硬件结构、工作原理、资源分配、功能特点以及应用等内容,同时每个模块都配上了实验教程,希望能对读者有所帮助。本书共享的资料包括例程、烧写软件工具、配套 PPT、配套视频以及常用的调试工具软件,可以在研旭电气提供的 ARMDSP 技术交流论坛(www.armdsp.net)相关版块、QQ 技术交流群共享或 www.f28335.com 网站获取。

　　全书共 17 章,由张卿杰、徐友、左楠、卞康君编写,其中,第 15 章由南京农业大学工学院张橙宇编写,第 16 章由南京航空航天大学曹瑞武编写,第 14 和第 17 章由安徽大学丁石川编写,南京研旭电气工程师陈晋、徐伟、褚嵩参与了大量的素材提供、文字翻译、校对等工作,最终全书由张卿杰统稿、修订。

　　本书编写过程中,作者们参考了互联网上、专业论坛上、网络教学视频中很多的资料,并没有得以一一列举,在此对资料的提供者表示感谢,若有相关侵权,可及时提出,定做修改。在此,还要感谢南京农业大学工学院电气系尹文庆教授、沈敏霞教授以及电气系众多同事的关怀、鼓励与支持,也要感谢我的导师东南大学博士生导师陆广香教授、夏安邦教授、花为教授的谆谆教导,循循善诱,还要感谢我的母亲、妻子、妹妹、岳父、岳母给我的关爱、鼓励和支持。最后,感谢所有关心南京研旭电气科技有限公司发展的用户、朋友、合作者,有了他们的支持,才会有本书更具体的意义。

由于作者水平、经验、精力有限,书中定有不妥之处,恳请读者和同行批评指正,对于书中存在的问题或需要共同进一步学习和探讨之处,可通过电子邮件联系:zqj518@vip. qq. com。

作　者

2014 年 12 月于南京农业大学工学院

目　录

第 1 章

初识 DSP

1.1 DSP 前世今生

在正式介绍 DSP 之前，下面以 3 段故事开始，"鉴于往事，有资于治道"。

1.1.1 混沌之初——硅谷之父 肖克莱

(1) 良好的启蒙教育——赢在起跑线

肖克莱于 1910 年 2 月 13 日生于英国伦敦，自幼就接受过良好的启蒙教育。读初中期间，肖克莱深受好友的父亲——斯坦福大学物理系教授、X 射线领域专家罗斯 (P. Ross) 的影响，并被其收为义子。1936 年获麻省理工学院固体物理学博士学位。

(2) 先有伯乐，而后有千里马

博士毕业后，1936 年 6 月即被贝尔基础研究部主任凯利邀请加盟贝尔，并被凯利委以重任，担任电子管部门负责人。由于当时电子管存在着启动需要预热时间，以及能耗大、散热难、寿命短等不足，故凯利很早就产生了另辟蹊径，研制固体放大器以替代电子管的想法。

(3) 点接触晶体检波器的解释

第二次世界大战中美国的很多科研机构都投向了军事技术，贝尔也不例外。第二次世界大战结束后，凯利带着肖克莱等人前去拜访贝尔实验室的同事、超短波无线电通讯专家、P‑N 结光生伏打效应的发现者奥尔 (R. Ohl)。会面时，奥尔展示了一台无线电接收机，该接收器使用点接触晶体检波器作为信号放大器。尽管这种放大器非常粗糙，且性能极不稳定，但奥尔用其制作成无线电接收机，这仍是了不起的创举。凯利当时希望肖克莱发挥其固体物理学理论专长给奥尔的放大器做出一个合理的解释。

受奥尔演示实验的影响，肖克莱开始清理战前的研究思路，重新思考固体放大器问题。他认为，战时其好友塞茨 (F. Seitz) 等人在参与开发雷达用晶体检波器时已经掌握了制取超高纯硅晶体的方法，并能将硼和磷掺入其中，制造出具有较好导电性能的 P 型半导体和 N 型半导体，这应该成为固体放大器的新的研究起点。依据量子力学理论，肖克莱勾画出了 P 型和 N 型硅半导体的能带和能级图；并对这些能带、能级在外部强电场的作用下可能的变化情况进行了分析。之后，肖克莱意识到这一系统也许可以用于放大器的设计。肖克莱的想法是,如果半导体内的诱导电荷是可移动的载体,那么,在硅片做得足够薄的情况下,给平行于硅片表面的电极板施加电压后,硅片内的电子或空穴便会在电场的作用下涌向硅片的表面,从而使硅片的导电性获得改善。这种利用空间场效应设计放大器的思想形成后,肖克莱便开始尝试用实验来验证自己的设想。然而,无论怎么努力,当初的设想都无法获得确证。

(4) 点接触晶体管的诞生

1945 年 7 月,升任贝尔执行副总裁不久的凯利宣布,重新组建物理部门下属研究机构,由肖克莱和化学家摩尔根(S. Morgam)领导固体物理组,该组下设半导体和冶金两个研究小组,分别负责器件和材料的研究开发,并明确由肖克莱兼任半导体研究小组组长。研究小组成立后不久,肖克莱在贝尔的一些伙伴——实验物理学家布拉顿(W. H. Brat-tain)和皮尔逊(G. L Pearson)、物理化学家吉布尼(R. Gibney)和电路专家穆尔(H. Moore)等人便先后加盟半导体研究小组。在肖克莱的推荐下,同年 10 月凯利又以高薪为半导体研究小组引进了精通固体物理的杰出理论物理学家巴丁(J. Bard-een)。

巴丁加盟贝尔后不久,肖克莱便带着困惑同他谈起自己的"场效应放大器"实验。巴丁对上司肖克莱早期的空间场效应思想未得到确证的问题颇感兴趣,经过一段时间的冥思苦想后,提出了"表面态理论"。巴丁认为,在肖克莱使用 N 型半导体进行的空间场效应实验中,由于半导体内部自由的额外电子来到表面时被捕获,形成了严密的屏蔽层,致使电场难以穿透到半导体内部,从而使半导体内部的电荷载流子的行为免受影响,而负电荷载流子被紧紧地束缚在半导体表面上的结果是,肖克莱预言的电场中的半导体导电性会增强的现象观测不到。听取巴丁汇报完自己的猜想后,早年曾从事过表面态问题研究的肖克莱鼓励他对表面态问题进行深入探索。于是,此后的一段时期,半导体研究小组将研究重点由场效应放大器的研制转向了半导体基础理论问题——表面态的研究。因为表面态问题不弄清楚,场效应放大器的实验设计就无法入手。

经过一年多反反复复的实验,半导体研究小组的表面态研究在 1947 年 9 月取得了重大进展,研究小组确认表面态效应确实存在。进一步研究后发现,在电极板与硅晶体表面之间注入诸如水之类的含有正负离子的液体,加压后会使表面态效应获得增强或减弱。因为在电极的作用下,正离子或负离子会向硅晶体表面迁移,进而增强或减弱那儿的电荷载流子的浓度。当给电极施加足够的负电压后,硅晶体表面被束缚的负电荷就会同电解质中的正离子发生中和,这样,外加电场便可对硅晶体内部产生作用。表面态效应长期以来一直是导致场效应放大器实验失败的主要原因,其作用机理明确之后,设计、试制半导体放大器的一个重大障碍便被排除了。

1947 年 11 月 21 日,巴丁向布拉顿提出了着手进行半导体放大器研制实验的建议。巴丁的实验设想是,将一涂有绝缘层的金属的尖端刺到硅片上,形成点接触,并在其周围注满电解质,然后通过调节加在电解质上的电压来改变点接触下方硅晶体的导电性能,从而控制流经硅片与金属的电流。二人当天便按此思路进行了实验,并在输出回路中观测到了微弱的放大电流信号。接下来的实验虽然又取得了一些进展,但也遇到了一些难题。主要是他们的放大装置几乎没有电压增益以及只能在小于 10 Hz 的超低频范围内工作,而实用放大器必须能够放大数千赫兹的输入信号。1947 年 12 月 8 日,肖克莱与巴丁、布拉顿等人开会就实验中所遇问题的解决方案进行了讨论。巴丁提议用耐高反向电压的锗晶体取代硅晶体试一试。当天下午,巴丁与布拉顿使用锗晶体进行实验时发现,随着给硼酸脂液滴施加的负电压值的增大,电路中的反向电流也随之明显增大,而且他们还观察到输出信号的电压也随之成倍增加。两天后,布拉顿用一个特制的耐高反向电压的锗晶体做重复实验时发现,功放系数虽有较大程度的提升,但响应频率并没有获得改善。布拉顿认为,这也许是因为电解质的响应频率具有滞后性之故。因此,接下来需要做的就是如何摆脱电解质的滞后影响了。

1947 年 12 月 11 日,吉布尼提供了一个表面生成了氧化层(旨在替代电解质)的 N 型锗片,吉布尼在氧化层上面沉积了 5 个小金粒。布拉顿在金粒上面打了一个小洞,用钨丝穿过小洞和氧化层插入锗晶体作为一个电极,希望通过改变金粒块和锗晶体之间的电压以改变钨丝电极与锗晶体之间的导电率。布拉顿在做实验时发现,金粒与锗晶体之间的电阻很小,二者几乎形成短路,即氧化层没有起到绝缘的作用。而当布拉顿在金粒和钨丝电极加上负电压后发现,没有任何输出信号。在操作过程中,布拉顿不小心将钨丝和金粒短路,致使第一个金粒烧毁。12 月 12 日,布拉顿在分析实验失败的原因时意识到,可能是由于沉积金粒前曾用水冲洗过锗晶片,致使锗晶体上面的氧化膜一起被冲走,从而造成金粒与锗晶体之间的短路。布拉顿决定在抛弃只剩下 4 个金粒的锗片前再试一试。他将钨丝电极移到金粒的旁边,碰巧在钨丝上加了负电压,在金粒上加了正电压,没有料到输出端出现了和输入端变化相反的信号。初步测试的结果是:电压放大倍数为 2,上限频率可达 10 kHz。这意味着无需在锗晶体表面特意制作一层氧化膜,简单地让金粒和锗晶体表面直接接触就可获得良好的响应频率。

理论物理学家巴丁敏锐地意识到金粒与锗晶体的接触界面上已经出现了一种新的、与加电解质完全不同的物理现象。巴丁认为,在金粒电极加正电压后,注入锗晶体表面的应该是空穴,而此时流经钨丝与锗晶体之间的电流是反向的,那么随着钨丝触点与金属电极之间距离的缩小,流经钨丝与锗晶体之间的电流应该会相应增大。也就是说,实验的关键是尽可能地使锗晶体表面上的钨丝触点与金属电极靠得近一点。巴丁推算后指出,两者之间的距离应达到 50 μm 的数量级。这对实验物理学家布拉顿来讲不是难事。他和技师很快就制作出了一套符合巴丁要求的实验装置,并于 12 月 16 日下午,与巴丁一起进行了改进后的首次实验。在这次实验中,他们获得了 1.3 倍的输出功率增益和 15 倍的输出电压增益。因此,有学者主张应该将这一天确定为晶体管的发明日。

一周后的 12 月 23 日,肖克莱领导的半导体研究小组使用含有这种新发明的固体放大器的实验装置为贝尔的主管领导演示了音频放大实验。这是一次没有使用电子管的音频放大实验。实验如人们期待的那样获得了成功。后来,贝尔将这种固体放大器命名为 transistor。由于这种晶体管主要由两根金属丝与半导体进行点接触而构成,故被称为点接触晶体管。

(5) 多项晶体管技术的发明

肖克莱半导体研究小组在点接触晶体管上取得的突破着实让人感到高兴,但肖克莱却并不是这项突破性研究工作的主角,更令他难堪的是他竟然不能被列入点接触晶体管专利发明人名单。原因主要有两个:一是尽管他是半导体研究小组的负责人,但他并没有直接参与有关点接触晶体管发明的后期关键性实验;二是早在 20 年前就已有人提出了内容与肖克莱的场效应思想相近的专利申请,并于 1930 年获得了批准,故不能再将场效应思想作为专利申请书的基本内容。肖克莱为此感到沮丧,但他并没有因此而气馁。在此后的一段时间里,除半导体之外,肖克莱几乎别无所思,甚至是除夕夜都不例外。

经过一段时间的思考之后,肖克莱于 1948 年 1 月 23 日想出了在半导体中加一个调节阀的方法。即设计一种类似于三明治结构的晶体管,这种晶体管最外两层使用性质相同的半导体材料,中间夹层使用性质完全相反的半导体材料,3 根导线分别与各层相连。这样人们便有可能通过给中间薄层施加不同的电压来调控由其中的一个外层流向另一个外层的电子或空穴的流量。由于这个中间薄层的功能与自来水管道中的阀门相似,故肖克莱把这种器件称为"半导体阀"。显然,这个中间薄层的功能与肖克莱的"场效应放大器"中的电极板相似,只是一个被平行地置于半导体表面之外,一个被拦腰置于半导体之中罢了。这种"半导体阀"的一个明显优点是,3 根导线和半导体层都采用结连接。因此,可克服点接触晶体管具有的对振动过于敏感、性能不稳定等缺点。

三明治结构的结型晶体管的构想提出来了,接下来摆在肖克莱面前的问题就是,如何从理论上确认其是可行的以及如何用实验验证其可行性。理论解释上,存在两个关键点:一是必须确认电子和空穴可以在 N 型和 P 型半导体内部流动;二是必须把 P-N 结的作用机理先弄清楚。至于实验验证则主要是如何用高纯度半导体材料制作出具有 3 层结构的结型放大器,以及确保导线能够与各层相连。

点接触晶体管发明之后,巴丁和布拉顿对其作用机理进行了一系列研究。他们的研究结论是,电子和空穴是沿着半导体反转层表面流动的。至于电子和空穴是否可以在半导体内部流动则不得而知。

1948 年 7 月,半导体研究小组的新成员海恩斯(R. Haynes)用实验证明 N 型锗晶片上的空穴不仅仅沿着晶体表面流动,其中的大部分实际上是通过晶体内部穿越过去的。显然,这个结论部分地支持了肖克莱的结型晶体管构想。接下来的问题就是弄清 P-N 结的作用机理。

P-N结的存在早在1940年前后就已被贝尔的斯卡夫(J. H. Scaff)等人发现,但由于战时高纯度的硅和锗不易入手,而且即使有也因掺入杂质不易控制而很难制成合适的P-N结,故对P-N结的研究进展不大。1949年,研究小组的物理化学家斯帕克斯(M. Sparks)将溶化了的P型锗晶体液滴滴到炽热的N型锗晶片上让其融合后形成了P-N结。对这种P-N结进行实验研究后,斯帕克斯于当年4月确认可以使用P-N结实现功率放大。

受这些研究的鼓舞,肖克莱加快了对P-N结以及基于P-N结的晶体管的研究进程,并于1949年7月分别在《物理评论》和《贝尔系统技术杂志》上发表了题为《流经P-N结的电流》和《半导体的P-N结理论及P-N结晶体管》的论文。在论文中,肖克莱指出,在P-N结的两侧,载流子会由浓度高的一侧向另一侧扩散,并与另一侧的异性载流子结合形成电流。在论文的最后部分,他还公开了一年半前形成的由两个背靠背的P-N结组成的晶体管设想,并认为它在理论上具有可行性。

尽管理论研究表明结型晶体管具有可行性,但是实际制作这种晶体管却遇到了很多困难。经过物理化学家蒂尔(C. Teal)等人的艰苦努力,1950年初,总算用单晶生长技术直接从熔晶中制作出P-N结。其后,蒂尔与斯帕克斯紧密合作,终于于1950年4月中旬借助拉晶机,使用双掺杂技术,制成了第一只N-P-N型晶体管。经检测,这只晶体管具有信号放大功能,但它的响应频率远低于点接触晶体管的工作频率。进一步分析后得知,问题出在中间层太厚。可是将中间层做薄后导线又很难焊接上去。尽管如此,肖克莱仍为这一重大研究进展的取得而感到十分高兴。

结型晶体管问世后不久,朝鲜战争便爆发了。肖克莱很快便为结型晶体管找到了用处,那就是用其制作迫击炮炮弹的近爆电子引信,以增强对地面部队的杀伤力。军方的需求刺激研究小组成员对结型晶体管进行了一系列改进。至1951年初,除响应频率外,结型晶体管的性能几乎在每一个方面都超出了点接触晶体管。

结型晶体管问世后,肖克莱并没有陶醉在取得重大突破的喜悦之中,仍以饱满的热情从事着他的晶体管研究。他将结型晶体管的原理与自己早期提出的场效应理论结合起来思考,1952年正式提出了单极场效应晶体管的构想。不到一年,肖克莱的合作者戴西(C. C. Dacev)和洛斯(I. M. Ross)便将此一构想成功地转化为现实,制作出了第一个结型场效应晶体管。

(6) 下海创业,硅谷播火种

1954年2月,肖克莱决定暂时离开贝尔,到加州理工学院担任客座教授。离开贝尔的主要原因是在1951年贝尔人事大调整中,过去的部下有不少获得了升迁,一些人甚至还变成了他的领导,而他这位新当选的美国国家科学院最年轻的院士仍然只是研究小组的负责人。贝尔管理层认为肖克莱虽是一位出色的科研带头人,但不适宜担任行政管理职务。因为其管理方式过于简单,很多人都不愿意与他共事。巴丁离开了,布拉顿也转投到了贝尔的其他部门。此外,在晶体管专利使用费分配问题上贝尔对他的贡献也没有给予足够的尊重。在加州理工学院执教4个月后,肖克莱发现这里并不尽如人意。于是,他于 1954 年 7 月接受军方的邀请,到华盛顿担任了国防部武器系统鉴定组副组长。干了不到一年,他又觉得没有太大的意思。1955 年 7 月,肖克莱辞去了国防部的工作,并决定不再回贝尔搞科研,而去"下海"创办高科技公司。

在加州理工学院的老同学贝克曼(A. O. Beck - man)的资助下,以及在斯坦福大学校长特曼(F. Terman)的鼓动下,肖克莱筹备一段时间后,于 1956 年 2 月在旧金山的海湾地区正式创办了肖克莱半导体实验室,并因此而被称为硅谷的奠基人之一。凭着自己在电子工业界的威望,肖克莱很快便从美国各地招聘来了一批从事半导体研究开发的精英。当年 6 月,肖克莱指定年仅 29 岁的物理学家诺伊斯(R. Noyce)负责一个 8 人研发小组,这个小组的故事就是本章的第 2 个故事。

1.1.2　硅谷摇篮——仙童沉浮"硅谷 8 叛逆"

(1) 8 个天才的叛逆——"硅谷模式"、仙童降生

"叛逆! 你们这群叛逆!"

1957 年的一天,肖克莱在接到包括罗伯特·诺伊斯、戈登·摩尔等 8 位年轻学者的辞职信时,勃然大怒,把他们臭骂了一顿。年轻人面面相觑,但还是义无反顾地离开了他们曾经的"伯乐",离开了肖克莱半导体实验室。怒气未平的肖克莱后来接受媒体采访时,口气稍微改了一下,把此事称为"8 个天才的叛逆"。这 8 个天才分别是:诺依斯(N. Noyce)、摩尔(R. Moore)、布兰克(J. Blank)、克莱尔(E. Kliner)、赫尔尼(J. Hoerni)、拉斯特(J. Last)、罗伯茨(S. Boberts)和格里尼克(V. Grinich)。

肖克莱是天才的科学家,却缺乏经营能力;他雄心勃勃,但对管理一窍不通。特曼曾评论说:"肖克莱在才华横溢的年轻人眼里是非常有吸引力的人物,但他们又很难跟他共事。"一年之中,实验室没有研制出任何象样的产品。8 位青年瞒着肖克莱开始计划出走。

1956 年 12 月,肖克莱获得了诺贝尔奖后,肖克莱对年轻学者们的态度更让人无法承受。实验室里气氛异常压抑,知情人后来回忆说,肖克莱获奖后的数月内,实验室像一个精神病院。不满情绪在酝酿,包括摩尔在内的 8 个人串联出走,自行创业,后来成为这个"叛逆"小组领头羊的诺伊斯是最后一个加入的,这又埋下了下一场"叛逆"的伏笔。

这个小组向一家投资公司发去一封信,这也是最初的创业融资计划书,整封信只有一页纸,主要内容是"我们这个团队经验丰富,技能多样,精通物理学、电子学、工程学、冶金学和化学领域",并表示他们会在半导体领域开展业务。这封信辗转到了仙童照相和仪器公司的老板谢尔曼·费尔柴尔德手中。当"8 叛逆"向他寻求合作的时候,已经 60 多岁的费尔柴尔德先生刚开始仅仅提供了 3 600 美元的种子基金,要求他们开发和生产商业半导体器件,并享有两年的购买特权。于是,"8 叛逆"创办的企业被正式命名为仙童半导体公司,"仙童"之首自然是诺依斯。成功远没述说的简单

也没想象的复杂,费尔柴尔德先生还是 IBM 的最大股东。1957 年 9 月 19 日,仙童半导体公司(又称飞兆半导体)成立。

"8 叛逆"的离开使得肖克莱实验室受到了重创,贝克曼意识到自己的这位老同学虽然是世界上最杰出的物理学家,但绝不是一位出色的商业管理者。万般无奈之际,贝克曼于 1960 年 4 月将半导体实验室转让给了克利维特晶体公司(Clevite Transistor Company),肖克莱改任新公司的晶体管部顾问。

在肖克莱商海失意之时,斯坦福大学校长特曼向他伸出了挽留之手,邀请他担任斯坦福大学讲座教授。在斯坦福大学,肖克莱的兴趣点不断扩散,最终对遗传与智力之间的关系产生了浓厚的兴趣,并开始支持人种之间存在智力差别这种有着广泛争议的传统观念。他种族歧视的观念让他的后半生毁誉参半,争强好胜的性格也让他逐渐失去了所有朋友,日益孤独的肖克莱后来患了前列腺癌,不幸于 1989 年 8 月谢世,享年 79 岁。

(2)第一个集成电路专利——仙童的迅速成长

1957 年 10 月,仙童半导体公司在硅谷嘹望山查尔斯顿路租下一间小屋,距离肖克莱实验室和距离当初惠普公司的汽车库差不多远。"仙童"们商议要制造一种双扩散基型晶体管,以便用硅来取代传统的锗材料,这是他们在肖克莱实验室尚未完成却又不受肖克莱重视的项目。费尔柴尔德摄影器材公司答应提供财力,总额为 150 万美元。诺依斯给伙伴们分了工,由赫尔尼和摩尔负责研究新的扩散工艺,而他自己则与拉斯特一起专攻平面照相技术。

1958 年 1 月,在美苏冷战的背景下,美国开始建造 B-70 轰炸机,这种飞机当时被称为"有人驾驶导弹"。IBM 负责为飞机生产一台导航计算机,但是 IBM 缺少用于计算机制造的硅芯片。仙童公司知道这个消息后,说服与 IBM 关系密切的费尔柴尔德,让 IBM 给他们一个机会。2 月,仙童公司得到了 IBM 公司金额为 1.5 万美元的第一份合同。合同金额虽然不大,但这是来自蓝色巨人的。仙童公司一炮打响,业务开始蒸蒸日上。

到 1958 年底,"8 叛逆"的小公司已经拥有 50 万销售额和 100 名员工,依靠技术创新优势,一举成为硅谷成长最快的公司。仙童半导体公司在诺依斯精心运筹下,业务迅速发展,同时,一整套制造晶体管的平面处理技术也日趋成熟。天才科学家赫尔尼是众"仙童"中的佼佼者,他像变魔术一般把硅表面的氧化层挤压到最大限度。仙童公司制造晶体管的方法也与众不同,他们首先把具有半导体性质的杂质扩散到高纯度硅片上,然而在掩模上绘好晶体管结构,用照相制版的方法缩小,将结构显影在硅片表面的氧化层,再用光刻法去掉不需要的部分。扩散、掩模、照相、光刻……,整个过程叫做平面处理技术。它标志着硅晶体管批量生产的一大飞跃,也仿佛为"仙童"们打开了一扇奇妙的大门,使他们看到了一个无底的深渊:用这种方法既然能做一个晶体管,为什么不能做它几十个、几百个、乃至成千上万呢?1959 年 1 月 23 日,诺依斯在日记里详细地记录了这一闪光的设想。

1959 年 2 月,德克萨斯仪器公司工程师基尔比(J.kilby)申请第一个集成电路发明专利的消息传来,诺依斯十分震惊。他当即召集"8 叛逆"商议对策。基尔比在 TI 公司面临的难题,比如在硅片上进行两次扩散和导线互相连接等,正是仙童半导体公司的拿手好戏。诺依斯提出:可以用蒸发沉积金属的方法代替热焊接导线,这是解决元件相互连接的最好途径。1959 年 7 月 30 日,他们也向美国专利局申请了专利。为争夺集成电路的发明权,两家公司开始旷日持久的争执。1966 年,基尔比和诺依斯同时被富兰克林学会授予巴兰丁奖章,基尔比被誉为"第一块集成电路的发明家",而诺依斯被誉为"提出了适合于工业生产的集成电路理论"的人。1969 年,法院最后的判决下达,也从法律上实际承认了集成电路是一项同时的发明。

(3) 成也萧何,败也萧何——蒲公英播种、"8 叛逆"出走

1960 年,仙童半导体公司取得进一步的发展和成功。由于发明集成电路使它的名声大振,母公司费尔柴尔德摄影器材公司决定以 300 万美元购买其股权,"8 叛逆"每人拥有了价值 25 万美元的股票。1964 年,仙童半导体公司创始人之一摩尔博士,以 3 页纸的短小篇幅发表了一个奇特的定律。摩尔天才地预言说道,集成电路上能被集成的晶体管数目,将会以每 18 个月翻一番的速度稳定增长,并在今后数十年内保持着这种势头。摩尔的这个预言,因后来集成电路的发展而得以证明,并在较长时期保持了它的有效性,被人誉为"摩尔定律",成为新兴电子电脑产业的"第一定律"。

到 1967 年,仙童公司营业额已接近 2 亿美元,这在当时来说成绩辉煌。盛极而衰,事物发展规律总是惊人的相似。快速发展的同时也纠集了许多复杂的矛盾。

"如果诺伊斯爬到船上,他一定会成为船长"。诺伊斯是最后一位加入"8 叛逆"团队的。这种心结自公司成立时就出现了,但初期暂无大碍,因为一方面是飞速发展的经营业绩暂时掩盖了这一切,另一方面是因为诺伊斯崇尚简单和效率,对另外 7 名创始人的管理采取了无为而治的办法,如果某人需要做大额采购,都不必事先获得批准。而且诺伊斯没有豪华的个人办公室,没有司机,没有专门的停车处。

为了满足公司精致产品生产的需要,公司大规模招聘女工。她们穿着仙童公司发的绿色尼龙服装工作,除了两次短暂的休息和午餐时间外,中间不允许站起来,要去洗手间也必须获得批准。有的女工为了中间能休息一下,只好谎称头疼。但当时这些女工认为在仙童公司工作很体面,薪酬和福利也非常优厚。当时仙童公司订单饱满,只好周末加班,仙童公司开出一倍半的薪水,女工们加班踊跃。

20 世纪 60 年代,半导体制造工业不仅需要工程师的精心设计,也需要流水线工人的熟练操作,诺伊斯认为拿着低薪的流水线工人比公司精密的设备更重要,所以他力图在公司打破有形的等级差别,比如共享一个食堂。他还在周末举办经理与员工同时参加的咖啡座谈会,努力形成良好的团队氛围。仙童公司的这些举措在当时的美国企业中也是比较超前的。

看起来一切完美,但到了 20 世纪 60 年代中期,仙童公司开始面临危机。首先是外部市场的机遇,让仙童公司的创始 8 人组成员和核心骨干面临着做一个普通员工和做自己公司创始人的选择,大量的人毫不犹豫地选择了后者,他们称前者"乏味",后者充满着"鲜血的味道"。

其次是仙童母公司对仙童公司事务插手越来越多,而且把仙童公司的利润大量调走,而诺伊斯他们认为应该把钱更多地投入到电子半导体领域,这与母公司形成了矛盾。在目睹了母公司的不公平之后,"8叛逆"中的赫尔尼、罗伯茨和克莱尔首先负气出走,成立了阿内尔科公司。据说,赫尔尼后来创办的新公司达12家之多。随后,"8叛逆"另一成员格拉斯也带着几个人脱离仙童创办西格奈蒂克斯半导体公司。从此,纷纷涌进仙童的大批人才精英,又纷纷出走自行创业。最终仙童中的斯波克将NSC弄成了全球第6大半导体厂商,桑德斯创立了AMD。

1968年8月,"8叛逆"中的最后两位诺伊斯和摩尔,也带着葛罗夫(A. Grove)脱离仙童公司自立门户,他们创办的公司就是大名鼎鼎的英特尔(Intel)。似乎要高扬"8叛逆"的"叛逃"精神,一批又一批"仙童"夺路而出,掀起了巨大的创业热潮。对此,20世纪80年代初出版的著名畅销书《硅谷热》(Silicon Valley Fever)写到:"硅谷大约70家半导体公司的半数是仙童公司的直接或间接后裔,在仙童公司供职是进入遍布于硅谷各地的半导体业的途径。1969年在森尼维尔举行的一次半导体工程师大会上,400位与会者中未曾在仙童公司工作过的还不到24人"。从这个意义上讲,说仙童半导体公司是"硅谷人才摇篮"毫不为过。

(4) 种子发芽、蒲公英芳华不再——老迈仙童

人才大量流失是硅谷发展的"福音",给仙童半导体带来的却是一场灾难。从1965年到1968年,公司销售额不断滑坡,还不足1.2亿美元,连续两年没有赢利。它再也不是"淘气孩子们创造的奇迹"了。仙童半导体公司的灵魂人物已经离去,它的崩溃不过是时间迟早问题。

1979年夏季,曾经是美国最优秀企业的仙童半导体公司被法国外资接管,售价3亿5千万美元,外资似乎也不能给日益衰败的仙童半导体注入活力,实际上,在继续亏损后,仙童又被用原价的1/3转卖给另一家美国公司,买主正是原仙童总经理斯波克管理的国民半导体公司(NSC),命运多舛的"仙童",1997年3月被国民半导体公司以5.5亿的价格再次出售。

这次出资收购的是一家风险资本公司,仙童半导体公司终于具有中立的身份。现任CEO和总裁克尔克·庞德(K. Pond)连续做出了惊人之举,当年11月,仙童半导体斥资1.2亿,买下了年收入7000万的Raytheon公司半导体分部;1998年12月,仙童再次斥资4.55亿,跨国购并了南韩三星公司属下一个制造特殊芯片的半导体工厂。

作为支撑硅谷崛起的"神话",仙童半导体公司走过了一段辉煌而曲折的历程,成功与失败都因人才而致,正所谓"成也萧何,败也萧何"。可是不缺乏人才的肖克莱半导体公司同样也是没落了,这里边有太多的内容值得我们后人深思。

1.1.3　硅谷之外——德州仪器 杰克·基尔比

(1) 器件霸主——德州仪器

地球物理业务公司,很有意思的名字,很难与当今如日中天的模拟器件领域的霸主 TI,德州仪器联系起来。可是德州仪器的历史就是要追溯到 1930 年 J·克莱伦斯·卡彻和尤金·麦克德莫特创建的一个叫做地球物理业务公司,该公司主要为石油工业提供地质探测。1951 年,公司重新命名为德州仪器。

德州仪器在电路领域的主要杰出贡献如下:

➤ 1954 年:生产首枚商用晶体管。
➤ 1958 年:TI 工程师 Jack Kilby 发明首块集成电路(IC)。
➤ 1967 年:发明手持式电子计算器。
➤ 1971 年:发明单芯片微型计算机。
➤ 1973 年:获得单芯片微处理器专利。
➤ 1978 年:推出首个单芯片语言合成器,首次实现低成本语言合成技术。
➤ 1982 年:推出单芯片商用数字信号处理器(DSP)。
➤ 1990 年:推出用于成像设备的数字微镜器件,为数字家庭影院带来曙光。
➤ 1992 年:推出 microSPARC 单芯片处理器,集成工程工作站所需的全部系统逻辑。
➤ 1995 年:启用 Online DSP LabTM 电子实验室,实现因特网上 TI DSP 应用的监测。
➤ 1996 年:宣布推出 0.18 μm 工艺的 Timeline 技术,可在单芯片上集成 1.25 亿个晶体管。
➤ 1997 年:推出每秒执行 16 亿条指令的 TMS320C6x DSP,以全新架构创造 DSP 性能记录。
➤ 2000 年:推出每秒执行近 90 亿个指令的 TMS320C64x DSP 芯片,刷新 DSP 性能记录,推出业界上功耗最低的芯片 TMS320C55x DSP,推进 DSP 的便携式应用。
➤ 2003 年:推出业界首款 ADSL 片上调制解调器——AR7。推出业界速度最快的 720 MHz DSP,同时演示 1 GHz DSP;向市场提供的 0.13 μm 产品超过 1 亿件;采用 0.09 μm 工艺开发新型 OMAP 处理器。

(2) 杰克·基尔比的集成电路

"有极少数人凭借他们的智慧和专业领域的成就改变了这个世界,杰克·基尔比就是其中之一。"——德州仪器公司。你可能从没听过他的名字,但你应该知道在数字电路中有个叫 JK 触发器,JK 就是以其名字命名。

杰克·基尔比于 1923 年 11 月 8 日,在美国密苏里州首府、密苏里河畔的杰斐逊城出生。他的父亲是一个电气工程师,后来当上了堪萨斯电力公司的总裁。基尔比小时候常常跟着父亲到公司去,对各种电气设施很感兴趣。他父亲有一个小型的无线电收发机用来和远处的电站保持联系,这最使基尔比着迷。中学时,他就利用残次零件组装了一台收音机。1941 年 6 月中学毕业以后,基尔比报考在电气工程方面最负盛名的 MIT,基尔比未能如愿,只好进了伊利诺大学。入学不久,就爆发了珍珠港事件,基尔比应征入伍,参加陆军通信兵团,被派往印度东北的一个军事基地负责修理无线电设备(据说期间他也到过中国)。战后基尔比重返大学,并于 1947 年毕业。然后他在威斯康辛州的密尔沃基进入 globe-Union 公司的中央实验室工作,这个公司主要生产电视机、收音机、助听器的电气元件,基尔比负责用丝网印刷技术制造电路板。在这个工作中基尔比萌芽了将各种电气元件集成在一起使之微型化的思想。这段时间,他在 Marquette 大学旁听了有关晶体管的所有研究生课程,也听过晶体管发明人之一巴丁的报告,阅读了他能找到的一切有关晶体管的资料。当然,工作和上课的双重压力对基尔比来说可算是一个挑战。1952 年,Centralab 用 2 万 5 千美元从贝尔实验室购买了晶体管的生产许可证,并把基尔比送到贝尔实验室参加了一个培训班。回来以后,基尔比投入了晶体管的生产过程。他一方面受晶体管的能力所鼓舞,另一方面也意识到了它的局限性:太多的元件和太多的连线影响到它的实际应用。以美军的 B-29 轰炸机为例,需要上千个晶体管和上万个无源器件,这使价格、体积、可靠性和速度都大受影响。取得硕士学位后,基尔比与妻子迁往德克萨斯州的达拉斯市,供职于德州仪器公司,因为它是唯一允许他差不多把全部时间用于研究电子器件微型化的公司。TI 公司在 1954 年生产出了第一台晶体管收音机和第一只硅晶体管,在业界有很大影响。基尔比进入 TI 时,TI 正受军方的委托进行"微组件"的研究。微组件的目标也是微型化,但其方案是将标准元件通过内部连线相连接而形成功能模块。基尔比觉得这不是一个彻底的解决办法,他要另辟蹊径。当时的德州仪器公司有个传统,炎热的 8 月里员工可以享受双周长假。但是,初来乍到的基尔比却无缘长假,只能待在冷清的车间里独自研究。在这期间,他渐渐形成一个天才的想法:电阻器和电容器(无源元件)可以用与晶体管(有源器件)相同的材料制造。另外,既然所有元器件都可以用同一块材料制造,那么这些部件可以先在同一块材料上就地制造,再相互连接,最终形成完整的电路。他选用了半导体硅。

到同事们回到公司的时候,基尔比的方案已经酝酿成熟。他找到他的老板阿特柯克,向他介绍了把晶体管、二极管、电阻、电容等元件都做在一块半导体晶片上以形成电路的设想。阿特柯克当时正热衷于微组件,对基尔比的"幻想"并不很热情,但他感觉到这个新来的伙计说不定会干出什么大事来,因此答应基尔比继续按自己的思路去实验,但要求他尽快完成一个样品。经过近 2 个月的努力,1958 年 9 月,集成在一块半英寸长、一把折叠刀那么宽的锗晶片上的相移振荡器终于完成。TI 公司的首脑们都聚集到实验室来,当基尔比接通电源,紧张地旋动同步调节旋钮,在示波器上终于出现了漂亮的正弦波形的时候,TI 公司的首脑们意识到这位上岗不到半年的年青人为公司创造出了一个划时代的产品,集成电路诞生了。基尔比生性温和,寡言少语,加上 6 英尺 6 英寸的身高,被助手和朋友称作"温和的巨人"。正是这个不善于表达的巨人酝酿出了一个巨人式的构思。1959 年 2 月 6 日,TI 公司向专利局提出了专利申请,1959 年 3 月,在纽约举行的工业发明博览会上,TI 公司宣布了它的集成电路。基尔比的成功促进了仙童公司的"神童"们在同一方向上的研究,当年 7 月 30 日,诺伊斯也提出了专利申请。有趣的是,基尔比的专利虽然申请在前,却被批准在后(1964 年 6 月 23 日),而诺伊斯的申请却在 1961 年 4 月 26 日就被批准了。这引起了一场发明权的诉讼,最后法院判两个专利都有效,因而使集成电路成为一项同时发明,基尔比和诺伊斯共享了"集成电路之父"的荣誉。

集成电路首先被成功地用于改进民兵式导弹。TI 公司则致力于将集成电路推向民用,由基尔比领头研制集成电路的手持式计算机。计算机的样机 1966 年就完成了,但推向市场的 Pocketronic 却迟至 1971 年 4 月才问世,主要是输出设备遇到困难,基尔比最后发明了半导体热打印系统才解决了这个难题。Pocketronic 的重量只有 2.5 英磅,售价仅 250 美元,获得极大成功,1972 年在美国售出 500 万台,此后,其售价逐年下降,1972 年底降至 100 美元,1976 年降至 25 美元,1980 年降至 10 美元。在世界范围内,售出的 Pocketronic 达 1 亿台之多。

基尔比于 1971 年离开 TI 公司,从事咨询工作并继续其发明创造,也曾在德州农业和机械大学当教授。其间,基尔比曾在美国能源部的资助下从事"清洁能源"——太阳能的开发利用,建立了几个大型系统。但由于石油价格的下跌,太阳能项目未被重视,因此基尔比这方面的成果未能商业化。

基尔比是美国工程院院士。他既是美国科学奖章的获得者,又是美国技术奖章的获得者,同时获得这两种奖章的极为罕见。1982 年他入选美国发明家名人堂。

1.2 DSP 的发展与应用

集成电路出现以后,诺伊斯、基尔比他们很快实现了集成电路的产品化,电子工业得到了快速的发展,MCU(微处理器)应运而生。随着应用的扩展,信号处理、算法复杂度都在不断提高,微处理器较低的处理速度和较低的片上资源集成度渐渐无法满足各类应用的需求,因此,更快、更高效、集成度更高的信号处理器成了日渐迫切的需求。

1. DSP 的发展

20 世纪 70 年代,有人就提出了 DSP 的理论和算法基础,但那时的 DSP 仅仅停留在科研阶段以及算法突破上,即使是研制出来的 DSP 系统也是由分立元件组成的,其应用领域仅局限于军事、航空航天部门。一般认为,世界上第一个单片 DSP 芯片是 1978 年 AMI 公司发布的 S2811。1979 年美国 Intel 公司发布的商用可编程器件 2920 是 DSP 芯片的一个主要里程碑。但这两种芯片内部都没有现代 DSP 芯片所必须有的单周期乘法器。1980 年,日本 NEC 公司推出的 mP D7720 是第一个具有硬件乘法器的商用 DSP 芯片,从而被认为是第一块单片 DSP 器件。

随着大规模集成电路技术和半导体技术的发展,1982 年 TI 推出了其第一代 DSP 芯片 TMS32010 及其系列产品。这种 DSP 器件采用微米工艺 NMOS 技术制作,虽功耗和尺寸稍大,但运算速度却比微处理器快了几十倍,尤其在语言合成和编码译码器中得到了广泛应用。DSP 芯片的问世是个里程碑,标志着 DSP 应用系统由大型系统向小型化迈进了一大步。紧接着,随着 CMOS 工艺的成熟,TI 又推出了第二代 DSP 芯片 TMS32020 及系列产品。其存储容量和运算速度都得到成倍提高,成为语音处理、图像硬件处理技术的基础。

20 世纪 80 年代后期,第 3 代 DSP 芯片问世,运算速度进一步提高,其应用范围逐步扩大到通信、计算机领域。20 世纪 90 年代 DSP 发展得最快,相继出现了第 4 代和第 5 代 DSP 器件。现在的 DSP 属于第 5 代产品,与第 4 代相比,系统集成度更高,将 DSP 内核及外围元件综合集成在单一芯片上。这种集成度极高的 DSP 芯片不仅在通信、计算机领域大显身手,而且逐渐渗透到人们的日常生活领域。经过 20 多年的发展,DSP 产品的应用已扩大到人们的学习、工作和生活的各个方面,并逐步成为电子产品更新换代的决定因素。DSP 既与大量运算相关,每秒完成一百万次运算就变为一个新的单位 MIPS,而实现每个 MIPS 的成本最初高达 10～100 美元,这成为商品化的障碍。然而 TI 显然突破了这样的障碍,最终使得单片成本在 1 美元甚至更低,终端售价也显著降低,随着售价的降低,市场在不断扩大。在经历整整二十年的市场拓展之后,DSP 所树立的高速处理器地位不仅不可动摇,而且业已成为数字信息时代的核心引擎。与此同时,DSP 的市场正在蓬勃发展。全球 DSP 销量早已超过 100 亿美元,就目前为止其增长势头依然迅猛。

TI 首席科学家兼 DSP 业务开发经理方进(Gene Frantz)在接受电子工程专辑采访时曾这样说过,"DSP 产业在约 40 年的历程中经历了 3 个阶段:第 1 阶段,DSP 意味着数字信号处理,并作为一个新的理论体系广为流行;随着这个时代的成熟,DSP 进入了发展的第 2 阶段,在这个阶段,DSP 代表数字信号处理器,这些 DSP 器件使我们生活的许多方面都发生了巨大的变化;接下来又催生了第 3 阶段,我们将看到 DSP 理论和 DSP 架构都被嵌入到 SoC 类产品中。"

2. DSP 的产业化模式

一项技术,一个产品,一个企业的成功,往往不仅仅在于技术的本身,技术之初,产品之初,必然存在或多或少的缺点。成功的产业化模式往往对现代企业、现代产品、现代技术起到了更有决定性的作用。DSP 的产业价值体系,也是目前的嵌入式行业,甚至可以扩展为集成电路行业的价值体系。该价值体系主要分为以下几层:

该产业的最基本核心是基本集成电路器件,如 TI 的 DSP,TI 提供了完整的文档资料与技术支持,甚至提供了各个行业应用的相关解决方案,以及外围配套支持硬件,但对于 DSP 广泛使用,这显然还不够,因为 TI 不可能应用自己的芯片投入到所有 DSP 涉及的专业领域内。

在 DSP 器件之上,TI 还提供了众多外围接口芯片以及电源转换等芯片,除此之外 TI 与第三方提供了 DSP 与其余外设接口的设备驱动程序、协议栈,有效组织利用 DSP 资源的 BIOS 与操作系统。

在 BIOS 与操作系统之上,TI 与其第三方合作伙伴还提供开发、演示与可编程系统,其中包括了开发板、最小系统板、CCS 开发工具、仿真烧写器、仿真软件等,进一步还会提供一些常用的标准应用算法以及例程,而后客户在此基础上,可以利用专业应用开发应用系统,进一步进行系统集成。

上述价值体系如图 1.1 所示,看似复杂,但是在 DSP 产业化过程中逐步完善形成。实际操作中如果分工明确、沟通清晰,并不存在太多障碍。TI 在 DSP 上的成功归功于系列革新举措以及持续不断的投入,有效地推进了 DSP 的产业化进程。

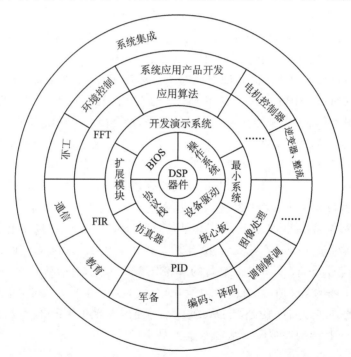

图 1.1 DSP 的价值体系

3. DSP 的主要特点

Digital Signal Processing(数字信号处理技术)、Digital Signal Processor(数字信号处理器)两者的缩写(DSP)难分彼此。本书中 DSP 特指的是数字信号处理器,但是介绍 DSP 的时候避免不了要涉及数字信号处理技术,如 FFT、PWM、矢量控制等。数字信号处理是围绕数字信号处理的理论、实现和应用等几个方面发展起来的。数字信号处理在理论上的发展推动了数字信号处理应用的发展,反之数字信号处理的应用又促进了数字信号处理理论的提高,而数字信号的实现则是理论和应用之间的桥梁。DSP 是以数字信号处理为核心的器件,要理解 DSP 的特点,就应当去理解数字信号处理的特点。

(1) 数字信号处理的特点

数字信号的理论基础涉及广泛,例如数学领域的微积分、概率统计、线性代数、泛函分析、随机过程、数值分析等都是数字信号处理的基本分析工具,同时,它与网络理论、信号与系统、控制论、通信理论、故障诊断等也密切相关。一些新兴的学科,如人工智能、模式识别、神经网络、最优控制、模糊控制等也与之相关。数字信号处理把许多经典的理论体系作为自己的基础,同时又使自己成为许多新兴学科与技术的理论基础。

目前,数字信号处理的实现方法一般有以下几种:

① 通用计算器(PC)上编程实现,该方法的缺点是实时在线性较差,处理速度不够实时,不够快,信号采集与处理范围受通用计算器性能的限制,一般用于数字信号处理算法的模拟与仿真。例如,MATLAB、.net、JAVA、VB、LABVIEW 等都是编程应用工具或平台。

② 在通用计算机上加专用的加速处理电路。例如,目前 NI 推广的采集卡就可以算此类工具,其中的加速处理电路往往也需要类 DSP 器件来处理。

③ 用通用微处理器或单片机实现,该方法能够实现的算法复杂度、数据处理的速度与精度受到处理器与单片机的处理能力的限制。

④ 专用的 DSP 芯片来实现。功能受设计的本身限制,不能普遍采用。

⑤ 通用可编程 DSP 芯片实现。该技术的出现为数字信号处理应用打开了新的局面。

典型的数字信号处理系统如图 1.2 所示。其中输入信号可以是电压、电流、温度、声音、图像等模拟信号,这些模拟信号一般都要通过传感器采集进行信号转换;经过传感器后信号主要就是电压与电流信号,对该信号进一步进行调理,滤波等处理;然后进行模数(A/D)转换成数字信号,前端采集信号也可以是数字信号、脉冲信号、开关信号,一般需要电路捕获,捕获后一般不需要 A/D 转换;把这些处理后的数字信号送入 DSP,可以应用数字处理方法进行运算处理。处理完后,一般需要数模转换(D/A)成模拟信号,输出控制相关设备,也有只是将处理结果输出到人机界面或者信道中。

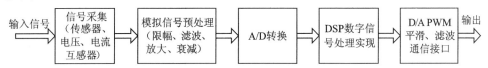

图 1.2　DSP 信号处理的主要过程

(2) DSP 的特点

根据数字信号处理的要求,DSP 芯片一般具有如下特点:

1) 专用的硬件乘法器

在通用微处理器中,乘法是由软件实现的,实际上是由时钟控制的一连串移位运算。而在数字信号处理中,乘法和加法是最重要的运算,提高乘法运算的速度就是提高 DSP 的性能。在 DSP 芯片中,有专门的硬件乘法器(DM642 有两个乘法器,其他只有一个),使得一次或者两次乘法运算可以在一个单指令周期中完成,大大提高了运算速度。

2) 哈佛结构及改进的哈佛结构

哈佛结构不同于冯·诺依曼结构,其主要特点是将程序和数据存储在不同的存储空间中,即程序存储器和数据存储器是两个相互独立的存储器,每个存储器独立编址,独立访问。与两个存储器相对应的是系统中设置了程序总线和数据总线两条总线,这意味着在一个机器周期内可以同时准备好指令和操作数,从而使数据的吞吐率提高了 1 倍。而冯·诺曼结构则是将指令、数据、地址存储在同一个存储器中,统一编址,依靠指令计数器提供的地址来区分是指令、数据还是地址。取指令和取数据都访问同一个存储器,数据吞吐率低。

在哈佛结构中,由于程序和数据存储在两个分开的空间中,因此取指和执行能完全重叠运行。为了进一步提高运行速度和灵活性,如 TMS320 系列 DSP 芯片在基本哈佛结构的基础上做了改进,一是允许数据存放在程序存储器中,并被算术运算指令直接使用,增强了芯片的灵活性;二是指令存储在高速缓冲器中,当执行此指令时,不需要再从存储器中读取指令,节约了一个指令周期的时间。

3) 指令系统的流水线结构

在流水线操作中,一个任务被分成若干子任务,这样,它们在执行时可以重叠。与哈佛结构相关,要执行一条 DSP 指令,需要通过取指令、指令译码、取操作数和执行指令等若干阶段,每一阶段称为一级流水。DSP 的流水线操作是指它的这几个阶段在程序执行过程中是重叠的,在执行本条指令的同时,下面的几条指令已依次完成了取指、解码、取操作数的操作。DSP 芯片广泛采用流水线以减少指令执行时间,从而增强了处理器的处理能力,把指令周期减小到最小值,同时也就增加了信号处理器的吞吐量。

第一代 TMS320 处理器采用 2 级流水线,第 2 代采用 3 级流水线,而第 3 代则采用 4 级流水线。也就是说,处理器可以并行处理 2~6 条指令,每条指令处于流水线上的不同阶段。在 3 级流水线操作中,取指、译码和执行操作可以独立地处理,这可使指令执行能完全重叠。在每个指令周期内,3 个不同的指令处于激活状态,每个指令处于不同的阶段。

4) 片内外两级存储结构

在片内外两级存储器结构中,片内存储器虽然不可能具有很大的容量,但速度快,可以多个存储器块并行访问。片外存储器容量大,但速度慢,结合它们各自的优势,实际应用中,一般将正在运行的指令和数据放在内部存储器中,暂时不用的数据和程序放在外部存储器中。片内存储器的访问速度接近寄存器访问速度,因此 DSP 指令中采用存储器访问指令取代寄存器访问指令,而且可以采用双操作数和 3 操作数来完成多个存储器同时访问,使指令系统更加优化。随着应用的日益广泛,DSP 已经成为了许多高级设计中不可或缺的组成部分。其结果使 DSP 厂商的投资集中于 DSP 体系结构、智能化程度更高的编译程序、更好的查错工具以及更多的支持软件。最明显的结构改进在于提高"并行性",即在一个指令周期内,DSP 所能完成的操作的数量。1997 年 TI 推出的带有 8 个功能单元、使用超长指令字(VLIW,Very Long Instruction Word)的 TMS320C6x。这种 32 位定点运算 DSP 在每个周期内可以完成 8 个操作,其运算速度达到了每秒执行 20 亿条指令(2 000 MIPS);如果片外存储器能够支持,其 DMA 的数据传输能力可以达到每秒 800 MB。

5)特殊的 DSP 指令

DSP 的另一个特征就是采用特殊的 DSP 指令,不同系列的 DSP 都具备一些特殊的 DSP 操作指令,以充分发挥 DSP 算法和各系列特殊设计的功能。

6)快速指令周期

DSP 芯片采用 CMOS 技术、先进的工艺和集成电路的优化设计,工作电压的下降,使得 DSP 芯片的主频不断提高。这一变化将随着微电子技术的不断进步而继续提高。

7)多机并行运行特性

DSP 芯片的单机处理能力是有限的,随着 DSP 芯片价格的不断降低和应用的广泛,多个 DSP 芯片并行处理已成为可能,可以运用这一特性达到良好的高速实时处理的要求。尽管当前的 DSP 已达到较高的水平,但在一些实时性要求很高的场合,单片 DSP 的处理能力还不能满足要求。因而,多处理器系统就成为提高应用性能的重要途径之一。许多算法,如数字滤波、FFT、矩阵运算等,都包含有建立和一积形式的数列,或者是对矩阵一类规则结构做有序处理。在许多情况下,都可以将算法分解为若干级,用串行或并行来加快处理速度。因此,新型 DSP 的发展方向,是在提高单片 DSP 性能的同时,十分注重在结构设计上为多处理器的应用提供方便。例如,TI 的 TMS320C40 设置了 6 个 8 位的通信口,既可以作级联,也可以作并行连接。每个口都有 DMA 能力。这就是专门为多处理器应用而设计的。

DSP 系统设计和软件开发是一个重要而困难的问题,往往需要相当规模的仿真调试系统,包括在线仿真器、许多电缆、逻辑分析仪以及其他的测试设备。在多处理器系统中,这个问题尤为突出。为了方便用户的设计与调试,许多 DSP 芯在片上设置了仿真模块或仿真调试口。原 Freescale 在其 DSP 芯片上设置了一个 onCE(on-Chip Emulation)功能块,用特定的电路和引脚,使用户可以检查片内的寄存器、存储器及外设,用单步运行、设置断点、跟踪等方式控制与调试程序。TI 则在其 TMS320

系列芯片上设置了符合 IEEE1149 标准 JTAG（Joint Test Action Group)标准测试接口及相应的控制器,从而不但能控制和观察多处理器系统中每一个处理器的运行,测试每一块芯片,还可以用这个接口来装入程序。在 PC 机上插入一块调试插板,接通 JTAG 接口,就可以在 PC 上运行一个软件去控制它。PC 机上有多个窗口显示,每个窗口观察多个处理器中的一个,极大地简化了多处理器系统开发的复杂性。在 TMS320 中,和 JTAG 测试口同时工作的还有一个分析模块,它支持断点的设置和程序存储器、数据存储器、DMA 的访问、程序的单步运行和跟踪,以及程序的分支和外部中断的计数等。

8) 低功耗

随着微电子产品在人类日常生活中所占的比重越来越大,DSP 的应用领域得到了巨大的拓展。低功耗除了带来节能的优势外,也使得 DSP 的解决方案可以适用便携式小型装置,以及野外的测量仪器。DSP 的处理速度越来越高,功能越来越强,但随之而付出的代价是功耗也越来越大。而且,随着时钟频率的提高,功耗急速增大。尽管生产厂家几乎无一例外地都采用了 CMOS 工艺等技术手段来降低功耗,但有的单片 DSP 的功耗已达 10 W 以上。随着 DSP 的大量使用,特别是在用电池供电的便携式设备中的大量使用,例如便携式计算机、移动通信设备和便携式测试仪器等,迫切要求 DSP 在保持与提高工作性能的同时,降低工作电压,减小功耗。为此,各 DSP 生产厂家正积极研制并陆续推出低电压片种。在降低功耗方面,有的片种设置了 IDLE 或 WAIT 状态,在等待中断到来期间,片内除时钟和外设以外的电路都停止工作;有的片种设置了 STOP 状态,它比 WAIT 状态更进一步,连内部时钟也停止工作,但保留了堆栈和外设的状态。总之,低工作电压和低功耗已成为 DSP 性能表征的重要技术指标之一。

9) 高的运算精度

浮点 DSP 提供了大的动态范围,定点 DSP 的字长也能达到 32 位,有的累加器达到 40 位。当前的水平已达到每秒数千万次乃至数十亿次定点运算或浮点运算的速度。为了满足 FFT、卷积等数字信号处理的特殊要求,当前的 DSP 大多在指令系统中设置了"循环寻址"(Circular addressing) 及"位倒序"(bit-reversed)指令和其他特殊指令,使得在做这些运算时寻址、排序及计算速度大大提高。单片 DSP 做 1 024 点复数 FFT 的时间已降到微秒量级。高速数据传输能力是 DSP 实现高速实时处理的关键之一。新型的 DSP 大多设置了单独的 DMA 总线及其控制器,在不影响或基本不影响 DSP 处理速度的情况下进行并行的数据传送,传送速率可以达到每秒数百兆字节、主要受到片外存储器速度的限制。

10) DSP 内核,可编程

随着专用集成电路的广泛使用,迫切要求将 DSP 的功能集成到 ASIC 中。例如在磁盘/光盘驱动器、调制解调器(Modem)、移动通信设备和个人数字助理(PDA,Personal Digital Assistant)等应用中,这种要求来得相当突出。为了顺应这种发展并更加深入地开拓 DSP 市场,各 DSP 生产厂家相继提出了 DSP 核(DSP core)的概念并推出了相应的产品。一般说来,DSP 核是通用 DSP 器件中的 CPU 部分,再配以按照客户的需要所选择的存储器(包括 Cache、RAM、ROM、Flash、EPROM 等以及固化的用户软件)和外设(包括串口、并口、主机接口、DMA、定时器等),组成用户的ASIC。DSP 核概念的提出与技术的发展,使用户得以将自己的设计,通过 DSP 厂家的专业技术加以实现,从而提高 ASIC 的水准,并大大缩短产品的上市时间。DSP 核的一个典型的应用是 U.S. Robotis 公司利用 TI 的 DSP 核技术所开发的 X2 芯片,最早成功地将 56 kbps 的 Modem 推向了市场。除了 TI 公司的 TMS320 系列 DSP核之外,Motorola 公司的 DSP66xx 系列和 ADI 公司的 ADSP21000 系列等,也都是得到成功应用的 DSP 核。在 DSP 硬件结构和性能不断改善的同时,其开发环境和支持软件,也得到了迅速发展与不断完善。各公司出品的 DSP 都有各自的汇编语言指令系统。使用汇编语言来编制 DSP 应用软件是一件繁琐且困难的工作。随着DSP 处理速度的加快与功能的增强,其寻址空间越来越大,目标程序的规模也越来越大,从而使得用高级语言对 DSP 编程成为必须而且紧迫的任务。各公司陆续推出适用于 DSP 的高级语言编译器,主要是 C 语言编译器,也有 Ada、Pascal 等编译器。它们能将高级语言编写的程序,编译成相应的 DSP 汇编源程序。程序员可在这里对DSP 源程序做修改与优化,尤其是对实时处理要求很苛刻的部分做优化,然后汇编与连接,成为 DSP 的目标代码。在应用软件开发与调试环境方面,除了传统的,在硬件或软件仿真器上用 Debug 来调试之外,各厂家陆续推出一些针对 DSP 的操作系统(例如 TI Code Composer/Code Composer Studio)。这些操作系统运行在 IBM-PC或其他的主机上为 DSP 应用软件的开发提供良好的集成开发环境。用 C 等高级语言编写的程序的调试,用针对 DSP 的 C 语言等编译器将其编译成相应的 DSP 汇编源程序,进一步修改、调试与检查,最后汇编与连接成 DSP 可执行目标代码。这些操作系统的适用范围正在扩大。DSP 的生产厂家和一些其他的软件公司,为 DSP 应用软件的开发准备了一些适用的函数库与软件工具包,如针对数字滤波器和各种数字信号处理算法的子程序,以及各种接口程序等。这些经过优化的子程序为用户提供了极大的方便。随着专用集成电路技术的发展和 DSP 应用范围的迅速扩大,一些 EDA 公司也将 DSP 的硬件和软件开发纳入了 EDA 工作站的工作范畴,陆续推出了一些大型软件包,为用户自行设计所需要的 DSP 芯片和软件提供了更为良好的环境。

4. TI 的处理器

TI 产品主要包括半导体、教育产品和数字光源处理解决方案 3 大部分。其中半导体又分为处理器、电源管理、放大器、接口器件、模拟开关和多路复用器、逻辑器件、数据转换器、数字音频、时钟和计时器、温度传感器、射频识别等。处理器一般分为 3类:ARM、DSP、MCU。本书中介绍的 2000 系列 DSP 则介于 MCU 与 DSP 之间,技术互相融合,多核处理器的集成,使得 3 者之间已无明确界限。

TI 在嵌入式控制方面提供了完善的解决方案,目前有较广应用的是以下 4 个系列产品,超低功耗的 16 位 MSP430 系列 MCU、具有高级通信功能的基于 Stellaris 32 位 ARM Cotex – M3 MCU、用于安全方面应用的基于 ARM 32 位 Cortex – R4F 的 MCU,以及高性能应用的 C2000 32 位实时的 MCU。同一系列的不同型号产品都具有相同的内核、相同或兼容的汇编指令系统,区别在于片内存储器的大小、外设资源的多少。

(1) MSP430 系列 MCU

MSP430 系列单片机是 1996 年 TI 推向市场的一种采用 16 位 RISC(精简指令集)的超低功耗混合信号处理器。之所以称为混合信号处理器,主要是因为其针对实际应用需求,把许多模拟电路、数字电路和微处理器集成在一个芯片上,以提供"单片"解决方案。目前,最高主频可达 25 MHz,具有 1～256 KB 闪存,外设丰富,包括 ADC、DAC、LCD、USB、射频、PWM、运算放大器、SPI、I²C 等。该处理器的最大特点就是低功耗,165 μA/MISP,可以大大延长电池的使用寿命。

该处理器在架构上依然采用冯·诺依曼架构,通过存储器地址总线和存储器数据总线将 16 位 RISC CPU、多种外设和灵活的时钟系统进行完美结合,为当今和未来的混合信号应用提供解决方案。

(2) 基于 Stellaris 32 位 ARM Cortex – M3 的 MCU

Stellaris(群星)系列是基于 ARM Cortex – M3 技术之上的具有高级通信功能的实时 32 位 MCU 产品,高达 100 MHz,64～256 KB 闪存。Cortex – M3 是 ARM V7 指令架构系列内核的 MCU 版本,具有快速的中断处理,中断时钟不超过 12 个周期,使用末尾连锁(tail – chaining)技术则为 6 个周期。支持 5 V 电压,并具有可编程的驱动功能及转换率控制,外设接口丰富,包括 10/100 以太网 MAC/PHY、USB 与 USB OTG、CAN 控制器、ADC、PWM、SPI 等。

(3) 基于 ARM 32 位 Cortex – R4F 的 MCU

TMS570LS 系列是目前唯一一款基于 ARM Cortex – R4F 的 MCU,特点是将两个同型号 Cortex – R4 处理器与一个 2 MB 片内闪存整合在一起,并通过专利架构技术将这两个内核紧密连接,确保其可靠运行。每个 Cortex – R4 内核的性能均可达到 300 MIPS,片上还集成有 FlexRay TM 网络,12 位 ADC、CAN、EMIF、LIN、SPI 等多种外设,适用于汽车安全应用方面。

(4) C2000 TM 32 位实时 MCU

TMS320C2000 系列 MCU 是专门针对高性能实时控制应用而设计的,采用改进的哈佛总线架构。该系列芯片除了集成有电机控制专用的外设外,还具有较强的数字信号处理能力。其系列又可以分为 4 个小系列,分别为:Delfino 浮点系列,Piccolo 系列、28x 定点系列和 24×16 位定点系列。

1) Delfino 浮点系列

Delfino 取意意大利语海豚,为高端控制应用提供高性能、高浮点精度以及优化的控制外设,以充分满足系统效率、精度以及可靠性等严格的性能要求,可实现伺服驱动、可再生能源、电力在线监控以及辅助驾驶等实时控制应用的跨越式开发。

Delfino 系列集成有硬件浮点处理单元,工作频率高达 150 MHz,并可提供 300MFLOPS 的卓越性能。与当前的 C2000 定点微处理器相比,同样 150 MHz 时钟频率下,Delfino 浮点微处理器的平均性能提升了 50%。该系列基于标准的 C28x MCU 架构,能够与当前所有的 C28x 微处理器实现 100% 的软件兼容。比较典型的就是本书介绍的 F28335。

2) Piccolo 系列

Piccolo 取意意大利语风笛,旨在以小巧强劲的性能强占实时控制市场。该系列是定点处理器,面向低成本的工业、数字电源以及消费类电子产品应用,包括以下两类产品:

a. TMS320F2802x:主频 40～60 MHz,最小封装 38 引脚,最多 64 KB 片上 FLASH 存储器,集成有多种外设,如 150 ps 的高分辨率增强型脉宽调制器(ePWM)、4.6 MSPS 的 12 位 ADC、高精度片上振荡器、模拟比较器、I²C、SPI 和 SCI 等。

b. TMS320F2803x:主频 60 MHz,采用 64 或 80 引脚封装,最多 128 KB 片上 FLASH 存储器,除拥有 F2802x 器件的所有外设和功能之外,还新增了用于高效控制环路的控制律加速器(CLA)。CLA 是一款 32 位浮点数学加速器,能独立于 C28x 内核进行工作,从而可实现对片上外设的直接存取以及算法的并行执行。新增加的外设有 QEP 模块、CAN 和 LIN 接口模块。

3) 28x 定点系列

28x 定点系列是一款 32 位基于 DSP 核的控制器,具有片内 FLASH 存储器和 150 MIPS 的性能,具有增强的电机控制外设、高性能的模数转换和多种类型的改进型通信接口,与 TMS320C24X 源代码兼容。比较典型的产品有 F2812。TMS320C2000 3 个系列 MCU 的基本对比情况如表 1.1 所列。

表 1.1　TI C2000 系列产品

C2000 系列	28x 定点系列			Delfino 浮点系列		Piccolo 定点系列	
	F281x	F280x	F2823x	F2833X	C2834x	F2802x	F2803x
上市时间	2003	2005	2008	2008	2009	2009	2010
主频/MHz	150	60～100	100～150	100～150	200～300	40～60	60
引脚数	128～179	100	176～179	176～179	176～256	38～56	64～80
Flash/KB	128～256	32～256	128～512	128～512	0	16～64	32～128
RAM/KB	36	12～36	52～68	52～68	196～256	4～12	12～20

(5) TI 高性能 DSP

TI 公司现在主推的处理器中,C2000 系列可以认为是 MCU 控制器也可以认为

是 DSP,其性能特点如上所述。其余 DSP 系列特点如下:

① C5000 系列(定点、低功耗):C54X、C54XX、C55X,相比其他系列的主要特点是低功耗,所以最适合个人与便携式上网以及无线通信应用,如手机、PDA、GPS 等应用。处理速度在 80～400 MIPS 之间。C54XX 和 C55XX 一般只具有 McBSP 同步串口、HPI 并行接口、定时器、DMA 等外设。值得注意的是 C55XX 提供了 EMIF 外部存储器扩展接口,可以直接使用 SRAM,而 C54XX 则不能直接使用。两个系列的数字 I/O 都只有 2 条。

② C6000 系列:C62XX、C67XX、C64X,该系列以高性能著称,最适合宽带网络和数字影像应用。32 bit,其中,C62XX 和 C64X 是定点系列,C67XX 是浮点系列。该系列提供 EMIF 扩展存储器接口。该系列只提供 BGA 封装,只能制作多层 PCB。且功耗较大。同为浮点系列的 C3X 中的 VC33 现在虽非主流产品,但也仍在广泛使用,但其速度较低,最高在 150 MIPS。

③ Integra DSP+ARM 处理器包括以下系列:

a. OMAP 系列:OMAP 处理器集成 ARM 的命令及控制功能,另外还提供 DSP 的低功耗实时信号处理能力,最适合移动上网设备和多媒体家电。其中 OMPA-L1X 处理器基于 C674x+ARM9 架构,与 TMS320C674x 和 C640X 产品系列中各种器件引脚兼容。

b. TMS320C6A816x 处理器,基于 C674X+ARM Cortex-A8 架构,具有最高性能单核浮点和定点 DSP 处理器(速度高达 1.5 GHz),集成有高带宽外设、3D 图形和显示引擎。非常适合用于开发需要密集信号处理、复杂数学函数以及影响处理算法、实现图形用户界面(GUI)、网络连接、系统控制以及多种操作系统下的应用处理等。

④ 达芬奇(Da Vinici)视频处理器

达芬奇技术是一种专门针对数字视频应用、基于信号处理的解决方案,能为视频设备制造商提供集成处理器、软件和开发工具,以降低产品成本,缩短产品上市时间。

达芬奇视频处理器最早是在 2005 年推出的,早期该处理器采用了 ARM+DSP+CP(Co-Processor 协处理器)的 SOC 架构。目前,新型主流达芬奇视频处理器基本都采用 DSP(C64+)内核或 DSP+ARM 架构,包括 TMS320DM646x、TMS320DM644Xx、TMS320DM643x、TMS320DM643x、TMS320DM647/TMS320DM648、TMS320DM37x、TMS320DM3x 几个系列。

⑤ C6000 高性能多核 DSP。高性能多核 DSP 只包括 TMS320C66x 系列,该系列初期融合了定点与浮点功能,最多集成 8 个 C66X 内核,主频最高 1.25 GHz,可提供 320 000 MMACS 性能。该平台性能相当强劲,非常适合测试与测量、医疗成像、工业自动化、军事或高端成像等市场的应用。

5. 其余 DSP 厂商简介

随着 DSP 市场的蓬勃发展,市场竞争也非常激烈,除了 TI 以外,还有 ADI、朗讯、LSI、杰尔和 ZiLOG 等厂商。

（1）ADI

亚诺德半导体技术公司（Analog Devices,Inc,纽约证券交易所代码：ADI），也称为美国模拟器件公司。自 1965 年创建以来，取得了辉煌的成绩。ADI 公司从位于美国马萨诸塞州剑桥市一座公寓大楼地下室的简陋实验室开始起步，经过 40 多年的努力，发展成全世界半导体行业中卓越的供应商之一。ADI 公司被业界广泛认可的是其数据转换与信号处理技术，其生产的数字信号处理芯片，主要有如下系列产品：

① ADSP21XX 系列（16 位定点）：工作频率达 160 MHz，功耗电流低到 184 μA，适合语音处理和语音频段调制解调器以及实时控制应用。

② SHARC 系列（32 位浮点）：在浮点 DSP 市场占据主导地位，拥有出色的内核和存储器性能，以及优异的 I/O 吞吐能力。

③ TigerSHARC 系列：为多处理器应用提高性能，最佳性能下浮点运算超过每秒十亿次。

④ SIGMADSP：是完全可编程的单芯片音频 DSP，可通过 SigmaStudio 图形化开发工具轻松配置，适合汽车电子及便携式音频。

⑤ Blackfin 系列：16/32 位 Blackfin 系列适合集成式应用，支持多格式音频、语音和图像处理、多模基带和分组处理、过程控制以及实时安全应用。

ADI 的 DSP 常被称为 ADSP，与 TI 的 DSP 相比较，具有浮点运算强、SIMD（单指令多数据）编程的优势，比较新的 Blackfin 系列比同一级别 TI 产品功耗低，缺点是不如 TI 的 C 语言编译优化好，市场推广方面、技术支持方面以及目前在国内合作的第三方方面都与 TI 有较大差距。

（2）朗讯与杰尔

1996 年，贝尔实验室和 AT&T（American Telephone & Telegraph,美国电话电报公司）的设备制造部门脱离 AT&T 成为朗讯科技（Lucent）。2006 年 12 月 1 日，朗讯科技与法国的阿尔卡特合并，合并后，朗讯不再从事 DSP 业务，其早期的微电子部负责 DSP 业务，也就是杰尔（Agere）。

（3）LSI 和芯原

LSI（Large-scale Integration,大规模集成电路），中文称巨积公司，创立于 1981 年，主要业务是设计 ASIC、主机总线适配器、RAID 适配器、存储系统和计算机网络产品。LSI 将自己的 DSP 部门命名为 ZSP,2006 年 7 月,LSI 将 ZSP 数字处理器部门卖给中国 ASIC 设计代工供应商上海芯原。该公司成立于 2002 年，是一家发展迅速的集成电路设计代工公司，为客户提供定制化解决方案和系统级芯片的一站式服务。包括华为、大唐、UT 斯达康在内的许多中国厂商使用了 ZSP 内核。

1.3 如何成为一名优秀的 DSP 工程师

DSP 有个进阶过程,有一定的技术门槛,进阶经验总结如下:

① DSP 是有一定技术门槛的,在学习、应用 DSP 的过程中,不可能没有问题。没有问题就是最大的问题。在一系列问题的解决过程中不断进阶。读者要尝试不断地问自己高质量的问题,高质量的问题得到的答案也是高质量的,低质量的问题得到的答案的质量不会很高。有很多人没有任何问题,所以最后什么问题也解决不好。

② DSP 入门并不难,但若要精通,靠的是日积月累,非旦夕可成。要坚定自己的信心,调整好自己的心态,企图通过一两次的尝试就一跃成为 DSP 高手,这种可能性非常小。

③ 问题既然在所难免,遇到问题后,要能够迅速冷静下来,仔细分析问题、解决问题。解决问题的过程本身就是一种磨练与进阶,保持愉快、耐心的心态,理性地对待问题。

④ 解决问题的过程可以是:

a. 百度、GOOGLE 搜索引擎搜索。

b. 专业论坛搜索提问。

c. 入学有先后、不耻下问。

d. QQ 技术交流群交流、提问。

e. TI 网站上的资料搜索,这是个最重要的寻求问题答案的路径,因为 TI 提供了 DSP 最详细最权威最全面的技术资料。

f. 自己不断琢磨、玉不琢,不成器。

⑤ 书中自有颜如玉,书中自有黄金屋。

有必要不断地加强自己的理论功底。"书山有路勤为径,学海无涯苦作舟",一些道理的理解本身不需要任何高智商,一些原则的实施不需要得天独厚的条件,很简单,就是要付出与坚持,就是"阿甘"的精神。

⑥ 研发过程难免反复。

爱迪生尝试灯丝材料的时候做了 1 000 多次实验,否定了 1 000 多种材料,对很多人来说,他有 1 000 多次的失败,而对爱迪生而言,他有 1 000 多次成功,他成功地否定掉了 1 000 多种材料并不适合作为灯丝。如何看待研发过程中的反复,以及如何看待所谓的失败,往往取决于心态与毅力。

⑦ 勤奋、专注、耐心、谨慎、细心、敏感、信心、诚实。优秀的硬件工程师几乎有着类似的共同特质,要做好技术,需要先做好人,人坏了,技术再厉害,也是坏技术。

第 2 章

DSP 编程开发环境

"工欲善其事必先利其器",要应用 DSP 解决实际项目中的问题,除了要掌握 DSP 的原理外,还需要掌握 DSP 的开发工具。DSP 应用本身是个工程,涉及面广,相关工具类型多,如电子设计画图软件 Altum Cadence,控制仿真类软件 Matlab,这里要侧重介绍的是 DSP 仿真编程软件 CCS 以及编程用到的硬件工具开发板、仿真器。CCS 最早是由 GO DSP 公司为 TI 的 C6000 系列开发的,后来 TI 收购了 GO DSP,并将 CCS 扩展到其他系列。现在所有的 TI DSP 都可以使用该软件工具进行开发,并为 C2000(版本 2.2 以上)、C5000 和 C6000 系列 DSP 提供 DSP/BIOS 功能,而在 C3X 中是没有 DSP/BIOS 功能的。所以有时也将用于 C3X 开发的集成开发环境称为 CC(Code Composer),以示区别。

TI 为其 DSP 设计的集成开发环境是 CCS IDE,用于将建立 DSP 应用程序所需要的工具都集成在一起。

CCS 主要包含了以下的功能:

➢ 集成可视化代码编辑界面,可直接编写 C、汇编、.H 文件、.cmd 文件等。

➢ 集成代码生成工具,包括汇编器、优化 C 编译器、链接器等。

➢ 基本调试工具,例如,装入执行代码(.out 文件),查看寄存器、存储器、反汇编、变量窗口等,支持 C 源代码级调试。

➢ 支持多 DSP 调试。

➢ 断点工具,包括硬件断点、数据空间读/写断点、条件断点(使用 GEL 编写表达式)等。

➢ 探针工具(probe points),可用于算法仿真、数据监视等。

➢ 分析工具(profile points),可用于评估代码执行的时钟数。

➢ 数据的图形显示工具,可绘制时域/频域波形、眼图、星座图、图像等,并可自动刷新(使用 Animate 命令运行)。

➢ 提供 GEL 工具,用户可以编写自己的控制面板/菜单,方便直观地修改变量、配置参数等。

➢ 支持 RTDX(Real Time Data eXchange)技术,可在不中断目标系统运行的情况下,实现 DSP 与其他应用程序(OLE)的数据交换。

➢ 开放式的 plug-ins 技术,支持其他第三方的 ActiveX 插件,支持包括软仿真在内的各种仿真器(只须安装相应的驱动程序)。

➤ 提供 DSP/BIOS 工具,增强对代码的实时分析能力(如分析代码执行的效率)、调度程序执行的优先级、方便管理或使用系统资源(代码/数据占用空间、中断服务程序的调用、定时器使用等),从而减小开发人员对硬件资源熟悉程度的依赖性。

可见,Code Composer Studio 具有实时、多任务、可视化的软件开发特点,已经成为 TI DSP 家族的程序设计、制作、调试、优化的利器。

本章介绍 CCS6.1,这是比较成熟、稳定的一个版本。

2.1 CCS 集成开发环境与开发流程

CCS 提供了基本的代码生成工具,具有一系列的调试、分析能力。CCS 支持如图 2.1 所示的开发周期的所有阶段。

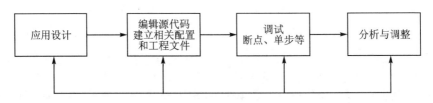

图 2.1 DSP 软件开发环节

CCS 中主要包括了代码生成工具、集成开发环境、DSP BIOS 插件程序及相关 API、RTDX 插件、主机界面以及相关 API。

CCS 核心部分其实是一组代码与编译工具的集成,CCS 的代码生成工具奠定了 CCS 提供的开发环境的基础。图 2.2 是一个典型的软件开发流程图,图中阴影部分表示通常的 C 语言开发途径,其他部分是为了强化开发过程而设置的附加功能。

图 2.2 描述的工具如下:

C 编译器(C compiler):产生汇编语言源代码。

汇编器(assembler):把汇编语言源文件翻译成机器语言目标文件,机器语言格式为公用目标格式(COFF)。

链接器(linker):把多个目标文件组合成单个可执行目标模块。它一边创建可执行模块,一边完成重定位以及决定外部参考。链接器的输入是可重定位的目标文件和目标库文件。

归档器(archiver):允许把一组文件收集到一个归档文件中,也允许通过删除、替换、提取或添加文件来调整库。

助记符到代数汇编语言转换公用程序(mnimonic_to_algebric assembly translator utility):把含有助记符指令的汇编语言源文件转换成含有代数指令的汇编语言源文件。

　　建库程序(library build utility):用于建立满足自己要求的"运行支持库"。

　　运行支持库(run_time_support libraries):包括 C 编译器支持的 ANSI 标准运行支持函数、编译器公用程序函数、浮点运算函数和 C 编译器支持的 I/O 函数。

　　十六进制转换公用程序(hex conversion utility):它把 COFF 目标文件转换成 TI-Tagged、ASCII-hex、Intel、Motorola-S、或 Tektronix 等目标格式,可以把转换好的文件下载到 EPROM 编程器中。

　　交叉引用列表器(cross_reference lister):用目标文件产生参照列表文件,可显示符号及其定义、符号所在的源文件。

　　绝对列表器(absolute lister):输入目标文件,输出 .abs 文件,通过汇编 .abs 文件可产生含有绝对地址的列表文件;如果没有绝对列表器,这些操作将需要冗长乏味的手工操作才能完成。

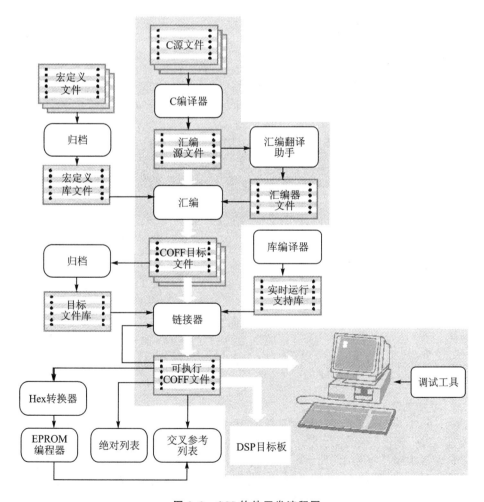

图 2.2　CCS 软件开发流程图

2.2 CCS 集成开发环境搭建主要步骤

2.2.1 CCS6.1 安装

CCS 安装之前需要关注如下问题：

➢ 安装正版的完整的 CCS 软件,推荐安装 CCS6.1 版本因为该版本比较流行、稳定、成熟；

➢ CCS6.1 针对当下的各类操作系统都可以完美支持,尤其是对 WIN7、WIN8、WIN10 等 64 位机,而 CCS3.3 不能支持 64 位；

➢ CCS6.1 内部集成了多版本仿真器,包括了目前市场性价比高的 XDS100V1、V2、V3 以及 XDS200 等仿真器。

➢ 安装过程中会遇到某些问题,此时需要将电脑防火墙以及杀毒软件关闭后再尝试安装。

CCS6.1 软件的安装过程如下：

① 获取 TI 官方正版 CCS6.1 安装软件；

② 将 CCS6.1 安装软件放置到计算机的硬盘中,注意,放置的路径不能出现中文字符,否则安装会报警、退出。

③ 安装过程中,暂时关闭计算机的防火墙以及杀毒软件,否则安装很可能失败,安装完毕再开启防火墙以及杀毒软件；

④ 右击 CCS6.1 可执行文件,如图 2.3 所示,在弹出的级联菜单中选择"以管理员身份运行"；

⑤ 运行后弹出如图 2.4 所示界面,单击"是"；

⑥ 于是弹出如图 2.5 所示的界面,表示检测到计算机有运行的杀毒软件,即使杀毒软件关闭也会跳出此界面,此时可以不必理会,直接单击"是"；

⑦ 接下来进入 CCS6.1 安装界面,如图 2.6 所示,选择 I accept the terms of the license agreement,单击 Next 按钮；

⑧ 在接下来弹出的如图 2.7 所示的界面选择安装路径,也可以默认安装,之后单击 Next,安装路径中最好不要含有中文路径；

⑨ 在接下来弹出的如图 2.8 所示的界面,根据需要选择安装内容,若计算机硬盘足够大,建议尽量选择 Select All;若不想安装多余内容,则可根据自身需求选择安装内容,然后单击 Next；

⑩ 在接下来的如图 2.9 所示的界面中选择仿真器驱动安装内容,若只用到了 XDS100 系列,则按照图 2.10 所示界面进行安装,然后单击 Next；

⑪ 在接下来的界面中,直接单击 Next,直到弹出如图 2.10 所示界面,单击 Finish 按钮即可进入安装界面。CCS6.1 安装需要等待一段时间,安装结束后只须单击 Finish 即可,则桌面就会出现如图 2.11 所示图标,表示安装成功。

图 2.3 运行 CCS6.1 安装软件

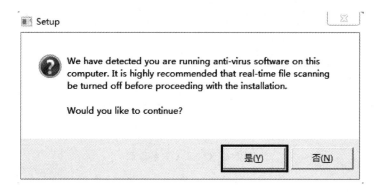

图 2.4 CCS6.1 安装确认

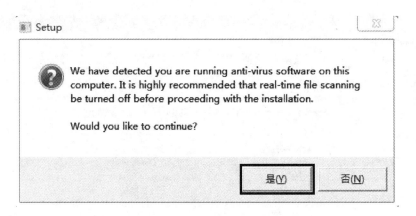

图 2.5 CCS 安装检测杀毒软件

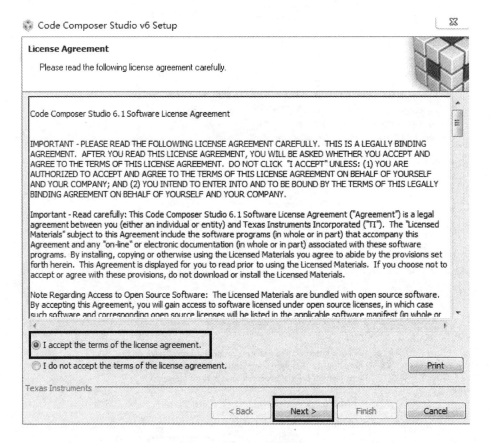

图 2.6 CCS6.1 安装界面

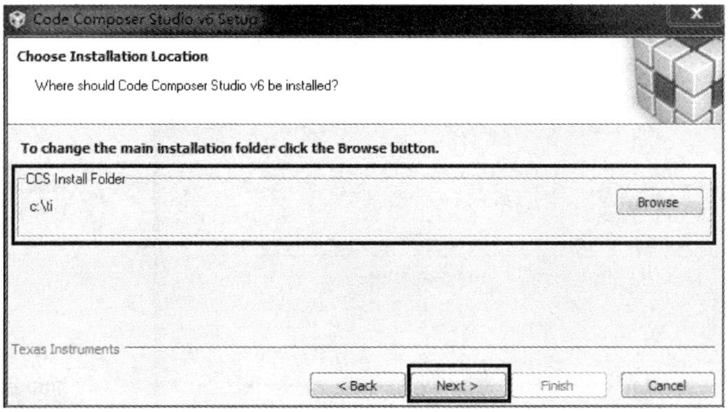

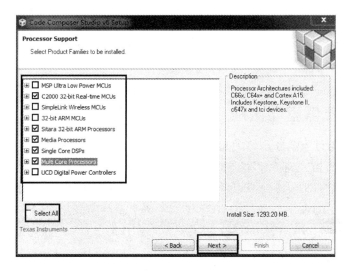

图 2.7　CCS6.1 安装路径设置

图 2.8　CCS6.1 安装内容设置

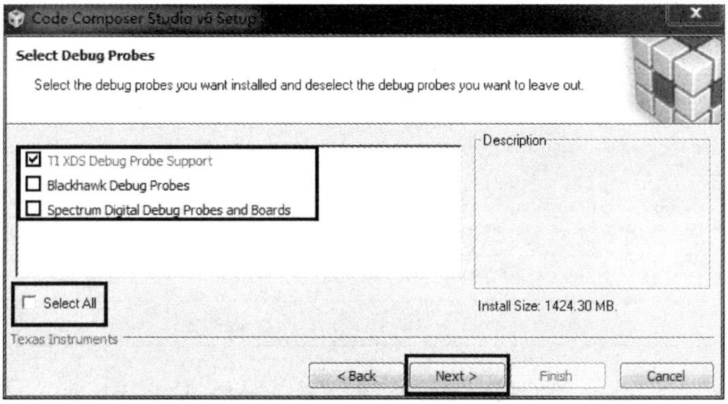

图 2.9　CCS6.1 安装仿真器设置

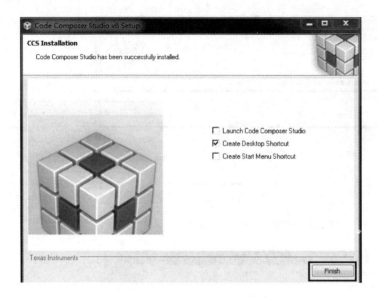

图 2.10　CCS6.1 安装配置结束 　　　　　　图 2.11　CCS6.1 图标

2.2.2　仿真器驱动识别

仿真器作为目标板与 CCS 的对接桥梁,在开发过程中必不可少。目前,市面上有很多种 DSP 仿真器,之前用得最广泛的要属 XDS510,其高性价比深受广大用户青睐。但是随着 CCS 软件的不断升级以及微软操作系统的不断更新,XDS510 的驱动程序无法快速跟进,又由于更高性价比的 XDS100\200 系列高速仿真器的问世,于是很多用户开始选择 XDS100/200 系列仿真器。这里从成本和性能上对比了常用仿真器,如表 2.1 所列。

表 2.1　各类仿真器对比表

仿真器型号	支持 CCS	支持 DSP	成　本	性　能
XDS560	所有版本	所有型号	高	高
XDS510	CCS3.3 之前版本、CCS4.0 以上部分版本	部分型号	中	中
XDS100 V1	CCS4.0 以上版本	所有型号	低	低
XDS100 V2	CCS4.0 以上版本	所有型号	低	中低
XDS100 V3	CCS4.0 以上版本	所有型号	低	中
XDS200	CCS4.0 以上版本	所有型号	中	中高

XDS100、XDS200 系列的仿真器驱动集成在 CCS6.1 中,CCS6.1 安装结束后即可进行仿真器驱动的识别。

将仿真器的 USB 接口直接与计算机的任何一个 USB 接口连接,则仿真器驱动自动识别并安装。若后期更改仿真器连接的计算机 USB 接口,则此识别过程需要再进行一次。

仿真器驱动安装结束,则在设备管理器中显示如图 2.12 所示信息,表明驱动识别完成。不同操作系统的驱动信息所有差别,只要驱动信息中没有问号出现,则都表示驱动识别成功。

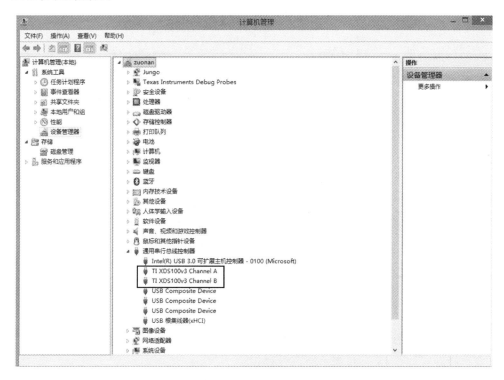

图 2.12　TI XDS100V3 驱动识别

2.2.3　CCS6.1 建立目标板配置文件

众所周知,TI 公司开发了很多种类型的 DSP,而且市面上有很多种仿真器,那么如何采用同一个 CCS 开发环境来实现那么多种 DSP 和仿真器的配对呢?这就是目标板配置文件的建立目的,目标板配置文件就是将仿真器型号与 DSP 型号配对起来,从而实现 CCS 与目标板建立连接。

CCS6.1 建立目标板配置文件的步骤如下:

① 打开 CCS6.1 软件,选择 View→Target Configuration 菜单项,之后在 CCS6.1 界面中找到如图 2.13 所示的窗口。

② 选择 File→new→Target Configuration File 菜单项,则弹出如图 2.14 所示的界面。图中第一步为配置文件命名,命名可以随意,但是为了便于管理,一般会命名

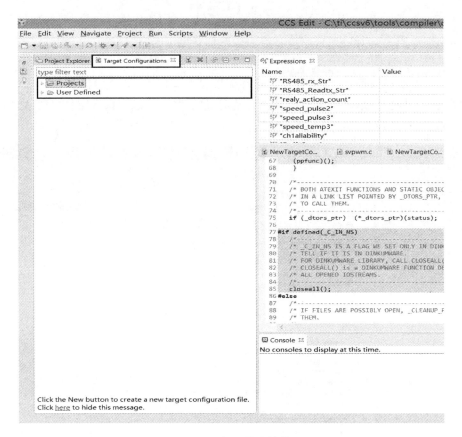

图 2.13　目标配置文件界面

为"DSP 型号-仿真器型号",如 F28335 - XDS100V3. ccxml;第二步设置保存地址,一般选择默认即可;第三步表示结束设置。

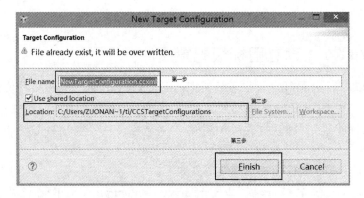

图 2.14　目标配置文件设置

③ 第②步的结束按钮后弹出如图 2.15 所示的界面,同样需要 3 步设置。第一步,在 Connection 栏中选择仿真器型号,以 XDS100V3 为例,选择 Texas Instruments XDS100v3 USB Debug Probe;第二步,在 Board or Device 栏选择目标板型号,这里选择 TMS320F28335;第三步,在界面右侧选择 Save 按钮,这样此配置文件就保存了。这样就可以在如图 2.16 所示的目标配置文件管理菜单上显示刚刚建立的配置文件名称。

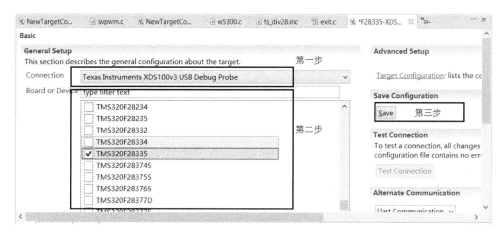

图 2.15　目标配置文件建立过程

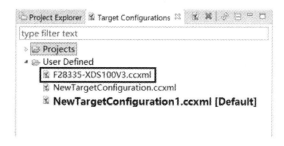

图 2.16　目标配置文件管理菜单

以上就是建立目标板配置文件的过程,同样,用户可以建立很多不同的配置文件,非常灵活。而且,这些配置文件可以根据不同的仿真器型号和 DSP 型号随意更改,每次更改后须保存才能生效。

2.2.4　目标板连接

目标板配置文件建立完后,就要开始进行目标板的连接。进行目标板连接之前,需要注意以下注意事项和一些常识、技巧;若忽略这些,则很可能导致目标板与 CCS连接失败。

1. 注意事项

① 注意上电顺序：

a. 首先将仿真器 USB 与计算机 USB 口连接，仿真器驱动要成功识别；

b. 将仿真器 JTAG 口接上开发板；

c. 将目标板接上电源。

② 注意，JTAG 接口的第六接口为悬空接口，目的就是防插反；一旦仿真器插反时，则可能将器件烧毁。所以不管是 TI 官方或者是市面上面的开发板，都做了防插反处理。

2. 常识与小技巧

(1) 第一脚的识别小技巧

➤ 对于焊盘，方形焊盘通常默认为第一脚；

➤ 对于接口插座，接口箭头处或箭头标示处为第一脚；

➤ 对于芯片，芯片上的圆点处，或缺口处为第一脚。

(2) JTAG 接口

JTAG(Joint Test Action Group，联合测试行动小组)是一种国际标准测试协议(IEEE 1149.1 兼容)，主要用于芯片内部测试。现在多数的高级器件都支持 JTAG 协议，如 DSP、FPGA 器件等。标准的 JTAG 接口是 4 线，即 TMS、TCK、TDI、TDO，分别为模式选择、时钟、数据输入和数据输出线。JTAG 最初是用来对芯片进行测试的，基本原理是在器件内部定义一个 TAP(Test Access Port，测试访问口)，通过专用的 JTAG 测试工具对内部节点进行测试。JTAG 测试允许多个器件通过 JTAG 接口串联在一起，形成一个 JTAG 链，从而实现对各个器件分别测试。现在，JTAG 接口还常用于实现 ISP(In-System Programmable，在线编程)、对 FLASH 等器件进行编程。

JTAG 编程方式是在线编程，传统生产流程中先对芯片进行预编程后再装到板上；简化的流程为先固定器件到电路板上，再用 JTAG 编程，从而大大加快工程进度。JTAG 接口可对 PSD 芯片内部的所有部件进行编程。

具有 JTAG 口的芯片都有如下 JTAG 引脚定义：

➤ TCK：测试时钟输入；

➤ TDI：测试数据输入，数据通过 TDI 输入 JTAG 口；

➤ TDO：测试数据输出，数据通过 TDO 从 JTAG 口输出；

➤ TMS：测试模式选择，TMS 用来设置 JTAG 口处于某种特定的测试模式。

➤ 可选引脚 TRST：测试复位，输入引脚，低电平有效。

目前，大多数比较复杂的器件都支持 JTAG 协议，如 ARM、DSP、FPGA 器件等。目前，JTAG 接口的连接有两种标准，即 14 针接口和 20 针接口，其定义分别如下所示：

14 针 JTAG 接口定义引脚名称描述如下：

➤ 1、13 接电源 VCC；

➤ 2、4、6、8、10、14 接地 GND；

➤ 3 测试系统复位信号 nTRST；

➤ 5 测试数据串行输入 TDI；

➤ 7 测试模式选择 TMS；

➤ 9 测试时钟 TCK；

➤ 11 测试数据串行输出 TDO；

➤ 12 未连接 NC。

20 针 JTAG 接口定义引脚名称描述如下：

➤ 1 目标板参考电压，接电源 VTref；

➤ 2 接电源 VCC；

➤ 3 测试系统复位信号 nTRST；

➤ 4、6、8、10、12、14、16、18、20 接地 GND；

➤ 5 测试数据串行输入 TDI；

➤ 7 测试模式选择 TMS；

➤ 9 测试时钟 TCK；

➤ 11 测试时钟返回信号 RTCK；

➤ 13 测试数据串行输出 TDO；

➤ 15 目标系统复位信号 nRESET；

➤ 17、19 未连接 NC。

以 YXDSP‐XDS100 V2、V3 仿真器为例，这些仿真器的 JTAG 接口都为 14 针接口，第 6 脚原接地接口，目前作为 JTAG 插针方向确认接口，悬空。

CCS6.1 连接目标板的步骤如下：

① 将仿真器 USB 连接至计算机的 USB 接口，JTAG 接口连接至板卡的 JTAG 接口上面，板卡需要上电。

② 打开 CCS6.1 软件，建立目标板配置文件，或者在 View→Target Configuration 菜单项弹出的界面找到建立完毕的配置文件。

③ 若 View→Target Configuration 界面内部已经建立了一个以上的配置文件，则须将想要执行的配置文件设置成默认状态。具体方法为右击想要执行的配置文件，在弹出的级联菜单中选择 Set as Default，如图 2.17 所示。

④ 运行配置文件，具体办法就是右击选中的配置文件，在弹出的级联菜单中选择 Launch Selected Configuration，如图 2.18 所示。

⑤ 若出现如图 2.19 所示的界面，则表明配置文件运行成功。此时的连接按钮、下载按钮全部变为有效状态，否则这些按钮为无效状态。

⑥ 连接目标板卡，直接单击"连接按钮"即可。若连接成功，则此时的"连接按

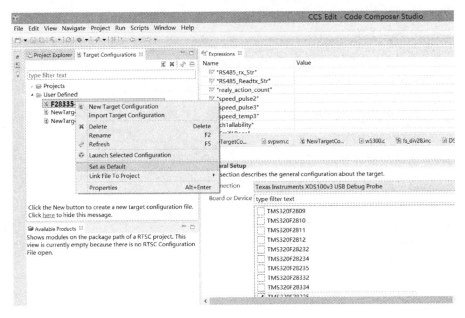

图 2.17　设置默认状态

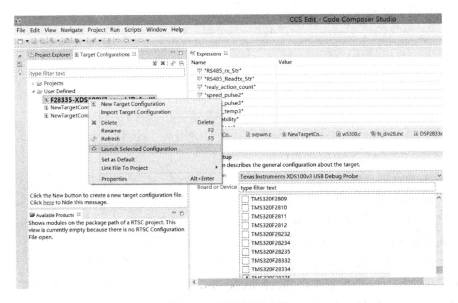

图 2.18　运行配置文件

钮"会变成如图 2.20 所示的状态。如果连接不成功,则软件弹出错误对话框,指示连接错误信息。

　　⑦ 若出现错误提示框,不用担心,仔细检查以上注意事项以及操作步骤;如果仍然报警,则将仿真器和目标板卡重新上电。

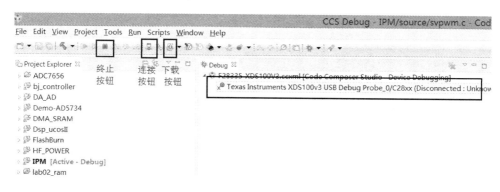

图 2.19　运行配置文件成功

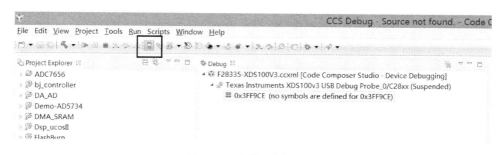

图 2.20　连接目标板成功

2.3　CCS 的基本操作

在集成环境 CCS 下开发 DSP 软件时,需要建立 DSP 工程的概念。通过 CCS 集成开发环境将 DSP 涉及的相关文件有效集合起来,其中包括了源代码文件、头文件、例行库、用户库、内存定位文件(cmd)以及更高级的 DSP/BIOS 配置文件等。

2.3.1　CCS 中常用文件名和应用界面

1. 常用文件名

使用 CCS 时会经常遇见下述扩展名文件:

➤ project. mak:CCS 使用的工程文件;

➤ program. c:C 程序源文件;

➤ program. asm:汇编程序源文件;

➤ filename. h:C 程序的头文件,包含 DSP/BIOS API 模块的头文件;

➤ filename. lib:库文件;

➤ project. cmd:链接命令文件;

➤ program. obj:由源文件编译或汇编而得的目标文件;

➤ program. out：(经完整的编译、汇编以及链接的)可执行文件；
➤ project. wks：存储环境设置信息的工作区文件；
➤ program. cdb：配置数据库文件,采用 DSP/BIOS API 的应用程序需要这类文件,对于其他应用程序则是可选的。

保存配置文件时将产生下列文件：
➤ programcfg. cmd：链接器命令文件；
➤ programcfg. h54：头文件；
➤ programcfg. s54：汇编源文件。

2. 应用界面

应用界面如图 2.21 所示。

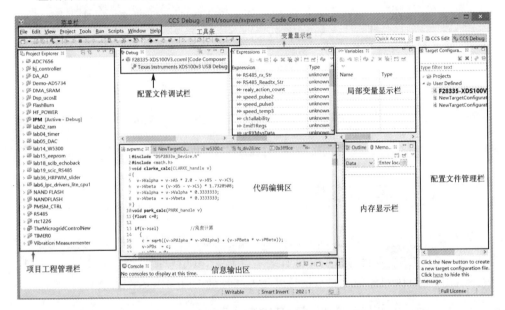

图 2.21　CCS 应用界面

2.3.2　导入工程

步骤如下：

① 将本书提供例程文件夹中的所有例程复制到 CCS 安装目录中 workspace_v6_1 文件夹中。

② 启动 CCS6.1。

③ 选择 File→Import 菜单项,则弹出如图 2.22 所示的界面。在此界面中选择 Code Composer Studio 下面的 CCS Projects 或者 Legacy CCSv3.3 Projects,至于如何选择,则需要根据要导入的工程来决定。如果需要导入的工程为 CCS3.3 版本,那

么需要选择 Legacy CCSv3.3 Projects；如果需要导入的工程为 CCS4.0 版本以上的，那么选择 CCS Projects。

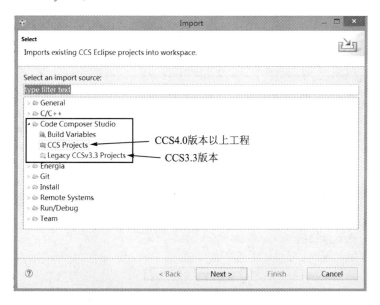

图 2.22　导入工程界面

④ 若确定工程属于 CCS4.0 以上版本，那么选择 CCS Projects。单击 Next 按钮进入如图 2.23 所示的界面。首先 Browse 浏览找到工程所在位置，然后选中想要导入的工程文件夹。如果工程属于 CCS4.0 以上版本，那么出现如图 2.24 所示的界面，表明工程版本识别正确，然后单击 Finish 按钮即可导入。

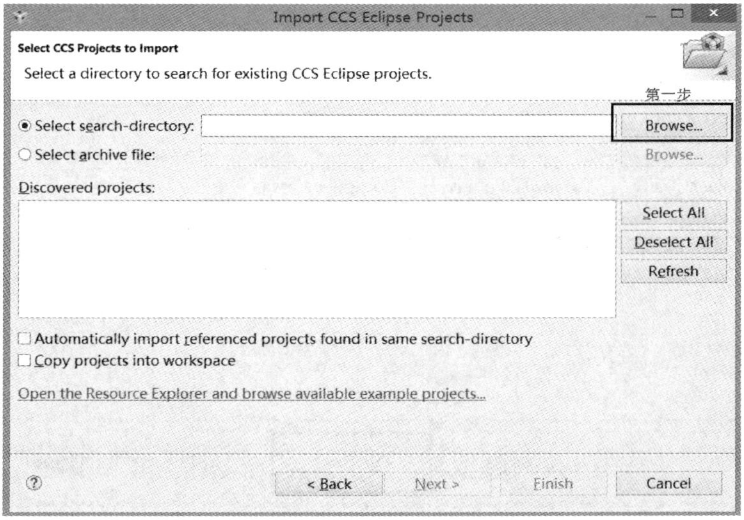

图 2.23　CCS 工程浏览

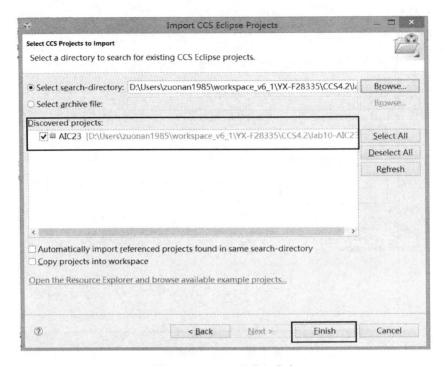

图 2.24　CCS 工程导入成功

⑤ 若确定工程属于 CCS3.3,那么选择 Legacy CCSv3.3 Projects。单击 Next 按钮进入如图 2.25 所示的界面。首先 Browser 浏览找到工程文件,此处与 CCS4 以上版本不同,需要定位到 CCS3.3 的工程文件再单击 Next。如果一切正确,那么出现如图 2.26 所示的界面,表明工程版本识别正确;然后单击 Next,则出现如图 2.27 所

图 2.25　CCS3.3 工程导入

示界面,表示导入成功,直接单击 Finish 按钮。

⑥ 如果单击 Finish 后弹出警告框,那么可忽略。若弹出错误框,那么说明导入出现问题,要么工程管理栏中已经包含了此文件名称,要么就是版本信息错误导致错误。

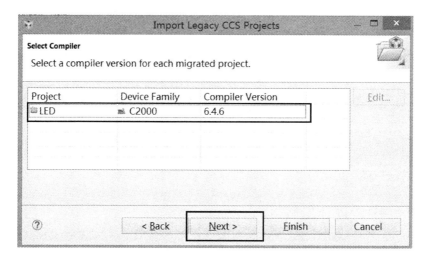

图 2.26 CCS3.3 工程成功

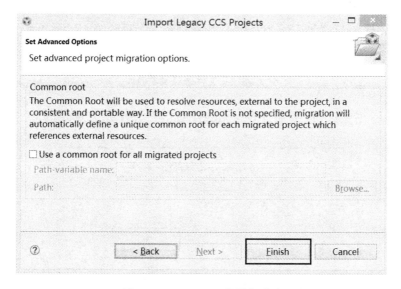

图 2.27 CCS3.3 工程导入成功

2.3.3 工程编译

工程导入后往往需要重新对工程进行编译,但是编译前需要重新设置头文件路径,否则编译会出现错误。

头文件路径设置的方法如下：

① 右击需要编译的工程，在弹出的级联菜单中选择 Propreties，则弹出如图 2.28 所示的界面。

② 选择 CCS Build→C2000 Compiler→Include Options，找到右侧框体中的 Add dir to ♯include search path 栏中的"＋"，则弹出如图 2.29 所示的界面。单击 Workspace，然后选择编译工程的 INCLUDE，如图 2.30 所示，单击 OK 即可。

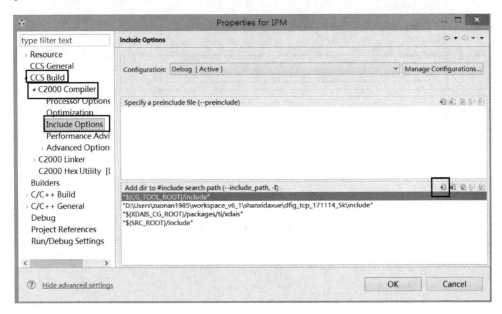

图 2.28　头文件路径设置界面

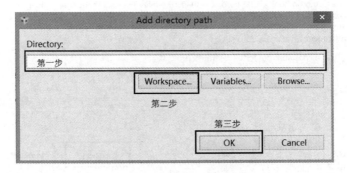

图 2.29　头文件路径设置

头文件路径设置成功后，右击想要编译的工程，并在弹出的级联菜单中选择 Build Project。若工程中无错误，那么就会生产可执行文件.out。

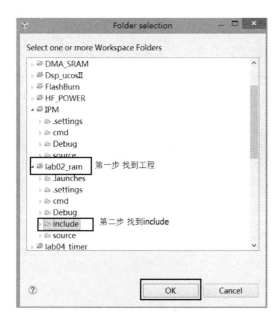

图 2.30 寻找 INCLUDE 路径

2.3.4 下载并运行程序

下载程序就是将 2.3.3 小节生产的.out 可执行文件装载到目标板中执行。那么前提就是首先将目标板连接成功,然后直接选择 Run→Load→Load Program,将程序下载到目标板中。之后选择 Run→resume 或者直接单击键盘 F8 键即可,此时目标板就运行程序了,接下来开发者就需要调试程序了,那么调试中会使用一些工具,方便开发者寻找逻辑问题。

2.3.5 常用断点设置

断点的作用在于暂停程序运行,以便观察程序状态、检查或者调整变量/寄存器的值。可以在源代码编辑窗口中源代码的某一行设置断点,断点设置完成后可以使能也可以禁止。

CCS 提供两种断点,分别是软件断点和硬件断点。可以在断点属性中进行设置。设置断点应该避免以下两种情形,以免破坏处理器的流水:

➢ 将断点设置在属于分支或者调用的语句上。

➢ 将断点设置在块重复操作的倒数第一或者第二条语句上。

本小节主要介绍软件断点,因为实际应用中软件断点使用的情况比较多。下面依次介绍断点的设置和删除。

1. 断点的设置

有两种方法增加断点：

① 选择 Run→New Breakpoint(Code Composer Studio)→Breakpoint 菜单项，在 Location 下拉列表框中填写需要中断的指令地址。用户可以观察反汇编窗口，确定指令所处地址。断点设置成功后，则相应行左侧会出现实心蓝点，如图 2.31 所示。

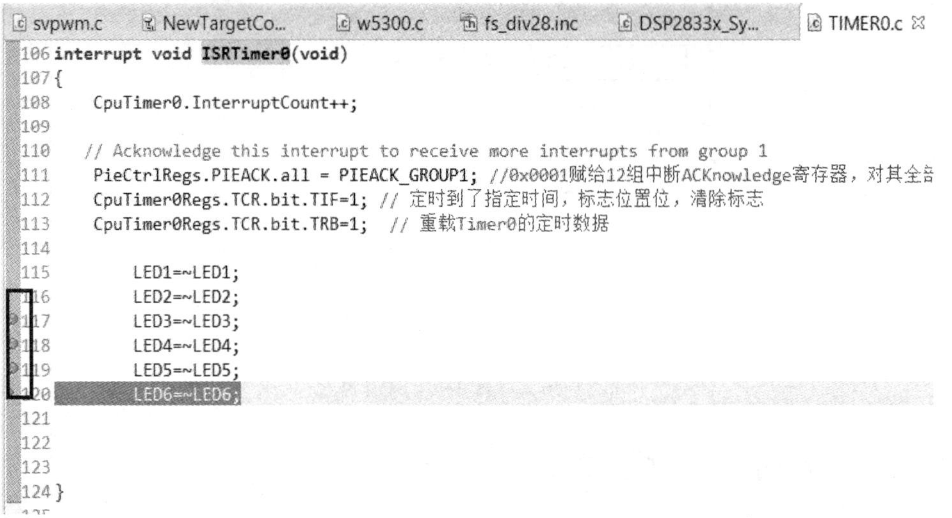

```
svpwm.c      NewTargetCo...     w5300.c     fs_div28.inc     DSP2833x_Sy...     TIMER0.c
106 interrupt void ISRTimer0(void)
107 {
108     CpuTimer0.InterruptCount++;
109
110   // Acknowledge this interrupt to receive more interrupts from group 1
111     PieCtrlRegs.PIEACK.all = PIEACK_GROUP1; //0x0001赋给12组中断ACKnowledge寄存器,对其全部
112     CpuTimer0Regs.TCR.bit.TIF=1; // 定时到了指定时间,标志位置位,清除标志
113     CpuTimer0Regs.TCR.bit.TRB=1;  // 重载Timer0的定时数据
114
115     LED1=~LED1;
116     LED2=~LED2;
117     LED3=~LED3;
118     LED4=~LED4;
119     LED5=~LED5;
120     LED6=~LED6;
121
122
123
124 }
125
```

图 2.31 断点设置

② 直接使用鼠标设置。

直接将鼠标移到需要设置断点的行，在该行左侧的空栏处双击鼠标即可设置断点。如果在已经设置断点行的左侧空栏上(即在实心圆点上)双击则可以取消断点。

③ 采用工程工具栏。选择 Run→Toogle Breakpoint 菜单项即可。

2. 断点的删除

双击断点处即可取消断点，或者选择 Run→Remove All Breakpoint 菜单项即可。

2.3.6 显示图形

CCS 包含了一个先进的信号分析界面，使用户能精确地监视信号数据。这些特性在开发通信、无线通信、图像处理及普通 DSP 应用程序时都非常有用。CCS 提供了多种方式来将程序处理的数据可视化。数据的可视化过程可按以下步骤进行：

① 选择 Tools→Graph→Single Time 菜单项，如图 2.32 所示。

② 在弹出的对话框中进行如图 2.33 所示设置，其中，Acquisition Buffer 表示存储数据的长度组大小；Dsp Data Type 表示显示数据的类型，此处要选择与定义数据

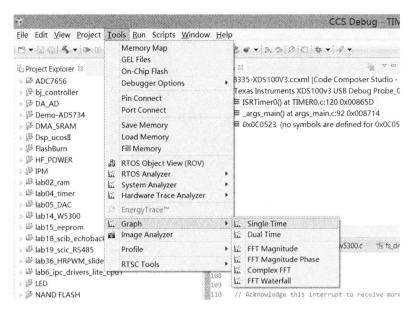

图 2.32　选择 Single Time 菜单项

类型一致；Start Address 表示显示数据的首地址（数组首地址）；Display Data Size 表示显示数据的长度。这 4 个参数都需要根据实际情况正确填写。

图 2.33　图形属性对话框设置

③ 单击 OK，则显示如图 2.34 所示界面。

④ 在窗口就可以查看当前数据的波形情况，此功能对于连续数据分析非常有效。

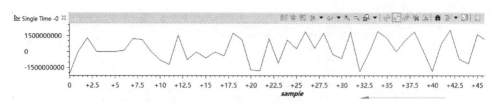

图 2.34　图形显示框

⑤ 单击此界面上方的 Enable Continuous Refresh 按钮,则波形会持续刷新显示。

2.4　TMS320X28xx 的 C/C++编程

TMS320X28xxx 系列 DSP 主要应用于嵌入式控制系统中。为了方便用户开发、提高代码的运行效率,TI 公司为访问外设寄存器提供了硬件抽象层的方法。该方法采用寄存器结构和位定义的形式,可以方便地访问寄存器以及寄存器中的某些位;同传统的宏定义形式访问寄存器相比,具有简便明了的特点。

2.4.1　传统的宏定义方法

传统的 C/C++编程时,访问处理器中的硬件寄存器主要采用♯define 宏的方式,用户可以采用宏定义的方式在头文件里定义寄存器,比如 SCI 的寄存器。如下:

SCI 模块的寄存器 SCICCRA 地址为 0x7050,在头文件里可以这样定义 SCIC-CRA 寄存器:

```
♯define SCICCRA    (volatile  Uint16  * )0x7050
```

这样,只要出现 SCICCRA 的代码,则代表对地址 0x7050 的内容进行操作。

采用传统的宏定义方法访问寄存器有以下优点:

➢ 宏定义相对简单、快捷,并容易输入相关的代码;

➢ 变量名可以根据寄存器的名称匹配,方便编程时使用。

采用传统的宏定义方法访问寄存器有以下缺点:

➢ 不方便位操作,为了独立地操作寄存器中的某些位就必须屏蔽其他位;

➢ 在 CCS 开发环境中不能显示每个位的定义;

➢ 不能充分利用 CCS 开发环境来自动完成部分输入的特点;

➢ 不方便外设的重复使用。

2.4.2　位定义和寄存器文件结构方法

相对♯ define macroas 方法访问寄存器,位定义和寄存器文件结构的方法在使用上更加灵活方便,可以有效地提高编程效率。

(1) 寄存器文件结构

寄存器文件实际上就是将某些外设的所有寄存器采用一定的结构体在一个文件中定义,这些寄存器在 C/C++中采用一定的结构分组,这就是所谓的寄存器文件结构。每个寄存器文件结构在编译时都会直接将外设寄存器映射到相应的存储空间,这种映射关系允许编译器采用 CPU 的数据页指针访问寄存器。

(2) 位区定义

位区定义可以为寄存器内的特定功能位分配一个相关的名字和相应的宽度,允许采用位区定义的名字直接操作寄存器中的某些位。例如,可以直接利用状态寄存器的位定义的名字读取状态寄存器中相应的位。

这里以 SCI 为例,介绍寄存器文件结构和位区定义的使用。在使用过程中主要完成下列操作:

> 为 SCI 的使用创建新的数据类型;
> 将寄存器文件结构变量映射到使用的第一个寄存器地址;
> 为指定的 SCI 寄存器增加位区定义;
> 为访问位区或整个寄存器增加共同体定义;
> 重新编写寄存器文件结构体类型,使其包括位区定义和共同体定义。

1) 定义寄存器文件结构

使用结构体定义 SCI 模块的部分寄存器:

```
struct SCI_REGS{
Uint16   SCICCR_REG SCICCR;
Uint16 SCICTL1_REG SCICTL1;
Uint16   SCIHBAUD;
};
```

这个例子中创建了一个新的结构体 struct SCI_REGS,但是没有定义任何变量。下面例子中给出了结构体变量的定义方法:

```
volatile struct SCI_REGS Sciaregs;
volatile struct SCI_REGS Scibregs;
```

2) 寄存器文件结构的空间分配

编译器产生可重新定位的数据和代码模块,这些模块称为段。这些段根据不同的系统配置分配到相应的地址空间,各段的具体分配方式在连接命令文件(.cmd)中定义。默认情况下,编译器将全局和动态变量分配到.ebss 或 bss 段,比如 SciaRegs 和 ScibRegs;若采用硬件抽象层设计方法,则寄存器文件变量同外设寄存器文件不同,每个变量采用 # pragma DATA_SECTION 命令分配到数据空间(.ebss 或 bss 段)。

C 语言中,#pragma DATA_SECTION 的编程方式如下:

```
#pragma DATA_SECTION(symbol,"section name")
```

采用#pragma DATA_SECTION 将变量 SciaRegs 分配到名字为 SciaRegsFile 的数据段。然后这两个数据段直接映射到 SCI 寄存器所占的存储空间。

下面代码为将变量分配到数据段:

```
/ ***************************************************************
    使用#pragma 将变量分配到数据段,C 与 C++采用不同的
#pragma 形式,编译 C++时编译器自动定义_cplusplus
**************************************************************** /
#ifdef _cplusplus
#pragma DATA_SECTION("SciaRegsFile")
#else
#pragma DATA_SECTION(SciaRegs,"SciaRegsFile")
#endif
volatile struct SCI_REGS SciaRegs;
```

采用上述方法将每个外设的寄存器变量分配到数据段。链接命令文件会将每个数据文件直接映射到相应的存储空间。SCIA 寄存器将映射到起始地址为 0x7050 的存储空间。使用分配好的数据段,变量 SciaRegs 将会分配到起始地址为 0x7050 的存储空间。相关链接命令如下:

```
/ ***************************************************************
    存储器.cmd 文件
    将 SCIA 寄存器文件结构分配到相应的存储空间
**************************************************************** /
MEMORY
{
    …
    PAGE 1:
    SCIA :origin = 0x007050,length = 0x000010   / * SCIA 寄存器 * /
    …
}
SECTIONS
{
    …
    SciaRegsFile :> SCIA,PAGE = 1
    …
}
```

将寄存器文件结构变量直接映射到外设寄存器的地址,用户只需要对结构体的变量进行简单的调整,就可以在 C/C++代码中直接使用这些变量访问相应的寄存器。比如要向 SCIA 控制寄存器(SCICCR)写数据,只需要采用下列方式即可:

```
...
SciaRegs.SCICCR = SCICCRA_MASK;
...
```

3）增加位区定义

使用处理器外设时经常需要直接操作寄存器的某些位,采用位区定义的方法实现寄存器位的直接操作对编程而言很方便。在 C/C++结构体中列出位区的名称定义位,每个位区定义的名称后面带有一个冒号,冒号后面紧跟相应位的长度。C28x 信号处理器上位区定义需要遵循以下原则:

> 位区成员在存储空间中由右向左排列,即寄存器的低有效位或者是第 0 位存放在位定义区的第一个位置;

> C28x 编译器限制定义的位区长度最大不超过一个整数大小,位区长度不超过 16 位;

> 如果需要定义的位区大于 16 位,则在另外一个存储空间存放其余位。

下面是一个例子:

```
struct  SCICCR_BITS {
    Uint16 SCICHAR:3;
    Uint16 ADDRIDLE_MODE:1;
    Uint16 LOOPBKENA:1;
    Uint16 PARITYENA:1;
    Uint16 PARITY:1;
    Uint16 STOPBITS:1;
    Uint16 rsvd1:8;
};
```

4）共同体的使用

位区定义方法允许用户直接对寄存器的某些位进行操作,但有时还是需要将整个寄存器作为一个值操作。为此引入共同体,使寄存器的各位可以作为一个整体操作。下例中给出了通信控制寄存器和控制寄存器 1 的共同体声明。

```
union SCICCR_REG {
        Uint16      all;
        struct SCICCR_BITS  bit;
        };

union SCICTL1_REG {
        Uint16      all;
        struct SCICTL1_BITS  bit;
        };
```

一旦寄存器的位区和共同体定义确定,SCI 寄存器文件结构就可以以共同体的形式定义。需要说明的是,并不是所有寄存器都有位区定义,比如 SCITXBUF 总是整个寄存器访问,因此位区定义就没有必要了。

与其他结构体操作一样,结构体的每个成员(. all、. bit)在 C/C++中都采用成员操作。使用. all 可以操作整个寄存器,使用. bit 则操作指定的位。

2.4.3 COFF 文件格式与模块化编程

为了软件开发环境与流程的标准化,TI 公司使用了通用对象文件格式(Common Object File Format,COFF)。这种文件格式对于编程者来说更易采用模块化编程,因为它鼓励编程人员在用汇编语言或高级语言编程时基于代码块和数据块的概念而不是一条条指令或一个个数据,这使得程序更可读和更易于移植。在 COFF格式中,这种块被称为 Sectiion,编译器和链接器都提供指令来对块进行创建和操作。不能简单地认为 COFF 文件格式为目标文件或可执行文件,因为目标文件、库文件、可执行文件都可以采用这种格式。

COFF 格式主要用来方便模块化编程,若将一个任务分解成多个子任务,并由多个人员分别进行开发时,显然可以有效地提高开发的进度;而为了达到更好的可移植性,则需要尽量做到每个模块之间相对独立,与硬件相对"独立"。每个模块可以是单独的汇编文件(. asm)、C 语言文件(. C)或者 C++文件(. CPP)来描述本子模块的功能,并包含对相互之间的通信进行定义的借口模块。模块书写的本身并不拘泥于使用的 CCS 代码集成开发环境,其他可以产生简单 ASCII 文件输出的文本编译器也可以完成此工作。目前,编译器对汇编文件与 C 文件的编译效率相对高一些,所以 TI推荐的源文件类型优先使用汇编文件和 C 语言文件。这也为多语言混合编程创造了条件。例如,可以在多个单独的头文件(. H)中定义所有的硬件寄存器;也可以用汇编语言单独写个延时程序,利用汇编程序执行快的优点完成精确的延时,并提供接口程序,这样在调用它的 C 程序里送入延时参数即可。各个相对独立的小源程序、头文件组合起来,就是一个完整的、更大、更复杂的工程,也方便对各个子模块的验证。

COFF 文件格式还可以用于增量编译,各个源程序编译成各自的. obj 文件,然后进行链接,生成. out 文件下载到芯片中。当源文件较多、程序量较大时,全部编译一遍是很费时间的,此时增量编译只对修改的源程序重新生成. obj 文件然后链接,自然会更省时间。

详细的 COFF 文件格式包括了段头、可执行代码、数据、可重定位信息、行号入口、符号表、字符串表等。从应用者的角度,宏观上了解一下整个编译过程对编程是有益处的,COFF 主要跟编译过程相关,并不影响应用者实际编程与应用。

2.4.4 链接命令文件 CMD 编写

对于一个基于 CSS 的工程,即使源程序和汇编程序写得再完美,编译全部通过,但若. cmd 文件不对,甚至一小段变量的地址分配不合理,都无法把编译出来的对象文件.obj 链接成.out 输出文件。在 COFF 格式下,程序不同部分被划分为不同的段(.section),如全局变量(.ebss)、初始值(.init)、局部变量(.stack)、代码(.text)等,这样划分的好处是对不同的段在存储空间中(不管是存在 RAM 中还是 FLASH 中)的放置十分方便,易于管理。事实上,在一个 DSP 系统中,存在大量的、各式各样的存储器。总的来讲,存储器可以分成这样的两大类,断电后仍然能够保存数据的非易失性存储器 ROM 类,如 PROM、EPROM、EEPROM、FLASH、NAND FLASH、NOR FLASH 等(ROM 类);还有断电后数据丢失的叫易失性存储器 RAM 类,如 SRAM、DRAM、SDRAM、DDR、DDR2、FIFO 等(RAM 类)。即使同为 ROM 类或同为 RAM 类存储器,仍然存在速度、读/写方法、功耗、成本等诸多方面的差别。"非易失"和"速度"就是一对典型的矛盾,非易失的 ROM 类存储器可以"永远"地保存数据,但读/写速度却很低;RAM 的速度一般都比 ROM 快得多,但却不能掉电保存,在用到存储器的时候就要考虑这样的问题,是要永久保存数据,还是暂时保存? 这关系到选择非易失性,还是易失性存储器的的问题。在某些场合,如果必须永远地保存数据,即便希望速度快一些,但也只能选择非易失的 ROM 类存储器;另外一些场合,却要把速度放在第一位,只要在通电期间能够始终保存数据就够了,这时就要选择 RAM 类的存储器了。若程序代码要反复地运行,即便断电后也不允许在系统中丢失,则一般都要存储在 ROM 类存储器中;若放在 RAM 中,从设备生产开始、储存、运输,一直到用户手里,要必备不间断电源,还要保证不发生断电的意外,这显然是不太可能的。程序运行的时候,为了提高速度,就当在 RAM 中运行,所以在一个系统中 ROM 和 RAM 都是必不可少的,各有各的用途;而且,出于功能、参数、速度、读/写方法、功耗、工艺、成本等方面的考虑,一个系统中往往要同时使用不止一种存储器。这样在系统中使用存储器的时候就要考虑存储器的优化使用,CMD 文件所描述的就是开发工程师对物理存储器的管理、分配和使用情况,而 COFF 文件格式则更方便我们去将这些段放在合适的存储器中。所以,CMD 文件包括两方面的内容:

① 用户声明整个系统里的存储器资源。无论是 DSP 芯片自带的,还是用户外扩的,凡是可以使用的、需要用到的存储器和空间,用户都要一一声明出来有哪些存储器、它们的位置和大小。如果有些资源根本用不到,则可以视为不存在,不必列出来;列出来也无所谓。

② 用户如何分配这些存储器资源,即关于资源分配情况的声明。用户根据自己的需要、结合芯片的要求,把各种数据分配到适当种类、适当特点、适当长度的存储器区域,这是编写 CMD 文件的重点,也是难点。

用户编写完自己的程序以后,要经过开发环境(编译器)的安排和解释(即编译),转换为芯片可以识别的机器码,最后下载到芯片中运行。CMD 文件就是在编译源程序、生成机器码的过程中发挥作用的,它按照用户的命令或指示来告诉开发环境(编译器)存储器资源是如何具体分配的、具体的数据应该存放的地址。

CMD 文件中所有段的名称、类型描述如表2.2所列。

表 2.2　CMD 文件中各个段的含义

名　称	描　述	链接位置
初始化的段		
.text	代码	
.cinit	全局与静态变量的初始值	FLASH
.econst	常数	FLASH
.switch	Switch 表达式的表格	FLASH
.pinit	全局构造函数表 (C++里面的 constructor)	FLASH
未初始化的段		
.ebss	全局与静态变量	RAM
.stack	堆栈空间	低 64K 字的 RAM
.esysmem	Farmalloc 函数的存储空间	RAM

这样,程序的不同段在目标系统中被配置在不同的存储区域中,这样很容易找到代码、常量、变量,因为不同的段都被放置在恰当的内存位置,方便观察与调试。

各个段的具体含义如下:

1) 程序代码(.text)

DSP 中的程序代码实际是由指令序列组构成的,CPU 按照该指令组曲执行数据读/写、计算或系统初始化等操作。系统复位(上电)之前,程序代码就已经定义好了,所以一般需要将代码预先保存在 ROM 中。FLASH 的读/写速度在 ROM 中算是快的了,所以一般都会将程序烧写在 FLASH 中;一旦烧写完,程序代码就无法修改了。

2) 常量(.cinit,被初始化的数据)

初始化的数据存储在系统复位之后的预定义区域中,包含了常量或者变量的初始值。与程序代码类似,常量一般也存储在 ROM 中,这样系统复位之前设置的常量和初值就是有效数据了。

3) 变量(.ebss 未初始化的数据)

未初始化的数据存储单元可以在程序执行过程中被改变和操作,与程序代码或常量不同,未初始化的数据一般放置在 RAM 中。RAM 中的存储单元可以被快速地调用、修改和更新,每一个变量都需要提前声明,这样才能为它们预先保留一定的存储空间。

CMD 文件主要包含了两大内容存储器资源的声明与分配,就是系统中(电路板上)可用的存储器资源清单。TI 规定,CMD 文件的资源清单用关键字 MEMORY 作为标识,具体内容写在后面的大括号{ }里面,形式如下:

MEMORY

```
{
PAGE 0:
xxx  : org = 0x1234 ,  length = 0x5678  / * This is my house. * /
PAGE 1:
aaa  : org = 0x1357 ,  length = 0x2468  / * My home here. * /
}
```

其中,MEMORY、PAGE n、org、length,包括冒号、等于号、花括号,都是关键字符,必不可少。PAGE n 表示把可用的资源空间再划分成几个大块,最多允许分 256 块,从 PAGE 0~PAGE 255。如果把 MEMORY 比作图书馆,PAGE n 就是其中的"社科类"、"工程类"、"外文类"等。大家都习惯于把 PAGE 0 作为程序空间,把 PAGE 1 作为数据空间。冯·诺依曼结构和哈佛结构都是程序空间和数据空间分开存储的。

CMD 文件中还可以写上注释,用"/ * "和" * /"包围起来,但不允许用"//",这一点和 C 语言不同。每一页下可以再分为更小的区域,即程序空间或数据空间下,可再细分为更小的块,好比是"社科类"又分了几个书架。比如"xxx:org=0x1234","length=0x5678"表示在程序空间 PAGE0 里面划分出一个命名为 xxx 的小块空间,起始地址从存储单元 0x1234 开始,总长度为 0x5678 个存储单元,地址和长度通常都以十六进制数表示。所以 xxx 空间的实际地址范围从 0x1234 开始,到 0x1234+0x5678 − 1=0x68AB 结束(起始地址加长度再减一);这一段连续的存储区域,就属于 xxx 小块了。上面的例子中,PAGE0 和 PGAE1 各包含了只有一个"小块",用户可以根据自己的情况,按照同样的格式任意增加。在支持多个 CMD 文件的开发环境里,某个或某几个 CMD 文件中,"小块"的数量可以为 0,也就是说,关键字 PAGE0 或 PAGE1 下面可以是空白的。但不允许所有 CMD 文件的同一空间都是空白。很多关键字还允许有别的写法,比如 org 可以写为 o、length 可以写为 len。这些规定和其他细节可以查阅 TI 的 pdf 文档。在声明存储器资源的时候也要特别注意以下几点:

① 必须在 DSP 芯片空间分配的架构体系以内分配所有的存储器。这里举两个例子:

a. 对于 2407,程序空间和数据空间都是从地址 0x0000~0xFFFF,最大数值是 4 个 F,共 64K 字范围。所以,2407 的 CMD 文件中不能出现 5 位数的地址,也不允许任何一个小块空间的地址范围覆盖到 64K 以外的区域,因为 2407 根本就无法控制这些区域,或者说不能访问、无法寻址。注意,起始地址和长度不要算错了。F2812、F28335(后面将 TMS320F28335 写作 F28335)也有同样的问题。

b. 2407 的数据空间里,0x0100~0x01FF 和其他几块区域是 TI 声明的保留空间(Reserved 或 illegal),也是芯片无法访问的,分配资源的时候不能涉及这些区域。同样地,F2812 的程序空间和数据空间都有大片的保留区域,不能使用。

② 每个小块的空间必须是一片连续的区域。因为,编译器在使用这块区域的时候默认它是连续的,而且每个存储单元都是可用的。

③ 同一空间下面,任何两个小块之间不能有任何的相互覆盖和重叠。外扩存储器时,要保证片外的存储空间之间,特别是片外与片内的存储空间之间,不要发生冲突。有些空间已经被 DSP 芯片的内部存储器占用了,用户是不可更改的,或只能通过模式配置在一定范围内改动,用户自行扩展存储器时要避开这些地方。

④ 用户声明的空间划分情况必须与用户电路板的实际情况相符合,对于用户自制的电路板,这是很容易出错的地方,通常会出现两种错误:

a. 设计硬件电路的时候,通常用 CPLD 作为片外存储器的选通信号,用 verilog 或者 VHDL 进行编程;如果 CPLD 逻辑出错,或者逻辑并没有真正写入 CPLD 芯片里面,即使 CMD 文件是正确的,且编译已经通过,在仿真下载或者烧写的时候,PC 机都会报错而无法继续操作。

b. 电路板有虚焊的地方,主要发生在 DSP 芯片的管脚、电平转换芯片的管脚及片外存储器的管脚上。这种情况效果等同于上面所说的 CPLD 逻辑错误。更要命的是,补焊一次、两次甚至几次,虚焊仍然存在。出现这些硬件错误时,初学者往往不能正确地对故障做出定位,一会儿认为 CMD 文件有问题,一会儿觉得硬件电路有问题,反复地折腾,最后陷入迷茫。这时,一定要保持清醒的头脑,先检查原理设计;再检查硬件电路板,保证逻辑正确,焊接可靠;最后再去检查 CMD 文件。

⑤ 一般的,初学者会找一些现成的 CMD 文件来用,一点都不要改动。其实,胆子可以大一些,改一改,试一试。DSP 芯片上的存储器只要没有被 TI 用作专门的用途,用户都可以全权支配。空间的划分是由用户决定的,可以根据需要,甚至个人的喜好来划分,名称也可以随意起,和 C 语言的变量名一样。

第3章

芯片资源

CPU 性能的好坏不仅仅取决于主频,需要看其整体架构集成性能、运算能力与指令体系。TMS320C2000 系列 DSP 集微控制器和高性能 DSP 的特点于一身,具有强大的控制和信号处理能力,能够实现复杂的控制算法。TMS320C2000 系列 DSP 片上整合了 FLASH 存储器、快速的 A/D 转换器、增强的 CAN 模块、事件管理器、正交编码电路接口及多通道缓冲串口等外设,此种整合使用户能够以很便宜的价格开发高性能数字控制系统。随着制造工艺的成熟,生产规模扩大,芯片价格在不断下降,目前该系列 DSP 市场占有率非常高,在工业自动化控制、电力电子技术应用、智能化仪器仪表、电机伺服控制方面均有着广泛的应用。F283X 系列 DSP 更是在原来 F28 系列定点 DSP 的基础上增加了浮点运算内核,保持原有 DSP 芯片优点的同时,能够更高效地执行复杂的浮点运算,在处理速度、处理精度方面要求较高的领域,比原 F28 系列 DSP 有着更高的性价比。本章将详细介绍 F28335 的结构、资源以及性能。

3.1　封装信息

F28335 芯片型号表示如图 3.1 所示,根据芯片上的字母能够识别器件的型号、封装、版本等信息,版本信息如表 3.1 所列。

表 3.1　版本信息

版本号	版本信息	版本 ID(0x0833)	备　注	版本号	版本信息	版本 ID(0x0833)	备　注
空白	0	0x0000	TMX	D	D	0x0004	内部
A	A	0x0001	TMX	E	E	0x0005	TMS
B	B	0x0002	内部	F	F	0x0006	内部
C	C	0x0003	TMS/TMP/TMX	G	G	0x0007	TMS

在器件型号后边还有一串版本信息,通过版本前两位可以进一步判断所用的芯片是合格设备还是实验设备。后边为厂地以及芯片具体批次。

另外,该系列除了上述标准产品外,还有特殊产品,分别为:

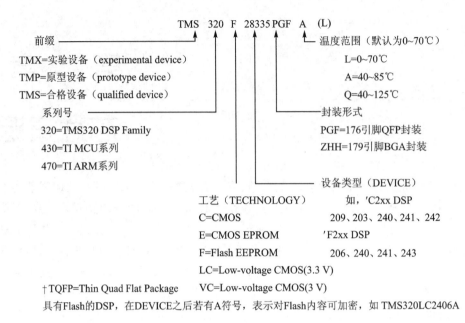

图 3.1 F28335 芯片标识信息

① SM320F28335-EP(enhanced product):增强产品,产品生产过程控制更加严格,工作温度-55~125 ℃,适合国防、航空及医疗等领域应用。

② SM320F28335-HT(high-tempreture):高温产品,陶瓷封装,工作温度-55~220 ℃,适合严酷环境应用。

③ SMJ320F28335:真正军品产品,通过美军标,陶瓷封装,适合军事、国防应用。

更具体的信息以及芯片参考价格可以在 TI 主页 www.ti.com 搜索,但网站上搜不到军品,更搜不到军品数据手册。

3.2 F28335 内核主要特点

F28335 集成了 DSP 和微控制器的长处,如 DSP 的主要特征、单周期乘法运算,能够在一个周期内完成 32×32 位的乘法累加运算,或 2 个 16×16 位乘法累加运算,而同样 32 位的普通单片机则需要 4 个周期以上才能完成;拥有完成 64 位的数据处理能力,从而使该处理器能够实现更高精度的处理任务。快速的中断响应使 F28335 能够保护关键的寄存器以及快速(更小的中断延时)地响应外部异步事件。F28335 有 8 级带有流水线存储器访问的流水线保护机制,因此,F28335 高速运行时不需要大容量的快速存储器。专门的分支跳转(Branch-look-ahead)硬件减少了条件指令执行的反应时间,条件存储操作更进一步提高了 F28335 的性能。

F28335 控制器还具有许多独特的功能,如可在任何内存位置进行单周期读、修改、写操作,不仅提供了高性能和代码高效编程,还提供了许多其他原始指令,一般普通 MCU 则需要 2 个以上周期。F28335 系列控制器在一个闪存节点上可以提供 150 MIPS 的性能,普通单片机与 MCU 均在 30 MIPS 以下。

F28335 处理器可采用 C/C++编写软件,效率非常高。因此,用户不仅可以应用高级语言编写系统程序,也能够采用 C/C++开发高效的数学算法,甚至可以与 MATLAB、LABVIEW 等高级语言系统接口。F28335 系列 DSP 完成数学算法和系统控制等任务都具有相当高的性能。F2833x 浮点控制器设计,让设计人员可以轻松地开发浮点算法,并在符合成本效益的情况下与定点机器无缝结合。与同主频的定点 F2812 比较,浮点算法速度是其 5~8 倍。

下面为 F28335 型号的处理器主要资源:

① 32 位浮点 DSP,主频是 150 MHz,方便电机控制、电力设备控制及工业控制等。

② 片上存储器:FLASH:256K×16 位;SRAM:34K×16 位;BOOT ROM: 8K×16 位;OPT ROM:2K×16 位。其中,FLASH、OPT ROM 受口令保护,可以保护用户程序。

③ 片上外设:PWM:18 路;HRPWM:6 路;CAP:6 路;QEP:2 通道;ADC:2×8 通道,12 位,80 ns 转换时间,0~3 V 输入量程;SCI:3 通道;MCBPS:2 通道;CAN:2 通道;SPI:一通道;I^2C:一通道;外部存储器扩展接口:XINTF;通用输入/输出 I/O: 88;看门狗电路。

主要特点如下:

① F28335 的 CPU 时钟电路可以有两种提供方式,一种是在 XCLKIN 引脚提供一定频率的时钟信号;另一种是在 X1 和 X2 两个引脚间连接一个晶体,配合内部的振荡电路,产生时钟源。此时钟源可以经过内部的 PLL 锁相环电路进行倍频以及分频后,提供给 F28335 的 CPU 核。CPU 核接受的时钟最高频率可以达到 150 MHz。CPU 内核指令周期为 6.67 ns;内核电压为 1.9 V,I/O 引脚电压为 3.3 V。

② F28335 为哈佛结构的 DSP,在逻辑上有 4M×16 位的程序空间和 4M×16 位的数据空间,物理上将程序空间和数据空间统一成一个 4M×16 位的空间。F28335 片内共有 34K×16 位单周期单次访问随机存储器 SARAM,分成 10 个块,分别为 M0、M1、L0~L7。M0 和 M1 块 SARAM 的大小均为 1K×16 位,当复位后,堆栈指针指向 M1 块的起始地址,堆栈指针向上生长。M0 和 M1 段都可以映射到程序区和数据区。L0~L7 块 SARAM 的大小均为 4K×16 位,既可映射到程序空间,也可映射到数据空间,其中 L0~L3 可映射到两块不同的地址空间并且受片上 FLASH 中的密码保护,以免存在上面的程序或数据,被他人非法复制。F28335 片上有 256K× 16 位嵌入式 FLASH 存储器和 1K×16 位一次可编程 EEPROM 存储器,均受片上 Flash 中的密码保护。FLASH 存储器由 8 个 32K×16 位扇区组成,用户可以对其中任何一个扇区进行擦除、编程和校验,而其他扇区不变。但是,不能在其中一个扇区上执行程序来擦除和编程其他的扇区。

③ F28335 中有 6 组互补对称的脉宽调制 PWM,每组中包换两路 PWM,分别为 PWMxA 和 PWMxB。每一组中都有 7 个单元:时基模块 TB、计数比较模块 CC、动作模块 AQ、死区产生模块 DB、PWM 斩波模块 PC、错误联防模块 TZ、事件触发模块 ET。为了 PWM 精度考虑,TI 还设计了 HRPWM,即每一组的 PWMxA 都可以配置为高精度 PWM。

④ F28335 中有 6 组增强型捕获单元 CAP,CAP 模块应用定时器实现事件捕获功能,主要应用在速度测量、脉冲序列周期等方面。并且每一路 CAP 单元还可以通过软件配置为 APWM,由于 CAP 单元的时基计数器为 32 位,所以 APWM 的时基计数器也是 32 位,这样 APWM 可以产生更低频率的 PWM。

⑤ F28335 中有 2 组增强型正交编码单元 QEP。正交编码脉冲是两个频率变化且正交(即相位相差 90°)的脉冲,当它由电机轴上的光电编码器产生时,电机的旋转方向可通过检测两个脉冲序列中的哪一列先到达来确定,角位置和转速可由脉冲频率(即齿脉冲或圈脉冲)来决定。

⑥ F28335 片上有一个 12 位 A/D 转换器,其前端为 2 个 8 选一多路切换器和 2 路同时采样/保持器,构成 16 个模拟输入通道,模拟通道的切换由硬件自动控制,并将各模拟通道的转换结果顺序存入 16 个结果寄存器中。

⑦ F28335 中有 3 组 SCI 异步串口,也就是通常所说的 UART。SCI 模块支持在 CPU 和其他异步外设之间的数字通信。SCI 的串口接收和发送均为双缓冲,接收和发送都有独立的使能和中断位。在全双工模式下,两者可以独立或同步运行。为了确保数据的完整性,SCI 模块检查接收数据的断点、校验位和帧错误。

SCI 特点:

➤ 外部引脚:2 个 SCI 发送引脚:SCITXD SCI 接收引脚:SCIRXD 。

➤ 波特率可编程:有 64K 种设置当 BRR≠0 时:波特率 = LSRCLK ÷ ((BRR + 1)×8);当 BRR = 0 时波特率 = LSPCLK ÷ 16 。

➤ 数据格式:一个开始位,1~8 个数据位,奇校验/偶检验/无校验可选,一 或两个停止位。

➤ 4 个错误检测标志:校验,溢出,帧和断点检测。

➤ 全双工和半双工模式双缓冲接收和发送。

➤ 串口数据发送和接收过程可以通过中断方式或查寻方式。

⑧ F28335 上有两个多通道缓冲型同步串口 McBSP。McBSP 是 Multichannel Buffered Serial Port 的缩写,即多通道缓冲型串行接口,是一种多功能的同步串行接口,具有很强的可编程能力,可以配置为多种同步串口标准,直接与各种器件高速接口:

➤ T1/E1 标准:通信器件。

➤ MVIP 和 ST - BUS 标准:通信器件。

➤ IOM - 2 标准:ISDN 器件。

> AC97 标准：PC Audio Codec 器件。

> IIS 标准：Codec 器件。

> SPI：串行 A/D、D/A、串行存储器等器件。

⑨ F28335 上有两个增强型 CAN 总线控制器，符合 CAN2.0B 协议。CAN 是一种多主总线，通信介质可以是双绞线、同轴电缆或光导纤维。通信速率可达 1 Mbps。CAN 总线通信接口中集成了 CAN 协议的物理层和数据链路层功能，可完成对通信数据的成帧处理，包括位填充、数据块编码、循环冗余检验、优先级判别等项工作。

CAN 特点如下：

a. 符合 CAN2.0 协议。

b. 数据传输率高达 1 Mbps。

c. 32 个邮箱，每个支持以下特点：

> 可配置成接收和发送。

> 可配置成标准或扩展的标识。

> 可编程接收屏蔽。

> 支持数据和远帧。

> 数据长度 0～8 字节。

> 在接收或发送信息时，使用 32 位的时间标志。

> 新信息的接收保护。

> 发送信息的动态优先级。

> 带有两级中断的中断配置。

> 发送和接收操作时，可发出超时警报。

d. 低功耗模式。

e. 可编程设定的总线激活。

f. 远方请求信息的自动答复。

g. 无裁决或错误时，数据帧自动重新发送。

h. 32 位的本地网络时间计数器同步于指定的信息。

i. 支持自测模式。

⑩ F28335 有一通道的 SPI 接口。SPI 是一个高速同步的串行输入/输出口，通信速率和通信数据长度都是可以编程的，DSP 可以采用 SPI 接口同外设或其他处理器实现通信。串行外设接口主要应用于系统扩展显示驱动器、ADC 以及日历时钟等器件，也可以采用主/从模式实现多处理器间的数据交换。

F2833x 的 SPI 有如下特点：

a. 4 个外部引脚：SPISOMI：SPI 从输出/主输入引脚。SPISIMO：SPI 从输入/主输出引脚。$\overline{\text{SPISTE}}$：SPI 从发送使能引脚。SPICLK：SPI 串行时钟引脚。

b. 2 种工作方式：主和从工作方式。

c. 波特率:125 种可编程波特率。

d. 数据字长:可编程的 1～16 个数据长度。

e. 4 种时钟模式(由时钟极性和时钟相应控制)。

f. 无相位延时的下降沿:SPICLK 为高电平有效。在 SPICLK 信号的下降沿发送数据,在 SPICLK 信号的上升沿接收数据。

g. 有相位延时的下降沿:SPICLK 为高电平有效。在 SPICLK 信号的下降沿之前的半个周期发送数据,在 SPICLK 信号的下降沿接收数据。

h. 无相位延迟的上升沿:SPICLK 为低电平有效。在 SPICLK 信号的上升沿发送数据,在 SPICLK 信号的下降沿接收数据。

i. 有相位延迟的上升沿:SPICLK 为低电平有效。在 SPICLK 信号的下降沿之前的半个周期发送数据,而在 SPICLK 信号的上升沿接收数据。

j. 接收和发送可同时操作(可以通过软件屏蔽发送功能)。

k. 通过中断或查询方式实现发送和接收操作。

l. 9 个 SPI 模块控制寄存器。

m. 增强特点:16 级发送/接收 FIFO。延时发送控制。

⑪ F28335 上有一个 I^2C 同步串口。I^2C(Inter - Integrated Circuit)总线是一种由 NXP 公司开发的两线式串行总线,用于连接微控制器及其外围设备。它是由数据线 SDA 和时钟 SCL 构成的串行总线,可发送和接收数据。F28335 包含一个 I^2C 主从兼容的串行接口模块。I^2C 特点如下:兼容 Philips I^2C Specification Revision 2.1(2000 年 1 月);最大传输速率可达 400 kbps;噪声滤波,可以滤除 50 ns 的噪声;7 位和 10 位地址模式;一个 16 bit 接收 FIFO 和一个 16 bit 发送 FIFO;主从功能 I^2C 引脚描述:SCL:I^2C 时钟 SDA:I^2C 数据。

⑫ F28335 的外部存储器接口包括:20 位地址线,16(最大 32)位数据线,3 个片选控制线及读/写控制线。这 3 个片选线映射到 3 个存储区域,Zone0、Zone6 和 Zone7。这 3 个存储器可分别设置不同的等待周期。

⑬ F28335 一共有 88 个通用输入/输出接口,也就是常说的 GPIO。此 88 个 GPIO 都可以通过软件配置为特殊功能或者通用输入输出接口。而且 GPIO0～GPIO63 可以通过外部中断寄存器配置为外部中断功能,即当某一个 GPIO 外部中断使能的时候,外部电平发生变化时,此引脚可以触发中断。

⑭ F28335 有 6 通道的 DMA 处理器,大大改进了大规模数据传输的效率。

3.3 与 F2812 的性能对比

当前 C2000 系列 DSP 以 F2812 与 F28335 应用最广,两者主要性能对比如表 3.2 所列。

表 3.2　F28335 与 F2812 的性能对比

性　　能	F28335	F2812
CPU	32 位定点＋单精度浮点单元 FPU	32 位定点 CPU
系统频率	150 MHz	150 MHz
片内 FLASH	256K×16 位	128K×16 位
Boot ROM	8K×16 位	8K×16 位
OTP	1K×16 位	1K×16 位
32 位 CPU 定时器	3 个	3 个
SRAM	34K×16 位	18K×16 位
128 位密码保护	有	有
系统外部接口(XNTF)	有	有
通用 I/O 口(GPIO)	88 个(可配置 4 种工作模式)	56 个(可配置 2 种工作模式)
ADC	12 位、16 通道、12.5MSPS	12 位、16 通道、12.5MSPS
电机控制外设	ePWM (最多 18 路,包括 6 路 HRPWM) 6 路 32 位 eCAP 输入 (可配置为 PWM) 2 个 32 位 eQEP	EVA EVB
SPI	1 个	1 个
SCI	3 个	2 个
Ecan	2 个	1 个
I²C	1 个	无
McBSP/SPI	2 个	1 个
外部中断	8 个	3 个
PIE	支持 58 个外设中断	支持 45 个外设中断
DMA	6 个	无

3.4　引脚分布及引脚功能

　　F28335 包含多种封装,176 引脚 PGF/PTP 薄型四方扁平封装(LQFP)的顶视图如图 3.2 所示。引脚信号说明如表 3.3～表 3.9 所列。

表 3.3   F28335 引脚说明——JTAG

名　称	引脚编号			说　明
	PGF/PTP	ZHH/BALL	ZHH/BALL	
$\overline{\text{TRST}}$	78	M10	L11	JTAG 测试复位引脚,带有内部下拉电阻,可进行 JTAG 测试复位。当为高电平时,该引脚是扫描系统获得器件运行的控制权。若该引脚悬空或为低电平时,则器件在功能模式下运作,并且测试复位信号被忽略。注意:该引脚是个有效引脚,在器件正常运行期间,该引脚须保持低电平。该引脚内部有下拉电阻配置,不需要再外接上拉电阻。在高噪声环境中需要外接下拉电阻,该阻值根据调试器设计驱动能力而定,一般为 2.2 kΩ 就能提供足够的保护(I,↓)
TCK	87	N12	M14	JTAG 测试时钟,带有内部上拉功能(I,↑)
TMS	79	P10	M12	测试模式选择端,带有内部上拉电阻器,在 TCK 上升沿时,串行控制输入被锁存在 TAP 控制器中(I,↑)
TDI	76	M9	N12	JTAG 测试数据输入端,带有内部上拉功能,在 TCK 上升沿时,TDI 被锁存在被选择的寄存器(指令或数据寄存器)中(I,↑)
TDO	77	K9	N13	JTAG 扫描输出,测试数据输出端。在 TCK 下降沿时,将被选择的寄存器的内容从 TDO 移出(O/Z 8 mA 驱动)
EMU0	85	L11	N7	仿真引脚 0。当 $\overline{\text{TRST}}$ 为高电平时,该引脚被作为中断输入或中断来自仿真系统,并通过 JTAG 扫描定义为输入/输出。当该引脚为高电平,而 EMU1 为低电平时,测试复位引脚 $\overline{\text{TRST}}$ 上的上升沿将设备锁存至边界扫描模式(I/O/Z 8 mA 驱动,↑)。注意:建议在该引脚上连接一个外部上拉电阻,这个电阻值根据调试器的驱动力确定,一般取 2.2~4.7 kΩ 之间
EMU1	86	P12	P8	仿真引脚 1。当 $\overline{\text{TRST}}$ 为高电平时,该引脚被作为中断输入或中断来自仿真系统,并通过 JTAG 扫描定义为输入/输出。当该引脚为高电平,而 EMU1 为低电平时,测试复位引脚 $\overline{\text{TRST}}$ 上的上升沿会将设备锁存至边界扫描模式(I/O/Z 8 mA 驱动,↑)。注意:建议在该引脚上连接一个外部上拉电阻,这个电阻值根据调试器的驱动力确定,一般取 2.2~4.7 kΩ 之间。同 EMU0

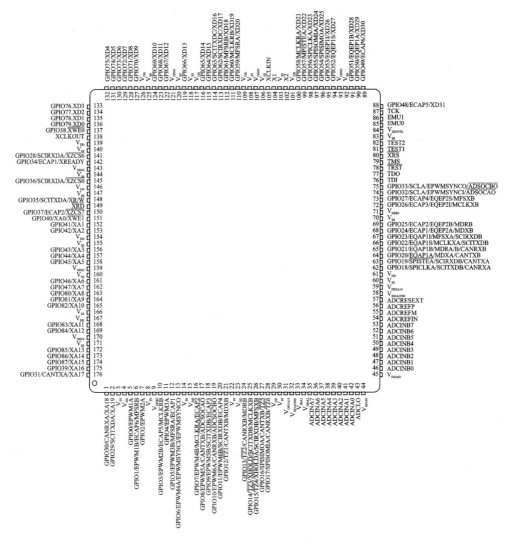

图 3.2 F28335 的 176 引脚 PGF/PTP 薄型四方扁平封装(LQFP)的顶视图

表 3.4 F28335 引脚说明——FLASH

名　称	引脚编号			说　明
	PGF/PTP	ZHH/BALL	ZHH/BALL	
VDD3VFL	84	M11	L9	FLASH 内核电源引脚,3.3 V,该引脚应当一直连接在 3.3 V 电源上
TEST1	81	K10	M7	测试引脚。Ti 保留,使用时必须悬空(I/O)
TEST2	82	P11	L7	测试引脚。Ti 保留,使用时必须悬空(I/O)

表 3.5　F28335 引脚说明——时钟

名　称	引脚编号			说　明
	PGF/PTP	ZHH/BALL	ZHH/BALL	
XCLKOUT	138	C11	A10	时钟输出来自 SYSCLKOUT。XCLKOUT 与 SY-SCLKOUT 的频率可以相等,也可以为其 1/2 或 1/4,这是由 XTIMCLK[18:16]和在 XINTCNF2 寄存器中的位 2(CLKMODE)控制的。复位时,XCLKOUT＝SY-SCLKOUT/4。通过将 XINTCNF2[CLKOFF]设定为 1,XCLKOUT 信号被关闭。与其他 GPIO 引脚不同,复位时,XCLKOUT 不在高阻态(O/Z 8 mA 驱动)
XCLKIN	105	J14	G13	外部振荡器输入。该引脚是从外部 3.3 V 振荡器获得时钟信号。在此种情况下 X1 引脚要接 GND。如果采用内部晶振/谐振器(或外部 1.9 V 振荡器)提供时钟信号时,该引脚必须接 GND
X1	104	J13	G14	内部/外部振荡器输入。若采用内部振荡器时,在 X1 与 X2 之间要接一个石英晶体或者陶瓷谐振器。引脚 X1 可为标准的 1.9 V 内核数字电源。一个 1.9 V 外部振荡器可与 X1 引脚相连,此时 XCLKIN 引脚必须接地。如果是 3.3 V 的外部振荡器与 XCLKIN 相连,X1 引脚必须接地
X2	102	J11	H14	内部振荡器输出,在 X1 与 X2 之间要接一个石英晶体或者陶瓷谐振器。当不用 X2 引脚时,该脚悬空

表 3.6　F28335 引脚说明——复位

名　称	引脚编号			说　明
	PGF/PTP	ZHH/BALL	ZHH/BALL	
$\overline{XRS}$	80	L10	M13	复位脚(输入)和看门狗复位(输出) 复位脚,该引脚使器件复位终止运行。PC 指针指向地址 0x3FFFC0。当该引脚为高电平时,程序从 PC 所指的位置运行。当看门狗复位时,该引脚为低电平。在看门狗复位期间,引脚为低电平。看门狗将持续 512 个 OSCCLK 周期(I/OD,↑)该引脚的输出缓冲器为带有内部上拉电阻的开漏缓冲器,建议该引脚由开漏驱动器驱动

表 3.7 　F28335 引脚说明——ADC 信号

名　称	引脚编号			说　明
	PGF/PTP	ZHH/BALL	ZHH/BALL	
ADCINA7	35	K4	K1	模/数转换器 A 的 8 通道模拟输入(I)
ADCINA6	36	J5	K2	
ADCINA5	37	L1	L1	
ADCINA4	38	L2	L2	
ADCINA3	39	L3	L3	
ADCINA2	40	M1	M1	
ADCINA1	41	N1	M2	
ADCINA0	42	M3	M3	
ADCINB7	53	K5	N6	模/数转换器 B 的 8 通道模拟输入(I)
ADCINB6	52	P4	M6	
ADCINB5	51	N4	N5	
ADCINB4	50	M4	M5	
ADCINB3	49	L4	N4	
ADCINB2	48	P3	M4	
ADCINB1	47	N3	N3	
ADCINB0	46	P2	P3	
ADCLO	43	M2	N2	模拟输入的公共地,接到模拟地(I)
ADCRESEXT	57	M5	P6	ADC 外部偏置电阻,接 22 kΩ 电阻到模拟地
ADCREFIN	54	L5	P7	外部参考输入(I)
ADCREFP	56	P5	P5	ADC 参考电压输出。需要在该引脚和模拟地之间接一个低 ESR(50 mΩ～1.5 Ω)的 2.2 μF 陶瓷旁路电阻(O)
ADCREFM	55	N5	P4	ADC 参考电压输出。需要在该引脚和模拟地之间接一个低 ESR(50 mΩ～1.5 Ω)的 2.2 μF 陶瓷旁路电阻(O)

表 3.8 　F28335 引脚说明——CPU 和输入/输出电源引脚

名　称	引脚编号			说　明
	PGF/PTP	ZHH/BALL	ZHH/BALL	
VDDA2	34	K2	K4	ADC 模拟电源
VSSA2	33	K3	P1	ADC 模拟地
VDDAIO	45	N2	L5	模拟 I/O 电源

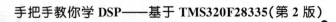

续表 3.8

名　称	引脚编号			说　明
	PGF/PTP	ZHH/BALL	ZHH/BALL	
VSSAIO	44	P1	N1	模拟 I/O 地
VDD2A18	31	J4	K3	ADC 模拟电源
VSS1AGND	32	K1	L4	ADC 模拟地
VDD2A18	59	M6	L6	ADC 模拟电源
VSS2AGND	58	K6	P2	ADC 模拟地
VDD	4	B1	D4	CPU 和数字电源引脚
VDD	15	B5	D5	
VDD	23	B11	D8	
VDD	29	C8	D9	
VDD	61	D13	E11	
VDD	101	E9	F4	
VDD	109	F3	F11	
VDD	117	F13	H4	
VDD	126	H1	J4	
VDD	139	H12	J11	
VDD	146	J2	K11	
VDD	154	K14	L8	
VDD	167	N6		
VDDIO	9	A4	A13	I/O 数字电源引脚
VDDIO	71	B10	B1	
VDDIO	93	E7	D7	
VDDIO	107	E12	D11	
VDDIO	121	F5	E4	
VDDIO	143	L8	G4	
VDDIO	159	H11	G11	
VDDIO	170	N14	L10	
VDDIO			N14	
VSS	3	A5	A1	数字接地引脚
VSS	8	A10	A2	
VSS	14	A11	A14	
VSS	22	B4	B14	
VSS	30	C3	F6	

名　称	引脚编号			说　明
	PGF/PTP	ZHH/BALL	ZHH/BALL	
VSS	60	C7	F7	
VSS	70	C9	F8	
VSS	83	D1	F9	
VSS	92	D6	G6	
VSS	103	D14	G7	
VSS	106	E8	G8	
VSS	108	E14	G9	
VSS	118	F4	H6	
VSS	120	F12	H7	
VSS	125	G1	H8	数字接地引脚
VSS	140	H10	H9	
VSS	144	H13	J6	
VSS	147	J3	J7	
VSS	155	J10	J8	
VSS	160	J12	J9	
VSS	166	M12	P13	
VSS	171	N10	P14	
VSS		N11		
VSS		P6		
VSS		P8		

表 3.9　F28335 引脚说明——GPIOA 和外设信号

名　称	引脚编号			说　明
	PGF/PTP	ZHH/BALL	ZHH/BALL	
GPIO0 EPWM1A	5	C1	D1	通用 I/O 引脚 0(I/O/Z) 增强型 PWM1 输出 A 通道和 HRPWM 通道(O)
GPIO1 EPWM1B eCAP6 MFSRB	6	D3	D2	通用 I/O 引脚 1(I/O/Z) 增强型 PWM1 输出 B 通道(O) 增强型捕获 I/O 口 6(I/O) 多通道缓冲串口 B(MCBSP－B)的接收帧同步(I/O)
GPIO2 EPWM2A	7	D2	D3	通用 I/O 引脚 2(I/O/Z) 增强型 PWM2 输出 A 通道和 HRPWM 通道(O)

续表 3.9

名 称	引脚编号			说 明
	PGF/PTP	ZHH/BALL	ZHH/BALL	
GPIO3 EPWM2B eCAP5 MCLKRB	10	E4	E1	通用 I/O 引脚 3(I/O/Z) 增强型 PWM2 输出 B 通道(O) 增强型捕获 I/O 口 5(I/O) 多通道缓冲串口 B(MCBSP – B)的接收时钟(I/O)
GPIO4 EPWM3A	11	E2	E2	通用 I/O 引脚 4(I/O/Z) 增强型 PWM3 输出 A 通道和 HRPWM 通道(O)
GPIO5 EPWM3B eCAP1 MFSRA	12	E3	E3	通用 I/O 引脚 5(I/O/Z) 增强型 PWM3 输出 B 通道(O) 增强型捕获 I/O 口 1(I/O) 多通道缓冲串口 A(MCBSP – A)的同步接收帧(I/O)
GPIO6 EPWM4A EPWMSYNCL EPWMSYNCO	13	E1	F1	通用 I/O 引脚 6(I/O/Z) 增强型 PWM4 输出 A 通道和 HRPWM 通道(O) 外部的 ePWM 同步脉冲输入(I) 外部的 ePWM 同步脉冲输出(O)
GPIO7 EPWM4B MCLKRA Ecap2	16	F2	F2	通用 I/O 引脚 7(I/O/Z) 增强型 PWM4 输出 B 通道(O) 多通道缓冲串口 A(MCBSP – A)的接收时钟(I/O) 增强型捕获 I/O 口 2(I/O)
GPIO8 EPWM5A CANTXB ADCSOCA	17	F1	F3	通用 I/O 引脚 6(I/O/Z) 增强型 PWM4 输出 A 通道和 HRPWM 通道(O) 增强型 CAN – B 发射端口(O) ADC 转换启动 A(O)
GPIO9 EPWM5B SCITXDB Ecap3	18	G5	G1	通用 I/O 引脚 9(I/O/Z) 增强型 PWM5 输出 B 通道(O) SCI – B 发射数据(O) 增强型捕获 I/O 口 3(I/O)
GPIO10 EPWM6A CANRXB	19	G4	G2	通用 I/O 引脚 10(I/O/Z) 增强型 PWM6 输出 A 通道和 HRPWM 通道(O) 增强型 CAN – B 接收端口(O) ADC 转换启动 B(O)

续表 3.9

名 称	引脚编号			说 明
	PGF/PTP	ZHH/BALL	ZHH/BALL	
GPIO11 EPWM6B SCIRXDB Ecap4	20	G2	G3	通用 I/O 引脚 11(I/O/Z) 增强型 PWM6 输出 B 通道(O) SCI – B 接收数据(O) 增强型捕获 I/O 口 4(I/O)
GPIO12 $\overline{TZ\,1}$ CANTXB MDXB	21	G3	H1	通用 I/O 引脚 12(I/O/Z) PWM 联锁错误触发 1 增强型 CAN – B 发射端口(O) 多通道缓冲串口 B(MCBSP – B)发射串行数据(O)
GPIO13 $\overline{TZ\,2}$ CANRXB MDRB	24	H3	H2	通用 I/O 引脚 13(I/O/Z) PWM 联锁错误触发 2 增强型 CAN – B 接收端口(O) 多通道缓冲串口 B(MCBSP – B)接收串行数据(I)
GPIO14 $\overline{TZ\,3}/$ $\overline{XHOLD}$ SCITXDB MCLKXB	25	H2	H3	通用 I/O 引脚 14(I/O/Z) PWM 联锁错误触发 3 或者 XHOLD 外部保持请求。当 XINTF 响应请求时,若该引脚呈现低电平,请求 XINTF 释放外部总线,并把所有的总线和选通端置为高阻抗。在当前操作完成后总线被释放,XINTF 不再有其他操作(I) SCI – B 发射端口(O) 多通道缓冲串口 B 发射时钟(I/O)
GPIO15 $\overline{TZ\,4}/$ $\overline{XHOLDA}$ SCIRXDB MCLKXB	26	H4	J1	通用 I/O 引脚 15(I/O/Z) PWM 联锁错误触发 4 或 XHOLD 外部保持应答信号(I/O) SCI – B 接收端口(O) 多通道缓冲串口 B 发射帧同步(I/O)
GPIO16 SPISIMOA CANTXB5 (I)	27	H5	J2	通用 I/O 引脚 16(I/O/Z) SPI 主输出、辅输入(I/O) 增强型 CAN – B 发射端口 5(I)
GPIO17 SPISOMIA CANRXB6 (I)	28	J1	J3	通用 I/O 引脚 17(I/O/Z) SPI – A 主输入、辅输出(I/O) 增强型 CAN – B 接收端口 6(I)

名　　称	引脚编号			说　　明
	PGF/PTP	ZHH/BALL	ZHH/BALL	
GPIO18 SPICLKA SCITXDB CANRXA	62	L6	N8	通用 I/O 引脚 18(I/O/Z) SPI - A 时钟输入、输出(I/O) SCI - B 发射端口(O) 增强型 CAN - A 接收(I)
GPIO19 SPISTEA SCIRXDB CANTXA	63	K7	M8	通用 I/O 引脚 19(I/O/Z) SPI - A 辅助发送端口,使能输入、输出(I/O) SCI - B 接收端口(O) 增强型 CAN - A 发射端口(O)
GPIO20 EQEP1A MDXA CANTXB	64	L7	P9	通用 I/O 引脚 20(I/O/Z) 增强型 QEP1 输入 A 通道(I) 多通道缓冲串口 A(MCBSP - A)发射串行数据(O) 增强型 CAN - B 发射端口(O)
GPIO21 EQEP1B MDRA CANRXB	65	P7	N9	通用 I/O 引脚 21(I/O/Z) 增强型 QEP1 输入 B 通道(I) 多通道缓冲串口 A(MCBSP - A)接收串行数据(O) 增强型 CAN - B 接收端口(O)
GPIO22 EQEP1S MCLKXA SCITXDB	66	N7	M9	通用 I/O 引脚 22(I/O/Z) 增强型 QEP1 选通(I/O) 多通道缓冲串口 A(MCBSP - A)发送时钟信号(I/O) SCI - B 发射端口(O)
GPIO23 EQEP1I MFSXA SCIRXDB	67	M7	P10	通用 I/O 引脚 23(I/O/Z) 增强型 QEP1 索引(I/O) 多通道缓冲串口 A(MCBSP - A)发射帧同步(I/O) SCI - B 接收端口(O)
GPIO24 ECAP1 EQEP2A MDXB	68	M8	N10	通用 I/O 引脚 24(I/O/Z) 增强型捕捉端口 1(I/O) 增强型 QEP2 输入 A 通道(I) 多通道缓冲串口 A(MCBSP - B)发送串行数据(O)
GPIO25 ECAP2 EQEP2B MDRB	69	N8	M10	通用 I/O 引脚 25(I/O/Z) 增强型捕捉端口 2(I/O) 增强型 QEP2 输入 B 通道(I) 多通道缓冲串口 B(MCBSP - B)接收串行数据(O)

续表 3.9

名　称	引脚编号			说　明
	PGF/PTP	ZHH/BALL	ZHH/BALL	
GPIO26 ECAP3 EQEP2I MCLKXB	72	K8	P11	通用 I/O 引脚 26(I/O/Z) 增强型捕捉端口 3(I/O) 增强型 QEP2 索引(I/O) 多通道缓冲串口 B(MCBSP - B)发送时钟信号(I/O)
GPIO27 ECAP4 EQEP2S MFSXB	73	L9	N11	通用 I/O 引脚 27(I/O/Z) 增强型捕捉端口 4(I/O) 增强型 QEP2 选通(I/O) 多通道缓冲串口 B(MCBSP - B)发射帧同步(I/O)
GPIO28 SCIRXDA XZCS6	141	E10	D10	通用 I/O 引脚 28(I/O/Z) SCI 接收数据 A 外部接口区域 6 的片选
GPIO29 SCITXDA XA19	2	C2	C1	通用 I/O 引脚 29(I/O/Z) SCI 发送数据(O) 外部接口地址线 19(O)
GPIO30 CANRXA XA18	1	B2	C2	通用 I/O 引脚 30(I/O/Z) 增强型 CAN - A 接收端口 外部接口地址线 18(O)
GPIO31 CANTXA XA17	176	A2	B2	通用 I/O 引脚 31(I/O/Z) 增强型 CAN - A 发送端口 外部接口地址线 17(O)
GPIO32 SDAA EPWMSYNCI ADCSOCAO	74	N9	M11	通用 I/O 引脚 32(I/O/Z) I^2C 的数据时钟开漏双向口(I/OD) 增强型 PWM 外部同步脉冲输入(O) ADC 启动转换 A(I/O)
GPIO33 SCLA EPWMSYNCO ADCSOCBO	75	P9	P12	通用 I/O 引脚 33(I/O/Z) I^2C 的时钟开漏双向口(I/OD) 增强型 PWM 外部同步脉冲输出(O) ADC 启动转换 B(I/O)
GPIO34 ECAP1 XREADY	142	D10	A9	通用 I/O 引脚 34(I/O/Z) 增强型捕捉端口 1(I/O) 外部接口就绪信号

续表 3.9

名　称	引脚编号			说　明
	PGF/PTP	ZHH/BALL	ZHH/BALL	
GPIO35 SCITXDA XR/W	148	A9	B9	通用 I/O 引脚 35(I/O/Z) SCI - A 发送数据端口(O) 外部接口的读/非写选通
GPIO36 SCIRXDA XZCS0	145	C10	C9	通用 I/O 引脚 36(I/O/Z) SCI - A 接收数据端口(I) 外部接口区域 0 的片选(O)
GPIO37 ECAP2 XZCS7	150	D9	B8	通用 I/O 引脚 37(I/O/Z) 增强型捕捉端口 2(I/O) 外部接口区域 7 的片选(O)
GPIO38 XWE0	137	D11	C10	通用 I/O 引脚 38(I/O/Z) 外部接口写使能 0(O)
GPIO39 XA16	175	B3	C3	通用 I/O 引脚 39(I/O/Z) 外部接口地址线 16(O)
GPIO40 XA0/XWE1	151	D8	C8	通用 I/O 引脚 40(I/O/Z) 外部接口地址线 0(O)/外部接口写使能 1(O)
GPIO41 XA1	152	A8	A7	通用 I/O 引脚 41(I/O/Z) 外部接口地址线 1(O)
GPIO42 XA2	153	B8	B7	通用 I/O 引脚 42(I/O/Z) 外部接口地址线 2(O)
GPIO43 XA3	156	B7	C7	通用 I/O 引脚 43(I/O/Z) 外部接口地址线 3(O)
GPIO44 XA4	157	A7	A6	通用 I/O 引脚 44(I/O/Z) 外部接口地址线 4(O)
GPIO45 XA5	158	D7	B6	通用 I/O 引脚 45(I/O/Z) 外部接口地址线 5(O)
GPIO46 XA6	161	B6	C6	通用 I/O 引脚 46(I/O/Z) 外部接口地址线 6(O)
GPIO47 XA7	162	A6	D6	通用 I/O 引脚 47(I/O/Z) 外部接口地址线 7(O)
GPIO48 ECAP5 XD31	88	P13	L14	通用 I/O 引脚 48(I/O/Z) 增强型捕捉端口 5(I/O) 外部接口数据线 31(O)

续表 3.9

名 称	引脚编号			说 明
	PGF/PTP	ZHH/BALL	ZHH/BALL	
GPIO49 ECAP6 XD30	89	N13	L13	通用 I/O 引脚 49(I/O/Z) 增强型捕捉端口 6(I/O) 外部接口数据线 30(O)
GPIO50 EQEP1A XD29	90	P14	L12	通用 I/O 引脚 50(I/O/Z) 增强型 QEP1 输入端口 A(I) 外部接口数据线 29(O)
GPIO51 EQEP1B XD28	91	M13	K14	通用 I/O 引脚 51(I/O/Z) 增强型 QEP2 输入端口 B(I) 外部接口数据线 28(O)
GPIO52 EQEP1S XD27	94	M14	K13	通用 I/O 引脚 52(I/O/Z) 增强型 QEP1 选通(I) 外部接口数据线 27(O)
GPIO53 EQEP1I XD26	95	L12	K12	通用 I/O 引脚 53(I/O/Z) 增强型 QEP1 索引(I) 外部接口数据线 26(O)
GPIO54 SPISIMOA XD25	96	L13	J14	通用 I/O 引脚 54(I/O/Z) SPI - A 主输入、从输出(I/O) 外部接口数据线 25(O)
GPIO55 SPISOMIA XD24	97	L14	J13	通用 I/O 引脚 55(I/O/Z) SPI - A 主输出、从输入(I/O) 外部接口数据线 24(O)
GPIO56 SPICLKA XD23	98	K11	J12	通用 I/O 引脚 56(I/O/Z) SPI - A 时钟(I/O) 外部接口数据线 23(O)
GPIO57 SPISTEA XD22	99	K13	H13	通用 I/O 引脚 57(I/O/Z) SPI - A 从发射使能(I/O) 外部接口数据线 22(O)
GPIO58 MCLKRA XD21	100	K12	H12	通用 I/O 引脚 58(I/O/Z) 多通道缓冲串口 A(MCBSP - A)接收时钟(I/O) 外部接口数据线 21(O)
GPIO59 MFSRA XD20	110	H14	H11	通用 I/O 引脚 59(I/O/Z) 多通道缓冲串口 A(MCBSP - A)接收帧同步(I/O) 外部接口数据线 20(O)

续表 3.9

名 称	引脚编号			说 明
	PGF/PTP	ZHH/BALL	ZHH/BALL	
GPIO60 MCLKRB XD19	111	G14	G12	通用 I/O 引脚 60(I/O/Z) 多通道缓冲串口 B(MCBSP－B)接收时钟(I/O) 外部接口数据线 19(O)
GPIO61 MFSRB XD18	112	G12	F14	通用 I/O 引脚 61(I/O/Z) 多通道缓冲串口 B(MCBSP－B)接收帧同步(I/O) 外部接口数据线 18(O)
GPIO62 SCIRXDC XD17	113	G13	F13	通用 I/O 引脚 62(I/O/Z) SCI－C 接收数据端口(O) 外部接口数据线 0(O)
GPIO63 SCITXDC XD16	114	G11	F12	通用 I/O 引脚 63(I/O/Z) SCI－C 发送数据端口(O) 外部接口数据线 17(O)
GPIO64 XD15	115	G10	E14	通用 I/O 引脚 64(I/O/Z) 外部接口数据线 15(O)
GPIO65 XD14	116	F14	E13	通用 I/O 引脚 65(I/O/Z) 外部接口数据线 14(O)
GPIO66 XD13	119	F11	D12	通用 I/O 引脚 66(I/O/Z) 外部接口数据线 13(O)
GPIO67 XD12	122	E13	D14	通用 I/O 引脚 67(I/O/Z) 外部接口数据线 12(O)
GPIO68 XD11	123	E11	D13	通用 I/O 引脚 68(I/O/Z) 外部接口数据线 11(O)
GPIO69 XD10	124	F10	D12	通用 I/O 引脚 69(I/O/Z) 外部接口数据线 10(O)
GPIO70 XD9	127	D12	C14	通用 I/O 引脚 70(I/O/Z) 外部接口数据线 9(O)
GPIO71 XD8	128	C14	C13	通用 I/O 引脚 71(I/O/Z) 外部接口数据线 8(O)
GPIO72 XD7	129	B14	B13	通用 I/O 引脚 72(I/O/Z) 外部接口数据线 7(O)
GPIO73 XD6	130	C12	A12	通用 I/O 引脚 73(I/O/Z) 外部接口数据线 6(O)

名　称	引脚编号			说　明
	PGF/PTP	ZHH/BALL	ZHH/BALL	
GPIO74 XD5	131	C13	B12	通用 I/O 引脚 74(I/O/Z) 外部接口数据线 5(O)
GPIO75 XD4	132	A14	C12	通用 I/O 引脚 75(I/O/Z) 外部接口数据线 4(O)
GPIO76 XD3	133	B13	A11	通用 I/O 引脚 76(I/O/Z) 外部接口数据线 3(O)
GPIO77 XD2	134	A13	B11	通用 I/O 引脚 77(I/O/Z) 外部接口数据线 2(O)
GPIO78 XD1	135	B12	C11	通用 I/O 引脚 78(I/O/Z) 外部接口数据线 1(O)
GPIO79 XD0	136	A12	B10	通用 I/O 引脚 79(I/O/Z) 外部接口数据线 0(O)
GPIO80 XA8	163	C6	A5	通用 I/O 引脚 80(I/O/Z) 外部接口地址线 8(O)
GPIO81 XA9	164	E6	B5	通用 I/O 引脚 81(I/O/Z) 外部接口地址线 9(O)
GPIO82 XA10	165	C5	C5	通用 I/O 引脚 82(I/O/Z) 外部接口地址线 10(O)
GPIO83 XA11	168	D5	A4	通用 I/O 引脚 83(I/O/Z) 外部接口地址线 11(O)
GPIO84 XA12	169	E5	B4	通用 I/O 引脚 84(I/O/Z) 外部接口地址线 12(O)
GPIO85 XA13	172	C4	C4	通用 I/O 引脚 85(I/O/Z) 外部接口地址线 13(O)
GPIO86 XA14	173	D4	A3	通用 I/O 引脚 86(I/O/Z) 外部接口地址线 14(O)
GPIO87 XA15	174	A3	B3	通用 I/O 引脚 87(I/O/Z) 外部接口地址线 15(O)
XRD	149	B9	A8	外部接口读使能

第 4 章

时钟电路及系统控制

  CPU 控制器的主频是 CPU 的一个极其重要的性能指标,决定着 CPU 处理一条基本指令花费的时间。主频由时钟信号产生,时钟信号是所有运算与处理的源头。

4.1 时钟源与锁相环电路

  时钟信号自然是由时钟信号的源头(简称时钟源)产生,从 F28335 内部的电路原理图中(如图 4.1 所示)可以看到,F28335 的时钟源有两种:

  ① 采用外部振荡器作为时钟源头(简称外部时钟,即由其他数字系统或外部振荡器引入),是在 XCLKIN 引脚提供一定频率的时钟信号,也可以通过复用的 X1 引脚接入,即由其他数字系统或外部振荡器引入。

  ② 采用 F28335 内部振荡器作为时钟源(简称内部时钟),在 X1 与 X2 之间连接一个晶体,就可以产生时钟源。

  F28335 的最高频率为 150 MHz,内部本身集成了振荡器,所以一般不采用外部振荡器方式,直接采用内部振荡器的方式更多一些。

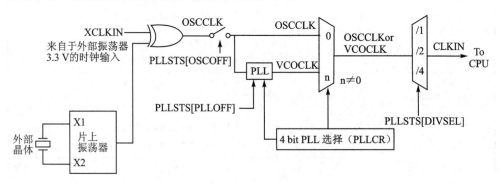

图 4.1 时钟与锁相环控制电路原理图

  外部时钟源信号接入的方法有两种,分别针对的是电压为 3.3 V 的外部时钟和 1.9 V 的外部时钟。

  外部时钟源接入方法 1:如图 4.2 所示,3.3 V 外部时钟源信号直接接入 XCLKIN 引脚,X1 引脚接地,X2 引脚悬空不接,系统内高电平不能超过 VDDIO,即

3.3 V。

外部时钟源信号接入方法 2:如图 4.3 所示,1.9 V 的外部时钟源信号直接接入 X1 引脚,XCLKIN 引脚接地,X2 引脚悬空不接,系统内高电平不超过 VDD,即 1.9 V。

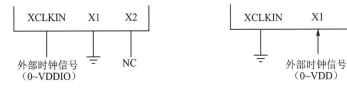

图 4.2　采用 3.3 V 外部时钟源信号　　　图 4.3　采用 1.9 V 外部时钟源信号

内部时钟源信号接法是更常用的接法,如图 4.4 所示,XCLKIN 引脚置地,X1、X2 引脚之间直接接入晶振。

晶体振荡器分为有源与无源晶振两类,功能上没有本质差别。无源晶振通常是晶体,现在常用石英晶体作晶振;有源晶振是由一个完整的谐振电路构成,F28335 内部集成晶振就是有源晶振的谐振电路,但没有晶体,所以在 X1 与 X2 之间要接入一个晶体。无源晶振当然本身不会产生振荡信号,需要借助于时钟电路才能产生振荡信号,典型接法是在 X1 与 X2 之间接入 30 MHz 晶振。F28335 工作的最高主频为 150 MHz,我们希望它能够工作在最高的主频上,内部锁相环倍频最高能做到 10 倍倍频。选择 30 MHz 晶振是因为若直接采用更高频晶振,不仅价格会上升,而且晶振电路需要做 EMI 处理,需要设计特殊晶振电路,而 30 MHz 晶振目前比较容易获取。

从图 4.1 可以看到,内部信号时钟源与外部信号时钟源通过异或门选择接入后成为 OSCLK 即振荡器时钟信号,该信号受到寄存器 PLLSTS(OSCOFF)位控制,该位置 1,即图中开关合上,振荡器信号允许通过,通过后"兵分两路",一路直接过去,一路进入锁相环模块。一般不能直接采用 OSCCLK 这个信号,因为该信号的频率是由石英晶体产生得还不够高,需要进入锁相环先倍频然后分频使用,所以要使能锁相环,设置寄存器 PLLSTS(PLLOFF)。

锁相环路是一种反馈电路,锁相环的英文全称是 Phase‐Locked Loop,简称 PLL,可以控制晶振使其相对于参考信号保持恒定相位的电路,使用比较广泛。在数字通信系统中通常用来进行信号调制、在频率合成电路中,产生特定频率的信号、数据采集电路中用来进行信号的同步。其基本工作原理如图 4.5 所示。

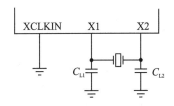

图 4.4　内部时钟源信号

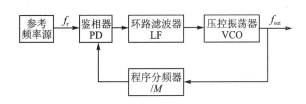

图 4.5　锁相环电路原理

锁相环由鉴相器、环路滤波器和压控振荡器组成。鉴相器用来鉴别输入信号 U_i 与输出信号 U_o 之间的相位差,并输出误差电压 U_d。U_d 中的噪声和干扰成分被低通性质的环路滤波器滤除,形成压控振荡器(VCO)的控制电压 U_c。U_c 作用于压控振荡器的结果是把它的输出振荡频率 f_o 拉向环路输入信号频率 f_i,当二者相等时,环路被锁定,称为入锁。维持锁定的直流控制电压由鉴相器提供,因此鉴相器的两个输入信号间留有一定的相位差。

目前微处理器或者 DSP 集成的片上锁相环,可以通过软件实时地配置片上外设时钟,提高系统的灵活性和可靠性。此外,由于采用软件可编程锁相环,所设计的系统处理器外部允许较低的工作频率,而片内经过锁相环微处理器提供较高的系统时钟。这种设计可以有效地降低系统对外部时钟的依赖和电磁干扰,提高系统启动和运行的可靠性,降低系统对硬件的设计要求。

30 MHz 的 OSCCLK 信号经锁相环倍频后,倍频倍数通过寄存器 PLLCR 进行设置,设置为 10,为 300 MHz 的 VCOCLK 时钟信号,F28335 的时钟频率为 150 MHz,所以给 CPU 核的时候,还要进行一次二分频,分频通过 PLLSTS 进行设置。至此产生了 F28335 的 150 MHz 的时钟信号。

4.2 系统控制及外设时钟

锁相环模块除了为 C28X 内核提供时钟外,还通过系统时钟输出提供快速和慢速 2 种外设时钟。如果使能内部 PLL 电路,那么可以通过控制寄存器 PLLCR 软件设置系统的工作频率。但是要注意,在通过软件改变工作频率时,必须等待系统时钟稳定后才可以继续完成其他操作。此外,还可以通过外设时钟控制寄存器使能外部时钟。在具体应用中,为了降低系统功耗,不使用的外设最好将其外设时钟禁止。外设时钟包括快速外设和慢速外设两种,分别通过 HISPCP 和 LOSPCP 寄存器进行设置。

通过图 4.6 中可以看到,C28X 内核时钟输出通过 LOSPCP 低速时钟寄存器设置预分频,可设置成低速时钟信号 LSPCLK,SPI、I^2C、MCBSP 这些串口通信协议都使用低速时钟信号。通过 HISPCP 高速时钟寄存器设置预分频,可设置成高速时钟信号 HSPCLK,A/D 模块采用的是高速时钟信号,方便灵活设置 A/D 采样率。通过 1/2 分频给了 eCAN 模块,直接输出给了系统控制寄存器模块、DMA 模块、EPWM 模块、ECAP 模块、EQEP 模块这些高速外设模块。当然这些外设基本都有自己的预定标时钟设置寄存器,如果预定标寄存器值为 0,那么 LSPCLK 等时钟信号就成为了外设实际使用时钟信号。当然,要使用这些信号需要在外设时钟寄存器 PCLKCR 中设置该对应外设使能。

在图 4.6 中也可以看出,DSP 除了提供基本的锁相环电路外,还可以根据处理器内部外设单元的工作要求配置需要的时钟信号。处理器还将集成的外设分成高速和低速两组,可以方便地设置不同模块的工作频率,从而提高处理器的灵活性和可靠性。所以 DSP 设置与应用都是相当灵活的。

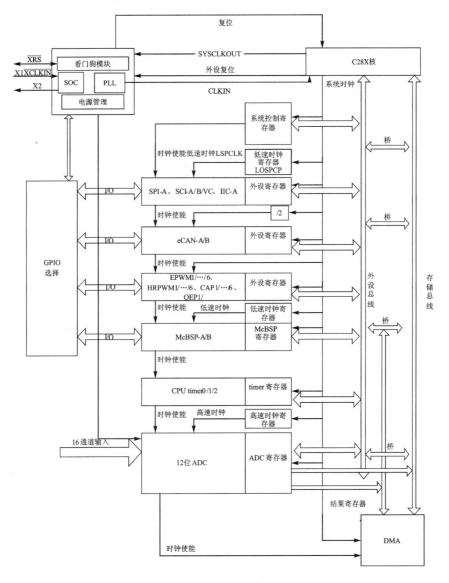

图 4.6　系统控制及外设时钟

4.3　看门狗电路

意外难免会发生,部分意外发生的时候,系统程序跑飞或进入死循环,系统需要有一定自恢复的功能,这就需要看门狗。意外有很多,如强电类控制电路来说,最让人头疼的就是琢磨不透,抓不着的 EMI 干扰以及电源设计,对于软件而言有内存泄漏、程序健壮性等问题。看门狗,如图 4.7 所示,又叫 watchdog timer,从本质上来说就是一个定时器电路,一般有一个输入和一个输出,其中的输入叫做喂狗(kicking the dog or service the dog)。输出一般连接到另外一个部分的复位端,在这里就是 F28335 的复位端。CPU 正常工作时,按照设定的程序,每隔一段时间就输出一个信号到喂狗端,实际操作是给看门狗计数器清零,如果超过了一定时间没有信号到喂狗端进行喂狗,来做清零操作,一般就认为程序运行出了意外,不管意外类型是什么样的,这时候看门狗电路就会给出一个复位信号给 CPU 的复位端,使 CPU 强制复位,从而可能改变程序跑飞或死循环的状态。设计者必须清楚看门狗的溢出时间以决定在合适的时候清看门狗。清看门狗也不能太过频繁否则会造成资源浪费。在系统设计初以及调试的时候,不建议使用看门狗,因为系统设计初的时候意外的可能性太多,且有些意外是必须处理的,看门狗电路的复位信号很可能会引入更多的困扰。合理利用看门狗电路就可以检测软件和硬件运行的状态,进一步提高系统的可靠性。

    F28335 上的看门狗计数器是 8 位的,当其计数到最大值时,看门狗模块产生一个输出脉冲,如果不希望产生脉冲信号,则需要屏蔽看门狗计数器,或在计数器未计到最大值时向看门狗控制寄存器写 0X55 + 0XAA,就能够使看门狗计数器清零,又开始重新计数。看门狗名字很形象,这个狗很规律,这个狗在最大计数时间内没吃到骨头,它就会叫,它的叫声就会唤醒复位电路,要让它不叫,有两种方法,一种是把这条狗杀了,屏蔽看门狗计数器;另外一种方法,就是不能让这个狗饿得不行,在计数器的值涨到最大值之前就给狗骨头吃,这里的骨头就是在看门狗寄存器里扔 0X55 + 0XAA 这样的骨头,吃过骨头后,就又开始重新计数了。

    从图 4.7 可以看到时钟振荡器信号 OSCCLK 经 512 分频,在经看门狗预定标器 WDCR 设置得到看门狗时钟 WDCLK,在看门狗使能(由 WDCR 看门狗控制寄存器控制)的情况下传给看门狗计数器 WDCNTR。WDCNTR 是个 8 位的计数器,其复位端的信号由 XRS 外部复位信号与看门狗密钥寄存器 WDKEY 一起控制,这两个信号接在或门上输出给计数器复位端,任何一个信号有效都能使得看门狗复位。其中外部复位信号是低电平有效,除了外部输入信号外,其源头还有一个看门狗自动复位信号。WDRST 信号是当看门狗发出复位信号的时候同时发出,也就是看门狗进行强制复位的时候,当然也要把看门狗计数器进行复位。

    触发复位信号有两个信号源,也是通过或门输出,一个就是计数器的输出,还一个是逻辑校验部分,这是看门狗的又一个安全机制,所有访问看门狗控制寄存器(WDCR)的写操作中,响应的校验位 WDCHK 必须是"101",否则将会拒绝访问发出复位信号。复位信号发生器发出复位信号的同时,也发出了复位中断 $\overline{\text{WDINT}}$, $\overline{\text{WDINT}}$ 信号使看门狗能在 CPU 处在 IDLE(空闲模式)/STANDBY(备用模式)下唤醒定时器。在 STANDBY 模式下,所有外设都将被关闭,只有看门狗电路还在工作。因为看门狗的时钟信号不受内核锁相环模块控制,是独立运行的。$\overline{\text{WDINT}}$ 信

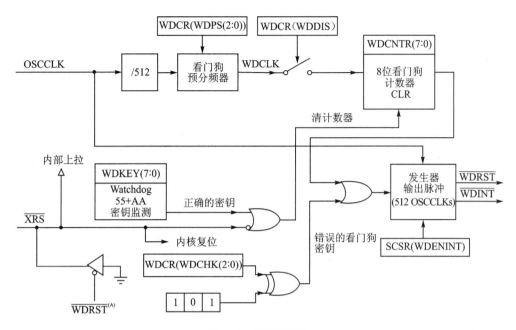

图 4.7 看门狗电路

号发送到 LPM(低功耗)模块,因此可以将器件从 STANDBY 模式唤醒。在 IDLE 模式下,$\overline{\text{WDINT}}$ 信号能够产生 CPU 中断,通过中断服务程序,从而使 CPU 脱离 IDLE 工作模式。然而 CPU 工作在 HALT 模式下时,PLL 和 OSC 单元均被关闭,因此看门狗电路也失效了,因此不能实现上述唤醒功能。

4.4 时钟单元相关寄存器

跟时钟单元有关的如振荡器、锁相环、看门狗以及处理器工作模式选择等控制电路的配置寄存器如表 4.1 所列。

表 4.1 时钟单元相关寄存器表

名　称	地　址	大小(×16)	描　述
PLLSTS	0x00007011	1	PLL 锁相环状态寄存器
Reserved(保留)	0x00007012～0x00007018	7	
HISPCP	0x0000701A	1	高速外设时钟预分频寄存器
LOSPCP	0x0000701B	1	低速外设时钟预分频寄存器
PCLKCR0	0x0000701C	1	外设时钟控制寄存器 0
PCLKCR1	0x0000701D	1	外设时钟控制寄存器 1
LPMCR0	0x0000701E	1	低功耗模式控制寄存器 0

续表 4.1

名　称	地　址	大小(×16)	描　述
Reserved(保留)	0x0000701F	1	
PCLKCR3	0x00007020	1	外设时钟控制寄存器 3
PLLCR	0x00007021	1	PLL 控制寄存器
SCSR	0x00007022	1	系统控制和状态寄存器
WDCNTR	0x00007023	1	看门狗计数寄存器
Reserved	0x00007024	1	
WDKEY	0x00007025	1	看门狗复位寄存器
Reserved	0x00007026～0x00007028	3	
WDCR	0x00007029	1	看门狗控制寄存器
Reserved(保留)	0x0000702A～0x0000702F	6	

F28335 的 CPU 是 32 位寻址,所以在表 4.1 中列出的各寄存器地址皆以 8 个 16 进制位进行表示。

下边介绍几个常用或相对比较重要的寄存器的相关设置,在 F28335 中各控制寄存器基本都以 16 位为主。

1. 外设时钟控制寄存器 PCLKCR0、1、3

外设时钟控制寄存器 PCLKCR0、1、3 控制片上各种外设时钟的工作状态,使能或者禁止。各位功能定义如表 4.2～表 4.4 所列。

表 4.2　外设时钟控制寄存器 PCLCCR0 各位定义

位	名　称	描　述	位	名　称	描　述
15	ECANBENCLK	ECAN - B 时钟使能 0:禁止;1:使能	8	SPIAENCLK	SPI - A 时钟使能 0:禁止;1:使能
14	ECANAENCLK	ECAN - A 时钟使能 0:禁止;1:使能	7～6	保留	保留
13	MBENCLK	McBSP - B 时钟使能 0:禁止;1:使能	5	SCICENCLK	SCI - C 时钟使能 0:禁止;1:使能
12	MAENCLK	McBSP - A 时钟使能 0:禁止;1:使能	4	I2CAENCLK	I^2C 时钟使能 0:禁止;1:使能
11	SCIBENCLK	SCI - B 时钟使能 0:禁止;1:使能	3	ADCENCLK	ADC 时钟使能 0:禁止;1:使能
10	SCIAENCLK	SCI - A 时钟使能 0:禁止;1:使能	2	TBCLKSYNCENCLK	PWM 模块时基时钟同步使能 0:禁止;1:使能
9	保留	保留	1～0	保留	保留

表 4.3　外设时钟控制寄存器 PCLKCR1 各位定义

位	名　称	描　述	位	名　称	描　述
15	EQEP2ENCLK	EQEP-2 时钟使能 0:禁止;1:使能	7~6	保留	保留
14	EQEP1ENCLK	EQEP-1 时钟使能 0:禁止;1:使能	5	EPWM6ENCLK	EPWM-6 时钟使能 0:禁止;1:使能
13	ECAP6ENCLK	ECAP-6 时钟使能 0:禁止;1:使能	4	EPWM5ENCLK	EPWM-5 时钟使能 0:禁止;1:使能
12	ECAP5ENCLK	ECAP-5 时钟使能 0:禁止;1:使能	3	EPWM4ENCLK	EPWM-4 时钟使能 0:禁止;1:使能
11	ECAP4ENCALK	ECAP-4 时钟使能 0:禁止;1:使能	2	EPWM3ENCLK	EPWM-3 时钟使能 0:禁止;1:使能
10	ECAP3ENCLK	ECAP-3 时钟使能 0:禁止;1:使能	1	EPWM2ENCLK	EPWM-2 时钟使能 0:禁止;1:使能
9	ECAP2ENCLK	ECAP-2 时钟使能 0:禁止;1:使能	0	EPWM1ENCLK	EPWM-1 时钟使能 0:禁止;1:使能
8	ECAP1ENCLK	ECAP-1 时钟使能 0:禁止;1:使能			

表 4.4　外设时钟控制寄存器 PCLKCR3 各位定义

位	名　称	描　述	位	名　称	描　述
15	保留	保留	10	CPUTIMER2ENCLK	定时器 2 时钟使能 0:禁止;1:使能
14	保留	保留	9	CPUTIMER1ENCLK	定时器 1 时钟使能 0:禁止;1:使能
13	GPIOINENCLK	GPIO 时钟使能 0:禁止;1:使能	8	CPUTIMER0ENCLK	定时器 0 时钟使能 0:禁止;1:使能
12	XINTFENCLK	外扩接口时钟使能 0:禁止;1:使能	7~0	保留	保留
11	DMAENCALK	DMA 时钟使能 0:禁止;1:使能			

根据所使用到的外设,合理使能与禁止。设置语句如下:

```
SysCtrlRegs.PCLKCR0.bit.I2CAENCLK = 1;    // I²C 时钟使能
SysCtrlRegs.PCLKCR0.bit.SCIAENCLK = 1;    // SCI-A 时钟使能
SysCtrlRegs.PCLKCR0.bit.SCIBENCLK = 1;    // SCI-B 时钟使能
```

2. 高/低速外设时钟预分频寄存器 HISPCP/LOSPCP

HISPCP 和 LOSPCP 控制寄存器分别控制高/低速的外设时钟,具体功能如表 4.5 和表 4.6 所列。

表 4.5　高速外设时钟预分频寄存器位分配

位	名　　称	描　　述
15～3	保留	保留
2～0	HSPCLK	位 2～0 配置高速外设时钟相当于 SYSCLKOUT 的倍频倍数: 如果 HISPCP 不等于 0,HSPCLK＝SYSCLKOUT/(HISPCP×2); 如果 HISPCP 等于 0。HSPCLK＝SYSCLKOUT; 000:高速时钟＝SYSCLKOUT/1;001:高速时钟＝SYSCLKOUT/2(系统默认); 010:高速时钟＝SYSCLKOUT/4;011:高速时钟＝SYSCLKOUT/6; 100:高速时钟＝SYSCLKOUT/8;101:高速时钟＝SYSCLKOUT/10; 110:高速时钟＝SYSCLKOUT/12;111:高速时钟＝SYSCLKOUT/14

表 4.6　低速外设时钟预分频寄存器位分配

位	名　　称	描　　述
15～3	保留	保留
2～0	LSPCLK	位 2～0 配置高速外设时钟相当于 SYSCLKOUT 的倍频倍数: 如果 LOSPCP 不等于 0,LSPCLK＝SYSCLKOUT/(LSSPCP×2); 如果 LOSPCP 等于 0。LSPCLK＝SYSCLKOUT; 000:低速时钟＝SYSCLKOUT/1;001:低速时钟＝SYSCLKOUT/2(系统默认); 010:低速时钟＝SYSCLKOUT/4;011:低速时钟＝SYSCLKOUT/6; 100:低速时钟＝SYSCLKOUT/8;101:低速时钟＝SYSCLKOUT/10; 110:低速时钟＝SYSCLKOUT/12;111:低速时钟＝SYSCLKOUT/14

3. 锁相环状态寄存器(PLLSTS)

锁相环状态寄存器的位分配如表 4.7 所列。

表 4.7　锁相环状态寄存器位分配

位	名　　称	描　　述
15～9	保留	保留
8～7	DIVSEL	时钟分频选择 00 01:4 分频;10:2 分频;11:1 分频
6	MCLKOFF	丢失时钟检测关闭位 0:默认设置,主振荡器时钟丢失检测使能 1:主振荡器时钟丢失检测禁止,使用该模式不能发出慢行模式时钟,代码不允许受监测时钟电路影响,一旦失去了外部时钟信号后,代码不会受到影响

位	名　称	描　述
5	OSCOFF	振荡器时钟关闭位 0:默认模式来自于 X1、X1\X2 或者 XCLKIN 振荡器时钟信号馈入锁相器模块 1:来自于 X1、X1\X2 或者 XCLKIN 振荡器时钟信号并不进入锁相器模块。这没有关闭内部振荡器。振荡器时钟关闭用来检测时钟丢失逻辑,当该位被设置后,不要进入 HALT 或者 STANDBY 模式或者写 PLLCR 值,这会导致不可预料的错误 当该位被设置后,会影响到看门狗的操作,这时候看门狗的操作取决于时钟的输入端 X1、X1\X2:看门狗不起作用 XCLKIN:看门狗起作用,若要禁止需在设置 OSCOFF 之前操作
4	MCLKCLR	丢失时钟清除位 0:若该位写 0,无效。该位通常读数为 0 1:强制丢失时钟信号检测电路清除和复位。如果振荡器时钟丢失,检测电路会产生个系统复位,置位时钟丢失 MCLKSTS,CPU 被置于锁相器产生的无序时钟模式控制
3	MCLKSTS	丢失时钟信号状态位。系统复位后或需要检测时钟信号就要查看该位。正常情况下该位为 0,对该位写操作无效,写 MCLKCLR 或者强制外部复位该位被清除 0:正常模式,时钟信号没有丢失 1:时钟信号丢失,CPU 工作在无序频率模式
2	PLLOFF	锁相器关闭位。测试系统噪声的时候,该设置有用。该模式仅被用在锁相环控制寄存器位 0 时 0:默认模式,锁相器开;1:锁相器关闭
1	Reserved	保留
0	PLLLOCKS	锁相器锁状态位 0:表示锁相环控制寄存器的值被写入,锁相环在锁,在锁状态的时候,CPU 的频率为振荡器时钟频率的一半,直到锁相环完全锁住 1:说明锁相环已结束在锁状态,并且已经稳定

4. 锁相环控制寄存器(PLLCR)

锁相环控制寄存器用于控制芯片 PLL 的倍数,在向 PLL 控制寄存器进行写操作之前,需要具备以下两个条件。

① 在 PLL 完全锁住后,即 PLLSTS[PLLLOCKS]=1。

② 芯片不能工作在 LIMP 模式,即 PLLSTS[MCLKSTS]=0。

锁相环控制寄存器的具体功能参见表 4.8 所列。其中,分频数是除以 2 还是除以 4,由锁相环状态寄存器的 DIVSEL 位控制。表 4.8 为 DIVSEL 位为 10 情况,DI-

VSEL 位为 0 或者 1 的时候进行 4 分频,当 DIVSEL 位为 11 时不分频。

表 4.8 锁相环控制寄存器位分配

位	名 称	描 述
15～4	保留	保留
3～0	DIV	DIV 选择 PLL 是否为旁路,如果不是旁路则设置相应的时钟倍频倍数 0000:CLKIN = OSCCLK/2(PLL 为旁路);0001:CLKIN =(OSCCLK×1.0)/2 0010:CLKIN =(OSCCLK×2.0)/2;0011:CLKIN =(OSCCLK×3.0)/2 0100:CLKIN =(OSCCLK×4.0)/2;0101:CLKIN =(OSCCLK×5.0)/2 0110:CLKIN =(OSCCLK×6.0)/2;0111:CLKIN =(OSCCLK×7.0)/2 1000:CLKIN =(OSCCLK×8.0)/2;1001:CLKIN =(OSCCLK×9.0)/2 1010:CLKIN =(OSCCLK×10.0)/2;其他保留

5. 看门狗控制寄存器 WDCR

看门狗控制器 WDCR 各位信息如表 4.9 所列。

表 4.9 看门狗控制寄存器 WDCR 位分配

位	名 称	值	描 述
15～8	保留		
7	WDFLAG	0 1	看门狗复位状态标志位 看门狗没有满足复位条件 看门狗满足了复位条件
6	WDDIS	0 1	看门狗禁止 使能看门狗功能 禁止看门狗模块
5～3	WDCHK		看门狗逻辑校验位 WDCHK(2～0)必须写 101,写入其他值都会引起器件内核复位
2～0	WDPS	000 001 010 011 100 101 110 111	看门狗预定标设置位 WDPS(2～0)配置看门狗计数时钟(WDCLK)相当于 OSCCLK/512 的倍率: WDCLK = OSCCLK/512/1 WDCLK = OSCCLK/512/1 WDCLK = OSCCLK/512/2 WDCLK = OSCCLK/512/4 WDCLK = OSCCLK/512/8 WDCLK = OSCCLK/512/16 WDCLK = OSCCLK/512/32 WDCLK = OSCCLK/512/64

6. 系统控制和状态寄存器 SCSR

系统控制和状态寄存器 SCSR 包含看门狗溢出位和看门狗中断屏蔽/使能位,具体参见如表 4.10 所列。

表 4.10   系统控制和状态寄存器 SCSR

位	名 称	描 述
15～3	保留	保留
2	WDINTS	看门狗中断状态位,反映看门狗模块的 $\overline{WDINT}$ 信号状态。如果使用看门狗中断信号将器件从 IDLE 或 STANDBY 状态唤醒,则再次进入到 IDLE 或 STANDBY 状态之前必须使 WDINTS 信号无效
1	WDENINT	WDENINT=1:看门狗复位信号 $\overline{WDRST}$ 被屏蔽,看门狗中断信号 $\overline{WDINT}$ 使能 WDENINT=0:看门狗复位信号使能 $\overline{WDRST}$,看门狗中断信号 $\overline{WDINT}$ 屏蔽 复位后默认为 0
0	WDOVERRIDE	如果 WDOVERRIDE 位置 1,允许用户改变看门狗控制寄存器的看门狗屏蔽位;如果通过向 WDOVERRIDE 位写 1 将其清除,则用户不能改变 WDDIS 位的设置,写 0 没有影响。如果该位被清除,只有系统复位后才会改变状态。用户可以随时读取该状态位

7. 看门狗计数寄存器 WDCNTR

看门狗计数寄存器 WDCNTR 各位信息如表 4.11 所列。

表 4.11   看门狗计数寄存器

位	名 称	描 述
15～8	保留	保留
7～0	WDCNTR	位 0～7 包含看门狗计数器当前的值。8 位的计数器将根据看门狗时钟 WDCLK 连续计数。如果计数器溢出,看门狗初始化中断。如果 WDKEY 寄存器写有效的数据组合将使计数器清零

8. 看门狗复位密钥寄存器 WDKEY

看门狗复位密钥寄存器 WDKEY 各位信息如表 4.12 所列。

表 4.12   看门狗复位密钥寄存器

位	名 称	描 述
15～8	保留	保留
7～0	WDKEY	依次写入 0x55 和 0xAA 到 WDKEY 将使看门狗计数器清零。写入其他的任意值都会产生看门狗复位。读该寄存器将返回 WDCR 寄存器的值

4.5 手把手教你应用看门狗

1. 实验目的

① 掌握看门狗的设置与使用。

② 掌握系统初始化包括系统控制初始化、锁相环、看门狗初始化、外设时钟使能。

③ 进一步了解 CCS 编程。

④ 深入理解 DSP 的时钟管理机制以及看门狗运作机制。

2. 实验主要步骤

① 首先打开已经配置的 CCS6.1 软件。

② 将仿真器的 USB 与计算机连接,将仿真器的另一端 JTAG 端插到 YXF28335 开发板的 JTAG 针处。

③ 在 CCS6.1 中建立配置文件并连接 DSP 板卡。

④ 在 CCS6.1 菜单栏,首先选择 File→Import 菜单项,然后选择 Code Composer Studio→CCS Projects,最后浏览找到 WATCHDOG 工程所在的路径文件夹并导入工程。

⑤ 选择 Run→Load→Load Program 菜单项,选中 WATCHDOG.out 并下载。

⑥ 选择 Run→Resume 菜单项运行,之后选择 View→Expressions 菜单项,在 Expressions 窗口中输入变量 WakeCount、LoopCount 后回车,用户单击 Expressions 窗口上面的 Continuous Refresh,则可以看到 WakeCount 和 LoopCount 的值在不断变化。

3. 实验原理说明

看门狗基本工作原理为:设本系统程序完整运行一周期的时间是 T_p,看门狗的定时周期为 T_i,$T_i > T_p$,在程序正常运行时,定时器不会溢出,若由于干扰等原因使系统不能在 T_p 时刻修改定时器的记数值,定时器将在 T_i 时刻溢出,引发系统复位,使系统得以重新运行,从而起到运行状态监控的作用。

由于看门狗是对系统的复位或者中断的操作,所以不需要外围的硬件电路。要实现看门狗的功能,只需要对看门狗的寄存器组进行操作。即对看门狗的控制寄存器(WDCR)、看门狗数据寄存器(WDKEY)、看门狗计数寄存器(WDCNTR)操作。

程序主要设计流程如下:

① include 相关头文件、全局变量等定义。

② 主函数中通常首先初始化系统控制、初始化 GPIO、清理中断,初始化中断向量表。

③ 与看门狗相关的中断操作设置。

　　设置看门狗中断操作,包括全局中断和看门狗中断的使能,看门狗中断向量的定义。对看门狗控制寄存器(WDCR)的设置,包括设置预分频比例因子、分频器的分频值、中断使能和复位使能等。

　　对看门狗密钥寄存器(WDKEY)和看门狗计数寄存器(WDCNTR)设置。启动看门狗定时器。

　　主要程序如下:

```
# include "DSP2833x_Device.h"      // 头文件:Include File
# include "DSP2833x_Examples.h"    // Examples Include File
//中断 interrupt 是个类型名,在标准 C 语言中无此类型,TI 在标准 C 编译器中作了扩展,
//详细内容请参照 TI C 编译器相关手册
interrupt void wakeint_isr(void);  //声明了中断函数,该函数主要用作看门狗醒来报警
                                   // 处理程序全局变量定义
Uint32 WakeCount;                  //看门狗醒来的次数
Uint32 LoopCount;                  //可以看成是喂狗的次数
void main(void)
{
    // Step 1.初始化系统控制:锁相环,看门狗,外设时钟使能
    InitSysCtrl();
    // Step 2.初始化 GPIO
    // InitGpio();             // Skipped for this example
    // Step 3.清理所有中断,初始化中断向量表:禁止 CPU 中断
    DINT;
    // 初始化 PIE 控制寄存器至默认状态,默认状态是所有的 PIE 中断都被禁止
    // 所有标志位都被清除
    InitPieCtrl();
    // 禁止所有 CPU 中断,清除 CPU 中断相关标志位
    IER = 0x0000;
    IFR = 0x0000;
    //初始化中断向量表,中断向量就是采用指针指向中断服务程序入口地址
    InitPieVectTable();

    //本程序中用到的相关中断的中断服务程序
    EALLOW;                         // 所有的中断向量表寄存器都是受保护的
    PieVectTable.WAKEINT = &wakeint_isr;
    EDIS;    // This is needed to disable write to EALLOW protected registers
    // Step 4.初始化外设
    // Step 5.用户编写代码,使能看门狗中断
    //计数器变量初始化
    WakeCount = 0;                  // Count interrupts
    LoopCount = 0;                  // Count times through idle loop
    //将看门狗醒中断连接到 PIE 中断
    //设置看门狗状态寄存器,第二位为1,其余位为0,看门狗中断信号被使能
    EALLOW;
    SysCtrlRegs.SCSR = BIT1;
    EDIS;
    //使能 PIE 看门狗中断 Group 1 interrupt 8
    //使能 PIE 第一组中断,看门狗复位中断位第一组中断
    PieCtrlRegs.PIECTRL.bit.ENPIE = 1;    // 使能 PIE 相关模块
```

```
    PieCtrlRegs.PIEIER1.bit.INTx8 = 1;        // 使能看门狗中断,1 组第 8 中断
    IER | = M_INT1;                           // 使能 CPU 中断
    EINT;                                     // 使能全局中断
    // 复位看门狗计数器,实际就是喂狗
    ServiceDog();
    // 看门狗使能
    EALLOW;
        SysCtrlRegs.WDCR = 0x0028;
      EDIS;
    // Step 6.期待进入系统相关中断服务,一个死循环
    for(;;)
    {
        LoopCount ++ ;
        // ServiceDog();                      //喂狗
    }
}
// Step 7.看门狗醒中断服务函数
interrupt void wakeint_isr(void)
{
    WakeCount ++ ;
    // 中断响应通知,中断响应结束后,准备下一次中断响应
    PieCtrlRegs.PIEACK.all = PIEACK_GROUP1;
}
void ServiceDog(void)
{
    EALLOW;
    SysCtrlRegs.WDKEY = 0x0055;
    SysCtrlRegs.WDKEY = 0x00AA;
    EDIS;
}
```

4. 实验观察与思考

① 看门狗运作机制是怎么样的?

② 如何初始化时钟?

③ 主程序中的主要步骤是如何进行的?

④ 如何合理应用看门狗运作机制?

第 5 章

存储器及其地址分配

时钟越快,处理基本逻辑运算的速度越快,处理过程中处理对象(数据)以及处理方法(指令)这些信息都要合理地存放与读取,存放这些信息的存储器以及存储器架构也是影响控制器速度与性能的重要指标。我们购买计算机的时候,除了关注 CPU 主频外,往往也非常关注存储器的配置情况,如内存的大小、硬盘的大小。本章介绍 F28335 的存储器具体配置。

5.1 存储空间的配置

20 世纪 30 年代中期,美国天才科学家冯·诺依曼大胆地提出:抛弃十进制,采用二进制作为数字计算机的数制基础。同时,他还说预先编制计算程序,然后由计算机按照人们事前制定的计算顺序执行数值计算工作。由于指令和数据都是二进制码,指令和操作数的地址又密切相关,因此,当初选择指令与数据存储在一起,经由同一总线传输是很自然的。但是,这种指令和数据共享同一总线的结构,取指令和存取数据要从同一个存储空间存取,经由同一总线传输,因而它们无法重叠执行,只有一个完成后再进行下一个,使得信息流的传输成为限制计算机性能的瓶颈,影响了数据处理速度的提高。于是哈佛人提出了指令存储和数据存储分开的存储器结构,这样就可以同时读取指令和数据,大批量处理数据的时候效率显著提高,这就是"哈佛结构"。在哈佛结构的基础上,人们又进一步提出了改进的哈佛结构,其结构特点为:使用两个独立的存储器模块,分别存储指令和数据,每个存储模块都不允许指令和数据并存,以便实现并行处理;具有一条独立的地址总线和一条独立的数据总线,利用公用地址总线访问两个存储模块(程序存储模块和数据存储模块),公用数据总线则被用来完成程序存储模块或数据存储模块与 CPU 之间的数据传输。同时将指令的基本操作,分解为几个基本元操作,这些元操作可以流水执行,并且对程序进行分支预测,进行多级流水线操作,使得数据处理的效率大大提高。

F28335 就是采用多级流水线的增强的哈佛总线结构,能够并行访问程序和数据存储空间。在 F28335 芯片内部集成了大量不同的存储介质,F28335 片上有 256K×16 位的 FLASH,34K×16 位的 SRAM,8K×16 位的 BOOT ROM,2K×16 位的 OPT ROM,采用统一寻址方式(程序、数据和 I/O 统一寻址),从而提高了存储空间

的利用率,方便程序的开发。除此之外,F28335 还提供了外部并行扩展接口
XINTF,可进一步外扩存储空间。

F28335 的 CPU 内核本身并不包含任何存储器,通过总线访问芯片内部集成的
或者外部扩展的存储器。其总线按照改进哈佛结构,分成 32 位的数据读、数据写数
据总线,地址读、地址写总线,公用数据总线即程序总线,包括 22 位的程序地址总线,
用于传送程序空间的读/写地址,32 位读数据程序总线,用于读取程序空间的指令或
者数据。改进的哈佛结构其实是综合了冯·诺依曼结构的简洁,哈佛结构的高效。
F28335 应用 32 位数据地址和 22 位程序地址控制整个存储器以及外设,最大可寻址
4M 字的数据空间和 4M 字程序空间。通常写的程序所需存放空间 4M 足够了,若大
于 4M 意味着程序空间不够处理,在实际中采用分页处理的方式,因为实际寻数据空
间为 4M,通过分页机制可以扩展实际寻址的程序空间。要找到对应程序的空间地
址与数据的空间地址,就需要对空间地址进行编码,将空间地址进行逻辑编码,就是
映射。F28335 处理器的存储器配置及地址映射如图 5.1 所示。

F28335 对数据空间和程序空间进行了统一编址,图 5.1 的映射表就像是各个空
间的地图一样,有些空间既可以作为数据空间也可以作为程序空间,有些空间只能作
为数据空间,有些空间是受密码模块保护的,有些空间地址是作为保留的,具体内容
就要仔细对照这个地图进行查阅。

图 5.1 右半部分主要是通过 XINTF 外扩的存储空间,当片内数据存储空间不
够的时候,可以外扩存储器。其中的保留区是片内存储器所占的地址。

F28335 的各存储器地址都是连续编码的,且空间地址是唯一的。图 5.1 左半部
分,首先对 M0 SRAM 从 0x000000 开始编码一直到 0x000400 结束,可以计算出这
是 1K×16 的大小。当 STE 状态寄存器 VMAP=0 时,0x000000~0x000040 作为中
断向量的存储空间。M1 SRAM 从 0x000400~0x000800 也是 1K×16 位大小,接着
是外设帧 0、1、2、3,这 4 个空间只能是数据空间,不能是程序空间,这些空间存放着
F28335 外设寄存器,其中外设帧 1、2、3 空间还标注着 Protected,表示这 3 个空间存
放的寄存器不可以随便配置,若要对存放在 Protected 空间内的寄存器进行配置,要
进行 EALLOW 声明,以 EDIS 结束声明,起到保护和警示作用。中间插了个 PIE 向
量存储空间。0x002000~0x005000 是保留区,这段保留区被用作外部扩展区 0,从
这里也可以看到保留区的作用,这个外扩区同样也是受保护区,要改写存放在该区域
的寄存器值时同样需要 EALLOW 声明。外扩区还有两个分别为 1M 大小的 6 区与
7 区。接下来是 L0~L7 的 SRAM 区,均为 4K 大小,下边是 256K 的 FLASH 空间,
中间 0x33FFF8~0x340000 共 128 位用来保存 CSM 模块密码,保护 FLASH、L0~
L7、OTP 空间内存放的数据,下边是 2K 的 OTP 空间,其中 1K OTP 空间主要是 TI
用来测试的引导程序,接下来是 L0~L3 SARAM 空间,这是个双映射空间,也就是
名字是一样的,但空间地址是不一样的,这样有利于数据备份,接下来是个 8K 的
BOOTROM 空间,用来存放 Boot loader 程序,系统初始引导程序。

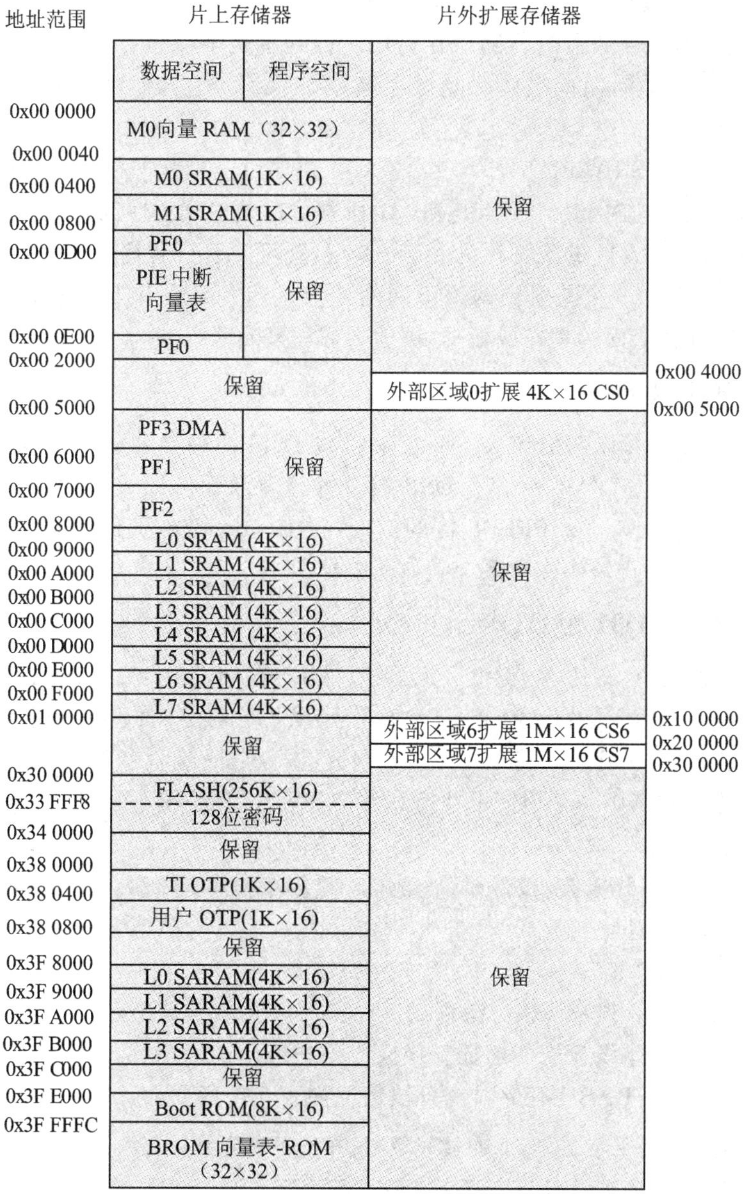

地址范围	片上存储器		片外扩展存储器
	数据空间	程序空间	
0x00 0000	M0向量 RAM（32×32）		保留
0x00 0040			
0x00 0400	M0 SRAM(1K×16)		
0x00 0800	M1 SRAM(1K×16)		
0x00 0D00	PF0		
	PIE 中断向量表	保留	
0x00 0E00			
0x00 2000	PF0		0x00 4000
	保留	外部区域0扩展 4K×16 CS0	
0x00 5000			0x00 5000
	PF3 DMA		
0x00 6000	PF1	保留	
0x00 7000	PF2		
0x00 8000	L0 SRAM (4K×16)		
0x00 9000	L1 SRAM (4K×16)		保留
0x00 A000	L2 SRAM (4K×16)		
0x00 B000	L3 SRAM (4K×16)		
0x00 C000	L4 SRAM (4K×16)		
0x00 D000	L5 SRAM (4K×16)		
0x00 E000	L6 SRAM (4K×16)		
0x00 F000	L7 SRAM (4K×16)		
0x01 0000	保留		外部区域6扩展 1M×16 CS6 / 0x10 0000
			外部区域7扩展 1M×16 CS7 / 0x20 0000
0x30 0000	FLASH(256K×16)		0x30 0000
0x33 FFF8	128位密码		
0x34 0000	保留		
0x38 0000	TI OTP(1K×16)		
0x38 0400	用户 OTP(1K×16)		
0x38 0800	保留		
0x3F 8000	L0 SARAM(4K×16)		保留
0x3F 9000	L1 SARAM(4K×16)		
0x3F A000	L2 SARAM(4K×16)		
0x3F B000	L3 SARAM(4K×16)		
0x3F C000	保留		
0x3F E000	Boot ROM(8K×16)		
0x3F FFFC	BROM 向量表-ROM（32×32）		

图 5.1　F28335 处理器存储器配置及地址映射

5.2　存储器特点

1. 片上 SRAM

SRAM 即为单口随机读/写存储器，有别于双口 RAM，双口 RAM 是在一个

SRAM 存储器上具有两套完全独立的数据线、地址线和读/写控制线,并允许两个独立的系统同时对该存储器进行随机性访问。即共享式多端口存储器。F28335 片内共有 34K×16 位单周期单次访问随机存储器 SRAM,被分成 10 个块,它们分别为 M0、M1、L0~L7。

M0 和 M1 块 SRAM 的大小均为 1K×16 位,当复位后,堆栈指针指向 M1 块的起始地址,堆栈指针向上生长。M0 和 M1 段都可以映射到程序区和数据区。

L0~L7 块 SRAM 的大小均为 4K×16 位,既可映射到程序空间,也可映射到数据空间,其中 L0~L3 可映射到两块不同的地址空间并且受片上的 FLASH 中的密码保护,以免存在上面的程序或数据,被他人非法复制。

2. BOOT ROM

BOOT ROM 可以叫引导 ROM,主要装载了 TI 的引导装载程序,实现 DSP 的 Bootloader 功能。MP/MC＝0 时,DSP 被设置为微计算机模式,CPU 在复位后,指令跳转到 0x3FFC00~0x3FFFBF 区间内,执行 Bootloader 程序,在后续 F28335 的引导程序章节中会进一步介绍系统是如何引导的。

3. 片上 FLASH 和 OTP

F28335 片上有 256K×16 位嵌入式 FLASH 存储器和 2K×16 位一次可编程 OTP 存储器,它们均受片上 FLASH 中的密码保护。FLASH 存储器由 8 个 32K×16 位扇区组成,用户可以对其中任何一个扇区进行擦除、编程和校验,而其他扇区不变。但是,不能在其中一个扇区上执行程序来擦除和编程其他的扇区。其主要有以下特点:

➢ 整个存储器分成多段。
➢ 代码安全保护。
➢ 低功耗模式。
➢ 可根据 CPU 频率调整等待周期。
➢ FLASH 流水线模式能够提高线性代码的执行效率。

F28335 片内 FLASH 存储器的分段情况如表 5.1 所列。

表 5.1　F28335 片内 FLASH 分段

地址范围	程序与数据空间
0x30 0000~0x30 7FFF	分段 H (32K 字×16)
0x30 8000~0x30 FFFF	分段 G (32K 字×16)
0x31 0000~0x31 7FFF	分段 F (32K 字×16)
0x31 8000~0x31 FFFF	分段 E (32K 字×16)
0x32 0000~0x32 7FFF	分段 D (32K 字×16)
0x32 8000~0x32 FFFF	分段 C (32K 字×16)

地址范围	程序与数据空间
0x33 0000～0x32 7FFF	分段 B（32K 字×16）
0x33 8000～0x33 FF7F	分段 A（32K 字×16）
0x33 FF80～0x33 FFF5	当采用密码保护时，编程为 0x0000
0x33 FFF6～0x33 FFF7	FLASH 启动入口地址（这里有程序分支指令）
0x33 FFF8～0x33 FFFF	密码（128 位）（不要编码成全 0）

F28335 的 OTP 存储器也是统一映射到程序和数据存储器空间，既可以为数据存储器也可以为程序存储器，与 FLASH 存储器不同的是它只能被用户写一次，不能再次被擦除。

FLASH 与 OTP 存储器的功耗模式有以下 3 个状态：

（1）重启或睡眠状态

芯片复位后，FLASH 与 OTP 处于睡眠状态，CPU 在 FLASH 和 OTP 存储器映射区域读数据或取代码使得状态改变，从睡眠状态变为备用状态，进一步会变为激活状态，在状态转换过程中，CPU 自动延迟等待，一旦状态转换完成，CPU 的访问恢复正常。

（2）备用状态

该状态的功耗要比睡眠状态大，需要较短的时间就转变为激活状态或读状态。在状态转换过程中，CPU 自动延迟等待，一旦状态转换完成，CPU 的访问恢复正常。

（3）激活状态

在激活状态下，CPU 在 FLASH 与 OTP 的存储器映射空间内读取访问受到 FBANKWAIT 寄存器与 FOTPWAIT 寄存器控制。在状态转换时，从低功耗模式转换到了高功耗模式，延时是必要的，通过延时可以使 FLASH 能够处在稳定的激活状态。在延时期间，CPU 都会自动等待直到延时完成为止。睡眠到备用受 FSTDB-WAIT 控制，备用到激活受 FACTIVEWAIT 寄存器控制。

对 FLASH 和 OTP 存储器来说，CPU 读/写数据操作主要有以下 3 种形式：

① 32 位取指令。

② 16 位或 32 位数据空间读操作。

③ 16 位程序空间读操作。

一旦 FLASH 处于激活状态，那么对存储器映射区的访问可以被分为 FLASH 访问或 OTP 访问，OTP 存储器小于 4M，在 22 位取址范围内，FLASH 则大于 4M，所以 FLASH 访问的时候又分为了存储器的随机访问与存储器的页访问。FLASH 存储器是以阵列形式组成，每行有 2 048 位。首次访问的某一行称为随机访问，若随后又访问该行则被称为页访问，一个随机和页访问的等待状态数可以通过 FBANK-

WAIT 寄存器编程配置,随机访问的状态数由 RANDWAIT 位来控制,指定访问的等待状态数由 PAGEWAIT 位来控制。

OTP 存储器的访问速度通常可以通过寄存器 FOTPWAIT 中的 OTPWAIT 中位来控制。OTP 存储器的访问时间比 FLASH 要长。

FLASH 的流水线模式:FLASH 存储器数据掉电不丢失,所以通常用来保存应用代码。在代码执行期间,除非有中断发生,指令可以从存储器地址中连续获取,连续地址中的部分代码组成了主要的代码,又称为线性代码。为了提高线性代码的执行性能,可以采用 FLASH 流水线模式。FLASH 流水线模式在默认状态下无效,通过设置 FOPT 寄存器中 ENPIPE 位使能流水线模式,并且 FLASH 流水线模式独立于 CPU 的流水线模式。

每次从 FLASH 或 OTP 中读取 64 位后访问一个取指令,当 FLASH 流水线模式被激活,可以从存储在 64 位缓冲器中读取,然后指令缓冲器中的内容被送到 CPU 进行处理。

2 个 32 位指令或者 4 个 16 位指令可以存放在一个单独的 64 位访问区域中,F28335 的指令多数是 16 位,因此从 FLASH 存储器中每取 64 位指令就像是在预取缓冲器中有 4 个指令等待 CPU 处理,在等待处理指令的过程中,FLASH 流水线会自动开始访问 FLASH 存储器并预取下一个 64 位指令。通过采用这种技术,FLASH 或 OTP 存储器连续代码执行效率得到提高。FLASH 或 OTP 存储器相关配置寄存器如表 5.2 所列。

表 5.2　F28335 OTP 存储器分段

名　称	地　址	长度/×16 位	寄存器描述
FOPT	0x00 0A80	1	FLASH 选择寄存器
Reserved	0x00 0A81	1	保留
FPWR	0x00 0A82	1	FLASH 功耗模式寄存器
FSTATUS	0x00 0A83	1	状态寄存器
FSTDBYWAIT	0x00 0A84	1	FLASH 由睡眠到备用寄存器
FACTIVEWAIT	0x00 0A85	1	FLASH 由备用到激活寄存器
FBANKWAI	0x00 0A86	1	FLASH 读等待状态数寄存器
FOPTWAIT	0x00 0A87	1	OTP 读等待状态寄存器

FLASH 与 OTP 处于激活状态时,用户可以通过执行程序读取 FLASH 寄存器的数据,但是在 FLASH 和 OTP 存储器内代码正在运行或正在访问存储器时,不能对寄存器进行写操作,这些寄存器也都是受保护的,配置的时候需要 EALLOW 声明,以 EIDS 结束。FLASH 选择寄存器 FOPT 字段描述如表 5.3 所列。

表 5.3　F28335 FLASH 选择寄存器 FOPT 字段描述

位	名　称	功能描述
15～1	Reserved	保留
0	ENPIPE	使能 FLASH 流水线模式 当该位被置 1 时,流水线模式被激活,该模式通过预取指令方式提高了取指令的效率,在该模式下,FLASH 的访问周期(页访问或随机访问)必须大于 0,默认状态为 0

FLASH 功耗模式寄存器 FPWR 各位信息如表 5.4 所列。

表 5.4　F28335 FLASH 功耗模式寄存器器 FPWR 字段描述

位	名　称	功能描述
15～2	Reserved	保留
1～0	PWR	FLASH 功耗模式位,向这些位写操作会改变 FLASH 的 BANK 和 PUMP 当前功耗模式 00:睡眠模式 01:等待状态 10:保留 11:激活状态 使能 FLASH 模式（高功耗）

5.3　代码安全模块 CSM

代码安全模块(CSM)是 F28335 上程序安全性的主要手段,它禁止未授权的用户访问片内存储器,禁止私有代码的复制或者逆向操作。

1. 功能说明

安全模块限制 CPU 去访问片内存储器。实际上,对各种存储器的读/写访问都是通过 JTAG 端口或外设来进行的,而 CSM 模块所谓的代码安全性主要是针对片内存储器的访问来定义的,用来禁止未经授权去复制私人代码或数据。

当 CPU 访问片内存储器受到限制的时候,器件即处于保密、"安全"的状态。当处于保密状态时,根据程序计数器当前指针的位置,可能有两种保护类型。如果当前代码正运行在受保护的内部安全存储器模块上时,仅仅是 JTAG(即仿真器)的访问被阻断,而受安全保护的代码是可以访问受安全保护的数据的,相反,如果代码运行在不受保护的非安全区时,所有对受保护的安全区的访问都被阻断。用户的代码可以动态地跳进或者跳出受保护的安全区,因此允许程序从不受保护的非安全区域调用函数,类似地,中断服务程序放在了安全受保护区域,而主程序运行在不受保护的非安全区域。因为程序中总是有部分受到保护的。通过一个 128 位的密码(相当于 8 个 16 位的字)来对安全区来进行加密或解密。这段密码保存在 FLASH 的最后 8

个字中(0X33FFF8~0X33FFFF),也就是密码区中(PWL),通过密码匹配(PMF),可以解锁器件。

如果密码保护区中的 128 位数都是同一个数,这个器件不受保护,全是同一个数有两种可能,一种全为 0,另一种全为 1,一个新的 FLASH 或 FLASH 被擦除后,就变为全 1 了,这样只要读一下密码区,就能破解,还一种情况,就是全为 0,这时候器件是被加密了,但是不管密钥寄存器的内容是什么,器件都处在加密状态,即该器件无法解锁,这时候芯片就被完全锁住了。因此不要用全 0 作为密码。如果在擦除 FLASH 的期间,芯片复位了,那这个芯片的密码就不确定了,也不能解锁。

芯片不能解锁(用全零作为密码、FLASH 擦除期间复位、忘记密码),这时候芯片就完全锁住了,只能用来调试,而无法重新烧写程序。

用户用来解锁的寄存器为密钥寄存器,在存储空间映射地址为 0x0000 0AE0~0x0000 0AE7,该区域受 EALLOW 保护。当这个 128 位的密钥为全 1 时,密钥寄存器不需要与之匹配。当一开始调试 FLASH 区加密的芯片时,仿真器取得 CPU 的控制权需要一定的时间,在此期间,CPU 正在开始运行,并且会执行保护加密区的操作,这个操作会引起仿真器断开连接,有两个方法可以解决这个问题。

① 采用 Wait - in - Reset 仿真模式,这种方法是让芯片保持在复位状态直到仿真器得到控制,这种方法要求仿真器要能支持这种模式。

② 采用 Branch to check boot mode 引导。这个方法会持续不停地让引导模式选择引脚。可以选择这种引导模式,一旦仿真器通过重新映射 PC 到另外的地址或者改变引导模式选择引脚以进入引导而进行连接。

2. CSM 对片内资源的影响

CSM 影响到的片内资源如表 5.5 所列。CSM 对下述片内资源无影响,如表 5.6 所列。

表 5.5 受 CSM 影响的片内资源

地 址	存储器	地 址	存储器
0x00 0A80~0x00 0A87	FLASH 配置寄存器	0x38 0000~0x38 03FF	TI(OTP)存储器(1K×16)
0x00 8000~0x00 8FFF	L0 SARAM(4K×16)	0x38 0400~0x38 07FF	用户(OTP)存储器(1K×16)
0x00 9000~0x00 9FFF	L1 SARAM(4K×16)	0x3F 8000~0x3F 8FFF	L0 SARAM(4K×16)镜像
0x00 A000~0x00 AFFF	L2 SARAM(4K×16)	0x3F 9000~0x3F 9FFF	L1 SARAM(4K×16)镜像
0x00 B000~0x00 BFFF	L3 SARAM(4K×16)	0x3F A000~0x3F AFFF	L2 SARAM(4K×16)镜像
0x30 0000~0x33 FFFF	FLASH(64K×16,32×16,或者 16×16)	0x3F B000~0x3F BFFF	L3 SARAM(4K×16)镜像

① 未指定加密的 SARAM。无论芯片有没有加密,这块存储器都能够自由访问和在其内部运行程序。

② 引导 ROM。ROM 内容的可见性不受 CSM 影响。

③ 片内外设寄存器。无论芯片有没有被加密,片内外设寄存器都可以通过片内片外运行的代码来进行初始化。

④ 中断向量表。无论芯片有没有被加密,中断向量表都可以被读/写。

表 5.6　不受 CSM 影响的片内资源

地　址	存储器	地　址	存储器
0x00 0000～0x00 03FF	M0 SARAM(1K×16)	0x00 C000～0x00 CFFF	L4 SARAM(4K×16)
0x00 0400～0x00 07FF	M1 SARAM(1K×16)	0x00 D000～0x00 DFFF	L5 SARAM(4K×16)
0x00 8000～0x00 0CFF	外设帧 0(2K×16)	0x00 E000～0x00 EFFF	L6 SARAM(4K×16)
0x00 0D00～0x00 0FFF	PIE 中断向量表 RAM(256X16)	0x00 F000～0x00 FFFF	L7 SARAM(4K×16)
0x00 6000～0x00 6FFF	外设帧 1(4K×16)	0x3F F000～0x3F FFFF	引导 ROM(4K×16)
0x00 7000～0x00 7FFF	外设帧 2(4K×16)		

无论芯片有没有被加密,都可以通过 JTAG 将代码装入上表不受 CSM 影响的存储器内运行,调试代码,并初始化外设寄存器。

3. 密码匹配流程

对芯片解密的过程被称为密码匹配流程(PMF)。图 5.2 描述了该操作流程。PMF 本质上讲就是一个从 PWL 中进行 8 次哑读并对 KEY 寄存器进行 8 次写的过程。PMF 在进行解除 DSP 的安全性操作时可能遇到两种情况:

情况 1:如果 DSP 在 PWL 处有密码,须进行如下步骤来解除安全保护:

① 从 PWL 处进行 8 次哑读。

② 写密码到 KEY 寄存器。

③ 如果密码正确,DSP 就解锁了,否则 DSP 仍被锁着。

情况 2:如果 DSP 没有密码保护,那么在 PWL 处应该是全 1,需进行如下步骤:

① 从 PWL 处进行哑读。

② 上面的操作完成后,DSP 立马就解锁了,可以随意对存储器进行操作。

如果要解密芯片,在对存储器读/写或编程前,不管 DSP 受没受到密码保护,一定要先进行哑读操作。什么叫哑读?就是 PWL 中的内容实际上是不能读出的,执行读操作后读出的数据与 PWL 中真正的内容并不一致(全 1 和全 0 除外)。下面举一个实例,说明如何使用代码安全模块。

因为在 DSP 复位后,L0 和 L1 存储器是受安全保护的,所以若要使用这两个空间就必须进行解密操作,下面是一个 C 语言编程的例子,用于说明如何解除 DSP 对 L0 和 L1 的保护。

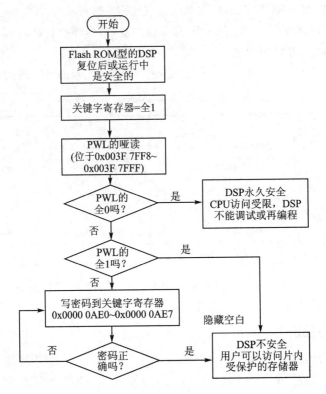

图 5.2　PWF 密码匹配流程

```
void InitSysCtrl(void)
{
    Uint16 i5;
    volatile Unit16  * PWL //定义一个 PWL 指针
    //其他初始化过程暂略
    PWL = &CsmPwl.PSWD0; //PWL 指针指向 PSWD0 处,即 0x003F7FF8 处
    for(i5 = 0;i5＜8;i5 ++) i =  * PWL++ //进行 8 次哑读
    //在调试阶段保持所有的密码字为 0xFFFF 不变,因此下面向 KEY0~KEY7 寄存器中
    //写入密码字的语句可以省略。否则就要向 KEY 寄存器中写入密码字
    // EALLOW; //KEY0~KEY8 受 EALLOW 保护
    // CsmRegs.KEY0 = 密码字
    // CsmRegs.KEY7 = 密码字
    // EDIS;
}
```

在执行了上述程序后,就可以毫无阻碍地对 L0 和 L1 存储器进行读/写了。

5.4 外部存储器接口 XINTF

1. 外部存储器接口 XINTF 概述

F28335 采用增强的哈佛总线结构,能够并行访问程序和数据存储空间。内部集成了大量的 SRAM、ROM、以及 FLASH 等存储器,并且采用统一寻址方式(程序、数据和 I/O 统一寻址),从而提高了存储空间的利用率,方便程序的开发。尽管 F28335 片内有 256K×16 位的 FLASH,34K×16 位的 SRAM,8K×16 位的 BOOT ROM,2K×16 位的 OPT ROM,但对于复杂的应用而言,程序空间与数据空间依然有可能不够用,所以需要进一步扩展,外部接口 XINTF 采用非复用异步总线,可用于扩展 SRAM、FLASH、ADC、DAC 模块等。XINTF 接口分别映射到 3 个固定的存储器映射区域,模块的信号如图 5.3 所示。

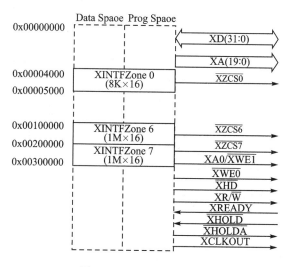

图 5.3 XINTF 模块信号

XINTF 每个区域都有一个片选信号线,当对某个区域进行读/写访问时,就要将信号线置低,某些器件将两个区域的片选信号通过内部的与逻辑连接在一起,从而形成一个共用的信号线,在这样的情况下,同一存储器可以与两个 XINTF 区域相连,要区分这两个区域就要与区分这两个区域的逻辑电路相连。

XINTF 的存储器的 3 个区域中的任何一个都可通过编程设定独立的等待时间,选通信号建立时间及保持时间,每个区域的读写操作都可以配置成不同的等待时间,另外可以通过 XREADY 信号线延长等待时间,XINTF 接口的这些特性允许其访问不同速率的外部存储器设备。通过 XTIMINGx 寄存器可配置每个区域的等待时间及选通信号的建立与保持时间。XINTF 接口的访问时序是以内部时钟 XTIMCLK 为基准的,XTIMCLK 信号频率可配置为系统时钟 SYSCLKOUT 的频率或其一半。

XINTF 接口的信号如表 5.7 所列。

表 5.7　XINTF 接口的信号

信号名称	输入输出特性	功能描述
XD[31:0]	I/O/Z	双向的数据总线,在 16 位模式下只是用 XD[15:0]
XA[19:1]	O/Z	地址总线,地址在 XCLKOUT 的上升沿被锁存到地址总线上,并保持到下一次访问操作
XA0/XWE1	O/Z	在 16 位的数据总线模式下,作为地址线的最低位 XA0; 在 32 位数据总线模式下,作为低字节的写操作的选通线 XWE1
XCLKOUT	O/Z	输出时钟
XWE0	O/Z	写操作的选通线,低电平有效
XRD	O/Z	读操作的选通线,低电平有效
XR/W	O/Z	读/写信号线,高电平时,表明读操作正在进行,低电平时,表明写操作正在进行
XZCS0/6/7	O	区域 0/6/7 的片选信号线
XREADY	I	为高电平时,表明外部设备已完成此次访问的相关操作,XINTF 可结束此次访问
XHOLD	I	为低电平时,表明有外部设备请求 XINTF 释放其总线
XHOLDA	O/Z	当 XINTF 响应 XHOLD 请求后,将 XHOLDA 置低

2. 与 F2812 的 XINTF 接口的区别

F28335 的 XINTF 接口与 F2812 的 XINTF 接口基本相似,但是需要注意以下几点区别:

① 数据总线宽度。F28335 的 XINTF 接口每个区域的数据总线宽度可以独立配置成 16 位或 32 位,在 32 位模式下,数据吞吐量高,2812 的 XINTF 接口只具有 16 位的数据总线。

② 地址总线宽度。F28335 的 XINTF 地址总线扩展到 20 位,区域 6 与区域 7 的寻址范围为 1M×16,F2812 中,地址范围为 512K×16。

③ DMA 访问。F28335 中 XINTF 的 3 个区域都与片上的 DMA 模块相连,支持 DMA 读/写方式,F2812 中 XINTF 的 3 个区域不支持 DMA。

④ XINTF 时钟信号使能。F28335 中,XINTF 时钟信号 XTIMCLK 默认情况下是被禁止的,以节约功耗,通过将 PCLKCR3 寄存器中的第 2 位置 1,可使能 XTIMCLK。在 F2812 中,XTIMCLK 始终处于使能状态。

⑤ XINTF 引脚复用。F28335 中,XINTF 的相关引脚是多路复用的,在使用 XINTF 的功能前,首先要通过 GPIO MUX 寄存器将相应引脚配置为 XINTF 状态。F2812 中 XINTF 有专用的脚。

⑥ 访问区域及片选信号。

⑦ F28335 中 XINTF 的存储器缩减为 3 个：区域 0、区域 6 及区域 7，每个区域都有独立的片选信号。在 F2812 中，一些存储区共用同一个片选信号，如区域 0 与区域 1 共用 XZCS0AND1，区域 6 与区域 7 共用 XZCS6AND7。

⑧ 区域存储映射地址。F28335 中，区域 0 的存储空间为 4K×16，起始地址为 0x4000，区域 6 和区域 7 的存储空间都为 1M×16，起始地址分别为 0x100000 和 0x200000。在 F2812 中，区域 0 的存储空间为 8K×16，起始地址为 0x2000，区域 6 和区域 7 的存储空间分别为 512K×16 和 512K×16。

⑨ EALLOW 保护。F28335 中，XINTF 相关寄存器都使用 EALLOW 保护，F2812 中 XINTF 寄存器没有使用 EALLOW 保护。

3. 访问 XINTF 区域

CPU 或 CCS 通过仿真器直接访问 XINTF 连接的外部存储器。XINTF 的 3 个区域都有独立的片选信号线，并且各区域的读/写时序可以单独配置，当相应的片选信号线被选中(低电平有效)时，该区域可以被访问。

F28335 的地址总线为 20 位，采用统一寻址，被所有区域共用，总线上的地址由所要访问的具体区域决定：

① 区域 0 使用的外部地址范围为 0x0000～0x00FFF，也就是说，如果要对区域 0 的第一个存储单元进行操作，需要将 0x0000 送到地址线，并将片选信号 XZCS0(低电平有效)拉低，如果要对区域 0 的最后一个存储单元进行操作，则将 0x00FFF 送到地址总线，同样区域 0 的片选信号线要选中。

② 区域 6 与区域 7 的地址范围为 0x00000～0xFFFFF，对这两个区域的操作同上，也是需要将相应的片选线选中，将相应地址送给地址总线。

4. 写后读的流水线保护

F28335 多级流水线的一次操作中，读操作的相位要超前于写操作的相位，基于此时序写然后跟着读，现实中执行的是相反的时序，读后写。

举个例子，假如要实现的功能为先向一个地址单元中写入数据，紧跟着从另一个地址单元中读取数据，但由于 CPU 的流水线操作，实际执行时，两条指令的顺序将翻转。因为流水线安排的问题，导致了读数据有可能不是实时更新的数据。

在 F28335 中，外设寄存器所在的存储单元都使用了硬件保护，以防止类似的访问时序翻转。这些单元被称为"写后读"流水线保护区域。XINTF 的区域 0 就具有上述功能，区域 0 的读/写操作将按照程序编写顺序执行。

28X 的 CPU 会自动保护在同一个存储器区域进行写后读操作，这种保护机制同样也会保护在有保护的存储器的区域的不同存储地址内进行写后读操作，CPU 会自动在原来读的操作指令后边插入空的时钟周期以便在读操作前完成写操作。

当外设通过 XNITF 连接映射时，这个执行时序就应当引起注意。写入一个寄存器也许会更新另外一个寄存器的状态位,这样的话,写入第一个寄存器必须完成后,才能去读后边被更新的那个寄存器,如果读/写操作按照流水线的安排,那么就有可能读到一个错误的状态,因为写发生在读之后。通过 XINTF 外扩存储器是很正常的,然而这样的执行时序并不常常引起人注意,偶然会采用区域 0,就不会有这样执行时序的问题,但区域 0 往往不用来访问存储器,而仅仅用来访问一些终端设备。那么,如果其他的区域与外设相连,并且需要写后读这样的保护,要采取以下措施:

① 在写与读指令之间插入 3 个 NOP 指令。至少有 3 个空指令才能保证代码分解后,流水线执行时,写操作才能完成,然后读才会执行。

② 在写和读操作之间插入其他一些超过 3 个时钟周期的指令,这样就能保证写后读操作。

③ 如果采用编译器的 mv 优化,那么就会自动在读写之间插入空指令。要用这个选择的时候在当注意,因为这样的时序操作问题只是发生在外设映射到 XINTF 时的存储器访问。

5. XINTF 的配置

在实际使用 XINTF 时,需要根据 F28335 的实际工作频率、XINTF 的时序特性以及外部设备或存储器的时序要求来进行配置。因为 XINTF 配置参数的改变会影响相关的访问时序,所以配置代码不能从 XINTF 扩展的区域执行。

(1) XINTF 的配置程序

在 XINTF 配置或修改时钟寄存器的值期间,不允许程序中访问 XINTF 相关区域。这包括 CPU 流水线上的指令,XINTF 写缓冲区域的写访问,数据的读/写,预取指令操作与 DMA 访问。为了确定以上这些操作没有发生可遵循以下步骤:

① 确认 DMA 没有访问 XINTF。

② 按照图 5.4 修改 XTIMING0/6/7、XBANK 或 XINTCNF2 寄存器的值。

(2) 时钟信号

XINTF 模块使用两路时钟信号,XTIMCLK 和 XCLOUT,图 5.5 给出了这两路时钟信号与系统时钟信号 SYSCLKOUT 的关系。

XINTF 区域的所有访问操作都是基于 XTIMCLK 时钟为基准的,因此配置 XINTF 时,需要配置 XTIMCLK 与系统时钟 SYSCLKOUT 的关系。通过 XINTFCN2 寄存器中的 XTIMCLK 控制位可将 XTIMCLK 时钟频率设定为与 SYSCLKOUT 时钟频率相同或为其一半,默认情况为其一半。

所有的 XINTF 的操作都由 XCLKOUT 的上升沿开始,通过 XINTFCN2 寄存器中的 CLKMODE 控制位可将 XCLKOUT 的时钟频率设定为与 XTMCLK 时钟频率相同,或为其一半;默认情况下为其一半,即为 SYSCLKOUT 时钟频率的 1/4。为减小系统噪声,通过将 XINTCN2[CLKOFF]置 1 可禁止 XCLKOUT 从引脚输出。

(3) 写缓冲器

默认情况下,写访问缓冲器是被禁止的,为提高 XINTF 的性能,可使能写缓冲

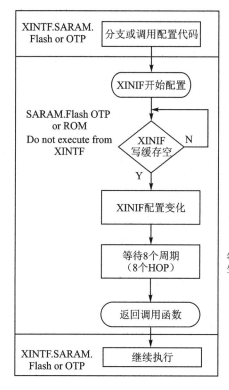

图 5.4　XINTF 配置流程

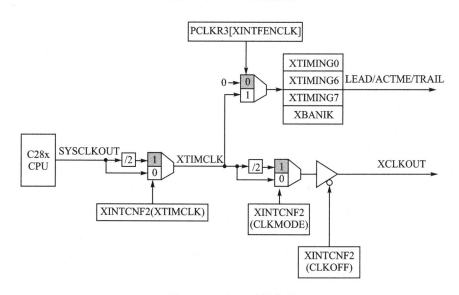

图 5.5　XINTF 时钟信号

器。在没有停止 CPU 的情况下，最多允许 3 个数据通过缓冲器写入 XINTF 区域，写缓冲器的深度可通过 XINTCNF2 寄存器配置。

(4) XINTF 访问的建立、有效、跟踪等待时间

XINTF 区域的读写访问时序可分为 3 个部分:建立时间、有效时间及跟踪时间。通过配置每个区域的 XTIMING 寄存器可为该区域访问时序的 3 个部分设定相应值即各个部分的等待时间,等待时间以 XTIMCLK 周期为最小单位,每个区域的读访问时序与写访问时序可以独立配置。为与低速外部设备连接,可通过 X2TIMING 位将各部分等待时间延长一倍。

在 XINTF 访问建立期间,所要访问区域的片选信号被拉低,相应存储器的地址被发送到地址总线上,建立时间可通过本区域 XTIMING 寄存器进行配置,默认情况下,读/写访问都使用最大的建立时间,即 6 个 XTIMCLK 周期。

在 XINTF 访问有效期间内,可以访问中断设备。如果是读访问,则读选通信号 XRD 被拉低,数据被锁存到 DSP 中;如果是写访问,则写选通信号 XWE0 被拉低,数据被发送到数据总线上。如果该区采样 XREDAY 信号,外部设备通过控制 XRE-DAY 信号可延长有效时间,此时有效时间可超过设定值,如果未使用 XREDAY 信号,总有效时间包含的 XTIMCLK 周期数即相应的 XTIMING 中的设定值再加 1。默认情况下,读/写访问的有效时间为 14 个 XTIMCLK 周期。

在 XINTF 访问跟踪期间内,区域的片选信号仍保持低电平,但读/写选通信号被重新拉到高电平。跟踪时间可以通过 XTIMING 寄存器设定,默认情况下,读写访问都使用最大的跟踪时间,即 6 个 TIMCLK 周期。

根据系统需要,可配置合适的建立、有效、跟踪时间,以满足不同外设需要。在配置过程中,需要考虑如下因素:

① 读写访问 3 个阶段的最小等待时间要求。

② XINTF 的读/写时序。

③ 外部存储器或设备的时序要求。

④ DSP 器件与外部器件之间的附加延时。

(5) 区域的 XREADY 采样

如果 XINTF 模块采用 XREADY 采样功能,那么外设可扩展 XINTF 访问有效期间的时间。XINTF 的所有区域共用一个 XREDAY 输入信号线,但每个区域可单独配置为使用或不使用 XREDAY 采样功能。每个区域的采样方式有两种:

① 同步采样:同步采样中,XREDAY 信号在总的有效时间结束前将保持一个 XTIMCLK 周期时间的有效电平。

② 异步采样:异步采样中,XREDAY 信号在总的有效时间结束前将保持 3 个 XTIMCLK 周期时间的有效电平。

无论同步还是异步,如果采样到的 XREDAY 信号为低电平,那么访问阶段的有效时间将增加一个 XTIMCLK 周期,并且在下一个 XTIMCLK 周期内将会对 XRE-DAY 信号重新采样。以上过程将反复进行,直到采样到的 XREDAY 为高电平。

如果一个区域被配置为使用 XREDAY 采样,这个区域的读访问与写访问都将使用 XREDAY 采样功能。默认情况下,每一个区域都使用异步采样方式。当使用 XREDAY 信号时,必须考虑 XINTF 最小等待时间的要求。同步采样方式与异步采样方式下的最小等待时间是不同的,主要取决于以下几点:

① XINTF 固有的时序特性。

② 外部设备的时序要求。

③ DSP 器件与外部器件之间的附加延时。

(6) 带　宽

XINTF 每个区域的数据总线都可以单独配置成 16 位或 32 位,XA0/XWE1 引脚的功能在两种总线宽度下不同。当一个区域配置成 16 位的总线模式时,XA0/XWE1 引脚的功能为地址的最后一位 XA0,如图 5.6 所示。当一个区域配置成 32 位的总线模式时,XA0/XWE1 引脚的功能为低字段的选通信号 XWE1,如图 5.7 所示。

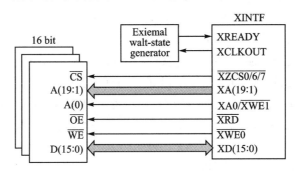

图 5.6　16 位数据总线的典型连接方式

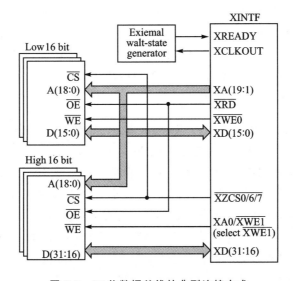

图 5.7　32 位数据总线的典型连接方式

(7) XBANK 区域切换配置

当访问操作从一个区域跨越到另一个区域时,为了及时释放总线,并让其他设备获得访问权,低速设备需要额外的几个周期。区域切换允许用户指定一个特定的存储区域,当访问操作移入该区域或从该区域移出时,允许添加额外的延时周期。所指定的区域以及相应的额外延时周期可通过 XBANK 寄存器配置。

额外延时周期的选择要考虑 XTIMCLK 与 XCLKOUT 的信号频率,共有 3 种情况:

① XTIMCLK=SYSCLKOUT 时额外延时周期配置位 XBANK[BCYC]无限制。

② XTIMCLK = SYSCLKOUT/2、XCLKOUT = XTIMCLK/2 时,XBANK[BCYC]不能为 4 或 6,其他值均可。

③ XTIMCLK=SYSCLKOUT/2、XCLKOUT=XTIMCLK 时,当访问操作在两个区域切换时,肯定有个区域发生在延时周期之前,另外一个区域发生在延时周期后。为了能够添加准确的延时周期,要求第一个区域访问的时间要大于添加的延时周期总时间。例如当区域 7 被指定为特定区域,即移入或移出区域 7 的访问操作都将添加延时周期,如果区域 7 的访问操作发生在区域 0 的操作之后,则要求区域 0 访问操作的时间要大于添加的延时周期总时间;如果区域 0 的访问操作发生在区域 7 的访问操作之后,则要求区域 7 访问操作的总时间要大于添加的延时周期总时间。

通过设定建立时间、有效时间、跟踪时间的值可保证区域的访问时间大于添加的延时周期总时间,由于 XREDAY 只扩展有效时间,故这里不做考虑。以下给出具体的配置原则:

① X2TIMING=0,则须遵循:

XBANK[BCYC]<XWRLEAD+XWRACTIVE+1+XWRTRAIL

XBANK[BCYC]<XRDLEAD+XRDACTIVE+1+XWRTRAIL

② X2TIMING=1,则须遵循:

XBANK[BCYC]<XWRLEADX2+XWRACTIVEX2+1+XWRTRAILX2

XBANK[BCYC]<XRDLEADX2+XRDACTIVEX2+1+XWRTRAILX2

6. XINTF 的 DMA 支持

XINTF 支持以 DMA 方式访问片外程序或数据。这个过程由输入信号 $\overline{XHOLD}$ 与输出信号 $\overline{XHOLDA}$ 完成。当 $\overline{XHOLD}$ 输入低电平时,意味着 DMA 请求访问 XINTF,将使 XINTF 所有输出引脚保持在高阻状态。当完成 XINTF 所有的外部访问后,$\overline{XHOLDA}$ 变为低电平,以通知外部设备 XINTF 已将其所有的输出口保持在高阻状态,并且其他设备可访问外部存储器或设备。

当检测到 $\overline{XHOLD}$ 的有效信号时,XINTCNF2 寄存器的 HOLD 模式位使能 $\overline{XHOLDA}$ 信号自动产生,并允许访问外部总线。在 HOLD 模式下,CPU 仍可正常执行连接到存储总线上的片内存储空间的程序。当 $\overline{XHOLDA}$ 为低电平时,如果 CPU 访问 XINTF,将产生未就绪标志,并将处理器挂起。XINTCNF2 寄存器中的

状态标志位将显示 $\overline{XHOLD}$ 与 $\overline{XHOLDA}$ 信号的状态。

当 $\overline{XHOLD}$ 信号有效时,CPU 向 XINTF 写数据,此时写缓冲器被禁止,数据将不会进入写缓冲器,CPU 将被挂起。XINTCNF2 寄存器中 HOLD 模式位优先于 $\overline{XHOLD}$ 信号,从而用户代码可以判断是否有 $\overline{XHOLD}$ 请求。在任何操作发生前,输入信号 $\overline{XHOLD}$ 在 XINTF 输入端被同步,同步时钟与 XTIMCLK 相关。XINTCNF2 寄存器中的 HOLDS 位反映 $\overline{XHOLD}$ 信号的当前同步状态。复位时,HOLD 模式被使能,允许利用 $\overline{XHOLD}$ 信号从外部存储器加载程序。复位期间,如果输入信号 $\overline{XHOLD}$ 为低电平,则输出信号 $\overline{XHOLDA}$ 也为低电平。在上电期间,$\overline{XHOLD}$ 同步锁存器中的不确定值将被忽略,并且在时钟稳定后将会被刷新,因此同步锁存器不需要复位。如果检测到 $\overline{XHOLD}$ 信号为低电平,当所有当前被挂起的 XINTF 操作完成后,$\overline{XHOLDA}$ 才输出低电平。在 $\overline{XHOLDA}$ 有效信号输出之前要一直保持 $\overline{XHOLD}$ 处于有效电平。在 HOLD 模式下,XINTF 接口的所有输出信号都将保持在高阻状态。

7. XINTF 的相关寄存器

XINTF 所有相关寄存器的列表以及地址映射如表 5.8 所列。

表 5.8　XINTF 相关寄存器

寄存器名称	地址单元	大小/×16 位	寄存器说明
XTIMING0	0X0000 0B20	2	XINTF 区域 0 的时序寄存器
XTIMING6	0X0000 0B2C	2	XINTF 区域 6 的时序寄存器
XTIMING7	0X0000 0B2E	2	XINTF 区域 7 的时序寄存器
XINTCNF2	0X0000 0B34	2	XINTF 配置寄存器
XBANK	0X0000 0B38	1	XINTF 区域切换控制寄存器
XREEVISION	0X0000 0B3A	1	XINTF 版本修订寄存器
XRESET	0X0000 0B3D	1	XINTF 模块复位寄存器

(1) 时序寄存器

每个区域都有自己的时序寄存器,通过配置该寄存器可改变本区域的访问时序,时序寄存器的配置代码不能从本区域内执行。时序寄存器各位信息以及功能描述如表 5.9 所列。

表 5.9　XTIMING0/6/7 功能描述

位	字　段	取值及功能描述
31～23	保留	保留
22	X2TIMING	该位指定 XRDLEAD、XRDACTIVE、XRDTRAIL、XWRLEAD、XWRACTIVE、XWRTRAIL 的实际值与寄存器中的设定值的比值。 0:比值为 1:1 1:比值为 2:1(上电与复位时的默认值)

续表 5.9

位	字 段	取值及功能描述
21～18	保留	保留
17～16	XSIZE	数据总线宽度设定位,必须设定为 01b 或 11b,其他设定值无效。 00 或 10:无效设定值,将引起 XINTF 发生错误 01:32 位数据总线模式,此时 XA0/XWE1 引脚工作在 XWE1 功能 11:16 位数据总线模式,此时 XA0/XWE1 引脚工作在 XA0 功能
15	READYMODE	XREADY 信号采样方式控制位,仅在 USEREADY=1 时有效 0:同步采样 1:异步采样
14	USEREADY	区域 XREADY 信号采样使能位 0:当访问该区域时,忽略 XREADY 信号 1:当访问该区域时,对 XREADY 信号进行采样
13～12	XRDLEAD	读访问的建立时间中等待周期个数设定位。建立时间中所包含的等待周期是以 XTIMCLK 时钟周期为基本单位的,与 X2TIMINGG 位一起决定所包含的 XTIMCLK 周期数,建立时间=XTIMCLK 周期数×XTIMCLK 的周期 00 为无效数,01～11 表示周期数。默认情况为 11b,默认 X2TIMING=1,即 2 倍的 11,就是周期数为 6
11～9	XRDACTIVE	读访问有效时间等待周期个数设定位,有效时间中所包含的等待周期是以 XTIMCLK 时钟周期为基本单位,与 X2TIMING 位一起决定所包含的 XTIM-CLK 周期数。由于有效时间中有个额外的 XTIMCLK 周期,故总时间=XTIM-CLK 周期数×XTIMCLK 周期+1,可在 000～111 之间取值。默认值为 111b,即周期数为 2×7=14(默认 X2TIMING=1)
8～7	XRDTRAIL	读访问跟踪时间等待周期个数设定位,跟踪时间中所包含的等待周期是以 XTIMCLK 时钟周期为基本单位,与 X2TIMING 位一起决定所包含的 XTIM-CLK 周期数。跟踪时间=XTIMCLK 周期数×XTIMCLK 周期 可在 00～11 之间取值。默认值为 11b,即周期数为 2×3=6(默认 X2TIMING=1)
6～5	XWRLEAD	写访问的建立时间中等待周期个数设定位。建立时间中所包含的等待周期是以 XTIMCLK 时钟周期为基本单位的,与 X2TIMINGG 位一起决定所包含的 XTIMCLK 周期数,建立时间=XTIMCLK 周期数×XTIMCLK 的周期。可在 00～11 之间取值。默认情况为 11b,默认 X2TIMING=1,即 2 倍的 11,就是周期数为 6
4～2	XWRACTIVE	写访问有效时间等待周期个数设定位,有效时间中所包含的等待周期是以 XTIMCLK 时钟周期为基本单位,与 X2TIMING 位一起决定所包含的 XTIM-CLK 周期数。由于有效时间中有个额外的 XTIMCLK 周期,故总时间=XTIM-CLK 周期数×XTIMCLK 周期+1 可在 000～111 之间取值。默认值为 111b,即周期数为 2×7=14(默认 X2TIMING=1)

位	字　段	取值及功能描述
1～0	XWRTRAIL	写访问跟踪时间等待周期个数设定位,跟踪时间中所包含的等待周期是以 XTIMCLK 时钟周期为基本单位,与 X2TIMING 位一起决定所包含的 XTIM-CLK 周期数。跟踪时间＝XTIMCLK 周期数×XTIMCLK 周期 可在 00～11 之间取值。默认值为 11b,即周期数为 2×3＝6(默认 X2TIMING＝1)

(2) XINTF 配置寄存器 XINTCNF2

XINTCNF2 寄存器的各位信息如表 5.10 所列。

表 5.10　XINTCNF2 寄存器各位信息

位	字　段	取值及功能描述
31～19	保留	保留
18～16	XTIMCLK	基准时钟 XTIMCLK 与系统时钟 SYSCLKOUT 之间的关系,XTIMCLK 时钟的配置代码不能存放在 XINTG 区域中 000:XTIMCLK＝SYSCLKOUT 001:XTIMCLK＝SYSCLKOUT/2(默认) 注:XTIMCLK 默认情况下是禁止的,在写 XINTF 相关寄存器之前要通过 PCLKR3 寄存器位使能
15～12	保留	保留
11	HOLDAS	此位反映输出信号 XHOLDA 的当前状态,用户可以通过读取该位判断 XINTF 接口是否正在进行对外部设备的访问 0:XHOLDA 为低电平 1:XHOLDA 为高电平
10	HOLDS	此位反映输出信号 XHOLD 的当前状态,用户可以通过读取该位判断外部设备是否在请求对 XINTF 总线的访问 0:XHOLD 为低电平 1:XHOLD 为高电平
9	HOLD	此位允许外部设备驱动 XHOLD 输入信号,并允许 XHOLDA 输出信号。此位为 1 时,如果 XHOLD 与 XHOLDA 都为低电平(允许访问 XINTF),那么在当前周期结束时,XHOLDA 信号被强制为高电平,XINTF 脱离高阻状态。XRS 复位时,此位被置 0,复位期间,如果 XHOLD 为低电平,那么数据总线,地址总线及所有选通信号都将为高阻态,同时 XHOLDA 被驱动到低电平。如果 HOLD 模式被使能且 XHOLDA 为低电平,那么 CPU 内核仍可继续执行片内存储单元中的代码,如果发生 XINTF 访问,则产生一个未准备好信号并将 CPU 停止,直到 XHOLDA 信号被删除 0:自动允许外部设备的请求,并驱动 XHOLD 与 XHOLDA 为低电平(默认) 1:不允许外部设备的请求,驱动 XHOLD 为低电平的同时 XHOLDA 为高电平

续表 5.10

位	字 段	取值及功能描述
8	保留	保留
7~6	WIEVEL	反映写缓冲器中数据的个数 00:写缓冲器空 01~11(K):写缓冲器中有 K 个字符
5~4	保留	保留
3	CLKOFF	XCLKOUT 控制位 0:XCLKOUT 被使能 1:XCLKOUT 被禁止
2	CLKMODE	XCLKOUT 时钟频率控制位,CLKMODE 位的配置代码不能存放在 XINTF 区域 0:XCLKOUT=XTIMCLK 1:XCLKOUT=XTIMCLK/2(默认)
1	WRBUFF	写缓冲器深度控制位 00:无写缓冲器(默认) 01~11(K):有 K 个写缓冲器 注:写缓冲器的深度可变,但要求在所有缓冲器都为空的情况下改变,否则将会发生不可预测的结果

(3) 区域切换控制寄存器 XBANK

区域切换控制寄存器 XBANK 各位信息如表 5.11 所列。

表 5.11　XBANK 功能描述

位	字 段	取值及功能描述
15~6	保留	保留
5~3	BCYC	区域切换时插入的延时时间,延时时间是以 XTIMCLK 为最小时间单位的。复位时 XRS,默认值为 7 个 XTIMCLK 周期(14 个 SYSCLKOUT 周期) 000:0 个 XTIMCLK 周期 001~111(k):k 个 XTIMCLK 周期 BCYC 的默认值为 111b
2~0	BANK	指定使用区域切换功能的 XINTF 存储区域 000:区域 0 被指定 110:区域 6 被指定 111:区域 7 被指定 001~101:保留

(4) 复位寄存器 XRESET

复位寄存器 XRESET 各位信息如表 5.12 所列。

表 5.12　XRESET 功能描述

位	字　段	取值及功能描述
15~1	保留	保留
0	XHARDRESET	硬件复位位。在 DMA 传送中,如果 CPU 检测到 XREADY 信号为低电平,可使用硬件复位位对 XINTF 进行复位 0:写 0 无反应,读始终返回 0 1:强制产生一次 XINTF 硬件复位 XTIMING、XBANK 及 XINTCNF2 寄存器将回到默认值,XINTF 的信号线将回到空闲电平,所有悬挂的访问操作都将被清除(包括写缓冲器中的数据),DMA 产生的停止状态将被释放

5.5　手把手教你访问 F28335 外部 SRAM

1. 实验目的

① 进一步熟悉 CCS 编程应用——断点的设置、存储器数据查看。

② 掌握 F28335 的存储空间。

③ 掌握 F28335 的总线配置过程。

④ 掌握 F28335 SRAM 外扩。

2. 实验主要步骤

① 打开已经配置好的 CCS 6.1 软件。

② 将仿真器的 USB 与计算机连接,将仿真器的另一端 JTAG 端插到 YX - F28335 开发板的 JTAG 针处。

③ 按照第 2 章介绍的方法建立配置文件,并连接 DSP 板卡。

④ 在 CCS6.1 菜单栏选择 File→Import 菜单项,然后选择 Code Composer Studio→CCS Projects,最后浏览找到 EXRAM 工程所在的路径文件夹并导入工程。

⑤ 选择 Run→Load→Load Program 菜单项,并选中 EXRAM.out 下载。

⑥ 在 CCS 中按照图 5.8 所示设置断点(在欲设置断点处所在的行前双击鼠标即可)。

⑦ 选择 Run→Resume 菜单项运行至第一个断点,在 CCS 中选择 View→Memory Browser 菜单项查看存储器,在 Data 栏输入地址 0x180000,memory 各个地址的值变为 0x5555,如图 5.9 所示。

⑧ 选择 Run→Resume 菜单项运行至第二个断点,此时 memory 中各个地址的值变为 0XAAAA,如图 5.10 所示。

⑨ 选择 Run→Resume 菜单项运行至第三个断点,此时 memory 中各个地址的

值又发生变化,如图 5.11 所示。

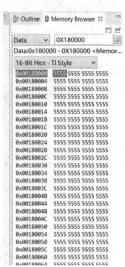

图 5.8 实验断点设置示意图

图 5.9 初次写 SARAM 5555
的示意图

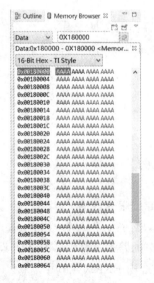

图 5.10 写 SARAM AAAA 的示意图

图 5.11 写 SARAM 一组顺序值的示意图

3. 实验原理说明

(1) 外扩 SRAM 硬件原理

F28335 为哈佛结构的 DSP,哈佛结构是一种将程序指令存储和数据存储分开的存储器结构,即程序存储器和数据存储器是两个独立的存储器,每个存储器独立编址、独立访问。其存储空间映射如前文所示。

F28335 在逻辑上有 4M×16 位的程序空间和 4M×16 位的数据空间,但在物理上已将程序空间和数据空间统一成一个 4M×16 位的空间。尽管 F28335 片上有 256K×16 位 FLASH 存储器,34K×16 位单周期单次访问随机存储器的 SARAM,8K×16 位的 BOOT ROM,1K×16 位的 OTP ROM,但有可能运行程序的开销大于片上提供的这些资源,所以需要外扩。

F28335 的外部存储器可以映射到 3 个存储区域,即 Zone0、Zone6 和 Zone7:

> Zone0 存储区域:0X004000~0X004FFF,4K×16 位可编程最少一个等待周期。
> Zone6 存储区域:0X100000~0X1FFFFF,1M×16 位 10 ns 最少一个等待周期。
> Zone7 存储区域:0X200000~0X2FFFFF,1M×16 位 70 ns 最少一个等待周期。

YX F28335 将 512K×16 位的 SRAM 映射到 Zone 6 的后半部分,实现此逻辑的方法是将 CS6 和经过非门后的地址线 19 通过 71HC32 相或后送给 SRAM 片选线、将 DSP 其他地址线和数据线直接与 SRAM 的地址线和数据线相连、将 DSP 的读/写线与 SRAM 的读/写线相连即可。具体连接如图 5.12 和图 5.13 所示。

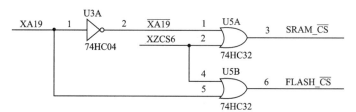

图 5.12 外扩 SRAM 的与门连接

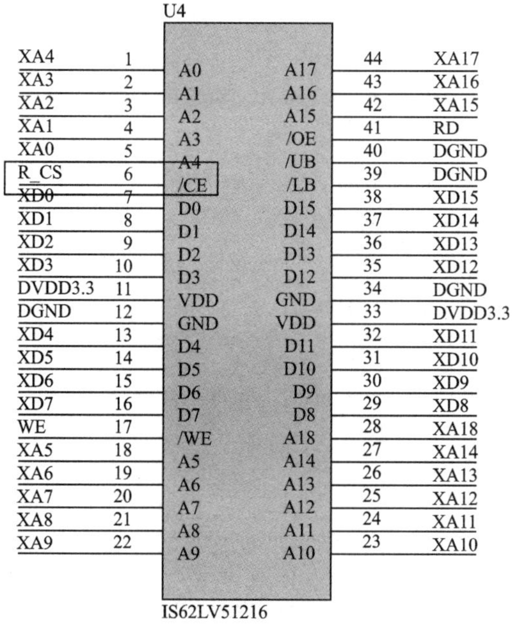

XA4	1	A0	A17	44	XA17
XA3	2	A1	A16	43	XA16
XA2	3	A2	A15	42	XA15
XA1	4	A3	/OE	41	RD
XA0	5	A4	/UB	40	DGND
R_CS	6	/CE	/LB	39	DGND
XD0	7	D0	D15	38	XD15
XD1	8	D1	D14	37	XD14
XD2	9	D2	D13	36	XD13
XD3	10	D3	D12	35	XD12
DVDD3.3	11	VDD	GND	34	DGND
DGND	12	GND	VDD	33	DVDD3.3
XD4	13	D4	D11	32	XD11
XD5	14	D5	D10	31	XD10
XD6	15	D6	D9	30	XD9
XD7	16	D7	D8	29	XD8
WE	17	/WE	A18	28	XA18
XA5	18	A5	A14	27	XA14
XA6	19	A6	A13	26	XA13
XA7	20	A7	A12	25	XA12
XA8	21	A8	A11	24	XA11
XA9	22	A9	A10	23	XA10

U4

IS62LV51216

图 5.13 外扩 SRAM 的硬件连接

(2) 程序说明

F28335 的地址线、数据线、片选线以及读写线具有多路复用功能,所以在初始化中一定要对这些总线进行配置才能使用。其配置程序如下:

```
void InitXintf16Gpio()
{
EALLOW;
GpioCtrlRegs.GPCMUX1.bit.GPIO64 = 3; // XD15
GpioCtrlRegs.GPCMUX1.bit.GPIO65 = 3; // XD14
GpioCtrlRegs.GPCMUX1.bit.GPIO66 = 3; // XD13
GpioCtrlRegs.GPCMUX1.bit.GPIO67 = 3; // XD12
GpioCtrlRegs.GPCMUX1.bit.GPIO68 = 3; // XD11
GpioCtrlRegs.GPCMUX1.bit.GPIO69 = 3; // XD10
GpioCtrlRegs.GPCMUX1.bit.GPIO70 = 3; // XD19
GpioCtrlRegs.GPCMUX1.bit.GPIO71 = 3; // XD8
GpioCtrlRegs.GPCMUX1.bit.GPIO72 = 3; // XD7
GpioCtrlRegs.GPCMUX1.bit.GPIO73 = 3; // XD6
GpioCtrlRegs.GPCMUX1.bit.GPIO74 = 3; // XD5
GpioCtrlRegs.GPCMUX1.bit.GPIO75 = 3; // XD4
GpioCtrlRegs.GPCMUX1.bit.GPIO76 = 3; // XD3
GpioCtrlRegs.GPCMUX1.bit.GPIO77 = 3; // XD2
GpioCtrlRegs.GPCMUX1.bit.GPIO78 = 3; // XD1
GpioCtrlRegs.GPCMUX1.bit.GPIO79 = 3; // XD0
GpioCtrlRegs.GPBMUX1.bit.GPIO40 = 3; // XA0/XWE1n
GpioCtrlRegs.GPBMUX1.bit.GPIO41 = 3; // XA1
GpioCtrlRegs.GPBMUX1.bit.GPIO42 = 3; // XA2
GpioCtrlRegs.GPBMUX1.bit.GPIO43 = 3; // XA3
GpioCtrlRegs.GPBMUX1.bit.GPIO44 = 3; // XA4
GpioCtrlRegs.GPBMUX1.bit.GPIO45 = 3; // XA5
GpioCtrlRegs.GPBMUX1.bit.GPIO46 = 3; // XA6
GpioCtrlRegs.GPBMUX1.bit.GPIO47 = 3; // XA7
GpioCtrlRegs.GPCMUX2.bit.GPIO80 = 3; // XA8
GpioCtrlRegs.GPCMUX2.bit.GPIO81 = 3; // XA9
GpioCtrlRegs.GPCMUX2.bit.GPIO82 = 3; // XA10
GpioCtrlRegs.GPCMUX2.bit.GPIO83 = 3; // XA11
GpioCtrlRegs.GPCMUX2.bit.GPIO84 = 3; // XA12
GpioCtrlRegs.GPCMUX2.bit.GPIO85 = 3; // XA13
GpioCtrlRegs.GPCMUX2.bit.GPIO86 = 3; // XA14
GpioCtrlRegs.GPCMUX2.bit.GPIO87 = 3; // XA15
GpioCtrlRegs.GPBMUX1.bit.GPIO39 = 3; // XA16
GpioCtrlRegs.GPAMUX2.bit.GPIO31 = 3; // XA17
GpioCtrlRegs.GPAMUX2.bit.GPIO30 = 3; // XA18
GpioCtrlRegs.GPAMUX2.bit.GPIO29 = 3; // XA19
GpioCtrlRegs.GPBMUX1.bit.GPIO34 = 3; // XREADY
GpioCtrlRegs.GPBMUX1.bit.GPIO35 = 3; // XRNW
GpioCtrlRegs.GPBMUX1.bit.GPIO38 = 3; // XWE0
GpioCtrlRegs.GPBMUX1.bit.GPIO36 = 3; // XZCS0
GpioCtrlRegs.GPBMUX1.bit.GPIO37 = 3; // XZCS7
GpioCtrlRegs.GPAMUX2.bit.GPIO28 = 3; // XZCS6
```

```
EDIS;
}
```

通过上面硬件得知,外扩 SRAM 的首地址为 0x180000,如下所示:

Uint16 * ExRamStart = (Uint16 *) 0x180000;

下面的程序就是对 SRAM 进行读/写操作的过程:

```
for(i = 0; i < 0xFFFF; i++)
{
    *(ExRamStart + i) = 0x5555; //从 0x180000 起始地址开始写,一共写 0xFFFF 次
    if( *(ExRamStart + i) != 0x5555) //从 0x180000 起始地址开始读,并与写入的值比较
    {
        while(1); //一旦读出的值与写入的值不相等,那么程序将进行死循环
    } // 说明 SRAM 有问题
}
for(i = 0; i<0xFFFF; i++)
{
    *(ExRamStart + i) = 0xAAAA;    //前面向 RAM 写入 0x5555,此处向其写入 0xAAAA
    if( *(ExRamStart + i) != 0xAAAA) //从 0x180000 起始地址开始读,并与写入的值比较
    {
        while(1);              //检测 SRAM 的读写是否正确
    }
}
for(i = 0; i< 0xFFFF; i++)
{
    *(ExRamStart + i) = i;     //从起始地址向 RAM 写入 0、1、2……直到 0xFFFF
    if( *(ExRamStart + i) != i) //从 0x180000 起始地址开始读,并与写入的值比较
    {
        while(1);              //检测 SRAM 的读写是否正确
    }
}
```

4. 实验观察与思考

① DSP 向 RAM 最多可写入多少次? 次数取决于什么?

② 如何修改程序,让 DSP 只在 RAM 的第 10~20 单元写入 0~9?

5.6 手把手教你访问 F28335 片外 FLASH

1. 实验目的

① 掌握 F28335 的存储空间的配置。

② 掌握 F28335 总线配置。

③ 掌握 F28335 的 FLASH 外扩。

④ 掌握外部 FLASH 的访问。

2. 实验主要步骤

① 首先打开已经配置好的 CCS6.1 软件。

② 接着连接仿真器的 USB 与计算机,将仿真器的另一端 JTAG 端插到 YX-F28335 开发板的 JTAG 针处。

③ 按照第 2 章节介绍的 CCS6.1 建立配置文件并连接 DSP 板卡。

④ 在 CCS6.1 菜单栏,首先选择 File→Import 菜单项,然后选择 Code Composer Studio→CCS Projects ,最后浏览找到 39VF800 工程所在的路径文件夹,导入工程。

⑤ 选择 Run→Load→Load Program 菜单项,选中 39VF800.out 并下载。

⑥ 在 CCS 中按照图 5.14 所示设置断点(在欲设置断点处所在的行双击鼠标即可)。

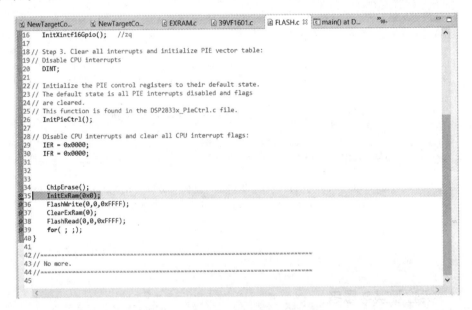

图 5.14 FLASH 例程中设置的断点

⑦ 选择 Run→Resume 菜单项运行第一个断点,在 CCS 中选择 View→Memory Browser 查看存储器,在 Data 栏输入地址 0x100000,memory 各个地址的值变为 0xFFFF,即擦除 FLASH 内容,如图 5.15 所示。

⑧ 选择 Run→Resume 菜单项运行第二个断点,在 CCS 中选择 View→Memory Browser 查看存储器,在 Data 栏输入地址 0x180000,此时 memory 中各个地址的值变为如图 5.16 所示,此时表明对 SRAM 操作成功。

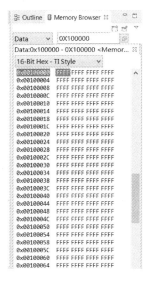

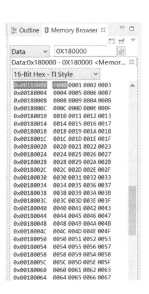

图 5.15　FLASH 擦除状态查看　　　　　图 5.16　SRAM 的值

⑨ 选择 Run→Resume 菜单项运行至第三个断点,在 CCS 中选择 View→Memory Browser 查看存储器,在 Data 栏输入地址 0x10000,在 memory 中各个地址的值变为如图 5.17 所示,此时表明 SRAM 中的值赋给 FLASH 各单元。

⑩ 选择 Run→Resume 菜单项运行至第四个断点,在 CCS 中选择 View→Memory Browser 查看存储器,在 Data 栏输入地址 0x180000,此时 memory 中各个地址的值变为如图 5.18 所示,此时表明 SRAM 中的值被清 0。

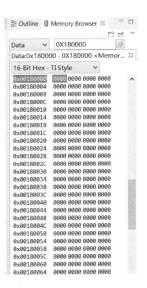

图 5.17　FLASH 写入 SRAM 的值　　　　图 5.18　FLASH 清零

⑪ 选择 Run→Resume 菜单项运行至第 5 个断点,在 CCS 中选择 View→Memory Browser 查看存储器,在 Data 栏输入地址 0x180000,此时 memory 中各个地址的值变为如图 5.19 所示,将从 FLASH 里面读到的值赋给 SRAM。

图 5.19　读 FLASH 值写入 SRAM

3. 实验原理说明

YX－F28335 将 256K×16 位的 FLASH 映射到 Zone6 的后半部分,实现此逻辑的方法是将地址线 19 通过 74HC04 非门芯片取反后和 CS6 相或后送给 FLASH 的片选线、将 DSP 其他地址线和数据线直接和 FLASH 的地址线和数据线相连、将 DSP 的读写线与 FLASH 的读写线相连即可。其接法和 SRAM 类似,其原理图如图 5.20 和图 5.21 所示。

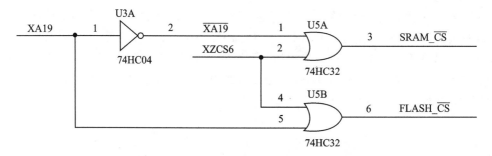

图 5.20　FLASH 外扩片选

同访问 SRAM 实验一样,此实验也需要对 DSP 的总线进行配置,详细配置过程参照 SRAM。此实验需要重点了解的是 FLASH 的擦除、写、读操作。FLASH 的操作相对 SRAM 的操作要复杂一些,其操作过程及命令如图 5.22 所示。

下面通过程序介绍 FLASH 的擦除、写、读操作过程(其详细原理需要参照其数据手册)。

(1) FLASH 擦除程序

```
Uint16 ChipErase(void)
{
Uint16 Data;
Uint32 TimeOut,i;
/ ＊＊＊＊＊＊＊＊＊以下过程需要严格遵守＊＊＊＊＊＊＊＊＊＊＊＊＊＊＊＊＊＊＊＊＊＊＊＊＊ /
＊(FlashStart + 0x5555) = 0xAAAA; //需要对 FLASH 的 0x5555 单元写 0xAAAA
＊(FlashStart + 0x2AAA) = 0x5555; //需要对 FLASH 的 0x2AAA 单元写 0x5555
```

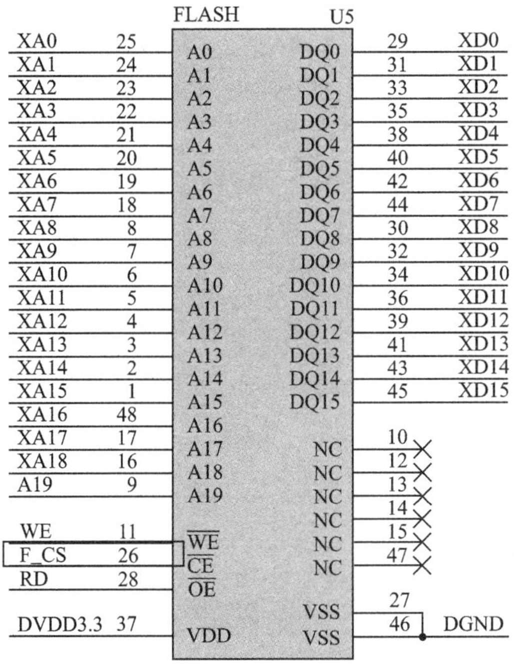

图 5.21　FLASH 引脚接线

命令序列	1st Bus Write Cycle		2nd Bus Write Cycle		3rd Bus Write Cycle		4th Bus Write Cycle		5th Bus Write Cycle		6th Bus Write Cycle	
	Addr[1]	Data	Addr[1]	Data	Addr[1]	Data	Addr[1]	Data	Addr[1]	Data	Addr[1]	Data
字－程序	5555H	AAH	2AAAH	55H	5555H	A0H	WA[3]	Data				
段－擦除	5555H	AAH	2AAAH	55H	5555H	80H	5555H	AAH	2AAAH	55H	SA[2]	30H
块－擦除	5555H	AAH	2AAAH	55H	5555H	80H	5555H	AAH	2AAAH	55H	BA[2]	50H
芯片－擦除	5555H	AAH	2AAAH	55H	5555H	80H	5555H	AAH	2AAAH	55H	5555H	10H
软件ID入口	5555H	AAH	2AAAH	55H	5555H	90H						
CFI查询入口	5555H	AAH	2AAAH	55H	5555H	98H						
软件ID出口/CFI出口	XXH	FDH										
软件ID出口/CFI出口	5555H	AAH	2AAAH	55H	5555H	F0H						

注意：(1) A14~A0的16进制地址为格式，A15、A16、A17在命令序列中可以忽略
　　　(2) SA用于块擦除：采用A17~A11地址线
　　　　　BA用于块擦除：采用A17~A15地址线
　　　(3) WA=程序字地址
　　　(4) 软件ID出口与CFI出口地址相等
　　　(5) DQ15~DQ8在命令序列中可以忽略

图 5.22　FLASH 操作过程及命令

```
*(FlashStart + 0x5555) = 0x8080；//随后对 FLASH 的 0x5555 单元写 0x8080
*(FlashStart + 0x5555) = 0xAAAA；//之后对 FLASH 的 0x5555 单元写 0xAAAA
*(FlashStart + 0x2AAA) = 0x5555；//需要对 FLASH 的 0x2AAA 单元写 0x5555
*(FlashStart + 0x5555) = 0x1010；//需要对 FLASH 的 0x5555 单元写 0x1010
i = 0;
TimeOut = 0;
```

```
while(i<5)
{
Data = *(FlashStart + 0x3FFFF);
if (Data == 0xFFFF)
i++;
else i=0;
if ( ++TimeOut>0x1000000)
return (TimeOutErr);
}
for (i=0;i<0x40000;i++)
{
Data = *(FlashStart + i);
if (Data!=0xFFFF)
return (EraseErr);
}
return (EraseOK);
//以上部分检测 FLASH 是否擦除正确,正确的话返回 EraseOK.;否则返回 EraseErr,表明擦除
//失败
}
```

(2) FLASH 写操作程序

```
Uint16 FlashWrite(Uint32 RamStart, Uint32 RomStart, Uint16 Length)
// FLASH 写函数里面有 3 个参数,分别是源地址、目的地址、所传地址长度
{
Uint32 i,TimeOut;
Uint16 Data1,Data2,j;
for (i=0;i<Length;i++)
{
/********* 以下 3 行过程需要严格遵守 ******************/
*(FlashStart + 0x5555) = 0x00AA;
*(FlashStart + 0x2AAA) = 0x0055;
*(FlashStart + 0x5555) = 0x00A0;
/*******************************************/
*(FlashStart + RomStart + i) = *(ExRamStart + RamStart + i);
//将源地址(SRAM)数据送给目的地址(FLASH)各个单元
TimeOut = 0;
j = 0;
while(j<5)
{
Data1 = *(FlashStart + RomStart + i);
Data2 = *(FlashStart + RomStart + i);
if (Data1 == Data2) j++;
else j=0;
if ( ++TimeOut>0x1000000) return (TimeOutErr);
}
}
for (i=0;i<Length;i++)
{ Data1 = *(FlashStart + RomStart + i);
```

```
Data2 = *(ExRamStart + RamStart + i);
if (Data1! = Data2) return (VerifyErr);
}
return (WriteOK);
//以上部分同样是检测 FLASH 写入的数据和读出的数据是否一样,
//一样的话返回 WriteOK,否则返回 VerifyErr,表明操作失败
}
```

FLASH 的读操作比较简单,和 SRAM 一样,具体程序如下所示:

```
void FlashRead(Uint32 RamStart, Uint32 RomStart, Uint16 Length)
{
Uint32 i;
Uint16 Temp;
for (i = 0;i<Length;i++ )
{
Temp = *(FlashStart + RomStart + i);
*(ExRamStart + RamStart + i) = Temp;
}
}
```

4. 实验观察与思考

① RAM 和 ROM 的区别?
② 怎样通过修改上面的程序检测出它们的区别?

第 6 章

中断系统及应用

CPU 进行正常程序处理的时候,有时会被要求接收更高级别的指令或实时性要求更高的任务,不得不中断当前的程序处理,而去响应后者,即进入中断服务程序。当处理完这些任务后,要继续刚才的处理,因此在执行中断服务程序的时候,必须保存执行现场以确保在完成更高级别任务或指令时能够再接着做刚才被打断的任务,整个过程就是 CPU 的中断响应机制。额外的任务未必是更高一级的任务,没必要一定要中断当前任务去响应它,当然有时候,过来的任务非立即执行不可,因此这些中断请求被分类管理。这些中断请求被分为可屏蔽中断和不可屏蔽中断两大类。可屏蔽中断就是根据目前处理任务的优先级别来考虑其是否优先处理,或者是立即处理,可以根据实际情况来设置优先级别以及决定到底要不要响应此类中断,而不可屏蔽中断,只要接到中断请求,就要做出中断处理。同时多个任务到来,究竟先处理哪个中断请求,这就需要对各个中断进行优先级别排序。下边详细介绍 F28335 的中断机制。

6.1 概　述

F28335 有很多资源、很多外设,这些外设与相关资源都有可能发布新的任务让内核来判断与处理,也就是 F28335 的可能中断源有很多。F28335 的中断源可分为片内外设中断源(如 PWM、CAP、QEP、定时器等)及片外中断源(即外部中断输入引脚 XINT1、XINT2 引入的外部中断源)。这些中断源将中断请求信号传递给内核就肯定需要中断线,F28335 的中断线是有限的。

F28335 内部有 16 个中断线,其中包括 2 个不可屏蔽中断(RESET 和 NMI)与 14 个可屏蔽中断。可屏蔽中断通过相应的中断使能寄存器使能或者禁止产生的中断,在这 14 个可屏蔽中断中,定时器 1 与定时器 2 产生的中断请求通过 INT13、INT14 中断线到达 CPU,这两个中断已经预留给了实时操作系统,因此剩下 12 个可屏蔽中断可供外部中断和处理器内部的单元使用。F28335 的外设中断源远不止 12 个,有 58 个,如何将这 58 个外设中断源分配给这 12 个中断线,这就需要 F28335 PIE 外设中断扩展模块来完成。F28335 的中断源以及连接如图 6.1 和图 6.2 所示。

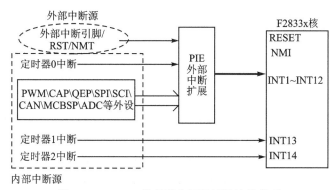

图 6.1　F28335 处理器中断源以及连接关系

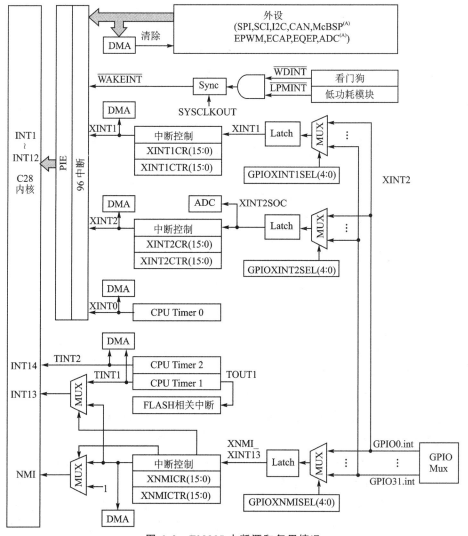

图 6.2　F28335 中断源和复用情况

6.2　3 级中断机制

　　F28335 的中断采用的是 3 级中断机制,分别为外设级中断、PIE 级中断和 CPU 级中断。最内核部分为 CPU 级中断,也就是 CPU 只能响应从 CPU 中断线上过来的中断请求;但 F28335 中断源众多,CPU 没有那么多中断线,在有限中断线的情况下,只能安排中断线进行复用,其复用管理就有了中间层的 PIE 级中断,外设要能够成功产生中断响应,就要首先经外设级中断允许,然后经 PIE 允许,然后经 CPU 允许,最终 CPU 做出响应。原理如图 6.3 所示。

　　从图 6.3 中可以看到,中断响应过程可以分为两块,下半部分为 PIE 小组响应外设中断的过程,上半部分为 CPU 响应 12 组 PIE 中断的过程。

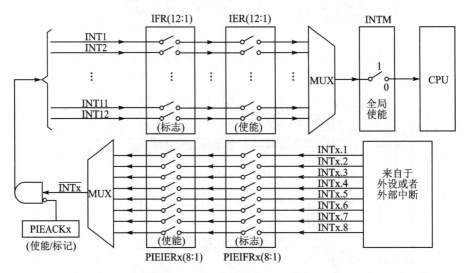

图 6.3　处理器中断扩展模块结构图

1. 外设级中断

　　CPU 正常处理程序,而外设产生了中断事件(如某个通信接口接收到了固定的信号;如定时器定时时间到了),那么该外设对应中断标志寄存器(IF)相应的位将被自动置位,如果该外设对应中断使能寄存器(IE)中相应的使能位正好置位(通常需要编程控制使能),则外设产生的中断将向 PIE 控制器发出中断申请。如果对应外设级中没有被使能,就相当于该中断被屏蔽,不会向 PIE 提出中断申请,更不会产生 CPU 中断响应,但此时中断标志寄存器的标志位将保持不变,一直处在中断置位状态,要使该中断信号消失,中断标志寄存器复位,就需要软件编程清除,如果未被清除,中断产生后,一旦中断使能位被使能,同样会向 PIE 申请中断。进入中断服务后,有部分硬件外设会自动复位中断标志寄存器,多数外设需要在中断服务中编程复位中断标志寄存器。

2. PIE 级中断

F28335 处理器内部集成了多种外设,每个外设都会产生一个或者多个外设级中断。由于 CPU 没有能力处理所有外设级的中断请求,因此 F28335 的 CPU 让出了 12 个中断线交给 PIE 模块进行复用管理。图 6.4 给出了中断扩展模块的结构图。

PIE 将外设中断分成了 12 个组,分别对应着 CPU 的 12 个可屏蔽中断线,每一组由 8 个外设级中断组成,这 8 个外设中断分别对应相应外设接口的中断引脚,PIE 通过一个 8 选 1 的多路选择器将这 8 个外设中断组成一组。具体连接关系如表 6.1 所列。实际有效外设中断为 58 个,其余为保留。PIE 第一组中断分别为 WAKE 信号、TIMER0 信号、ADC 信号、XINT2、XINT1、第 3 个中断保留、SEQ2、SEQ1。

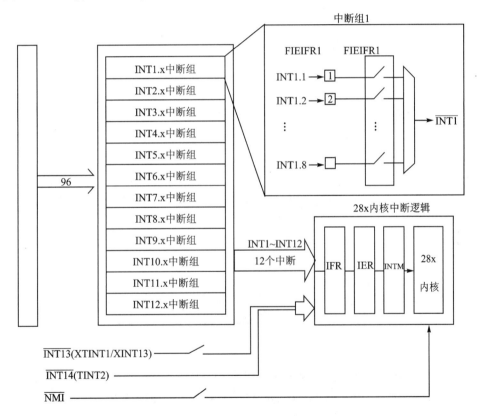

图 6.4　PIE 中断扩展原理

与外设级中断类似,在 PIE 模块内每组中断有相应的中断标志位(PIEIFRx)和使能位(PIE - IERx. y)。除此之外,每组 PIE 中断(INT1~INT12)有一个响应标志位(PIEACK)。图 6.5 给出了 PIEIFR 和 PIEIER 不同设置时的 PIE 硬件的操作流程。

一旦 PIE 控制器有中断产生,相应的中断标志位(PIEIFRx. y)将置 1。如果相应的 PIE 中断使能位也置 1,则 PIE 将检查相应的 PIEACKx 以确定 CPU 是否准备响应该中断。如果相应的 PIEACKx 位清零,PIE 向 CPU 申请中断;如果 PIEACKx 置 1,PIE 将等待到相应的 PIEACKx 清零才向 CPU 申请中断。PIE 通过对 PIEACKx 的位控制来控制每一组中只有一个中断能被响应,一旦响应后,就需要将 PIEACKX 相应位清零,以让它能够响应该组中后边过来的中断。

表 6.1　PIE 中断分组

INTX	INTx. 8	INTx. 7	INTx. 6	INTx. 5	INTx. 4	INTx. 3	INTx. 2	INTx. 1
1	WAKE	TIMER0	ADC	XINT2	XINT1	保留	SEQ2	SEQ1
2	保留	保留	EPWM6_TZINT	EPWM5_TZINT	EPWM4_TZINT	EPWM3_TZINT	EPWM2_TZINT	EPWM1_TZINT
3	保留	保留	EPWM6_INT	EPWM5_INT	EPWM4_INT	EPWM3_INT	EPWM2_INT	EPWM1_INT
4	保留	保留	ECAP6_INT	ECAP5_INT	ECAP4_INT	ECAP3_INT	ECAP2_INT	ECAP1_INT
5	保留	保留	保留	保留	保留	保留	EQEP1_INT	EQEP1_INT
6	保留	保留	MXINTB	MRINTB	MXINTA	MRINTA	SPITXINTA	SPIRXINTA
7	保留	保留	DINTCH6	DINTCH5	DINTCH4	DINTCH3	DINTCH2	DINTCH1
8	保留	保留	SCITXINTC	SCIRXINTC	保留	保留	I2CINT2A	I2CINT1A
9	ECAN1 INTB	ECAN0 1NTB	ECAN1 INTA	ECAN0 1NTA	SCITX INTB	SCIRX INT	SCITX INTA	SCIRX INTA
10	保留	保留	保留	保留	保留	保留	保留	保留
11	保留	保留	保留	保留	保留	保留	保留	保留
12	LUF	LVF	保留	XINT7	XINT6	XINT5	XINT4	XINT3

3. CPU 级中断

一旦 CPU 申请中断,CPU 级中断标志位(IFR)将置 1。中断标志位锁存到标志寄存器后,只有 CPU 中断使能寄存器(IER)或中断调试使能寄存器(DBGIER)相应的使能位和全局中断屏蔽位(INTM)被使能时才会响应中断申请。

CPU 级使能可屏蔽中断采用 CPU 中断使能寄存器(IER)还是中断调试使能寄存器(DBGIER)与中断处理方式有关。标准处理模式下,不使用中断调试使能寄存器(DBGIER)。只有当 F28335 使用实时调试(Real - time Debug)且 CPU 被停止(Halt)时,才使用中断调试使能寄存器(DBGIER),此时 INTM 不起作用。如果 F28335 使用实时调试而 CPU 仍然工作运行,则采用标准的中断处理。

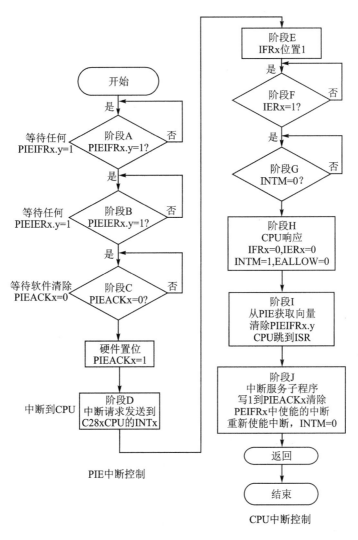

图 6.5　典型的 PIE/CPU 响应流程图

6.3　中断向量

　　CPU 响应中断,就是 CPU 要去执行相应的中断服务程序,其响应过程是 CPU 将现在执行程序的指令地址压入堆栈,跳转到中断服务程序入口地址,中断服务程序的入口地址就是中断向量,这个中断向量用 2 个 16 位寄存器存放。入口地址是 22 位的,地址的低 16 位保存在该向量的低 16 位;地址的高 16 位则保存在它的高 6 位,更高的 10 位保留。

1. 中断向量分配

PIE 最多可以支持 96 个中断,每个中断都有自己对应的中断向量,也就是每个中断源都对应着自己的中断服务程序的入口地址,这些中断向量均连续存放在 RAM 中,这就构成了整个系统的中断向量表,用户可以根据需要适当地对中断向量表进行调整。在响应中断时,CPU 将自动地从中断向量表中获取相应的中断向量。CPU 获取中断向量和保存重要的寄存器需要花费 9 个 CPU 时钟周期,因此 CPU 能够快速响应中断。CPU 响应中断是通过中断线的,而且只能一次响应其中一条中断线,每条中断线连接的中断向量都在中断向量表中占 32 位地址空间,用来存放中断服务程序的入口地址。有可能这 16 条中断线上的中断请求同时到达 CPU,这时就要对各个中断请求进行优先级定义。

每条中断线对应的不是唯一中断,每组 PIE 对应的也不是唯一中断,中断服务程序要处理所有输入的中断请求,这就要求编程人员在服务程序的入口处采用软件方法将这些中断线内复用的中断分开,以便能够正确响应中断。但软件分离的方法势必会影响中断的响应速度,在实时性要求高的应用中不能使用。这就涉及如何加快中断服务程序的问题。

2. 中断向量表

在 F28335 中采用 PIE 中断向量表来解决上述问题,通过 PIE 中断向量表使得 96 个可能产生的中断都有各自独立的 32 位入口地址。PIE 向量表由 256×16B 的 SRAM 内连续存放,如果这部分空间不用作 PIE 模块时,可用作数据 RAM。复位时,PIE 向量表内容没有定义。CPU 的中断优先级由高到低依次是从 INT1～INT12。每组 PIE 控制的 8 个中断优先级依次是从 INTx.1～INTx.8。PIE 中断向量表如表 6.2 所列。

表 6.2 PIE 中断向量表

名　称	向量 ID	地　址	长度/16 位	描　述	CPU 优先级	PIE 组优先级
Reset	0	0x0000 0D00	2	复位总是从地址位 0x3FFFC0 的 Boot ROM 中获取	1(最高)	
INT1	1	0x0000 0D02	2	未使用,参考 PIE 组 1	5	
INT2	2	0x0000 0D04	2	未使用,参考 PIE 组 2	6	
INT3	3	0x0000 0D06	2	未使用,参考 PIE 组 3	7	
INT4	4	0x0000 0D08	2	未使用,参考 PIE 组 4	8	
INT5	5	0x0000 0D0A	2	未使用,参考 PIE 组 5	9	
INT6	6	0x0000 0D0C	2	未使用,参考 PIE 组 6	10	
INT7	7	0x0000 0D0E	2	未使用,参考 PIE 组 7	11	

续表 6.2

名　称	向量 ID	地　址	长度/16 位	描　述	CPU 优先级	PIE 组优先级
INT8	8	0x0000 0D10	2	未使用,参考 PIE 组 8	12	
INT9	9	0x0000 0D12	2	未使用,参考 PIE 组 9	13	
INT10	10	0x0000 0D14	2	未使用,参考 PIE 组 10	14	
INT11	11	0x0000 0D16	2	未使用,参考 PIE 组 11	15	
INT12	12	0x0000 0D18	2	未使用,参考 PIE 组 12	16	
INT13	13	0x0000 0D1A	2	XINT13 或 CPU 定时器 1	17	
INT14	14	0x0000 0D1C	2	CPU 定时器 2(用于 TI/RTOS)	18	
DATALOG	15	0x0000 0D1E	2	CPU 数据记录中断	19(最低)	
RTOSINT	16	0x0000 0D20	2	CPU 实时操作系统中断	4	
EMUINT	17	0x0000 0D22	2	CPU 仿真中断	2	
NMI	18	0x0000 0D24	2	外部不可屏蔽中断	3	
ILLEGAL	19	0x0000 0D26	2	非法操作		
USER1	20	0x0000 0D28	2	用户定义的软件操作(TRAP)		
USER2	21	0x0000 0D2A	2	用户定义的软件操作(TRAP)		
USER3	22	0x0000 0D2C	2	用户定义的软件操作(TRAP)		
USER4	23	0x0000 0D2E	2	用户定义的软件操作(TRAP)		
USER5	24	0x0000 0D30	2	用户定义的软件操作(TRAP)		
USER6	25	0x0000 0D32	2	用户定义的软件操作(TRAP)		
USER7	26	0x0000 0D34	2	用户定义的软件操作(TRAP)		
USER8	27	0x0000 0D36	2	用户定义的软件操作(TRAP)		
USER9	28	0x0000 0D38	2	用户定义的软件操作(TRAP)		
USER10	29	0x0000 0D3A	2	用户定义的软件操作(TRAP)		
USER11	30	0x0000 0D3C	2	用户定义的软件操作(TRAP)		
USER12	31	0x0000 0D3E	2	用户定义的软件操作(TRAP)		
PIE 组 1 向量——复用 CPU 的 INT1 中断						
INT1.1	32	0x0000 0D40	2	SEQ1INT(ADC)	5	1(最高)
INT1.2	33	0x0000 0D42	2	SEQ2INT(ADC)	5	2
INT1.3	34	0x0000 0D44	2	保留	5	3
INT1.4	35	0x0000 0D46	2	XINT1	5	4
INT1.5	36	0x0000 0D48	2	XINT2	5	5
INT1.6	37	0x0000 0D4A	2	ADCINT(ADC)	5	6
INT1.7	38	0x0000 0D4C	2	TINT0(CPU 定时器 0)	5	7

续表 6.2

名　　称	向量ID	地　址	长度/16 位	描　　述	CPU 优先级	PIE组 优先级
INT1.8	39	0x0000 0D4E	2	WAKEINT(LPM/WD)	5	8(最低)
PIE 组 2 向量——复用 CPU 的 INT2 中断						
INT2.1	40	0x0000 0D50	2	ePWM1_TZINT(ePWM1)	6	1(最高)
INT2.2	41	0x0000 0D52	2	ePWM2_TZINT(ePWM2)	6	2
INT2.3	42	0x0000 0D54	2	ePWM3_TZINT(ePWM3)	6	3
INT2.4	43	0x0000 0D56	2	ePWM4_TZINT(ePWM4)	6	4
INT2.5	44	0x0000 0D58	2	ePWM5_TZINT(ePWM5)	6	5
INT2.6	45	0x0000 0D5A	2	ePWM6_TZINT(ePWM6)	6	6
INT2.7	46	0x0000 0D5C	2	保留	6	7
INT2.8	47	0x0000 0D5E	2	保留	6	8(最低)
PIE 组 3 向量——复用 CPU 的 INT3 中断						
INT3.1	48	0x0000 0D60	2	ePWM1_INT(ePWM1)	7	1(最高)
INT3.2	49	0x0000 0D62	2	ePWM2_INT(ePWM2)	7	2
INT3.3	50	0x0000 0D64	2	ePWM3_INT(ePWM3)	7	3
INT3.4	51	0x0000 0D66	2	ePWM4_INT(ePWM4)	7	4
INT3.5	52	0x0000 0D68	2	ePWM5_INT(ePWM5)	7	5
INT3.6	53	0x0000 0D6A	2	ePWM6_INT(ePWM6)	7	6
INT3.7	54	0x0000 0D6C	2	保留	7	7
INT3.8	55	0x0000 0D6E	2	保留	7	8(最低)
PIE 组 4 向量——复用 CPU 的 INT4 中断						
INT4.1	56	0x0000 0D70	2	eCAP1_INT(eCAP1)	8	1(最高)
INT4.2	57	0x0000 0D72	2	eCAP2_INT(eCAP2)	8	2
INT4.3	58	0x0000 0D74	2	eCAP3_INT(eCAP3)	8	3
INT4.4	59	0x0000 0D76	2	eCAP4_INT(eCAP4)	8	4
INT4.5	60	0x0000 0D78	2	eCAP5_INT(eCAP5)	8	5
INT4.6	61	0x0000 0D7A	2	eCAP6_INT(eCAP6)	8	6
INT4.7	62	0x0000 0D7C	2	保留	8	7
INT4.8	63	0x0000 0D7E	2	保留	8	8(最低)
PIE 组 5 向量——复用 CPU 的 INT5 中断						
INT5.1	64	0x0000 0D80	2	eQEP1_INT(eCAP1)	9	1(最高)
INT5.2	65	0x0000 0D82	2	eQEP2_INT(eQEP2)	9	2
INT5.3	66	0x0000 0D84	2	保留	9	3

续表 6.2

名　称	向量 ID	地　址	长度/16 位	描　述	CPU 优先级	PIE 组 优先级
INT5.4	67	0x0000 0D86	2	保留	9	4
INT5.5	68	0x0000 0D88	2	保留	9	5
INT5.6	69	0x0000 0D8A	2	保留	9	6
INT5.7	70	0x0000 0D8C	2	保留	9	7
INT5.8	71	0x0000 0D8E	2	保留	9	8(最低)
PIE 组 6 向量——复用 CPU 的 INT6 中断						
INT6.1	72	0x0000 0D90	2	SPIRXINTA(SPI - A)	10	1(最高)
INT6.2	73	0x0000 0D92	2	SPITXINTA(SPI - A)	10	2
INT6.3	74	0x0000 0D94	2	MRINTB(McBSP - B)	10	3
INT6.4	75	0x0000 0D96	2	(McBSP - B)(SPI - B)	10	4
INT6.5	76	0x0000 0D98	2	MRINTA(McBSP - A)	10	5
INT6.6	77	0x0000 0D9A	2	MXINTA(McBSP - A)	10	6
INT6.7	78	0x0000 0D9C	2	保留	10	7
INT6.8	79	0x0000 0D9E	2	保留	10	8(最低)
PIE 组 7 向量——复用 CPU 的 INT7 中断						
INT7.1	80	0x0000 0DA0	2	DINTCH1 DMA 通道 1	11	1(最高)
INT7.2	81	0x0000 0DA2	2	DINTCH2 DMA 通道 2	11	2
INT7.3	82	0x0000 0DA4	2	DINTCH3 DMA 通道 3	11	3
INT7.4	83	0x0000 0DA6	2	DINTCH4 DMA 通道 4	11	4
INT7.5	84	0x0000 0DA8	2	DINTCH5 DMA 通道 5	11	5
INT7.6	85	0x0000 0DAA	2	DINTCH6 DMA 通道 6	11	6
INT7.7	86	0x0000 0DAC	2	保留	11	7
INT7.8	87	0x0000 0DAE	2	保留	11	8(最低)
PIE 组 8 向量——复用 CPU 的 INT8 中断						
INT8.1	88	0x0000 0DB0	2	I2CINT1A(I2C - A)	12	1(最高)
INT8.2	89	0x0000 0DB2	2	I2CINT2A(I2C - A)	12	2
INT8.3	90	0x0000 0DB4	2	保留	12	3
INT8.4	91	0x0000 0DB6	2	保留	12	4
INT8.5	92	0x0000 0DB8	2	SCIRXINTC(SCI - C)	12	5
INT8.6	93	0x0000 0DBA	2	SCITXINTC(SCI - C)	12	6
INT8.7	94	0x0000 0DBC	2	保留	12	7
INT8.8	95	0x0000 0DBE	2	保留	12	8(最低)

续表 6.2

名　称	向量 ID	地　址	长度 /16 位	描　述	CPU 优先级	PIE 组 优先级
PIE 组 9 向量——复用 CPU 的 INT9 中断						
INT9.1	96	0x0000 0DC0	2	SCIRXINTA(SCI - A)	13	1(最高)
INT9.2	97	0x0000 0DC2	2	SCITXINTA(SCI - A)	13	2
INT9.3	98	0x0000 0DC4	2	SCIRXINTB(SCI - B)	13	3
INT9.4	99	0x0000 0DC6	2	SCITXINTB(SCI - B)	13	4
INT9.5	100	0x0000 0DC8	2	ECAN0INTA(eCAN - A)	13	5
INT9.6	101	0x0000 0DCA	2	ECAN1INTA(eCAN - A)	13	6
INT9.7	102	0x0000 0DCC	2	ECAN0INTB(eCAN - B)	13	7
INT9.8	103	0x0000 0DCE	2	ECAN1INTB(eCAN - B)	13	8(最低)
PIE 组 10 向量——复用 CPU 的 INT10 中断						
INT10.1	104	0x0000 0DD0	2	保留	14	1(最高)
INT10.2	105	0x0000 0DD2	2	保留	14	2
INT10.3	106	0x0000 0DD4	2	保留	14	3
INT10.4	107	0x0000 0DD6	2	保留	14	4
INT10.5	108	0x0000 0DD8	2	保留	14	5
INT10.6	109	0x0000 0DDA	2	保留	14	6
INT10.7	110	0x0000 0DDC	2	保留	14	7
INT10.8	111	0x0000 0DDE	2	保留	14	8(最低)
PIE 组 11 向量——复用 CPU 的 INT11 中断						
INT11.1	112	0x0000 0DE0	2	保留	15	1(最高)
INT11.2	113	0x0000 0DE2	2	保留	15	2
INT11.3	114	0x0000 0DE4	2	保留	15	3
INT11.4	115	0x0000 0DE6	2	保留	15	4
INT11.5	116	0x0000 0DE8	2	保留	15	5
INT11.6	117	0x0000 0DEA	2	保留	15	6
INT11.7	118	0x0000 0DEC	2	保留	15	7
INT11.8	119	0x0000 0DEE	2	保留	15	8(最低)
PIE 组 12 向量——复用 CPU 的 INT12 中断						
INT12.1	120	0x0000 0DF0	2	XINT3	16	1(最高)
INT12.2	121	0x0000 0DF2	2	XINT4	16	2
INT12.3	122	0x0000 0DF4	2	XINT5	16	3
INT12.4	123	0x0000 0DF6	2	XINT6	16	4

名 称	向量 ID	地 址	长度 /16 位	描 述	CPU 优先级	PIE组 优先级
INT12.5	124	0x0000 0DF8	2	XINT7	16	5
INT12.6	125	0x0000 0DFA	2	保留	16	6
INT12.7	126	0x0000 0DFC	2	LVF FPU	16	7
INT12.8	127	0x0000 0DFE	2	LUF FPU	16	8(最低)

3. 中断向量的映射方式

在 F28335 中,中断向量表可以被映射到 4 个不同的存储区域,在实际应用中,F28335 只使用 PIE 中断向量表映射区域。中断向量表映射主要由以下信号控制。

① VMAP:该位在状态寄存器 1(ST1)的第 3 位,复位后值为 1。可以通过改变 ST1 的值或使用 SETC/CLRC VMAP 指令改变 VMAP 的值,正常操作时该位置 1。

② M0M1MAP:该位在状态寄存器 1(ST1)的第 11 位,复位后该位置 1。可以通过改变 ST1 的值或使用 SETC/CLRC M0M1MAP 指令改变 M0M1MAP 的值,正常操作该位置 1。M0M1MAP = 0 为厂家测试使用。

③ ENPIE:该位在 PIECTRL 寄存器的第 0 位,复位的默认值为 0(PIE 被屏蔽)。器件复位后,可以通过调整 PIECTRL 寄存器(0x0000 0CE0)的值进行修改。

依据上述控制位的不同设置,中断向量表有不同的映射方式,如表 6.3 所列。

表 6.3 中断向量表映射配置表

向量映射	向量获取位置	地址范围	WMAP	M0M1MAP	ENPIE
M1 向量	M1 SARAM	0x000000~0x00003f	0	0	x
M0 向量	M0 SARAM	0x000000~0x00003f	0	1	x
BROM 向量	BOOT ROM	0x3fffc0~0x3fffff	1	x	0
PIE 向量	PIE	0x000d00~0x000dff	1	x	1

注:M1 和 M0 向量表映射保留,只供 TI 公司测试使用。M0 和 M1 映射区域可作为 SARAM 使用,可以随意使用没有任何限制。

复位后器件默认的向量映射如表 6.4 所列。

表 6.4 复位操作后的向量表映射

向量映射	向量获取位置	地址范围	WMAP	M0M1MAP	ENPIE
BROM 向量	BOOT ROM	0x3fffc0~0x3fffff	1	1	0

注:① 在 F28335 器件中,复位后 VMAP 和 M0M1MAP 模式均被置 1,而 ENPIE 模式强制为 0;
　　② 复位向量始终 boot ROM 获取。

复位程序引导(Boot)完成后,用户需要重新初始化 PIE 中断向量表,应用程序使能 PIE 中断向量表,并从 PIE 向量表中获取中断向量。当器件复位时,复位向量总是从 6.3 表中获取。复位完成后,PIE 向量表将被屏蔽,相应的中断向量分配如图 6.6 所示。重新分配方法如图 6.7 所示。

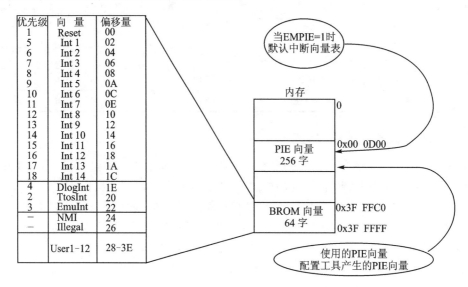

图 6.6   处理器复位后默认的中断向量分配

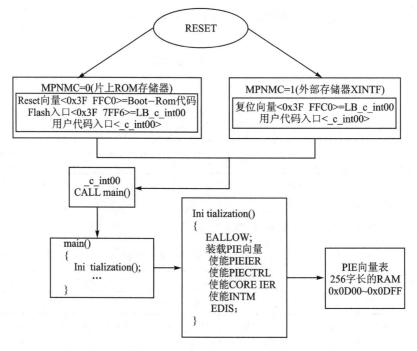

图 6.7   中断向量重新分配方法

6.4 中断操作

1. 复用中断操作过程

PIE 模块 8 个中断分成一组与外部中断一起复用一个 CPU 中断,总共有 12 组中断(INT1~INT12)。每组中断有相应的中断标志(PIEIFR)和使能(PIEIER)寄存器,这些寄存器控制 PIE 向 CPU 申请中断。同时 CPU 还根据 PIEIFR 和 PIEIER 寄存器确定执行哪个中断服务程序。在清除 PIEIFR 和 PIEIER 的位时,要遵循以下 3 个规则。

① 不要用软件编程清除 PIEIFR 的位:清除 PIEIFR 寄存器的位时,有可能会使产生的中断丢失。要清除 PIEIFR 位时,还未被执行的中断必须被执行,如果用户希望在执行正常的服务程序之前就要清除 PIEIFR 位时,需要遵循以下步骤:

步骤 1:设置 EALLOW 位为 1,允许修改 PIE 向量表。

步骤 2:修改 PIE 向量表,使外设服务程序指针向量指向一个临时的 ISR,这个临时的 ISR 只执行一个中断返回(IRET)操作。

步骤 3:使能中断,使中断执行临时中断服务程序。

步骤 4:在执行完中断服务程序之后,PIEIFR 位将被清除。

步骤 5:修改 PIE 向量表,重新映射外设服务程序到正确的中断服务程序。

步骤 6:清除 EALLOW 位。

CPU 中断标志寄存器 IFR 在 CPU 内部,这样操作将不会影响任何向 CPU 申请的中断。

② 软件设置中断优先级。使用 CPU IER 寄存器控制全部中断的优先级,PIE-IER 寄存器控制每组中断的优先级,只有与被服务的中断在同一组时,修改 PIEIER 寄存器的值才有意义,当 PIEACK 位保持来自 CPU 的中断时,修改操作才被最终执行。当来自无关本组的中断被执行时,禁止本组的 PIEIER 位没有意义。

③ 使用 PIEIER 禁止中断。如果 PIEIER 寄存器用来使能一个中断,同样可以禁止该中断,本章具体步骤参见下文。

2. 使能/禁止复用外设中断的处理

应用外设中断的使能/禁止标志位使能/禁止外设中断,PIEIER 和 CPU IER 寄存器主要是在同一组中断内设置中断优先级。如果要修改 PIEIER 寄存器的设置,有 2 种方法。第一个方法是保护相应的 PIE 标志寄存器标志位,防止中断丢失;第二个方法是清除相应 PIE 寄存器的标志位。

方法 1:利用 PIEIERx 寄存器禁止中断并保护相应的 PIEIFRx 相关的标志位,需要采取以下步骤:

步骤 1:屏蔽全局中断(INTM=1)。

步骤 2:清除 PIEIERx.y 位,屏蔽给定的外设中断。这样可以屏蔽同一组中断的一个或多个外设中断。

步骤 3:等待 5 个周期,这个延时是为了保证在 CPU IFR 寄存器中产生的任何中断都能向 CPU 发出申请。

步骤 4:清除 CPU IFRx 内相应外设中断组的标志位,在 CPU IFR 寄存器上采用这样的操作是比较安全的。

步骤 5:清除相应外设中断组的 PIEACKx 寄存器位。

步骤 6:使能全局中断(INTM=0)。

方法 2:使用 PIEIFRx 寄存器屏蔽中断并清除相应的 PIEIFRx 的标志位。为了完成外设中断的软件复位和清除 PIEIFRx 和 CPU IFR 内相应的标志位,需要采取以下的处理步骤:

步骤 1:屏蔽全局中断(INTM=1)。

步骤 2:设置 EALLOW 位为 1。

步骤 3:修改 PIE 向量表,使外设服务程序指针向量指向一个临时的 ISR,这个临时的 ISR 只执行一个中断返回(IRET)操作,这种方法能够清除单个中断标志位 PIEIFRx.y,而且保证不会丢失同一组内其他外设产生的中断。

步骤 4:屏蔽外设寄存器中的外设中断。

步骤 5:使能全局中断(INTM=0)。

步骤 6:等待所有挂起外设中断由空的中断服务程序处理。

步骤 7:屏蔽全局中断(INTM=1)。

步骤 8:调整 PIE 向量表,将外设中断向量映射到原来的中断服务程序。

步骤 9:清除 EALLOW 位。

步骤 10:屏蔽给定的 PIEIER 位。

步骤 11:清除给定外设中断组的标志位 IFR(对 CPU IFR 寄存器操作比较安全)。

步骤 12:清除 PIE 组的 PIEACK 位。

步骤 13:使能全局中断。

3. 外设复用中断向 CPU 申请中断的流程

外设复用中断向 CPU 申请中断的流程,如图 6.8 所示。

步骤 1:任何一个 PIE 中断组的外设或外部中断产生中断。如果外设模块内的中断被使能,中断请求将被送到 PIE 模块。

步骤 2:PIE 模块将识别出 PIE 中断组 x 内的 y 中断(INTx.y)申请,然后相应的 PIE 中断标志位被锁存:PIEIFRx.y=1。

步骤 3:PIE 的中断如要送到 CPU 需满足下面 2 个条件:

① 相应的使能位必须被设置(PIEIERx.y=1)。

② 相应的 PIEACKx 位必须被清除。

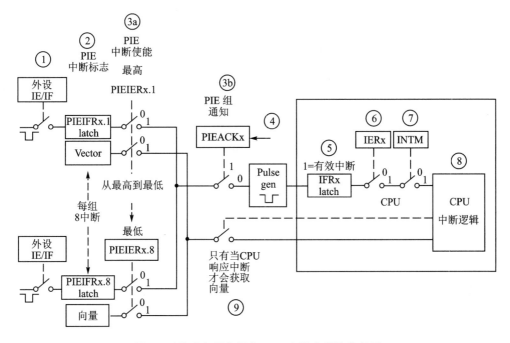

图 6.8 外设复用中断向 CPU 申请中断的流程图

步骤 4:如果满足步骤 3 中的 2 个条件,中断请求将被送到 CPU 并且相应的响应寄存器位被置 1(PIEACKx=1)。PIEACKx 位将保持不变,除非为了使本组中的其他中断向 CPU 发出申请而清除该位。

步骤 5:CPU 中断标志位被置位(CPU IFRx=1),表明产生一个 CPU 级的挂起中断。

步骤 6:如果 CPU 中断被使能(CPU IERx=1,或 DBGIERx=1),并且全局中断使能(INTM=0),CPU 将处理中断 INTx。

步骤 7:CPU 识别到中断并自动保存相关的中断信息,清除使能寄存器(IER)位,设置 INTM,清除 EALLOW。CPU 完成这些任务准备执行中断服务程序。

步骤 8:CPU 从 PIE 中获取响应的中断向量。

步骤 9:对于复用中断,PIE 模块用 PIEIERx 和 PIEIFRx 寄存器中的值确定响应中断的向量地址。有以下 2 种情况:

① 在步骤 4 中若有更高优先级的中断产生,并使能了 PIEIERx 寄存器,且 PIE-IFRx 的相应位处于挂起状态,则首先响应优先级高的中断。

② 如果在本组内没有挂起的中断被使能,PIE 将响应组内优先级最高的中断,调转地址使用 INTx.1。这种操作相当于处理器的 TRAP 或 INT 指令。

CPU 进入中断服务程序后,将清除 PIEIFRx.y 位。需要说明的是,PIEIERx 寄存器用来确定中断向量,在清除 PIEIERx 寄存器时必须注意。

4. 可屏蔽中断处理

按照是否可以被屏蔽,可将中断分为两大类:不可屏蔽中断(又叫非屏蔽中断,Nonmaskable Interrupt,NMI)和可屏蔽中断。不可屏蔽中断源一旦提出中断请求,CPU 必须无条件响应;而对可屏蔽中断源的请求,CPU 可以响应,也可以不响应。对于可屏蔽中断,除了受本身的屏蔽位控制外,还都要受一个总的控制,即 CPU 标志寄存器中的中断允许标志位 IF (Interrupt Flag)的控制。IF 位为 1,可以得到 CPU 响应;否则得不到响应。IF 位可以由用户控制。

可屏蔽中断的响应过程实质上就是中断的产生、使能到处理过程,其结构如图 6.9 所示,包括两部分设置:CPU 级中断设置(INT1~INT4)和 PIE 级中断设置(INTx.1~INTx.8)。

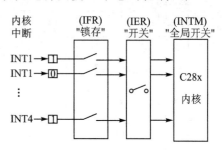

图 6.9 可屏蔽中断控制结构

(1) CPU 级中断

① CPU 级中断标志设置。除了系统初始化,一般不建议改变标志寄存器的状态,否则可能清除某些有用的中断信息或者产生意外中断。但有时也可能希望通过软件方式使某些中断标志位置位或者清零,在这种情况下可以通过以下 2 条指令完成。

```
/*************** 手动设置/清除 IFR *********************** /
IFR | = 0x0008;    //INT4 位置位
IFR | = 0Xfff7;    //INT4 位清零
```

如果在清除中断标志寄存器中的某些状态位时刚好有中断产生,则此时中断有更高的优先级,相应的标志位仍为 1。在系统复位和 CPU 相应中断后,中断标志位将自动清零。

② CPU 级中断使能。CPU 级中断使能寄存器的 16 位分别控制每个中断的使能状态。当相应的位置 1 时,使能中断,写 0 禁止中断。在 C 语言中可采用下面代码实现中断的控制,系统复位禁止所有中断。

```
/*************** 使能/禁止中断代码(IER) *************** /
IER | = 0x0008;    //使能中断 INT4
IER | = 0XFFF7;    //禁止中断 INT4
```

③ 全局中断使能。状态寄存器 ST1 的位 0(INTM)为全局中断使能控制位,当该位等于 0 时全局中断使能,当该位等于 1 时禁止所有中断。CPU 要实现中断处理必须在产生中断的前提下,相应的 IER 寄存器位使能并且需要全局使能位使能。可采用下列代码实现全局中断使能控制。

```
/****************** 全局中断使能控制 ******************/
Asm("CLRC INTM");
Asm("SETC INTM");
```

(2) PIE 级中断

当系统有中断请求到 PIE 模块时,相应的 PIE 中断标志寄存器(PIEIFRx. y)置 1,如果相应的 PIE 中断使能寄存器(PIEIERx. y)也已经置 1,则 PIE 开始检查相应的中断响应寄存器(PIEACKx)来决定 CPU 是否准备响应该组的中断。如果该组的 PIEACKx 已经清零,PIE 送该中断请求到 CPU 级,否则 PIE 等待,直到 PIEACKx 已经清零,才送中断请求到 CPU 级。

5. 不可屏蔽中断处理

不可屏蔽中断设置简单得多,以 XNMI_XINT13 引脚外部中断设置为例,只要配置好相应的引脚配置寄存器就可以,因为 NMI 优先级最高,CPU 必须响应,无须配置 CPU。

```
/****************** 外部中断 NMI 设置 ******************/
EALLOW;
GpioMuxRegs.GPEMUX.bit.XNMI_XINT13_GPIOE2 = 1
                                            //引脚复用为 XNMI_XINT13 功能
XINTRUPT_REGS.XINT2CR.bit.ENABLE = 1;       //使能 XNMI 中断
XINTRUPT_REGS.XINT2CR.bit.POLARITY = 0;     //信号下降沿产生中断
PieVectTable.XINT13 = &NMI_ISR;             //中断产生后转到相应的中断服务子程序
EDIS;
```

6.5 中断相关寄存器

1. PIE 控制寄存器(PIECTRL)

PIE 控制寄存器(PIECTRL)各位信息如表 6.5 所列。

表 6.5 PIE 控制寄存器

位	字 段	功能描述
15~1	PIEVECT	PIE 中断向量。这些位确定了 PIE 提供的中断向量在 PIE 中断向量表中的地址。地址最低位忽略,所以只给出 1~15 位的地址,用户可以通过读向量值来确定哪个中断产生

续表 6.5

位	字　段	功能描述
0	ENPIE	PIE 向量表使能位。从 PIE 向量表中获取中断向量的使能位 0:禁止 PIE 模块,中断向量从 Boot ROM 中或中断向量表中获取。此时,当禁止 PIE 单元时,所有的 PIE 模块寄存器(PIEACK,PIEIFR,PIEIER)均可被访问 1:除复位之外的所有中断向量取自 PIE 向量表,复位向量始终取自 Boot ROM

2. PIE 中断应答寄存器(PIEACK)

PIE 中断应答寄存器各位信息如表 6.6 所列。

表 6.6　PIE 中断应答寄存器

位	字　段	功能描述
15~12	Reserved	保留
11~0	PIEACK	PIE 中断响应标志位 X=0:说明 PIE 可以从相应的中断组向 CPU 发送中断,写 0 无效 X=1:说明来自中断组的中断向量已经向 CPU 发送了中断请求,该中断组的其他中断目前被锁存;向相应的中断位写 1,可以让该位清零,并且让 PIE 模块产生一个脉冲给 CPU 中断,以使得 CPU 可以响应该组中尚未被响应的中断

3. PIE 中断标志寄存器(PIEIFRx)

PIE 中断标志寄存器 PIEIFRx(x=1~12)各位信息如表 6.7 所列。

表 6.7　PIE 中断标志寄存器 PIEIFRx

位	字　段	功能描述
15~8	Reserved	保留
7	INTx.8	
6	INTx.7	
5	INTx.6	表示相应的中断是否被激活。与 CPU 中断标志寄存器位的功能相似,当一
4	INTx.5	个中断被激活时,相应的寄存器位被置 1;当中断响应后或向这些寄存器写 0
3	INTx.4	时,对应的寄存器位被清零,可以通过读取该值来确定哪个中断有效或被挂
2	INTx.3	起,访问该寄存器时,硬件比 CPU 有更高的优先级
1	INTx.2	
0	INTx.1	

4. PIE 中断使能寄存器(PIEIERx)

PIE 中断使能寄存器 PIEIERx(x＝1～12)各位信息如表 6.8 所列。

表 6.8　PIE 中断使能寄存器(PIEIERx)

位	字　段	功能描述
15～8	Reserved	保留
7	INTx.8	
6	INTx.7	
5	INTx.6	
4	INTx.5	使能 x 组的某一个中断,与 CPU 中断使能寄存器相似,向某位写 1 使能相应
3	INTx.4	的中断,写 0 禁止相应中断的响应
2	INTx.3	
1	INTx.2	
0	INTx.1	

5. CPU 中断标志寄存器(IFR)

CPU 中断标志寄存器是一个 16 位的 CPU 寄存器,用于标志和清除被执行的中断。CPU 中断寄存器(IFR)包含 CPU 级可屏蔽中断(INT1～INT14、DLOGINT 和 RTOSINT)的标志位。当 PIE 模块被使能,PIE 模块为中断组 INT1～INT12 提供复用中断源。

当一个可屏蔽请求发生时,相应外设控制寄存器的标志位置 1,如果相应的屏蔽位也是 1,则该中断请求被送到 CPU,并在 IFR 中相应的标志位置 1,这表示中断未被执行或等待应答。

为识别未执行的中断,可利用 PUSH IFR 指令以测试堆栈的值,利用 OR IFR 指令去置位 IFR 位,利用 AND IFR 指令手动清除未被执行的指令。所有未执行的中断用 ADN IFR ♯0 指令或硬件复位清除。

CPU 的应答中断和硬件复位也可以清除 IFR 标志。CPU 中断标志寄存器(IFR)各位信息如表 6.9 所列。

表 6.9　CPU 中断标志寄存器(IFR)

位	字　段	功能描述
15	RTOSINT	实时操作系统标志位 0:已处理完成所有的 RTOS 中断 1:至少一个 RTOS 中断未被执行,向该位写 0 可以将其清零,并清除中断请求
14	DLOGINT	数据记录中断标志位 0:没有 DLOGINT 中断 1:至少有一个 DLOGINT 中断未被执行,向该位写 0 可以将其清零,并清除中断请求

位	字 段	功能描述
13～0	INTx x=1～14	中断 x 标志位,X=1～14 0:没有 INTx 的中断 1:至少一个 INTx 中断未被执行,向该位写 0 可以将其清零,并清除中断请求

6. CPU 中断使能寄存器(IER)

CPU 中断使能寄存器是一个 16 位的 CPU 寄存器,包含可屏蔽 CPU 级中断 (INT1～INT14,DLOGINT 和 RTOSINT)的使能位。IER 中既不包含 NMI 也不包括 XRS,这样 IER 不受这些中断的影响。

用户可以通过读 IER 来定义使能中断或设置中断的级别,也可以通过写 IER 来激活中断。利用 OR IER 指令将相应的 IER 位置 1 可以使能中断,利用 AND IER 指令将相应的 IER 位置为 0,可以禁止一个中断。当一个中断被禁止,不管 INTM 位的值是多少,它都不会应答,当一个中断被使能,如果相应的 IFR 位为 1,且 INTM 位是 0,那么中断就被响应了。

CPU 使能中断寄存器的各位信息如表 6.10 所列。

7. CPU 调试中断使能寄存器(DBGIER)

CPU 在实时仿真模式下暂停中需要中断的时候就要用到 CPU 调试中断使能寄存器 DBGIER,其各位信息如表 6.11 所列。CPU 在实时暂停模式时,中断服务也需要 IER 寄存器进行使能。在实时仿真模式中,采用的是标准的中断服务进程,忽略 DBGIER。同 IER 一样,可以通过读 DBGIER 寄存器的值,使能或禁止中断,采用 PUSH DBGIER 指令从 DBGIER 读取数据,采用 POP DBGIER 将值写入 DBGIER,复位时,所有的 DBGIER 位均为 0。

表 6.10　CPU 中断使能寄存器(IER)

位	字 段	功能描述
15	RTOSINT	实时操作系统中断使能位 0:禁止 1:使能
14	DLOGINT	数据记录中断使能位 0:禁止 1:使能
13～0	INTx x=1～14	中断 x 使能位,X=1～14 0:禁止 1:使能

表 6.11　CPU 调试中断使能寄存器(DBGIER)

位	字 段	功能描述
15	RTOSINT	实时操作系统中断使能位 0:禁止 1:使能
14	DLOGINT	数据记录中断使能位 0:禁止 1:使能
13～0	INTx x=1～14	中断 x 使能位,X=1～14 0:禁止 1:使能

8. 外部中断控制寄存器(XINTnCR)

F28335 共支持 7 个外部中断 XINT1~XINT7，XINT13 还有一个不可屏蔽的外部中断 XNMI 共用中断源。每一个外部中断可以被选择为正边沿或负边沿触发，也可以被使能或禁止(包括 XNMI)。可屏蔽中断单元包括一个 16 位增计数器，该计数器在检测到有效中断边沿时复位为 0，同时用来准确记录中断发生的时间。

外部中断控制寄存器(XINTnCR n=1~7)各位信息如表 6.12 所列。

9. 外部 NMI 中断控制寄存器(XNMICR)

外部中断控制寄存器(XNMICR)各位信息如表 6.13 所列。

表 6.12　外部中断控制寄存器(XINTnCR)

位	字　段	功能描述
15~4	Reserved	保留
3~2	Polarity	决定中断时产生在信号的上升沿还是下降沿 00:中断产生在下降沿 01:中断产生在上升沿 10:中断产生在下降沿 11:既产生在上升沿也产生在下降沿
1	Reserved	保留
0	Enable	决定外部中断 XINTn 的使能或禁止 0:禁止中断 1:使能中断

表 6.13　外部 NMI 中断控制寄存器(XNMICR)

位	字　段	功能描述
15~4	Reserved	保留
3~2	Polarity	决定中断时产生在信号的上升沿还是下降沿 00:中断产生在下降沿 01:中断产生在上升沿 10:中断产生在下降沿 11:既产生在上升沿也产生在下降沿
1	Select	INT13 选择信号源 0:定时器 1 接到 INT13 1:XNMI_XINT13 接到 INT13
0	Enable	决定外部中断 XIMTn 的使能或禁止 0:禁止中断 1:使能中断

10. 外部中断 x 计数器(XINTxCTR)

外部中断 x 计数器各位信息如表 6.14 所列。

表 6.14　外部中断 x 计数器(XINTxCTR)

位	字　段	功能描述
15~0	INTCTR	这是一个独立运行的 16 位递增计数器，其计数频率锁定在 SYSCLKOUT。当检测到有效的中断边沿信号时，将被复位到 0x0000，然后继续进行计数直到检测到下一个有效中断边沿信号。当中断被禁止时，计数器停止工作。计数器达到最大值时返回 0。该计数器是一个只读寄存器，通过有效的中断边沿信号或复位将其复位为 0

6.6 手把手教你应用定时器中断

1. 实验目的

① 掌握 F28335 的定时器工作原理。

② 掌握 F28335 的中断设置。

2. 实验主要步骤

① 首先打开已经配置的 CCS6.1 软件。

② 将仿真器的 USB 与计算机连接,将仿真器的另一端 JTAG 端插到 YX - F28335 开发板的 JTAG 针处。

③ 在 CCS6.1 中建立配置文件并连接 DSP 板卡。

④ 在 CCS6.1 菜单栏,首先选择 File→Import,然后选择 Code Composer Studio →CCS Projects,最后浏览找到 TIMER0 工程所在的路径文件夹并导入工程。

⑤ 选择 Run→Load→Load Program 菜单项,再选中 TIMER0.out 并下载。

⑥ 在 CCS 中按照图 6.10 所示设置断点(在欲设置断点处所在的行双击鼠标即可)。

⑦ 选择 Run→Resume 菜单项,运行到断点处,此时观察 LED 的状态。

⑧ 再次选择 Run→Resume 菜单项,运行到断点处,此时观察 LED 的状态。

⑨ 去掉断点(在取消断点处所在的行双击鼠标即可),选择 Run→Resume 菜单项运行到断点处,此时观察 LED 的状态。

```
   [c] NewTargetCo...   [c] svpwm.c   [c] cpu_timers_c...   [c] NewTargetCo...   [c] main() at D...   [c] TIMER0.c ⊠
102
103 }
104
105
106 interrupt void ISRTimer0(void)
107 {
108     CpuTimer0.InterruptCount++;
109
110     // Acknowledge this interrupt to receive more interrupts from group 1
111     PieCtrlRegs.PIEACK.all = PIEACK_GROUP1; //0x0001赋给12组中断ACKnowledge寄存器, 对其全部清除, 不接受其他中断
112     CpuTimer0Regs.TCR.bit.TIF=1; // 定时到了指定时间, 标志位置位, 清除标志
113     CpuTimer0Regs.TCR.bit.TRB=1;  // 重载Timer0的定时数据
114
115         LED1=~~LED1;
116         LED2=~~LED2;
117         LED3=~~LED3;
118         LED4=~~LED4;
119         LED5=~~LED5;
120         LED6=~~LED6;
121
122
123
124 }
125
126 void configtestled(void)
127 {
128     EALLOW;
129     GpioCtrlRegs.GPAMUX1.bit.GPIO0 = 0; // GPIO0 = GPIO0
130     GpioCtrlRegs.GPADIR.bit.GPIO0 = 1;
```

图 6.10 定时器断点设置

3．实验原理说明

（1）定时器操作原理

F28335 片上有 3 个 32 位的通用定时器，分别为 TIMER0、TIMER1、TIMER2。定时器 2 预留给 DSP 的实时操作系统 BIOS。但是如果没有使用实时操作系统，那么定时器 0、定时器 1 和定时器 2 都可以被用户使用。定时器的功能如图 6.11 所示。

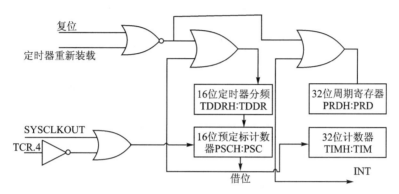

图 6.11　定时器功能框图

定时器有一个预分频模块和一个定时/计数模块，其中预分频模块包括一个 16 位的定时器分频寄存器（TDDRH：TDDR）和一个 16 位的预定标计数器（PSCH：PSC）；定时/计数模块包括一个 32 位的周期寄存器（PRDH：PRD）和一个 32 位的计数寄存器（TIMH：TIM）。

当系统时钟（SYSCLKOUT）来一个脉冲，PSCH：PSC 预定标计数器减1，当 PSCH：PSC 预定标计数器减到0的时候，预定标计数器产生下溢后向定时器的 32 位计数器 TIMH：TIM 借位，即 TIMH：TIM 计数器减1，同时 PSCH：PSC 可以重载定时器分频寄存器（TDDRH：TDDR）的值；当计数寄存器 TIMH：TIM 减到0产生下溢的时候，计数寄存器会重载周期寄存器（PRDH：PRD）的值，同时定时器会产生一个中断信号给 CPU。定时器的中断结构如图 6.12 所示。

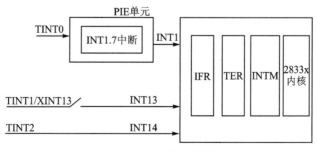

图 6.12　定时器中断结构

定时器中断属于 PIE 中断,中断信号经过 PIE 后,再进入处理器,定时器 0 的中断属于 PIE 第一组中断中的第 7 个小中断。

(2) 定时器相关寄存器

定时器配置和控制寄存器如表 6.15 所列。

表 6.15　定时器相关寄存器

地　　址	寄存器	名　　称
0x0000 0C00	TIMER0TIM	Timer 0,计数寄存器低
0x0000 0C01	TIMER0TIMH	Timer 0,计数寄存器高
0x0000 0C02	TIMER0PRD	Timer 0,周期寄存器低
0x0000 0C03	TIMER0PRDH	Timer 0,周期寄存器高
0x0000 0C04	TIMER0TCR	Timer 0,控制寄存器
0x0000 0C05	保留	
0x0000 0C06	TIMER0TPR	Timer 0,预定标寄存器
0x0000 0C07	TIMER0TPRH	Timer 0,预定标寄存器高
0x0000 0C08	TIMER1TIM	Timer 1,计数寄存器低
0x0000 0C09	TIMER1TIMH	Timer 1,计数寄存器高
0x0000 0C0A	TIMER1PRD	Timer 1,周期寄存器低
0x0000 0C0B	TIMER1PRDH	Timer 1,周期寄存器高
0x0000 0C0C	TIMER1TCR	Timer 1,控制寄存器
0x0000 0C0D	保留	
0x0000 0C0E	TIMER1TPR	Timer 1,预定标寄存器
0x0000 0C0F	TIMER1TPRH	Timer 1,预定标寄存器高
0x0000 0C10	TIMER2TIM	Timer 2,计数寄存器低
0x0000 0C11	TIMER2TIMH	Timer 2,计数寄存器高
0x0000 0C12	TIMER2PRD	Timer 2,周期寄存器低
0x0000 0C13	TIMER2PRDH	Timer 2,周期寄存器高
0x0000 0C14	TIMER2TCR	Timer 2,控制寄存器
0x0000 0C15	保留	
0x0000 0C16	TIMER2TPR	Timer 2,预定标寄存器
0x0000 0C17	TIMER2TPRH	Timer 2,预定标寄存器高

1) 定时器控制寄存器 TIMERxTCR

定时器控制寄存器的各位分配如表 6.16 所列。

表 6.16 定时器控制寄存器

位	名　　称	功能描述
15	TIF	CPU 定时器中断标志位 当定时计数器递减到零时,该位置 1,可以通过软件向该位写 1 清零 0:写 0 无影响;1:写 1 清零
14	TIE	定时器中断使能 如果定时计数器递减到 0,TIE 为使能,定时器向 CPU 申请中断
13、12	保留	保留
11	FREE	CPU 定时器仿真模式
10	SOFT	CPU 定时器仿真模式 FREE SOFT 0　　0　　　　下次计数器递减操作完成后定时器停止 0　　1　　　　计数器递减到 0 后定时器停止 1　　0　　　　自由运行 1　　1　　　　自由运行
9～6	保留	保留
5	TRB	定时器重载控制位 0:禁止重载;1:使能重载
4	TSS	启动和停止定时器的状态位 0:为了启动或重新启动,将其清零 1:要停止定时器,将其置 1
3～0	保留	保留

2）定时器预定标寄存器

表 6.17 给出了定时器预定标寄存器的各位分配。

表 6.17 定时器预定标寄存器

位	名　　称	功能描述
15～8	PSC	CPU 定时器预定标计数器 PSC 保存当前定时器的预定标的值。PSCH:PSC 大于 0 时,每个定时器源时钟周期 PSCH:PSC 递减 1。PSCH:PSC 递减到 0 时,即是一个定时器周期(定时器预定标器的输出),PSCH:PSC 使用 TDDRH:TDDR 内的值重新装载,定时器计数寄存器减 1。只要软件将定时器的重新装载位置 1,PSCH:PSC 也会重新装载。可以读取 PSCH:PSC 内的值,但不能直接写这些位。必须从分频计数寄存器(TDDRH:TDDR)获取要装载的值。复位时 PSCH:PSC 清零

续表6.17

位	名　称	功能描述
7~0	TDDR	CPU 定时器分频寄存器 每隔(TDDRH∶TDDR＋1)个定时器源时钟周期,定时器计数器寄存器(TIMH∶TIM)减1。复位时 TDDRH∶TDDR 清零。当 PSCH∶PSC 等于 0 时,一个定时器源时钟周期后,重新将 TDDRH∶TDDR 的内容装载到 PSCH∶PSC,TIMH∶TIM 减1。当软件将定时器的重新装载位(TRB)置 1 时,PSCH∶PSC 也会重新装载

3) 定时/计数器

定时/计数器各位信息如表 6.18 所列。

表 6.18　定时器计数器

位	名　称	功能描述
15~0	TIM	CPU 定时器计数寄存器(TIMH∶TIM)。TIM 寄存器保存当前 32 位定时器计数值的低 16 位。每隔(TDDRH∶TDDR＋1)个时钟周期,TIMH∶TIM 减1,其中 TDDRH∶TDDR 为定时器预定标分频系数。当 TIMH∶TIM 递减到 0 时,TIMH∶TIM 寄存器重新转载 PRDH∶PRD 寄存器保存的周期值,并产生定时器中断 $\overline{TINT}$ 信号

4) 定时器周期寄存器

定时器周期寄存器各位信息如表 6.19 所列。

表 6.19　定时器周期寄存器

位	名　称	功能描述
15~0	PRD	CPU 周期寄存器(PRDH∶PRD)。PRD 寄存器保存 32 位周期值的低 16 位,PRDH 保存高 16 位。当 TIMH∶TIM 递减到 0 时,在下次定时周期开始之前 TIMH∶TIM 寄存器重新装载 PRDH∶PRD 寄存器保存的周期值;当用户将定时器控制寄存器(TCR)的定时器重新转载位(TRB)置位时,TIMH∶TIM 也会重新装载 PRDH∶PRD 寄存器保存的周期值

(3) 程序清单与注释

① 定时器 0 初始化程序如下:

```
void InitCpuTimers(void)
 {
 // 定时器 0 初始化
 // 指向定时 0 的寄存器地址
 CpuTimer0.RegsAddr = &CpuTimer0Regs;
 // 设置定时器 0 的周期寄存器值
 CpuTimer0Regs.PRD.all = 0xFFFFFFFF;
 // 设置预定标计数器值为 0
```

```
CpuTimer0Regs.TPR.all = 0;
CpuTimer0Regs.TPRH.all = 0;
//   确保定时器为停止状态
CpuTimer0Regs.TCR.bit.TSS = 1;
//   重载使能
CpuTimer0Regs.TCR.bit.TRB = 1;
CpuTimer0.InterruptCount = 0;
}
```

② 定时器 0 的设置如下所示：

```
void ConfigCpuTimer(struct CPUTIMER_VARS * Timer, float Freq, float Period)
{ //3 个参数，第一个表示哪个定时器，第 2 个表示定时器频率，第 3 个表示定时器周期值
Uint32    temp;
// 初始化定时器周期：
Timer ->CPUFreqInMHz = Freq;
Timer ->PeriodInUSec = Period;
temp = (long)(Freq * Period);
Timer ->RegsAddr ->PRD.all = temp;        // Freq * Period 的值给周期寄存器
// 设置预分频计数器值为 1（SYSCLKOUT）：
Timer ->RegsAddr ->TPR.all = 0;
Timer ->RegsAddr ->TPRH.all = 0;
// 初始化定时器控制寄存器
Timer ->RegsAddr ->TCR.bit.TSS = 1;     // 1 = Stop timer, 0 = Start/Restart Timer
Timer ->RegsAddr ->TCR.bit.TRB = 1;     // 1 = reload timer
Timer ->RegsAddr ->TCR.bit.SOFT = 0;
Timer ->RegsAddr ->TCR.bit.FREE = 0;    // Timer Free Run Disabled
Timer ->RegsAddr ->TCR.bit.TIE = 1;     // 0 = Disable/ 1 = Enable Timer Interrupt
// Reset interrupt counter:
Timer ->InterruptCount = 0;
}
```

通过以上程序就可以让定时器 0 每隔一段时间产生一次中断，这段时间的计算公式为：$\triangle T =$ Freq×Period /150 000 000(s)；(其中 150 000 000 是 CPU 的时钟频率，即 150 MHz 的时钟频率)针对此实验，Frep 为 150，Period 为 100 000，那么 $\triangle T = 0.1$ s＝100 ms。

③ 中断设置程序过程如下：

```
void InitPieCtrl(void)
{
// 关闭 CPU 总中断
DINT;
// 关闭 PIE 模块总中断
PieCtrlRegs.PIECTRL.bit.ENPIE = 0;
// 关闭所有 PIE 模块的中断
PieCtrlRegs.PIEIER1.all = 0;
PieCtrlRegs.PIEIER2.all = 0;
PieCtrlRegs.PIEIER3.all = 0;
```

```
PieCtrlRegs.PIEIER4.all = 0;
PieCtrlRegs.PIEIER5.all = 0;
PieCtrlRegs.PIEIER6.all = 0;
PieCtrlRegs.PIEIER7.all = 0;
PieCtrlRegs.PIEIER8.all = 0;
PieCtrlRegs.PIEIER9.all = 0;
PieCtrlRegs.PIEIER10.all = 0;
PieCtrlRegs.PIEIER11.all = 0;
PieCtrlRegs.PIEIER12.all = 0;
// 清除所有 PIE 中断标志位
PieCtrlRegs.PIEIFR1.all = 0;
PieCtrlRegs.PIEIFR2.all = 0;
PieCtrlRegs.PIEIFR3.all = 0;
PieCtrlRegs.PIEIFR4.all = 0;
PieCtrlRegs.PIEIFR5.all = 0;
PieCtrlRegs.PIEIFR7.all = 0;
PieCtrlRegs.PIEIFR8.all = 0;
PieCtrlRegs.PIEIFR9.all = 0;
PieCtrlRegs.PIEIFR10.all = 0;
PieCtrlRegs.PIEIFR11.all = 0;
PieCtrlRegs.PIEIFR12.all = 0;
}
```

④ 中断向量表的初始化函数如下：

```
void InitPieVectTable(void) //此函数初始化中断向量表,将中断服务函数与向量表关联
{
int16 i;
Uint32 * Source = (void * ) &PieVectTableInit;    //中断服务函数入口地址
Uint32 * Dest = (void * ) &PieVectTable;          //中断向量表
EALLOW;
for (i = 0; i < 128; i ++)
 * Dest ++ = * Source ++ ; //把中断入口地址送给中断向量表,达到关联的目的
EDIS;
// 使能 PIE 向量表
PieCtrlRegs.PIECTRL.bit.ENPIE = 1;                //使能 PIE 模块的总中断
}
```

下面的一句话就是告诉定时器 0 的中断入口地址为中断向量表的 INT0：

```
EALLOW;    // this is needed to write to EALLOW protected registers
PieVectTable.TINT0 = &ISRTimer0;
EDIS;
```

下面的两条语句是告诉 CPU 第一组中断将会产生,并使能第一组中断的第 7 个小中断。

```
IER | = M_INT1;
PieCtrlRegs.PIEIER1.bit.INTx7 = 1;
```

通过以上中断的设置,定时器 0 就会每隔 100 ms 进入一次中断服务函数,但是

中断服务函数里面需要清除中断标志位,包括清除 PIE 第一组的中断标志位和定时器 0 本身的中断标志位。

⑤ 中断标志位清除函数如下所示:

```
Interrupt void ISR Timer0 (void)
{
CpuTimer0.InterruptCount ++ ;
// 通知可以接收第一组中断中的所有中断
PieCtrlRegs.PIEACK.all = PIEACK_GROUP1;
CpuTimer0Regs.TCR.bit.TIF = 1;
CpuTimer0Regs.TCR.bit.TRB = 1;
//改变取反 LED 的状态
LED1 = ～LED1;
LED2 = ～LED2;
LED3 = ～LED3;
LED4 = ～LED4;
LED5 = ～LED5;
LED6 = ～LED6;
}
```

4. 实验观察与思考

① 如何通过程序改变 LED 变化的频率?

② 假如不用定时器中断,通过查询方式怎么来改变 LED 的闪烁效果?

6.7 手把手教你应用按钮触发外部中断

1. 实验目的

① 掌握外部中断。

② 掌握 F28335 中断机制。

2. 实验主要步骤

① 首先打开已经配置的 CCS6.1 软件。

② 将仿真器的 USB 与计算机连接,将仿真器的另一端 JTAG 端插到 YX－F28335 开发板的 JTAG 针处。

③ 在 CCS6.1 建立配置文件并连接 DSP 板卡。

④ 在 CCS6.1 菜单栏,首先选择 File→Import 菜单项,然后选择 Code Composer Studio→CCS Projects ,最后浏览找到 ExInt 工程所在的路径文件夹并导入工程。

⑤ 选择 Run→Load→Load Program 菜单项,选中 ExInt.out 并下载。

⑥ 选择 Run→Resume 菜单项运行,之后用户可以按下 YX F28335 开发板上面的 S2～S5 按钮,观察 LED 的变化效果。用户将会发现不同的按钮对应不同的 LED 变化效果。

3. 实验原理说明

F28335 有 7 个外部引脚中断,GPIO0～GPIO63 这 64 个 GPIO 都可以通过软件配置成外部中断引脚,但是需要注意的是 GPIO0～GPIO31 只能配置为外部中断 1 和 2,GPIO32～GPIO63 只能配置为外部中断 3、4、5、6 和 7。一旦某一个 GPIO 被配置为外部中断引脚后,那么边沿脉冲就可以触发此外部中断。本实验采取的是通过按钮来产生边沿信号,其原理图如图 6.13 所示。

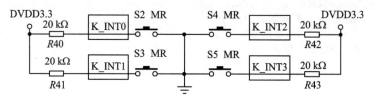

图 6.13　按钮原理图

下面通过程序详细介绍外部中断实验。外部中断引脚配置过程如下:

```
void configexgpio(void)
{
EALLOW;
GpioCtrlRegs.GPBMUX2.bit.GPIO54 = 0;        //将 GPIO54 作为通用 I/O 口
GpioCtrlRegs.GPBMUX2.bit.GPIO55 = 0;        //将 GPIO55 作为通用 I/O 口
GpioCtrlRegs.GPBMUX2.bit.GPIO56 = 0;        //将 GPIO56 作为通用 I/O 口
GpioCtrlRegs.GPBMUX2.bit.GPIO57 = 0;        //将 GPIO57 作为通用 I/O 口
GpioCtrlRegs.GPBDIR.bit.GPIO54 = 0;         //将 GPIO54 作为输入 I/O 口
GpioCtrlRegs.GPBDIR.bit.GPIO55 = 0;         //将 GPIO55 作为输入 I/O 口
GpioCtrlRegs.GPBDIR.bit.GPIO56 = 0;         //将 GPIO56 作为输入 I/O 口
GpioCtrlRegs.GPBDIR.bit.GPIO57 = 0;         //将 GPIO57 作为输入 I/O 口
GpioCtrlRegs.GPBQSEL2.bit.GPIO54 = 0;       //GPIO54 时钟和系统时钟一样且支持 GPIO
GpioCtrlRegs.GPBQSEL2.bit.GPIO55 = 0;       //GPIO55 时钟和系统时钟一样且支持 GPIO
GpioCtrlRegs.GPBQSEL2.bit.GPIO56 = 0;       //GPIO56 时钟和系统时钟一样且支持 GPIO
GpioCtrlRegs.GPBQSEL2.bit.GPIO57 = 0;       //GPIO57 时钟和系统时钟一样且支持 GPIO
//说明:我们通过 GPxQSELx 这个寄存器可以把外部的触发信号进行分频之后再送给 GPIO
GpioIntRegs.GPIOXINT3SEL.bit.GPIOSEL = 54;  //GPIO54 被配置为中断 3
GpioIntRegs.GPIOXINT4SEL.bit.GPIOSEL = 55;  //GPIO55 被配置为中断 4
GpioIntRegs.GPIOXINT5SEL.bit.GPIOSEL = 56;  //GPIO56 被配置为中断 5
GpioIntRegs.GPIOXINT6SEL.bit.GPIOSEL = 57;  //GPIO57 被配置为中断 6
XIntruptRegs.XINT3CR.bit.POLARITY = 0;      //外部中断 3 设置为下降沿触发
XIntruptRegs.XINT4CR.bit.POLARITY = 0;      //外部中断 4 设置为下降沿触发
XIntruptRegs.XINT5CR.bit.POLARITY = 0;      //外部中断 5 设置为下降沿触发
XIntruptRegs.XINT6CR.bit.POLARITY = 0;      //外部中断 6 设置为下降沿触发
//说明:当此 XIntruptRegs.XINT6CR.bit.POLARITY = 1 时为上升沿触发,等于 2 时就是双边沿触发
XIntruptRegs.XINT3CR.bit.ENABLE = 1;        //使能外部中断 3
XIntruptRegs.XINT4CR.bit.ENABLE = 1;        //使能外部中断 4
XIntruptRegs.XINT5CR.bit.ENABLE = 1;        //使能外部中断 5
XIntruptRegs.XINT6CR.bit.ENABLE = 1;        //使能外部中断 6
EDIS;
```

   }

    在定时器实验中,控制 LED 是通过对 GPIO 的数据寄存器写高低电平来操作,而在此实验中是对 GPIO 的置位寄存器和清零寄存器写入 1 来控制 LED。这样控制的优点是 GPIO 外设响应的时间快,不用延时(用户可以对照前面实验的 LED 控制程序,通过数据寄存器来控制 LED 是需要一定的延时,否则 GPIO 响应不过来)。LED 状态宏定义程序如下所示:

```
/*********GPIOx 的置位寄存器为 1 表明为高,那么 LED1 就被点亮*************/
/*********GPIOx 的清零寄存器为 1 表明为低,那么 LED1 就熄灭*************/
#define LED1_ON GpioDataRegs.GPASET.bit.GPIO0 = 1
#define LED1_OFF GpioDataRegs.GPACLEAR.bit.GPIO0 = 1
#define LED2_ON GpioDataRegs.GPASET.bit.GPIO1 = 1
#define LED2_OFF GpioDataRegs.GPACLEAR.bit.GPIO1 = 1
#define LED3_ON GpioDataRegs.GPASET.bit.GPIO2 = 1
#define LED3_OFF GpioDataRegs.GPACLEAR.bit.GPIO2 = 1
#define LED4_ON GpioDataRegs.GPASET.bit.GPIO3 = 1
#define LED4_OFF GpioDataRegs.GPACLEAR.bit.GPIO3 = 1
#define LED5_ON GpioDataRegs.GPASET.bit.GPIO4 = 1
#define LED5_OFF GpioDataRegs.GPACLEAR.bit.GPIO4 = 1
#define LED6_ON GpioDataRegs.GPASET.bit.GPIO5 = 1
#define LED6_OFF GpioDataRegs.GPACLEAR.bit.GPIO5 = 1
```

4. 实验观察与思考

① 怎么把 GPIO53 配置为外部中断 4,GPIO54 配置为外部中断 3,其他不变?

② 把 GPIO53~GPIO56 配置为上升沿触发可以吗? 如果可以,怎么配置?

第 7 章

通用数字量输入/输出 GPIO

CPU 要处理外界二进制信息(数字量),要将其存放在存储器中,就需要外界信息源与 CPU 或存储器进行交换,这样的交换接口若用来进行通用目的数字量的输入输出,就被称为通用数字量输入/输出接口,简称 GPIO。F28335 有 88 个 GPIO 口,对应着芯片引出的 88 个引脚,随着芯片的封装与尺寸的确定,引脚数目是有限的,所以这 88 个引脚多数都是功能复用的,即可以灵活配置为输入引脚,也可以灵活配置为输出引脚,即可以作为通用 I/O 引脚,也可以作为特殊功能口(如 SCI、SPI、ECAN 等),非常灵活,用户根据需要,可以通过 GPIO MUX(输入输出多路选择器,复用开关)寄存器进行相关配置,下面详细介绍 GPIO 的工作原理及其配置过程。

7.1 GPIO 工作原理

F28335 将这 88 个 GPIO 口分成了 A、B、C 这 3 大组,A 组包括 GPIO0～GPIO31,B 组包括 GPIO32～GPIO63,C 组包括 GPIO64～GPIO87,每个引脚都复用了多个功能,同一时刻,每个引脚只能用该引脚的一个功能。究竟工作在哪个模式下,可以通过 GPIO Mux(复用开关)寄存器配置每个引脚的具体功能(通用数字量 I/O 或者外设专用功能)。如果将这些引脚选择数字量 I/O 模式,可以通过方向寄存器 GPxDIR 配置数字量 I/O 的方向,既作为输入引脚也作为输出引脚;还可以通过量化寄存器 GPxQUAL 对输入信号进行量化限制,从而可以消除数字量 I/O 引脚的噪声干扰。此外,有下面 4 种方式对 GPIO 引脚进行读/写操作:

① 可以通过 GPxDAT 寄存器独立读/写 I/O 信号。

② 利用 GPxSET 寄存器写 1(写 0 无效)对 I/O 口置位。

③ 利用 GPxCLEAR 寄存器写 1(写 0 无效)对 I/O 口清零。

④ 利用 GPxTOOGLE 寄存器置 1 后(写 0 无效)翻转 I/O 输出电平,原来高电平变成低电平,原来低电平则变成高电平。

GPIO 模块框图如图 7.1 所示。从图中最左侧圈内 GPIO0～GPIO27 为 GPIO 引脚,在其上方位置有个 PU,表示 PULL UP 是上拉的意思,也就是这些 GPIO 引脚是通过软件可编程控制其电平是否上拉。控制寄存器为 GPAPUD,0 的时候上拉有效,1 的时候上拉无效。两个三角形是控制 GPIO 作为输入还是输出,上边三角形为输入通道,GPIO 输入后经滤波电路。引脚的功能选择由多路选择器控制,每个引脚有 4 种功能选择,00 为通用 I/O 引脚,01、10、11 分别为外设 1、2、3 引脚。输入的值都会进入 GPADAT 寄存器,可以通过该寄存器进行读取,在 GPIO 方向选择为输入的时候,对 GPADAT 寄存器进行置位是无效的,因为这时候它是个读寄存器,其值只受 GPIO 输入信号控制;在其上方就是 GPIO 输入引脚引入的相关 PIE 中断,下边三角形为输出通道,输出值为 GPADAT 内的值,在做输出引脚时,可以通过 GPA-SET 等寄存器设置该寄存器的值。

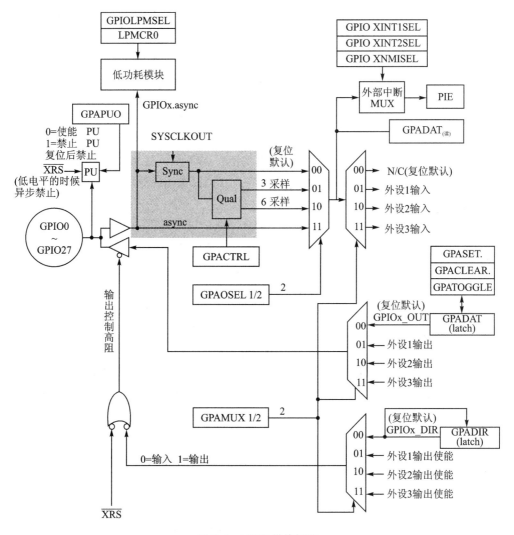

图 7.1 GPIO 模块框图

GPIO 输入受到可编程的滤波器的限制,用户可以通过配置 GPAQSEL1、GPAQSEL2、GPBQSEL2 寄存器选择 GPIO 引脚的输入限制类型。对于一个 GPIO

输入引脚,输入限制可以被 SYSCLKOUT 同步然后经采样窗进行滤波限制;而对于配置成外设输入的引脚,除同步与采样窗限制外,也可以是异步输入的。

引脚在配置为外设输入时,可以采用异步输入模式,该模式仅用于不需要输入同步的外设或外设自身具有信号同步功能,如通信端口 SCI、SPI、eCAN 和 I²C。如果引脚是 GPIO 功能,则异步功能模式失效,只能采用同步模式。所有引脚复位时默认的就是同步模式。在该模式中,因为引入的信号与时钟信号初始不同步,所以需要一个 SYSCLKOUT 进行 SYSCLKOUT 与输入信号匹配同步,因此输入信号会有一个 SYSCLKOUT 的延迟。如果还通过采样窗口的办法对输入同步后的信号进行滤波,就要对采样周期 GPxCXTRL 与采样窗进行相关设置。为了限制输入信号,对输入信号进行采样,采样总是会有一定的时间间隔,这个时间间隔就是采样周期,等于现在有个钟表,要知道时间,每隔一段时间就会去看一下表,这其实就是个采样过程。采样过程可以很长也可以很短,根据需求而定,例如,看实时新闻时,眼睛会是盯着看的,但不能眼睛一眨都不眨,其实眨眼间隔就是看新闻时的采样周期,因为眨眼间隔时间很短,我们感觉不出来,所以感觉新闻是连续的,其实看到的还是离散信号。采样周期由用户指定,并决定采样间隔时间或相对于系统时钟的比率。采样周期由 GPxCTRL 寄存器的 QUALPRDn 位来指定,QUALPRDn 一位可以用来配置 8 路输入信号。例如,GPIO0~GPIO7 由 GPACTRAL[QUALPRD0]位设置,GPIO8~GPIO15 由 GPACTRL[QUALPRD1]位设置。在采样的过程中,信号可能会受到干扰影响,而误触发信号,滤波的作用就是通过设置采样窗的周期数,尽量避免一些误触发的毛刺信号。如图 7.2 所示,在限制选择器(GPAQSEL1、GPAQSEL2、GP-BQSEL1 和 GPBQSEL2)中信号采样次数被指定为 3 个采样或 6 个采样,当输入信号在经过 3 个或 6 个采样周期都保持一致时,输入信号才被认为是个有效的信号,否则保持原来状态不变,例如图 7.3 中的那个 GPIO 输入信号中有一个较窄脉冲,因为其持续时间没到采样数 3 个采样周期或 6 个采样周期,所以认为该脉冲是干扰信号,采样信号保持原先状态不变,这样起到了滤波作用,但同时,采样信号在初始时,会延迟设置的采样数周期,因为需要经过 3 个或 6 个采样周期后,才确认有效信号,采样信号才做有效变化。凡是滤波,用硬件与软件,都会或多或少引入信号延迟。

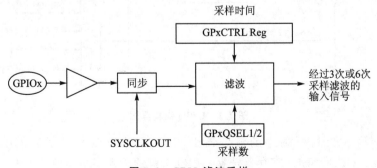

图 7.2　GPIO 滤波采样

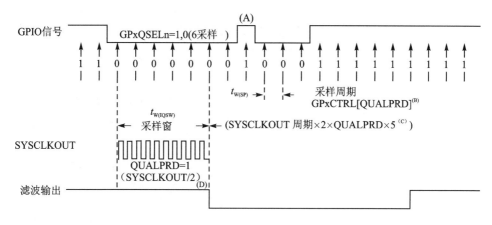

图 7.3　GPIO 滤波采样波形

7.2　GPIO 寄存器以及编程

1. GPIO 的寄存器的列表

F28335 的 GPIO 所有寄存器如表 7.1 所列。

表 7.1　GPIO 寄存器

名　　称	地　　址	空间地址	描　　述
GPACTRL	0X6F80	2	GPIOA 控制寄存器
GPAQSEL1	0X6F82	2	GPIOA 量化控制寄存器 1
GPAQSEL2	0X6F84	2	GPIOA 量化控制寄存器 2
GPAMUX1	0X6F86	2	GPIOA 选择寄存器 1
GPAMUX2	0X6F88	2	GPIOA 选择寄存器 2
GPIOADIR	0X6F8A	2	GPIOA 方向寄存器
GPIOAPUD	0X6F8C	2	GPIOA 上拉禁止寄存器
GPBCTRL	0X6F90	2	GPIOB 控制寄存器
GPBQSEL1	0X6F92	2	GPIOB 量化控制寄存器 1
GPBQSEL2	0X6F94	2	GPIOB 量化控制寄存器 2
GPBMUX1	0X6F96	2	GPIOB 选择寄存器 1
GPBMUX2	0X6F98	2	GPIOB 选择寄存器 2
GPBDIR	0X6F9A	2	GPIOB 方向寄存器
GPBPUD	0X6F9C	2	GPIOB 上拉禁止寄存器
GPCMUX1	0X6FA6	2	GPIOC 选择寄存器 1

续表 7.1

名　称	地　址	空间地址	描　述
GPCMUX2	0X6FA8	2	GPIOC 选择寄存器 2
GPCDIR	0X6FAA	2	GPIOC 方向寄存器
GPCPUD	0X6FAC	2	GPIOC 上拉禁止寄存器
GPIOXINT1SEL	0X6FE0	1	外部中断源选择寄存器 1
GPIOXINT2SEL	0X6FE1	1	外部中断源选择寄存器 2
GPIONMISEL	0X6FE2	1	不可屏蔽中断源选择寄存器
GPIOXINT3SEL	0X6FE3	1	外部中断源选择寄存器 3
GPIOXINT4SEL	0X6FE4	1	外部中断源选择寄存器 4
GPIOXINT5SEL	0X6FE5	1	外部中断源选择寄存器 5
GPIOXINT6SEL	0X6FE6	1	外部中断源选择寄存器 6
GPIOXINT7SEL	0X6FE7	1	外部中断源选择寄存器 7
GPIOLPMSEL	0X6FE8	1	唤醒低功耗模式源选择寄存器

2. GPxCTRL 寄存器

GPxCTRL 寄存器将为输入引脚指定采样周期,GPACTRL 为输入引脚 0~31 指定采样周期,GPACTRL 位功能描述如表 7.2 所列。

表 7.2　GPIO GPxCTRL 寄存器

位	字　段	功能描述
31~24	QUALPRD3	GPIO24~GPIO31 引脚特定的采样周期 0x00:采样周期=TSYSCLKOUT(即系统时钟) 0x01:采样周期=2×TSYSCLKOUT(即系统时钟) … 0xFF:采样周期=510×TSYSCLKOUT(即系统时钟)
23~16	QUALPRD2	GPIO16~GPIO23 引脚特定的采样周期 具体配置同上
15~8	QUALPRD1	GPIO8~GPIO15 引脚特定的采样周期 具体配置同上
7~0	QUALPRD0	GPIO0~GPIO7 引脚特定的采样周期 具体配置同上

GPBCTRL 同理配置,只是配置下边 32 个 GPIO 口。

3. GPAQSEL 寄存器

GPAQSEL1 寄存器用来配置采样数,也可以认为是滤波数,当干扰信号持续采样周期小于该寄存器设置的采样周期数时,干扰信号被滤除。其位分配如表 7.3 所列。

表 7.3　GPIO GPAQSEL 寄存器

位	字　段	功能描述
31~0	GPIO15~GPIO0	对 GPIO0~GPIO15 选择输入限制 00:仅与系统时钟同步。引脚配置为外设与 GPIO 都有效 01:采用 3 个采样周期宽度限制。引脚配置为外设或 GPIO 有效 10:采用 6 个采样周期宽度限制。引脚配置为外设或 GPIO 有效 11:不同步(不同步或限制)。该选项仅应用于配置为外设的引脚。如果引脚配置为 GPIO 引脚,该选项与 00 相同,就是与系统时钟同步

4. GPxDIR 寄存器

GPIO 的输入输出方向由 GPxDIR 寄存器配置。GPADIR 寄存器位分配如表 7.4 所列。

表 7.4　GPIO GPxDIR 寄存器

位	字　段	功能描述
31~0	GPIO31~GPIO0	当在 GPAMUX1 或 GPAMUX2 寄存器中配置指定引脚为 GPIO 引脚,GPIO A 端所管理的引脚对应的方向控制 0:配置为 GPIO 引脚为输入引脚(默认) 1:配置为 GPIO 引脚为输出引脚

其余的寄存器配置与功能在上边或有叙述或有雷同,详细可以参见 TI 给出的数据手册。

5. GPIO 寄存器编程设置与应用

GPIO Mux 寄存器用来选择 F28335 处理器多功能复用引脚的操作模式,每个引脚都可以独立地配置为 GPIO 模式或者是外设专用功能模式。如果配置为通用数字量 I/O 模式,还可以通过方向控制寄存器设置 GPIO 的方向,通过量化输入寄存器(GpxQUAL)配置输入引脚的量化功能。

采用 C/C++ 编程实现处理器的 GPIO 控制,其复用寄存器的相关结构体定义为:

```
struct GPIO_CTRL_REGS {
                    union   GPACTRL_REG   GPACTRL;
                    union   GPA1_REG      GPAQSEL1;
                    union   GPA2_REG      GPAQSEL2;
                    union   GPA1_REG      GPAMUX1;
                    union   GPA2_REG      GPAMUX2;
                    union   GPADAT_REG    GPADIR;
```

```
        union   GPADAT_REG    GPAPUD;
        Uint32                rsvd1;
        union   GPBCTRL_REG   GPBCTRL;
        union   GPB1_REG      GPBQSEL1;
        union   GPB2_REG      GPBQSEL2;
        union   GPB1_REG      GPBMUX1;
        union   GPB2_REG      GPBMUX2;
        union   GPBDAT_REG    GPBDIR;
        union   GPBDAT_REG    GPBPUD;
        Uint16                rsvd2[8];
        union   GPC1_REG      GPCMUX1;
        union   GPC2_REG      GPCMUX2;
        union   GPCDAT_REG    GPCDIR;
        union   GPCDAT_REG    GPCPUD;
};
```

采用上述结构体定义可以直接对 GPIO 的寄存器进行操作,完成外部引脚的初始化操作。例如,将 IOA 全部设置 GPIO 功能,输出状态,0 量化,代码如下:

```
void Gpio_Select(void)
{
    Uint16 var1;
    Uint16 var2;
    Uint16 var3;
    var1 = 0x0000;
    var2 = 0xffff;
    var3 = 0x0000;
    EALLOW;
    GpioCtrlRegs.GPAMUX1 = var1;//GPIO0 - 15
    GpioCtrlRegs.GPAMUX2 = var1;//GPIO16 - 31
    GpioCtrlRegs.GPADIR.all = var2;//GPIO0 - 31
    GpioCtrlRegs.GPAQSEL1.all = var3;
    GpioCtrlRegs.GPAQSEL2.all = var3;
    EDIS;
}
```

由于所有多功能复用引脚都可以通过相应的控制寄存器的位独立配置,因此使用时需要详细了解各 GPIO 对应的控制位以及对应的值。在 C/C++ 编程的时候,需要用结构体将寄存器每一位都列出来,这样更方便与寄存器配置操作。如 GPIO0 ~15 结构体如下所示:

```
struct GPA1_BITS {          // bits    description
    Uint16 GPIO0:2;         // 1 : 0   GPIO0
    Uint16 GPIO1:2;         // 3 : 2   GPIO1
    Uint16 GPIO2:2;         // 5 : 4   GPIO2
    Uint16 GPIO3:2;         // 7 : 6   GPIO3
    Uint16 GPIO4:2;         // 9 : 8   GPIO4
    Uint16 GPIO5:2;         // 11 : 10 GPIO5
    Uint16 GPIO6:2;         // 13 : 12 GPIO6
```

```
Uint16 GPIO7:2;          // 15:14 GPIO7
Uint16 GPIO8:2;          // 17:16 GPIO8
Uint16 GPIO9:2;          // 19:18 GPIO9
Uint16 GPIO10:2;         // 21:20 GPIO10
Uint16 GPIO11:2;         // 23:22 GPIO11
Uint16 GPIO12:2;         // 25:24 GPIO12
Uint16 GPIO13:2;         // 27:26 GPIO13
Uint16 GPIO14:2;         // 29:28 GPIO14
Uint16 GPIO15:2;         // 31:30 GPIO15
};
```

例如,将 GPIO0~3 配置为 PWM1、2 功能:

```
void InitEPwmGpio(void)
{
EALLOW;
GpioCtrlRegs.GPAPUD.bit.GPIO0 = 0;
GpioCtrlRegs.GPAPUD.bit.GPIO1 = 0;
GpioCtrlRegs.GPAPUD.bit.GPIO2 = 0;
GpioCtrlRegs.GPAPUD.bit.GPIO3 = 0;
GpioCtrlRegs.GPAMUX1.bit.GPIO0 = 1;
GpioCtrlRegs.GPAMUX1.bit.GPIO1 = 1;
GpioCtrlRegs.GPAMUX1.bit.GPIO2 = 1;
GpioCtrlRegs.GPAMUX1.bit.GPIO3 = 1;
EDIS;
}
```

如果复用引脚配置为数字量 I/O 模式,则可以直接利用数据寄存器对 I/O 操作(读/写),也可以利用其他辅助寄存器对各 I/O 进行独立操作,如数字 I/O 置位(GPXSET 寄存器)、数字 I/O 清零(GPXCLRAR 寄存器)以及数字 I/O 电平转换(GPXTOGGLE 寄存器)。

同复用寄存器在 C/C++语言编程方式一样,数据寄存器也这样定义:

```
struct GPIO_DATA_REGS {
                union   GPADAT_REG   GPADAT;
                union   GPADAT_REG   GPASET;
                union   GPADAT_REG   GPACLEAR;
                union   GPADAT_REG   GPATOGGLE;
                union   GPBDAT_REG   GPBDAT;
                union   GPBDAT_REG   GPBSET;
                union   GPBDAT_REG   GPBCLEAR;
                union   GPBDAT_REG   GPBTOGGLE;
                union   GPCDAT_REG   GPCDAT;
                union   GPCDAT_REG   GPCSET;
                union   GPCDAT_REG   GPCCLEAR;
                union   GPCDAT_REG   GPCTOGGLE;
                Uint16               rsvd1[8];
};
```

通过上面定义的结构体可以很清楚地看到,GPIO 的数据寄存器一共有 4 类,分别为 GPIODAT、GPIOSET、GPIOCLEAR、GPIOTOGGLE。若某一 GPIO 设置为输出状态,那么通过对 GPIODAT 相应位写入 0 或者 1,此时此 GPIO 就会输出相应的状态。

F28335 一共有 88 个 GPIO,分为 3 组,分别是 A、B、C。其中,A 组 GPIO 可以通过软件配置为外部中断 1、2 以及 NMI 功能,B 组 GPIO 可以通过软件配置为外部中断 3、4、5、6、7 功能。而 C 组的 GPIO 不能配置为中断功能。如果将某 GPIO 配置为外部中断功能,那么下面是设置步骤:

① 将数字量 I/O 配置为 GPIO 功能。

② 将数字量 I/O 配置为输入方向。

③ 将数字量 I/O 量化配置正确。

④ 利用外部中断选择寄存器选择相应的引脚为外部中断源。

⑤ 为此 GPIO 触发信号设置极性,上升沿、下降沿或者双边沿。

⑥ 使能外部中断即可。

例如,如果将 GPIO54～GPIO57 分别设置为外部中断 3～6,那么配置过程如下:

```
void GPIO_xint (void)
{
    ELLOW;
    GpioCtrlRegs.GPBMUX2.bit.GPIO54 = 0;
    GpioCtrlRegs.GPBMUX2.bit.GPIO55 = 0;
    GpioCtrlRegs.GPBMUX2.bit.GPIO56 = 0;
    GpioCtrlRegs.GPBMUX2.bit.GPIO57 = 0;
    GpioCtrlRegs.GPBDIR.bit.GPIO54 = 0;
    GpioCtrlRegs.GPBDIR.bit.GPIO55 = 0;
    GpioCtrlRegs.GPBDIR.bit.GPIO56 = 0;
    GpioCtrlRegs.GPBDIR.bit.GPIO57 = 0;
    GpioCtrlRegs.GPBQSEL2.bit.GPIO54 = 0;
    GpioCtrlRegs.GPBQSEL2.bit.GPIO55 = 0;
    GpioCtrlRegs.GPBQSEL2.bit.GPIO56 = 0;
    GpioCtrlRegs.GPBQSEL2.bit.GPIO57 = 0;
    GpioIntRegs.GPIOXINT3SEL.bit.GPIOSEL = 54;
    GpioIntRegs.GPIOXINT4SEL.bit.GPIOSEL = 55;
    GpioIntRegs.GPIOXINT5SEL.bit.GPIOSEL = 56;
    GpioIntRegs.GPIOXINT6SEL.bit.GPIOSEL = 57;
    XIntruptRegs.XINT3CR.bit.POLARITY = 0;
    XIntruptRegs.XINT4CR.bit.POLARITY = 0;
    XIntruptRegs.XINT5CR.bit.POLARITY = 0;
    XIntruptRegs.XINT6CR.bit.POLARITY = 0;

    XIntruptRegs.XINT3CR.bit.ENABLE = 1;
    XIntruptRegs.XINT4CR.bit.ENABLE = 1;
    XIntruptRegs.XINT5CR.bit.ENABLE = 1;
    XIntruptRegs.XINT6CR.bit.ENABLE = 1;
```

```
    EDIS;
  }
```

7.3　手把手教你实现基于 F28335 GPIO 的跑马灯实验

1. 实验目的

① F28335 开发板上跑马灯的实现。

② F28335 GPIO 使用与编程。

2. 实验主要步骤

① 首先打开已经配置的 CCS6.1 软件。

② 将仿真器的 USB 与计算机连接,将仿真器的另一端 JTAG 端插到 YX-F28335 开发板的 JTAG 针处。

③ 在 CCS6.1 中建立配置文件并连接 DSP 板卡。

④ 在 CCS6.1 菜单栏,首先选择 File→Import 菜单项,然后选择 Code Composer Studio→CCS Projects ,最后浏览找到 GPIO _LED 工程所在的路径文件夹并导入工程。

⑤ 选择 Run→Load→Load Program 菜单项,选中 GPIO _LED.out 并下载。

⑥ 选择 Run→Resume 菜单项运行,之后用户观察 LED 的变化效果。

3. 实验原理说明

(1) 硬件原理

在 YX-F28335 开发板中,DSP 的 8 个引脚通过 74LVC245 缓冲芯片、限流电阻与 8 个发光二极管相连,其原理图如图 7.4 所示。其中,D7 和 D8 是 CAP/QEP 捕捉指示灯。在此实验中只用控制 D1～D6,D1～D6 的引脚为 DSP 的 GPIO0～GPIO5,此 8 路 LED 是共阴的连接方式,当 GPIO0～GPIO5 为高电平时,则 LED 被点亮;当 GPIO0～GPIO5 为低电平的时候,LED 熄灭。

74LVC245 缓冲芯片是总线缓冲芯片,如图 7.5 所示,实现 3.3 V 电压接口信号和 5 V 接口信号的相互接口,DSP 的外设端口电压与外设电压并不完全一致,这时候就需

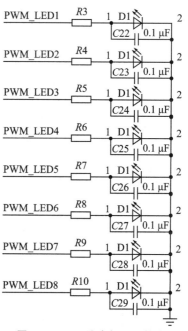

图 7.4　LED 流水灯原理接线

要考虑这些驱动缓冲芯片。所以第三方厂家提供开发板的同时,实际上提供了一些接口芯片方案,对于设计人员来说有一定的参考价值。限流电阻,对于二极管来说,导通电阻极低,因此必须考虑导通情况下的限制电流大小。

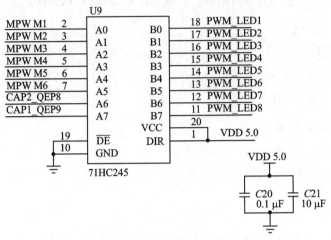

图 7.5 电平转换缓冲芯片

(2) 程序说明

F28335 的 I/O 引脚具有多功能复用,通过对 GPAMUX 寄存器的设置为 0,可以设置 I/O 的功能,在控制 LED 的过程中,DSP 的引脚配置为普通 I/O 口就可以了,同时需要将这些 I/O 口配置为输出口,通过设置 GPADIR 方向寄存器为 1,GPIO 口设置可参见 TI 提供的数据手册。GPIO 配置如下所示:

```
void configtestled(void)
{
EALLOW;
GpioCtrlRegs.GPAMUX1.bit.GPIO0 = 0;      // GPIO0 = GPIO0 通用的 I/O
GpioCtrlRegs.GPADIR.bit.GPIO0 = 1;       // GPIO0 配置为输出口
GpioCtrlRegs.GPAMUX1.bit.GPIO1 = 0;      // GPIO1 = GPIO1 通用的 I/O
GpioCtrlRegs.GPADIR.bit.GPIO1 = 1;       // GPIO1 配置为输出口
GpioCtrlRegs.GPAMUX1.bit.GPIO2 = 0;      // GPIO2 = GPIO2 通用的 I/O
GpioCtrlRegs.GPADIR.bit.GPIO2 = 1;       // GPIO2 配置为输出口
GpioCtrlRegs.GPAMUX1.bit.GPIO3 = 0;      // GPIO3 = GPIO3 通用的 I/O
GpioCtrlRegs.GPADIR.bit.GPIO3 = 1;       // GPIO3 配置为输出口
GpioCtrlRegs.GPAMUX1.bit.GPIO4 = 0;      // GPIO4 = GPIO4 通用的 I/O
GpioCtrlRegs.GPADIR.bit.GPIO4 = 1;       // GPIO4 配置为输出口
GpioCtrlRegs.GPAMUX1.bit.GPIO5 = 0;      // GPIO5 = GPIO5 通用的 I/O
GpioCtrlRegs.GPADIR.bit.GPIO5 = 1;       // GPIO5 配置为输出口
EDIS;
}
```

为了程序书写直观采用宏定义方式,可以使程序更加直观、方便,程序定义如下:

define LED1 GpioDataRegs.GPADAT.bit.GPIO0 //LED1 代表 GPIO0 位

```
#define LED2 GpioDataRegs.GPADAT.bit.GPIO1//LED2 代表 GPIO1 位
#define LED3 GpioDataRegs.GPADAT.bit.GPIO2//LED3 代表 GPIO2 位
#define LED4 GpioDataRegs.GPADAT.bit.GPIO3//LED4 代表 GPIO3 位
#define LED5 GpioDataRegs.GPADAT.bit.GPIO4//LED5 代表 GPIO4 位
#define LED6 GpioDataRegs.GPADAT.bit.GPIO5//LED6 代表 GPIO5 位
```

实现 LED 跑马灯效果的程序如下:

```
while(1)
{
LED1 = ~LED1;              //每次延时后取反,实现 LED 的亮与灭
DELAY_US(50000);
LED2 = ~LED2;
DELAY_US(50000);
LED3 = ~LED3;
DELAY_US(50000);
LED4 = ~LED4;
DELAY_US(50000);
LED5 = ~LED5;
DELAY_US(50000);
LED6 = ~LED6;
DELAY_US(50000);
}
```

4. 实验观察与思考

① 如何使 LED 变化效果的频率变慢?

② 如何实现 LED 的不同变化效果?

第8章

增强型脉宽调制模块 ePWM

2000 系列的 DSP 之所以能在电气控制领域大放异彩,除了其 DSP 内核外,更因为其集成了众多适合电气检测与控制的外设设备,PWM 模块是其中最突出者之一,很多电气工程师就是因为电机控制、电源控制时需要采用 PWM 控制而选择使用 2000 系列 DSP。

8.1　PWM 控制基本原理

PWM(脉冲宽度调制)是英文 Pulse Width Modulation 的缩写,简称脉宽调制。PWM 控制技术就是对脉冲宽度进行调制的技术,即通过对一系列的脉冲的宽度进行调制,来等效地获得所需要的波形。在采样控制理论中有一个重要的结论:冲量相等而形状不同的窄脉冲加载到具有惯性的环节上时,其效果基本相同。冲量即指窄脉冲的面积。这里所说的效果基本相同,是指环节的输出响应波形基本相同。如果把输出波形用傅里叶变换分析,则其低频段非常接近,仅在高频段略有差异。例如,图 8.1(a)、(b)、(c)所示的 3 个窄脉冲形状不同,图 8.1(a)为矩形脉冲、图 8.1(b)为三角形脉冲、8.1(c)为正弦半波脉冲,但它们的面积(即冲量)都等于 1,那么当它们分别加在具有惯性的同一个环节上时(如图 8.2(a)所示),电路输入为 $e(t)$,窄脉冲,如图 8.1(a)、(b)、(c)、(d)所示,其输出响应基本相同,如图 8.2(b)所示,电路输出为 $i(t)$。当窄脉冲变为图 8.1(d)的单位脉冲函数 $\delta(t)$ 时,一阶惯性环节的响应即为该环节的脉冲过渡函数。

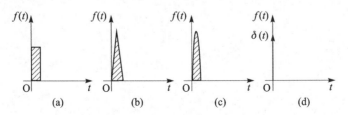

图 8.1　形状不同而冲量相等的各种窄脉冲

从输出波形中可以看出,在输出波形的上升段,脉冲形状不同时,输出波形的形状略有不同,但其下降段则几乎完全相同。脉冲越窄,各输出波形的差异也越小。如

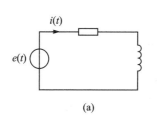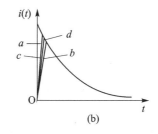

图 8.2　冲量相同的各种窄脉冲的响应波形

果周期性地施加上述脉冲,则响应也是周期性的。用傅里叶级数分解后将可看出,各输出波形在低频段的特性将非常接近,仅在高频段上略有差异。面积等效原理是PWM 控制技术的重要理论基础。

　　目前很多电力应用都采用的是正弦交流电,下面介绍如何用一系列脉冲来代替一个正弦半波。如图 8.3(a)所示,把正弦半波分成 N 等份,就可以把正弦半波看成是由 N 个彼此相连的脉冲序列所组成的波形。这些脉冲宽度相等,但幅值不等,且脉冲顶部不是水平直线,而是曲线,各脉冲的幅值按正弦规律变化。如果把上述脉冲序列利用相同数量的等幅而不等宽的矩形脉冲代替,使矩形脉冲的中点和相应的正弦波部分的中点重合,且使矩形脉冲的相应的正弦波部分面积(冲量)相等,就得到图8.3(b)所示的脉冲序列。这就是 PWM 波形。可以看出,各脉冲的幅值相等,而宽度是按正弦规律变化的。根据面积等效原理,PWM 波形和正弦半波是等效的。对于正弦波的负半周,也可以用同样的方法得到 PWM 波形。像这种脉冲宽度按正弦规律变化而和正弦波等效的 PWM 波形,也称 SPWM(Sinusoidal PWM)波形。

　　要改变等效输出正弦波的幅值时,只要按照同一比例系数改变上述各脉冲宽度即可。

　　在实际应用中,很多部件内部都有自己的惯性环节(积分器),例如电机本身就是非常理想的低通滤波器,PWM 信号的一个很重要的用途就是数字电机控制。在电机控制系统中,PWM 信号控制功率开关器件的导通和关闭,从而使得功率器件为电机的绕组提供期望的电流和能量。相电流的频率和能量可以控制电机的转速和转矩,这样提供给电机的控制电流和电压都是调制信号,而且这个调制信号的频率比PWM 载波频率要低。采用 PWM 控制方式可以为电机绕组提供良好的谐波电压和电流,避免因为环境变化产生的电磁扰动,并且能够显著提高系统的功率因数。为能够给电机提供具有足够驱动能力的正弦波控制信号,可以采用 PWM 输出信号经过NPN 或 PNP 功率开关管实现,如图 8.4 所示。

　　功率开关管在输出大电流的情况下,若控制开关管工作在线性区,会使系统产生很大的热损耗,降低电源的使用效率,同时开关管也容易过烫超过结温而炸掉,所以一般使开关管工作在静态切换状态(On：Ice＝Iceat,Off：Ice＝0)即饱和与截止两个状态。在该状态下,开关管有较小的功率耗损,且状态稳定,也符合数字控制逻辑对开关逻辑的要求。

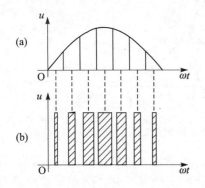

图 8.3 用 PWM 波代替正弦半波

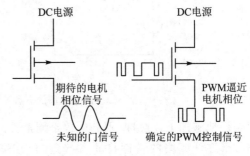

图 8.4 PWM 信号驱动开关管

PWM 波形可分为等幅 PWM 波和不等幅 PWM 波两种,微控制器输出的电平一般都是确定的,所以一般调整微控制器输出矩形脉冲的占空比,就可以输出等幅不等宽的 PWM 波,微控制器输出的 PWM 波功率有限,主要用来驱动功率开关管。通过对功率开关器件的开关控制,可以输出更大功率、更多形状的 PWM 波形,将功率开关器件的开关拓扑逻辑组合变化,就可以输出不等幅即多电平的大功率 PWM 波形。PWM 就像大功率 DA 转换器一样,将数字信号转换为模拟信号,只是 PWM 是用调制脉宽的方法将数字信号等效替代模拟信号。也可以认为 PWM 电路就是一类特殊的 D/A 电路。

PWM 控制一般包括两部分电路,一部分是功率开关管组成的功率电路,另一部分是由微控制器组成的驱动开关管的驱动电路。微控制器产生的单周期 PWM 驱动信号本身很简单,主要包括 4 个要素,周期、脉宽、脉冲相位、脉冲个数,但是每个周期的脉冲波形的宽度会变化,有时对脉冲的具体相位也有要求,脉冲宽度如何具体调制,这就要根据具体的控制场合以及功率电路进行算法研发,详情要参照 PWM 控制相关技术,下面主要介绍 F28335 如何产生最初的这个脉冲波形,并且每个周期的脉冲波形宽度以及具体相位都是可以配置和调整的。

目前,PWM 控制技术应用已经极为广泛,在电机拖动、电机控制、整流、逆变、有源电力滤波(APF)、静止无功发生器(SVG)、统一潮流控制器(UPFC)、超导储能(SMES)、LED 调光、开关电源等众多领域都有重要应用。

8.2 PWM 结构及组成单元

一个有效的 PWM 外设能够占用最少的 CPU 资源和中断,但可以产生灵活配置的脉冲波形,并且可以方便地被理解与使用。单周期的 PWM 波形很简单,主要就是控制脉冲的周期、脉冲的宽度、脉冲起落的时间、一个周期内的脉冲个数。但事实是产生 PWM 波形时,要结合实际应用,每个要素都要顾及,需要灵活配置,涉及强电控制与弱电控制的结合,有一定的难度与技术门槛,需要耐心的探索。

F28335 的 ePWM 模块是个加强模块,与 F2812 的 PWM 模块有较大不同。在 F2812 中,PWM 模块采用事件管理器控制,与 eCAP 和 eQEP 共享定时器信号,而 F28335 中每个 ePWM 模块都是一个独立的小模块,这样的体系结构更方便我们使用与理解。每个 ePWM 模块由两路 ePWM 输出组成,分别为 ePWMxA 和 ePWMxB。这一对 PWM 输出,可以配置成两路独立的单边沿 PWM 输出,或者两路独立的但互相对称的双边沿 PWM 输出,或者一对双边沿非对称的 PWM 输出,共有 6 对这样 ePWM 模块。因为每对 PWM 模块中的两个 PWM 输出均可以单独使用,所以也可以认为有 12 路单路 ePWM。除此之外还有 6 个 APWM,这 6 个 APWM 通过 CAP 模块扩展配置,可以独立使用,所以 F28335 最多可以有 18 路 PWM 输出。每一组 ePWM 模块都包含以下 7 个模块:时基模块 TB、计数比较模块 CC、动作模块 AQ、死区产生模块 DB、PWM 斩波模块 PC、错误联防模块 TZ、事件触发模块 ET,如图 8.5 所示。

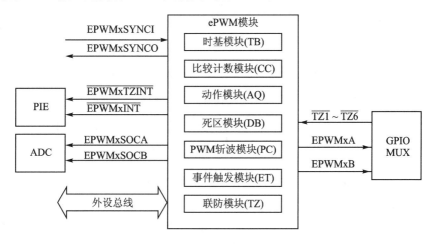

图 8.5　PWM 组成单元

每组 PWM 模块主要的输入/输出信号如下,如图 8.6 所示。

① PWM 输出信号(ePWMxA 和 ePWMxB):PWM 输出引脚与 GPIO 引脚复用,具体配置时要参照 GPIO 引脚配置。

② 时间基础同步输入(ePWMxSYNCI)和输出(ePWMxSYNCO)信号:同步时钟信号将 ePWM 各个模块的所有单元联系在一起,每个 ePWM 模块都可以根据需要被配置为使用同步信号,或忽略它的同步输入成为独立单元。时钟同步输入和输出信号仅由 ePWM1 引脚产生,ePWM1 的同步输出也与第一个捕获模块(eCAP1)的同步信号相连接。

③ 错误联防信号($\overline{TZ1}\sim\overline{TZ6}$):当外部被控单元符合错误条件时,诸如 IGBT 等功率器件模块过电压或过电流或过热时,这些输入信号为 ePWM 模块发出错误警告。每个模块都可以被配置为使用或忽略错误联防信号,同时 $\overline{TZ1}\sim\overline{TZ6}$ 可以设置

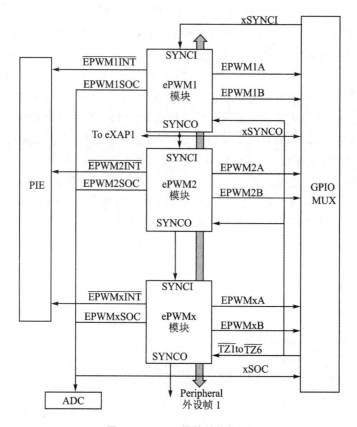

图 8.6　PWM 模块结构框图

为 GPIO 外设的异步输入。

④ ADC 启动信号(ePWMSOCA 和 ePWMSOCB):每个 ePWM 模块都有 2 个 ADC 转换启动信号,任何一个 ePWM 模块都可以启动 ADC。触发 ADC 的转换信号的事件由 PWM 模块中事件触发子模块来配置。

⑤ 外设总线:外设总线宽度为 32 位,允许 16 位和 32 位数据通过外设总线写入 ePWM 模块寄存器。

每组 ePWM 模块支持以下特点:

➤ 专用 16 位时基计数器,控制输出的周期和频率。

➤ 2 个互补对称 PWM 输出(ePWMxA 和 ePWMxB)可以配置如下方式:

　　- 2 个独立的单边沿操作的 PWM 输出。

　　- 2 个独立的双边沿操作对称的 PWM 输出。

　　- 一个独立的双边沿操作非对称的 PWM 输出。

➤ 软件实现 PWM 信号异步控制。

➤ 可编程的相位控制以支持超前或滞后其余的 PWM 模块。

➤ 逐周期硬件同步相位。

> 双边沿延时死区控制。
> 可编程错误联防。
> 产生错误时可以强制 PWM 输出高电平、低电平或者是高阻态。
> 所有的事件都可以触发 CPU 中断和 ADC 开始转换信号。
> 高频 PWM 斩波,用于基于脉冲变压器的门极驱动。

每组 PWM 模块的结构原理图如图 8.7 所示。时钟信号经时基模块 TB 产生时基信号,可以设定 PWM 波形的周期;通过计数比较模块 CC,可以对 PWM 波形的脉

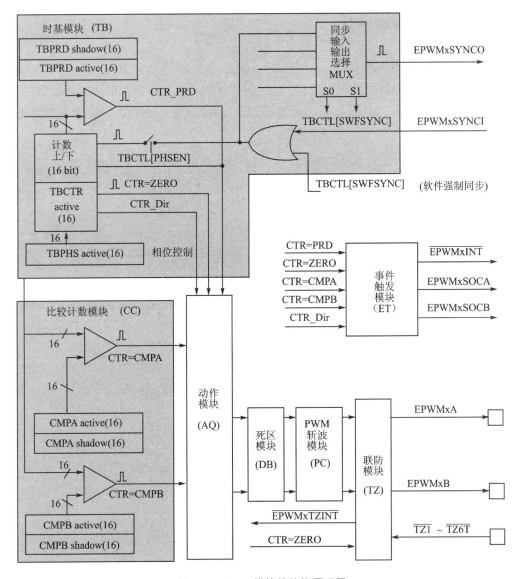

图 8.7　PWM 模块的结构原理图

宽进行配置;再由动作模块 AQ 限定 PWM 输出状态(即脉冲波形的起落),经过死区模块 DB,可以将同组内的互补输出 PWM 波形进行边沿延迟。进入死区模块及进行边沿延迟的原因稍后在死区模块内详细讲述,接着可选择是否进入 PWM 斩波模块,进行第一个脉冲宽度设置和后级脉冲占空比调整以适应基于脉冲变压器的门级驱动控制。若 PWM 波形输出后功率器件有错误响应,则可以将错误信号引入错误联防模块,从而强制复位 PWM 的输出。也可以通过事件触发模块配置触发一些事件,如 ADC 转换开始。下面逐一了解这 7 个模块。

8.3 时基模块 TB

每个 ePWM 模块都有一个自己的时基单元,用来决定该 ePWM 模块相关的事件时序。通过同步输入信号可以将所有的 ePWM 工作在同一时基信号下,即所有的 ePWM 模块级联在一起,处于同步状态,需要时可以看成一个整体。原理框图如图 8.8 所示。

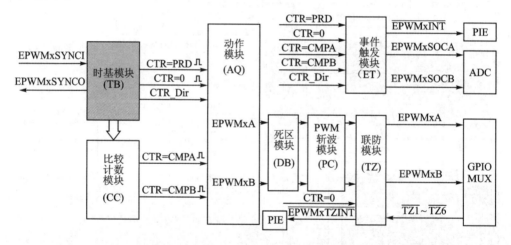

图 8.8 ePWM 时基模块在 PWM 模块中的输入/输出连接关系

1. ePWM 时基模块作用

时基可以通过配置完成以下功能:

① 确定 ePWM 时基模块的频率或者周期,进一步确定了事件发生的频率。主要是通过配置 PWM 时基计数器(TBCTR)来标定与系统时钟(SYSCLKOUT)有关的时基时钟的频率或周期。

② 管理 ePWM 模块之间的同步性。

③ 维护 ePWM 与其他 ePWM 模块之间的相位关系。

④ 设置时基计数器的计数模式,可以工作在向上计数(递增计数)、向下计数(递减计数)、向上-下计数模式(先递增后递减计数)。

⑤ 产生下列事件：

    ➤ CTR＝PRD：时基计数器的值与周期寄存器的值相同（TBCTR ＝ TB-PRD）。

    ➤ CTR＝ZERO：时基计数器的值为 0（TBCTR＝0x0000）。

时基计数器按照指定模式进行计数，递增时会达到与周期寄存器的值一致，递减时则会减到最小值 0。

⑥ 配置时基模块的时钟基准，对系统时钟 SYSCLKOUT 进行分频可以得到时基时钟，通过合理分频系统时钟，计数的时候可以工作在相对较低的频率。

2. 时基模块的关键信号和寄存器

表 8.1 为时基模块相关寄存器。

表 8.1　时基模块寄存器

寄存器	地　址	影　子	描　　　述
TBCTL	0x0000	无	时基控制寄存器
TBSTS	0x0001	无	时基状态寄存器
TBPHSHR	0x0002	无	HRPWM 扩展相位寄存器
TBPHS	0x0003	无	时基相位寄存器
TBCTR	0x0004	无	时基计数寄存器
TBPRD	0x0005	有	时基周期寄存器

时基模块的原理图如图 8.9 所示，关键信号如下：

① ePWMxSYNCI：时基同步信号输入。输入脉冲用于时基计数器与之前的 ePWM 模块同步，每个 ePWM 模块可以通过软件配置为使用或者忽略此信号。对于第一个 ePWM 模块，这个信号从外部引脚获得。随后的模块的同步信号可以由其他 ePWM 模块传递过来。例如，第 2 个模块的同步信号可以从第一个模块的同步信号输出获得，第 3 个模块由第 2 个模块产生，依此类推。

② ePWMxSYNCO：时基同步信号输出。输出脉冲用于随后的 ePWM 的时基计数器同步。ePWM 模块产生该信号来源于下列 3 个事件源中的一件：

    ➤ ePWMxSYNCI（同步输入脉冲）。

    ➤ CTR＝ZERO，时基计数器等于 0（TBCTR ＝ 0X0000）。

    ➤ CTR＝CMPB，时基计数器等于比较寄存器。

③ CTR＝PRD，时基计数器等于指定周期值。无论什么时候当时基计数器的值与激活的周期寄存器（相对于影子寄存器而言）的值相等的时候，就会产生此信号。

④ CTR ＝ ZERO，时基计数器等于 0。无论什么时候当时基计数器的值为 0 的时候，会产生此信号。

⑤ CTR ＝ CMPB，时基计数器等于比较寄存器。时基计数器的值等于激活的

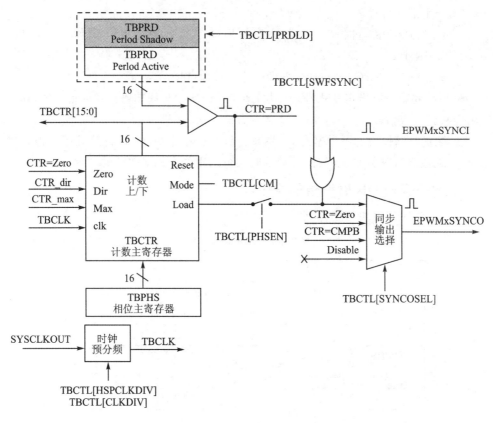

图 8.9　ePWM 时基模块原理框图

比较寄存器 B 的时候会产生此信号,该信号由比较计数模块产生,用于同步输出逻辑。

⑥ CTR_dir:时基计数器方向,表明时基计数器的计数方向,高电平时计数器向上计数,低电平时则向下计数。

⑦ CTR_max:时基计数器的值为最大值。当时基计数器到最大值时,则产生此信号。该信号用作状态指示。

⑧ TBCLK:时基时钟信号。这个信号来源于预分频的系统时钟信号,用于所有的 ePWM 模块。该信号确定了时基计数器增减的速率。

3. ePWM 的周期和频率的计算

ePWM 的频率是由时基周期寄存器值(TBPRD)和时基计数器的计数模式(TBCTRL)共同决定的。时基计数器的计数模式有向上计数(递增)模式、向下计数(递减)模式、向上-下计数(先递增后递减)模式。下边就以周期寄存器设置为 4(TBPRD = 4)举例说明。

(1) 向上-下计数模式(先递增后递减)

在此模式下,时基计数器先从 0 开始向上计数(递增)直到递增到周期寄存器的值 4,然后再由 4 向下计数(递减)直到减到 0,再重复以上动作,如图 8.10 所示。

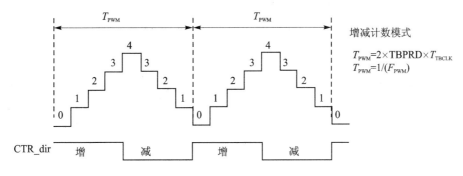

图 8.10 增减计数模式

在此种模式下,随着同步信号的来临,时基模块的输出波形有两种情形,需要通过设置相位方向 TBCTL[PHSDIR]来确定。如果 TBCTL[PHSDIR]=0 时,那么当同步信号到来时,对应的输出波形如图 8.11 所示。如果 TBCTL[PHSDIR]=1 时,那么当同步信号到来时,对应的输出波形如图 8.12 所示。

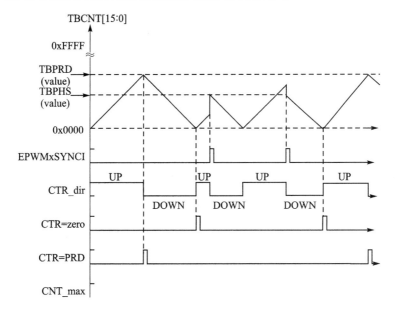

图 8.11 增减模式下 PWM 输出波形 1

同步信号来临时,不管目前时基计数器已经到什么值,都将置位为相位寄存器的值,这个作用可以协调各路 ePWM 模块间的固定相位差。对于先递增后递减模式,同一相位寄存器的值同时对应着两个段,例如,相位值 3,既出现在递增的过程中,又出现在递减过程中,通过 TBCTL 寄存器的 PHSDIR 位的设置就可以确定究竟是递

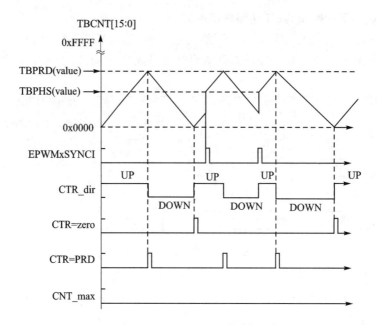

图 8.12　增减模式下 PWM 输出波形 2

增过程还是递减过程中的 3。TBCTL[PHSDIR]＝1 表示为相位寄存器的值是递增过程中的值，TBCTL[PHSDIR]＝0 时表示为相位寄存器的值是递减过程中的值。当时基计数器的值变化到特定值的时候，特定事件就会产生，特定信号就会发出。

　　每个 ePWM 模块可以通过软件配置使用或者忽略同步输入信号。如果 TBCTL（PHSEN）位被设置为 1，那么时基计数器在下面任意两种情况下就会自动加载相位寄存器（TBPHS）的内容。

　　① ePWMxSYNCI：同步信号脉冲：当同步信号输入脉冲到来的时候，时基计数器就会在时基模块时钟 TBCLK 的下一个边沿自动加载 TBPHS 的值。

　　② 软件强制同步信号脉冲：向 TBCTL 的 SWFSYNC 位写入 1 后，时基计数器也会在时基模块时钟 TBCLK 的下一个边沿自动加载 TBPHS 的值。

　　这个特点可以使其中一个 PWM 的时基与其他的 PWM 模块的时基同步，清除 TBCTL[PHSEN]位，可以配置 PWM 忽略同步输入信号。但是同步信号仍然可以通过第一个 PWM 产生，经过 ePWMxSYNCO 传递给下面的 PWM 模块（ePWM2～ePWMx）。

　　TBCLKSYNC 位可以用来同步在一个设备上所有使能的 PWM 模块。该位是系统时钟使能寄存器的一部分。当 TBCLKSYNC＝0 时，ePWM 模块时基时钟停止（默认），TBCLKSYNC＝1 时，所有的 ePWM 模块在 TBCLK 的时钟上升沿到来时同时被启动。为了更好地同步各 ePWM 模块的 TBCLK，每个 ePWM 模块的预分频系统时钟的时基时钟 TBCTL 的寄存器都要设置为相同的值。设置 ePWM 时钟的操作步骤如下：

① 使能各 ePWM 模块的时钟。

② 设置 TBCLKSYNC＝0,停止所有已使能的 ePWM 模块的时基时钟。

③ 配置预分频值与 ePWM 工作模式。

④ 设置 TBCLKSYNC＝1,启动时基时钟。

(2) 向上计数模式(递增)

在此模式下,时基计数器从 0 开始向上计数,直到递增到周期寄存器的值后,时基计数器会自动复位到 0。重复以上动作,如图 8.13 所示,在此种模式下,随着同步信号的来临,时基模块的输出波形如图 8.14 所示。

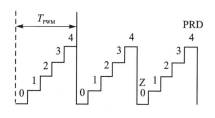

图 8.13 增计数模式

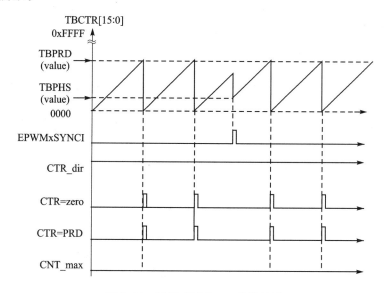

图 8.14 增模式下 PWM 输出波形

(3) 向下计数模式(递减)

在此模式下,时基计数器首先加载周期寄存器的值,然后开始递减,直到减到 0 时,自动再加载周期寄存器的值。重复以上动作,如图 8.15 所示。在此种模式下,随着同步信号的来临,时基模块的输出波形如 8.16 所示。

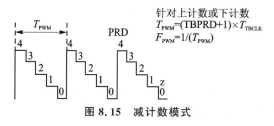

图 8.15 减计数模式

针对上计数或下计数
$T_{PWM}=(TBPRD+1)\times T_{TBCLK}$
$F_{PWM}=1/(T_{PWM})$

4. 影子寄存器

在时基模块中有个周期影子寄存器。影子寄存器允许寄存器可以随硬件进行同步更新。在 ePWM 模块中多处出现了影子寄存器,其意义都相仿。影子寄存器是相对于活动

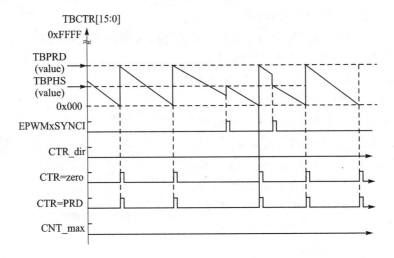

图 8.16 减模式下 PWM 输出波形

寄存器而言的。

Active Register(活动寄存器)也就是被激活的寄存器,在工作的寄存器控制着硬件,可以响应由硬件引起的相关的事件。Shadow Register(影子寄存器)影子寄存器缓存器相当于为活动寄存器提供了一个暂时的存放地址,不能直接影响硬件的控制。当系统运行到一定时候时,影子寄存器的值会传给活动寄存器,这样可以防止由于软件配置寄存器与硬件不同步时而出现系统崩溃或一些奇怪的故障。

影子寄存器与活动寄存器的内存地址映射值是一致的,写或者读哪一个寄存器主要取决于 TBCTL[PRDLD] 位。该位可以对 TBPRD 的影子寄存器进行使能或者禁止。

(1) 时基周期影子寄存器模式

当 TBCTL[PRDLD] = 0 时,TBPRD 的影子寄存器是使能的,读/写 TBPRD 的映射地址的内容时,会读/写影子寄存器。时基模块计数器值为 0 时(TBCTR = 0x0000),影子寄存器的值传递给活动寄存器。默认情况下,影子寄存器都是有效的。

(2) 时基周期立即加载模式

当 TBCTL[PRDLD] = 1 时,为立即加载模式,读/写时基周期寄存器对应的地址时,都是直接到活动寄存器。

8.4 计数比较模块 CC

计数比较模块 CC 的原理框图如图 8.17 所示。

1. 计数比较模块的作用

计数器比较模块是以时基计数器的值作为输入,与比较寄存器 CMPA 和比较寄存器 CMPB 不断进行比较,当时基计数器的值等于其中之一时,就会产生相应的

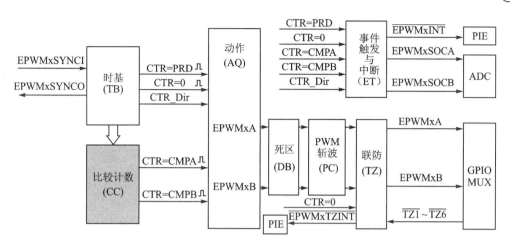

图 8.17 ePWM 计数比较模块原理框图

事件。

① 产生比较事件具体取决于编程时是采用寄存器 A 或者 B：

CTR＝CMPA：时基计数器的值与比较寄存器 A 的值相同。

CTR＝CMPB：时基计数器的值与比较寄存器 B 的值相同。

② 动作模块 AC 恰当配置后可以控制 PWM 的占空比。

③ 采用影子寄存器来更新比较值可以有效防止在 PWM 周期内出现故障以及毛刺。

2. 计数器比较模块的关键信号与寄存器

CC 模块涉及的关键寄存器如表 8.2 所列。

表 8.2 计数器比较模块的关键寄存器

寄存器	地 址	影 子	描 述
CMPCTL	0x0007	无	计数比较控制寄存器
CMPAHR	0x0008	有	HRPWMP 计数比较 A 扩展寄存器
CMPA	0x0009	有	计数比较 A 寄存器
CMPB	0x000A	有	计数比较 B 寄存器

控制框图如图 8.18 所示。

➤ CTR＝CMPA：时基计数器的值与 CMPA 的值相同，PWM 可以根据 AC 动作。

➤ CTR＝CMPB：时基计数器的值与 CMPB 的值相同时，PWM 可以根据 AC 动作。

➤ CTR＝PRD：时基计数器的值与周期寄存器的值相同，PWM 可以根据 AC 动作。CMPA 与 CMPB 可以根据相关影子寄存器的值进行更新。

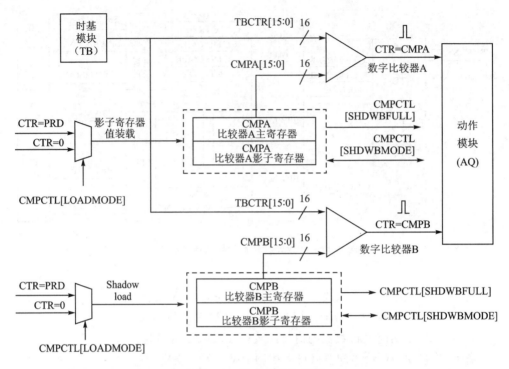

图 8.18　CC 模块结构框图

> CTR＝ZERO:时基计数器的值递减到 0 时,PWM 可以根据 AC 动作。CM-
  PA 与 CMPB 可以根据相关影子寄存器的值进行更新。

3. 计数器比较模块的特点

计数器比较模块可以产生两个独立的比较事件,对于向上(递增)或者向下(递减)计数模式来说,在一个 PWM 周期内,比较事件只发生一次。而对于向上向下(先递增后递减)计数模式来说,如果比较寄存器的值在 0～TBPRD 之间,在一个 PWM 周期内,比较事件就会发生两次。这些事件都会直接影响动作模块。

计数器比较模块比较寄存器 CMPA、CMPB 各自都有一个影子寄存器。CMPA 影子寄存器通过清除 CMPCTL[SHDWAMODE]位使能,CMPB 影子寄存器通过清零 CMPCTL[SHDWBMODE]位使能。默认情况下,CMPA 和 CMPB 影子寄存器是使能的。

若 CMPA 影子寄存器被使能的话,那么在以下几种情况时,影子寄存器的值会传递到有效寄存器中。

> CTR ＝ PRD:时基计数器值与周期寄存器值相同。
> CTR ＝ ZERO:时基计数器值为 0。

立即加载模式:如果影子寄存器被禁止,就进入立即加载模式,一旦将值写入到 CMP 寄存器时,这个值直接送到有效寄存器中,立即起作用。

8.5 动作模块 AC

动作模块在 PWM 波形形成过程中起到了关键作用,它决定了相应事件发生时应该输出什么样的电平。动作模块原理框图如图 8.19 所示。

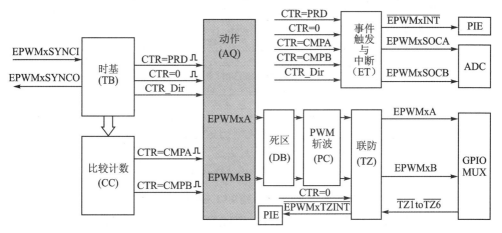

图 8.19 动作模块框图

1. 动作模块的作用

① 动作模块根据下列事件产生动作(置高、拉低、翻转)。

➢ CTR = PRD:时基模块来的信号,时基计数器的值等于周期寄存器的值。

➢ CTR = ZERO 时基模块来的信号,时基计数器的值等于 0。

➢ CTR = CMPA 计数比较模块来的信号,时基计数器的值等于比较寄存器 A 的值。

➢ CTR = CMPB 计数比较模块来的信号,时基计数器的值等于比较寄存器 B 的值。

② 管理以上事件发生后 PWM 的输出极性。

③ 针对时基计数器递增或者递减时提供独立的动作控制。

2. 动作模块关键信号与寄存器

动作模块关键寄存器如表 8.3 所列。动作模块是基于事件驱动的,图 8.20 展示了动作模块的输入逻辑和输出动作。动作模块的输入事件如表 8.4 所列。

表 8.3 动作模块的关键寄存器

寄存器名	地址偏移	影子寄存器	描 述
AQCTLA	0x000B	无	ePWMA 动作模块控制寄存器
AQCTLB	0x000C	无	ePWMB 动作模块控制寄存器
AQSFRC	0x000D	无	动作模块软件强制寄存器
AQCSFRC	0x000E	有	动作模块软件强制持续

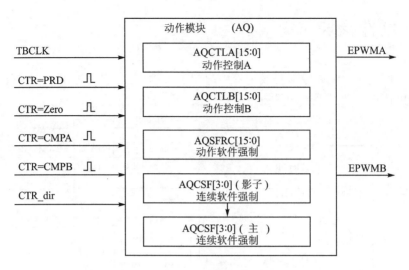

图 8.20　动作模块输入输出

表 8.4　动作模块输入事件

信　号	描　述	寄存器比较
CTR=PRD	时基计数器的值等于周期值	TBCTR=TBPRD
CTR=Zero	时基计数器的值等于 0	TBCTR=0x0000
CTR=CMPA	时基计数器的值等于比较器 A 的值	TBCTR=CMPA
CTR=CMPB	时基计数器的值等于比较器 B 的值	TBCTR=CMPB
Software forced event	由软件进行初始化的异步事件	

　　软件强制是个异步事件,这个控制由 AQSFRC 和 AQCSF 两个寄存器处理。动作模块可以控制输出 ePWMA 和 ePWMB 的动作。输入动作模块的事件也可以被量化,这样就可以控制在递增或递减计数模式时,输出独立的相位。

　　ePWMA 和 ePWMB 的动作包括:

➤ SET HIGH:使 ePWMA 和 ePWMB 输出高电平。

➤ CLEAR LOW:使 ePWMA 和 ePWMB 输出低电平。

➤ TOOGLE:当 ePWMA 或者 ePWMB 当前状态是低电平时,那么下一时刻就是高电平,当 ePWMA 或者 ePWMB 当前状态时高电平时,那么下一时刻就是低电平。

DO NOTHING:不对 ePWM 输出做任何改变,但还是可以产生相应的事件触发信号以及相关中断。

3. 动作模块事件优先级

　　在同一时刻,动作模块可能会收到 2 个及 2 个以上的事件时,动作模块如何执行呢? 在这种情况下,就需要硬件提供事件优先级。优先级 1 最高,优先级 7 最低。根

据不同的计数模式,优先级定义不同。向上向下(先递增后递减)计数模式的优先级
定义如表 8.5 所列。

表 8.5 动作模块先增后减模式下的事件优先级

优先级	假如时基计数器(TBCNTR)在增长 TBCNTR=0 增加到 TBCNTR=TBPRD	假如时基计数器(TBCNTR)在减少 TBCNTR=TBPRD 减少到 TBCNTR=1
1(最高)	软件强制	软件强制
2	向上计数时,计数器等于计数比较器 B(CBU)	向下计数时,计数器等于计数比较器 B(CBD)
3	向上计数时,计数器等于计数比较器 A(CAU)	向下计数时,计数器等于计数比较器 A(CAD)
4	计数器等于 0	计数器等于周期寄存器值
5	向下计数时,计数器等于计数比较器 B(CBD)	向上计数时,计数器等于计数比较器 B(CBU)
6(最低)	向下计数时,计数器等于计数比较器 A(CAD)	向上计数时,计数器等于计数比较器 A(CAU)

软件强制优先级最高,最低是计数器在增的时候,与比较寄存器 A 匹配事件。
向上计数(递增)模式的优先级如表 8.6 所列。最高同样是软件强制,最低是计数器
减到 0 事件。表 8.7 给出了向下(递减)计数模式的优先级。

最高同样是软件强制,最低是计数器与周期寄存器的值匹配事件。

表 8.6 动作模块递增模式下的事件优先级

优先级	时　　间
1(最高)	软件强制
2	计数器等于周期寄存器值(TBPRD)
3	向上计数时,计数器等于计数 比较器 B(CBU)
4	向上计数时,计数器等于计数 比较器 A(CAU)
5(最低)	计数器等于 0

表 8.7 动作模块递减模式下的事件优先级

优先级	时　　间
1(最高)	软件强制
2	计数器等于周期寄存器值(TBPRD)
3	向下计数时,计数器等于计数 比较器 B(CBU)
4	向下计数时,计数器等于计数 比较器 A(CAU)
5(最低)	计数器等于 0

4. 动作模块一般配置条件下的输出波形

PWM 波形在通过 AC 模块后是什么样呢?需要根据时基计数器的工作模式来
分别讨论。上下计数模式(先递增后递减)的波形图如图 8.21 所示。在这个模式下
占空比可以从 0~100% 变化。当计数器递增到 CMPA 的值时,PWM 输出电平经
AC 模块被置高,同样,当计数器递减到 CMPA 时,PWM 输出电平被置低。若 CM-
PA=0 时,则 PWM 信号一直输出低电平,占空比为 0%,当 CMPA=TBPRD 时,
PWM 信号输出高电平,占空比为 100%。

实际使用中,如果装载 CMPA 或 CMPB 为 0 时,那么设置 CMPA 或 CMPB 的
值要大于或等于 1,如果装载 CMPA 或 CMPB 为周期寄存器的值时,那么设置

CMPA 或 CMPB 的值要小于或等于 TBPRD－1,这就意味着,每个 PWM 周期至少有一个时基时钟周期的脉冲,在系统角度来看,这个周期很短,所以可以忽略。

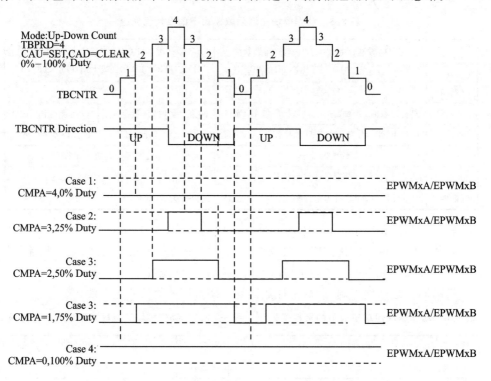

图 8.21　先递增后递减模式下占空比控制波形图

具体波形的调整与配置程序如下。

[例 8.1]　单边非对称波形(ePWMxA 和 ePWMxB 独立调制,高电平有效)如图 8.22 所示。

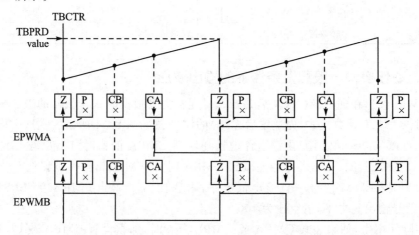

图 8.22　单边非对称波形(ePWMxA 和 ePWMxB 独立调制,高电平有效)

注意：

① PWM 周期 ＝（TBPRD ＋ 1）× T_{TBCLK}。

② CMPA 决定 ePWMxA 的占空比，CMPB 决定 ePWMxB 占空比。

图 8.22 的相关配置程序如下：

```
// 初始化
// = = = = = = = = = = = = = = = = = = = = =
ePWM1Regs.TBPRD = 600;                       // 设定 PWM 周期为 601 个 TBCLK 时钟周期
ePWM1Regs.CMPA.half.CMPA = 350;              // 比较器 A 为 350 个 TBCLK
ePWM1Regs.CMPB = 200;                        // 比较器 B 为 200 个 TBCLK
ePWM1Regs.TBPHS = 0;                         // 相位寄存器清零
ePWM1Regs.TBCTR = 0;                         // 时基计数器清零
ePWM1Regs.TBCTL.bit.CTRMODE = TB_UP;         //设定为增计数模式
ePWM1Regs.TBCTL.bit.PHSEN = TB_DISABLE;      // 禁止相位控制
ePWM1Regs.TBCTL.bit.PRDLD = TB_SHADOW;       //TBPRD 寄存器采用影子寄存器模式
ePWM1Regs.TBCTL.bit.SYNCOSEL = TB_SYNC_DISABLE;//禁止同步信号
ePWM1Regs.TBCTL.bit.HSPCLKDIV = TB_DIV1;  // 设定 TBCLK = SYSCLK 时基时钟 = 系统时钟
ePWM1Regs.TBCTL.bit.CLKDIV = TB_DIV1;
ePWM1Regs.CMPCTL.bit.SHDWAMODE = CC_SHADOW;     //设定 CMPA 为影子寄存器模式
ePWM1Regs.CMPCTL.bit.SHDWBMODE = CC_SHADOW;
ePWM1Regs.CMPCTL.bit.LOADAMODE = CC_CTR_ZERO;   // 在 CTR = Zero 时装载
ePWM1Regs.CMPCTL.bit.LOADBMODE = CC_CTR_ZERO;   // load on CTR = Zero
ePWM1Regs.AQCTLA.bit.ZRO = AQ_SET;              //CTR = Zero 时,将 ePWM1A 置高
ePWM1Regs.AQCTLA.bit.CAU = AQ_CLEAR;            //CTR = CAU 时,将 ePWM1A 置低
ePWM1Regs.AQCTLB.bit.ZRO = AQ_SET;              //CTR = Zero 时,将 ePWM1B 置高
ePWM1Regs.AQCTLB.bit.CBU = AQ_CLEAR;            //CTR = CBU 时,将 ePWM1B 置低
//运行
// = = = = = = = = = = = = = = = = = = = = =
ePWM1Regs.CMPA.half.CMPA = Duty1A;           // 调整 ePWM1A 的占空比
ePWM1Regs.CMPB = Duty1B;                      //调整 ePWM1B 的占空比
```

[例 8.2]　向上计数（递增）单边不对称脉冲波形（ePWMA、ePWMB 独立调制）如图 8.23 所示。

与例题 8.1 程序不一样的地方只在初始化最后部分,如下：

```
ePWM1Regs.AQCTLA.bit.PRD = AQ_CLEAR ;    //CTR = PRD 时,将 ePWM1A 置低
ePWM1Regs.AQCTLA.bit.CAU = AQ_SET;       //CTR = CAU 时,将 ePWM1A 置高
ePWM1Regs.AQCTLB.bit.PRD = AQ_CLEAR;     //CTR = PRD 时,将 ePWM1B 置低
ePWM1Regs.AQCTLB.bit.CBU = AQ_SET;       //CTR = CBU 时,将 ePWM1B 置高
```

[例 8.3]　向上计数（递增）ePWMA 独立调制,不对称脉冲波形,如图 8.24 所示。

图 8.24 的相关配置程序如下：

```
// 初始化
// = = = = = = = = = = = = = = = = = = = = =
ePWM1Regs.TBPRD = 600;                       // 设定 PWM 周期为 601 个 TBCLK 时钟周期
ePWM1Regs.CMPA.half.CMPA = 200;              // 比较器 A 为 200 个 TBCLK
```

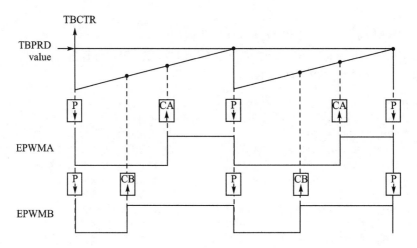

图 8.23　向上计数(递增)单边不对称脉冲波形 (ePWMA、ePWMB 独立调制)

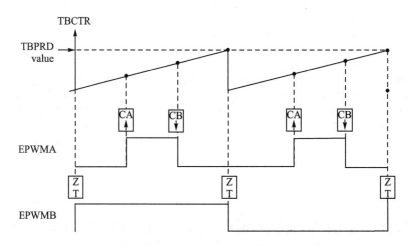

图 8.24　向上计数(递增) ePWMA 独立调制,不对称脉冲波形

```
ePWM1Regs.CMPB = 400;                              // 比较器 B 为 400 个 TBCLK
ePWM1Regs.TBPHS = 0;                               // 相位寄存器清零
ePWM1Regs.TBCTR = 0;                               // 时基计数器清零
ePWM1Regs.TBCTL.bit.CTRMODE = TB_UP;               //设定为增计数模式
ePWM1Regs.TBCTL.bit.PHSEN = TB_DISABLE;            // 禁止相位控制
ePWM1Regs.TBCTL.bit.PRDLD = TB_SHADOW;             //TBPRD 寄存器采用影子寄存器模式
ePWM1Regs.TBCTL.bit.SYNCOSEL = TB_SYNC_DISABLE;    //禁止同步信号
ePWM1Regs.TBCTL.bit.HSPCLKDIV = TB_DIV1;           // 设定 TBCLK = SYSCLK 时基时钟 = 系统时钟
ePWM1Regs.TBCTL.bit.CLKDIV = TB_DIV1;
ePWM1Regs.CMPCTL.bit.SHDWAMODE = CC_SHADOW;        //设定 CMPA 为影子寄存器模式
ePWM1Regs.CMPCTL.bit.SHDWBMODE = CC_SHADOW;
ePWM1Regs.CMPCTL.bit.LOADAMODE = CC_CTR_ZERO;      // 在 CTR = Zero 时装载
ePWM1Regs.CMPCTL.bit.LOADBMODE = CC_CTR_ZERO;      // load on CTR = Zero
ePWM1Regs.AQCTLA.bit.CAU = AQ_SET;                 //CTR = CAU 时,将 ePWM1A 置高
ePWM1Regs.AQCTLA.bit.CBU = AQ_CLEAR;               //CTR = CBU 时,将 ePWM1A 置低
```

```
ePWM1Regs.AQCTLB.bit.ZRO = AQ_TOGGLE          //CTR = ZERO 时,将 ePWM1B 翻转
//运行
// = = = = = = = = = = = = = = = = = = = = = = = =
ePWM1Regs.CMPA.half.CMPA = Duty1A;            // 调整 ePWM1A 的占空比
ePWM1Regs.CMPB = Duty1B;                       //调整 ePWM1B 的占空比
```

[**例 8.4**] 上下(先递增后递减)计数,双边对称波形,ePWMxA 和 ePWMxB 独立调制,低电平有效,如图 8.25 所示。

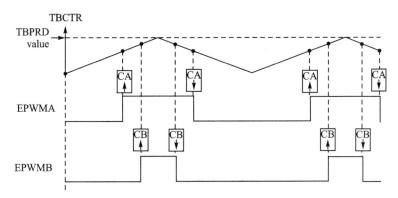

图 8.25 上下计数、双边对称波形 ePWMxA 和 ePWMxB 独立调制

图 8.25 的相关配置程序如下:

```
// 初始化
// = = = = = = = = = = = = = = = = = = = = = = = =
ePWM1Regs.TBPRD = 600; // 设定 PWM 周期为 2 × 600 个 TBCLK 时钟周期
ePWM1Regs.CMPA.half.CMPA = 400;                // 比较器 A 为 400 个 TBCLK
ePWM1Regs.CMPB = 500;                          // 比较器 B 为 500 个 TBCLK
ePWM1Regs.TBPHS = 0;                           // 相位寄存器清零
ePWM1Regs.TBCTR = 0;                           // 时基计数器清零
ePWM1Regs.TBCTL.bit.CTRMODE = TB_COUNT_UPDOWN; // 设定为增减计数模式
ePWM1Regs.TBCTL.bit.PHSEN = TB_DISABLE;        // 禁止相位控制
ePWM1Regs.TBCTL.bit.PRDLD = TB_SHADOW;         // TBPRD 寄存器采用影子寄存器模式
ePWM1Regs.TBCTL.bit.SYNCOSEL = TB_SYNC_DISABLE; // 禁止同步信号
ePWM1Regs.TBCTL.bit.HSPCLKDIV = TB_DIV1; // 设定 TBCLK = SYSCLK 时基时钟 = 系统时钟
ePWM1Regs.TBCTL.bit.CLKDIV = TB_DIV1;
ePWM1Regs.CMPCTL.bit.SHDWAMODE = CC_SHADOW;    // 设定 CMPA 为影子寄存器模式
ePWM1Regs.CMPCTL.bit.SHDWBMODE = CC_SHADOW;
ePWM1Regs.CMPCTL.bit.LOADAMODE = CC_CTR_ZERO;  // 在 CTR = Zero 时装载
ePWM1Regs.CMPCTL.bit.LOADBMODE = CC_CTR_ZERO;  // load on CTR = Zero
ePWM1Regs.AQCTLA.bit.CAU = AQ_SET;             // CTR = CAU 时,将 ePWM1A 置高
ePWM1Regs.AQCTLA.bit.CAD = AQ_CLEAR;           // CTR = CAD 时,将 ePWM1A 置低
ePWM1Regs.AQCTLB.bit.CBU = AQ_SET;             // CTR = CBU 时,将 ePWM1B 置高
ePWM1Regs.AQCTLB.bit.CBD = AQ_CLEAR;           // CTR = CBD 时,将 ePWM1B 置低
// 运行
// = = = = = = = = = = = = = = = = = = = = = = = =
ePWM1Regs.CMPA.half.CMPA = Duty1A;             // 调整 ePWM1A 的占空比
ePWM1Regs.CMPB = Duty1B;                        // 调整 ePWM1B 的占空比
```

［例 8.5］ 上下(先递增后递减)计数,双边对称波形,ePWMxA 和 ePWMxB 独立调制,互补型,如图 8.26 所示。

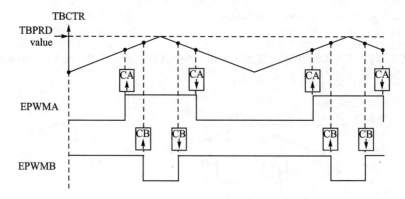

图 8.26 上下计数、双边对称波形 ePWMxA 和 ePWMxB 独立调制,互补型

图 8.25 中程序配置与例 8.4 不同之处在于比较寄存器的配置,如下所示:

```
ePWM1Regs.CMPA.half.CMPA = 350;              // 比较器 A 为 350 个 TBCLK
ePWM1Regs.CMPB = 400;                        // 比较器 B 为 400 个 TBCLK
PWM B 的置位
ePWM1Regs.AQCTLB.bit.CBU = AQ_CLEAR;         // CTR = CBU 时,将 ePWM1B 置低
ePWM1Regs.AQCTLB.bit.CBD = AQ_SET;           // CTR = CBD 时,将 ePWM1B 置高
```

［例 8.6］ 递增递减计数,ePWMxA 独立输出双边不对称波形,如图 8.27 所示。

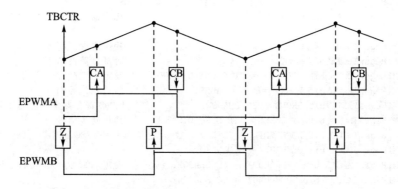

图 8.27 递增递减计数,ePWMxA 独立输出双边不对称波形

图 8.27 的相关配置程序如下:

```
// 初始化
// = = = = = = = = = = = = = = = = = = = = = =
ePWM1Regs.TBPRD = 600;                       // 设定 PWM 周期为 2×600 个 TBCLK 时钟周期
ePWM1Regs.CMPA.half.CMPA = 250;              // 比较器 A 为 250 个 TBCLK
ePWM1Regs.CMPB = 450;                        // 比较器 B 为 450 个 TBCLK
ePWM1Regs.TBPHS = 0;                         // 相位寄存器清零
```

```
ePWM1Regs.TBCTR = 0;                              // 时基计数器清零
ePWM1Regs.TBCTL.bit.CTRMODE = TB_COUNT_UPDOWN;//设定为增减计数模式
ePWM1Regs.TBCTL.bit.PHSEN = TB_DISABLE;           // 禁止相位控制
ePWM1Regs.TBCTL.bit.PRDLD = TB_SHADOW;            // TBPRD 寄存器采用影子寄存器模式
ePWM1Regs.TBCTL.bit.SYNCOSEL = TB_SYNC_DISABLE;// 禁止同步信号
ePWM1Regs.TBCTL.bit.HSPCLKDIV = TB_DIV1; // 设定 TBCLK = SYSCLK 时基时钟 = 系统时钟
ePWM1Regs.TBCTL.bit.CLKDIV = TB_DIV1;
ePWM1Regs.CMPCTL.bit.SHDWAMODE = CC_SHADOW;       // 设定 CMPA 为影子寄存器模式
ePWM1Regs.CMPCTL.bit.SHDWBMODE = CC_SHADOW;
ePWM1Regs.CMPCTL.bit.LOADAMODE = CC_CTR_ZERO; // 在 CTR = Zero 时装载
ePWM1Regs.CMPCTL.bit.LOADBMODE = CC_CTR_ZERO; // load on CTR = Zero
ePWM1Regs.AQCTLA.bit.CAU = AQ_SET;                // CTR = CAU 时,将 ePWM1A 置高
ePWM1Regs.AQCTLA.bit.CBD = AQ_CLEAR;              // CTR = CBD 时,将 ePWM1A 置低
ePWM1Regs.AQCTLB.bit.ZRO = AQ_CLEAR ;             // CTR = ZRO 时,将 ePWM1B 置低
ePWM1Regs.AQCTLB.bit.PRD = AQ_SET ;               // CTR = PRD 时,将 ePWM1B 置高
//运行
// = = = = = = = = = = = = = = = = = = = = = =
ePWM1Regs.CMPA.half.CMPA = EdgePoseA;// 通过设置 EdgePoseA 的值调整 ePWM1A 的上升沿
                                     // 发生的时刻
    ePWM1Regs.CMPB = EdgePoseB; //通过设置 EdgePoseB 的值调整 ePWM1A 的下降沿发生的
时刻
```

8.6 死区产生模块 DB

1. 为什么要产生死区

PWM 电路通常是一个全桥控制或半桥控制的电路,图 8.28 是一个典型的三相全桥 PWM 控制逆变电路原理图。该电路由 6 个开关管组成,(V1,V4)、(V2,V5)、(V3,V6)三个桥臂,每个开关管都由调制电路产生的 PWM 波形驱动,PWM 波形处于高电平时,开关管导通,处于低电平时关断。显然同一桥臂上的两个开关管不该同时导通,若同时导通,就造成了电源短路。因此,输入同一桥臂上的两个开关管的驱动信号必须要进行互补控制,即 V1 开通,V4 须可靠截止。F28335 的 PWM 模块中可以产生互补的 PWM 对称波形,理想情况下如图 8.29 所示。

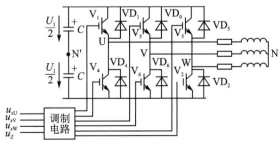

图 8.28 三相全桥逆变控制电路

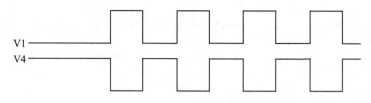

图 8.29　V1、V4 对称互补波形

实际情况中没有绝对的理想脉冲波形,所有的数字信号归根到底都是模拟信号,在脉冲形成时,总会有上升时间与下降时间。V1 在上升沿时开通,V2 在下降沿过程中关断,但若 V1 开通时,V2 尚未有效关断,这时电源就短路了,瞬间电流很大,会烧坏功率管。这种现象也许会发生,也许不会发生,因为并不能完全确定每个管子在上升沿时哪个精确时点开通,在下降沿时哪个精确时点会关断,功率管的制造工艺总会有一定的分散性,关断与开通的准确时间点也有一定的随机性,这里就存在着很大的不确定性。对于成熟设计而言,不确定就是灾难,要尽量避免不确定性,确保同一桥臂上的两个管子的开通与关断的状态互补。方法很简单,就是确保关断的管子有效关断,一般在一个下降沿时间内,管子能够有效关断。因此,同一桥臂上待开通的管子的上升沿只要滞后于另一管子的下降沿时间即可,这个时间区域很有可能两个管子都不在导通状态,所以这个时间区域称为死区。死区的存在能够保证有效的关断管子,避免两个管子同时导通。

2. 死区产生模块的作用

F28335 的死区模块主要作用就是让两个互补的对称的 PWM 波形中,上升沿的发出滞后于 PWM 波的下降时间发出。在实际编程或者实际情况中更灵活一些,有可能管子是低电平状态开通,所以延时的方式可以更灵活。在动作限定模块中就可以产生死区,但是如果要严格控制死区的边沿延时和极性,则需要通过死区模块来实现。

死区模块的主要功能如下:

① 根据信号 ePWMxA 输入产生带死区的信号对(ePWMxA 和 ePWMxB),也就是输出一对互补 PWM 输出边沿延时。

② 信号对可编程完成如下操作:

> ePWMA\B 输出高有效(AH)。

> ePWMA\B 输出低有效(AL)。

> ePWMA\B 输出互补高有效(AHC)。

> ePWMA\B 输出互补低有效(ALC)。

③ 加入可编程上升沿延时(RED)。

④ 加入可编程下降沿延时(FED)。

⑤ 可以忽略延时。

3. 死区模块工作的特点

死区模块有 2 组(ePWMxA 与 ePWMxB)独立的选择机制,如图 8.30 所示,选择过程中主要有 3 类选择,如下:

① 输入源选择。死区模块的输入源来自动作模块输出的 ePWMA 和 ePWMB,通过 DBCTL[IN_MODE]位选择输入源。

➢ ePWMXA 是上升沿和下降沿延时的输入源,系统默认选择。

➢ ePWMXA 是上升沿延时的输入源、ePWMXB 是下降沿延时的输入源。

➢ ePWMXA 是下降沿延时的输入源、ePWMXB 是上升沿延时的输入源。

➢ ePWMXB 是上升沿和下降沿延时的输入源。

② 输出模式选择。输出模式选择是通过 DBCTL[OUT_MODE]位决定的。

③ 极性选择。极性选择是通过 DBCTL[POLSEL]位决定的。

图 8.30 说明了死区控制的选择机制。

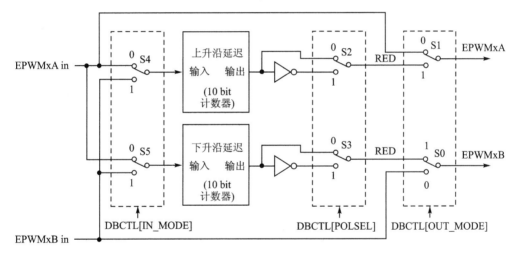

图 8.30 死区模块选择输入输出

表 8.8 给出了死区一共有 7 种选择模式,图 8.31 给出了不同模式下的波形输出:

➢ 模式 1:不经过双边沿延时模块,即禁止死区功能。

➢ 模式 2~模式 5:典型死区应用。

➢ 模式 6:不经过上升沿延时模块。

➢ 模式 7:不经过下降沿延时模块。

综上所述,可以把死区看成是由选择模块和延时模块组成的,其中延时模块又分为上升沿延时模块(RED)和下降沿延时模块(FED)。而且死区还可以分别通过延时寄存器 DBRED 和 DBFED 单独编程,从而决定延时时间。这 2 个延时寄存器一共有 10 位有效位数,其值代表对时基时钟的倍数。

表 8.8 死区选择模式

模 式	描 述	DBCTL(POLSEL)		DBCTL(OUT_MODE)	
		S3	S2	S1	S0
1	EOWMxA、ePWMxB 无延迟	X	X	0	0
2	AHC 高电平(延迟)互补	1	0	1	1
3	ALC 低电平(延迟)互补	0	1	1	1
4	AH(高电平有效)	0	0	1	1
5	AL(低电平有效)	1	1	1	1
6	ePWMxA Out = ePWMxA In (无延迟) ePWMxB Out = ePWMxA In (下降沿延迟)	0 or 1	0 or 1	0	1
7	ePWMxA Out = ePWMxA In (无延迟) ePWMxB Out = ePWMxA In (下降沿延迟)	0 or 1	0 or 1	1	0

FED = DBFED × T(TBCLK);

RED = DBRED × T(TBCLK);TBCLK 就是时基时钟

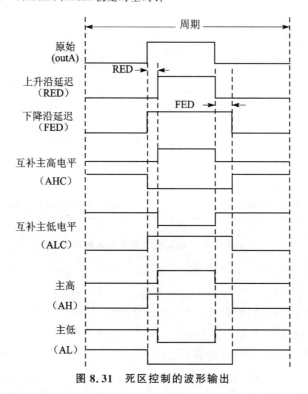

图 8.31 死区控制的波形输出

8.7 斩波模块 PC

PWM 斩波器子模块通过高频信号来调制经由动作模块与死区模块产生的

PWM 波形,这个功能在基于脉冲变压器的门极驱动型功率器件控制中很重要。组成框图如图 8.32 所示。

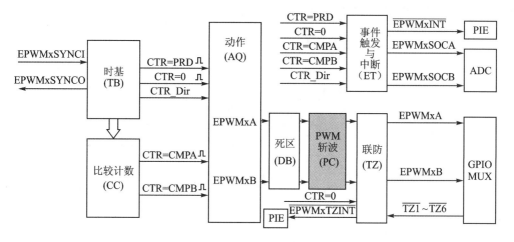

图 8.32　斩波模块

1. PWM 斩波模块的作用

PWM 斩波模块主要有以下作用:

① 可编程斩波(载波)频率。
② 可编程第一个脉冲的脉宽。
③ 可编程第 2 个以及后面的脉冲占空比。
④ 可以禁止使用 PWM 斩波模块。

2. PWM 斩波模块的特点

PWM 斩波模块原理框图如图 8.33 所示。载波时钟来源于系统时钟 SYSCLK-OUT。它的频率和占空比由 CHPCTL 寄存器中的 CHPFREQ 和 CHPDUTY 进行配置。一次触发模块(one-shot)子模块主要是提供较大能量的第一个脉冲,迅速有效地开通功率开关,改变功率开关的状态。接下来的脉冲只要维持开关的状态就行,比如多数功率器件开通电流要比维持电流大得多。单触发模块的第一个脉冲的宽度可以由 OSHTWTH 位来确定。PWM 斩波器这一功能模块可以用 CHPEN 位进行使能控制。

3. PC 模块输出波形

图 8.34 给出了 PWM 斩波模块作用下的输出波形。

斩波可以认为是一个降压电路,从上向下。ePWMxA、ePWMxB 分别为经过前面动作模块与死区模块后的输出波形,为斩波模块的输入波形;中间 PSCLK 是斩波模块的时钟信号。输入的 ePWMxA 相当于一个闸门,实际是与 PSCLK 做与运算,得到 ePWMxA 斩波波形。经斩波后,ePWMxA 的占用能量和平均电压均可以通过

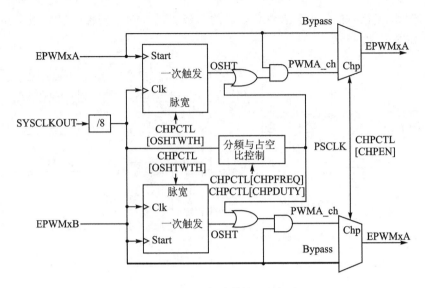

图 8.33　PWM 斩波模块原理框图

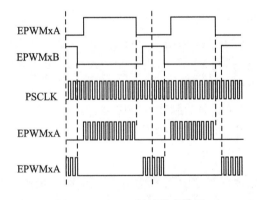

图 8.34　PWM 斩波输出波形

占空比等设置进行调整;对一些功率器件而言,可以降低开通期间的功耗。

4. 一次脉冲

① 第一个脉冲的宽度可以通过编程为 16 种值。第一个脉宽计算值为下式:

$$T_{\text{lstpulse}} = T_{\text{sysclkout}} \times 8 \times \text{OSHTWTH}$$

一次脉冲波形如图 8.35 所示。

OSHT 的波形设置根据首脉冲宽度要求,输入波形与时钟波形进行与运算再与 OSHT 进行或运算。输出波形与原斩波波形主要差别为首脉冲的宽度得到单独控制,首脉冲的宽度可以根据功率器件的开通特性来设置,以保证功率器件可靠开通。

② 占空比控制。基于脉冲变压器的门极驱动电路的设计需要考虑磁极或者变压器及相关电路的特点,要考虑到变压器饱和的情况。为了满足门极驱动的设计要

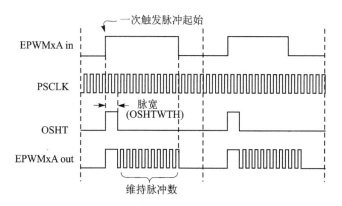

图 8.35　一次脉冲波形

求,第 2 个及其余脉冲占空比可以通过编程设置,确保在功率器件开通周期内脉冲有
正确的极性与驱动能力。斩波器模块通过对 CHPDUTY 位编程,可以实现 7 种不同
占空比,占空比可以选择的范围是 12.5%~87.5%。占空比的设置要根据驱动电路
的要求以及器件的开通特性考虑,如图 8.36 所示。

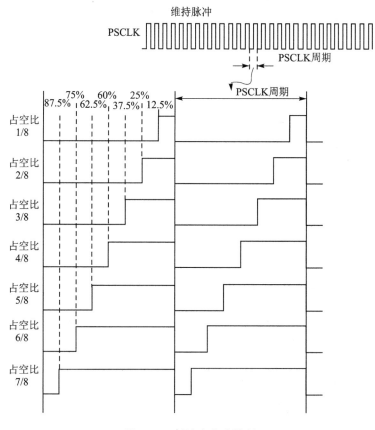

图 8.36　斩波占空比控制

8.8 错误联防模块 TZ

每个 ePWM 模块都与 GPIO 多路复用引脚中的 6 个 $\overline{TZn}$($\overline{TZ1}$～$\overline{TZ6}$)信号脚连接。这些信号脚用来响应外部错误或外部触发条件,当错误发生时,PWM 模块可以通过编程来响应这些问题。错误联防模块的位置如图 8.37 所示灰底部分。

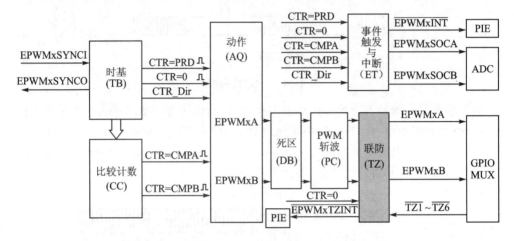

图 8.37 错误联防模块

1. 错误联防模块的作用

错误联防模块的主要作用如下:

① 错误联防引脚 TZ1～TZ6 可以灵活地映射到对应的 PWM 模块。

② 针对错误信息,ePWMXA 和 ePWMXB 可以被强制或如下几种状态:

> 高电平;

> 低电平;

> 高阻抗;

> 无动作。

③ 在短路或者过流条件时,支持一次错误联防触发。

④ 针对限流操作时,支持周期错误联防触发。

⑤ 每个错误联防输入引脚都可以配置为一次或者周期错误联防触发。

⑥ 任何一个错误联防引脚都可以产生中断。

⑦ 支持软件强制错误联防。

⑧ 如果不需要此模块,可以选择禁止。

2. 错误联防模块的操作

TZ1～TZ6 的输入引脚为低有效。当这些引脚中的任意一个有效时,表明一个错误事件发生时,每个 PWM 模块都可以单独配置为禁止或者使能此错误联防触发引脚。ePWM 模块选择哪一个错误引脚是通过 TZSEL 进行设置的,错误信号可以跟系统时钟同步,也可不同步,同样具有数字滤波功能,跟 GPIO 引脚功能一样。一个系统时钟的低脉冲输入即可有效触发错误控制逻辑。异步触发确保在系统时钟发生错误的情况下,错误引脚仍能够触发错误控制逻辑。其余的配置可以参照 GPIO 的引脚配置。每个 TZn 输入引脚可以单独配置为一次触发或者周期触发。

① 周期触发:当周期错误联防事件发生时,TZCTL 寄存器中的动作立刻输出到 ePWMXA 和 ePWMXB 引脚上,另外,周期错误联防事件标志位(TZFLG[CBC])被置位,同时,当 TZEINT 寄存器和 PIE 模块的中断使能时,ePWMX_TZINT 中断就会产生。

② 单次触发:当单次错误联防事件发生时,TZCTL 寄存器中的动作立刻输出到 ePWMXA 和 ePWMXB 引脚上,另外单次错误联防事件标志位(TZFLG[OST])被置位;同时当 TZEINT 寄存器和 PIE 模块的中断使能时,ePWMX_TZINT 中断就会产生。

两种模式触发的区别在于,周期错误联防事件标志可以自动清零,但是单次错误联防事件标志需要软件清零。

8.9 事件触发模块

事件触发模块功能框图位置如图 8.38 中灰底部分所示。

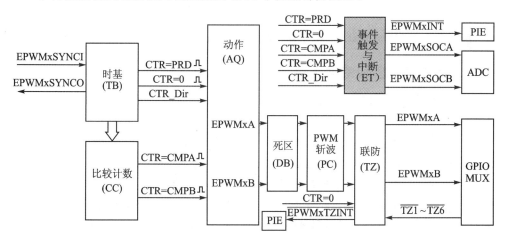

图 8.38 事件触发模块

1. 事件触发模块的作用

① 接收来自时基模块和计数比较模块产生的相关事件的输入。

② 利用时基模块中的方向信息识别是递增还是递减计数模式,以便产生相应的

事件。

③ 使用预定标判断逻辑发出中断请求或者 ADC 开始转换启动信号:

> 每个事件;

> 每 2 个事件;

> 每 3 个事件。

④ 允许软件配置,强制产生中断事件或者 ADC 启动信号。

事件触发模块主要响应时基模块与计数比较模块的相关事件,当这些事件发生时,PWM 事件触发模块产生相应的中断事件或 ADC 启动事件。事件触发模块的原理框图如图 8.39 所示。

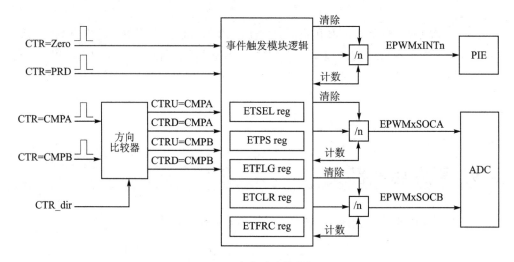

图 8.39 事件触发模块框图

2. 事件触发模块的操作特点

每个 ePWM 子模块有一个中断请求线连接到 PIE,2 个 ADC 启动转换信号与 ADC 模块相连,如图 8.40 所示。所有 ePWM 模块的 ADC 启动转换信号是一起做或运算之后连接到 ADC 单元的,因此,一个有效的 ADC 转换信号可能对应着多个模块这;当两个以上 ADC 转换请求同时发生时,实际为一个请求被识别。

事件触发子模块监控各种事件的状态(如图 8.41 所示,左边为事件触发子模块的输入信号),并且可以在发出中断请求或 ADC 转换启动之前预先进行定标配置。事件触发模块预定标逻辑发出中断请求或 ADC 转换启动有以下 3 种模式:

① 每个事件;

② 每 2 个事件;

③ 每 3 个事件。

图 8.42 给出了事件触发器中断产生逻辑。中断周期(ETPS[INTPRD])位确定请求中断产生的事件数,可以按照如下操作进行选择;

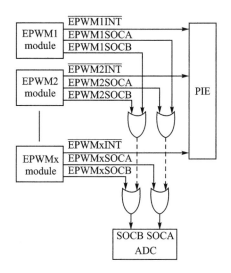

图 8.40 事件触发模块 ADC 启动信号

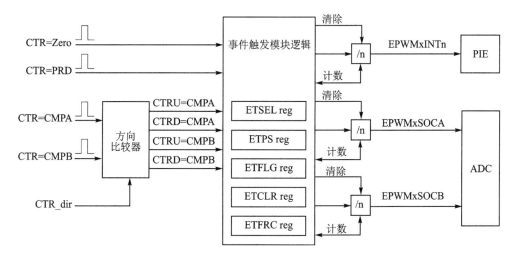

图 8.41 事件触发模块的事件

① 不产生中断；

② 每个事件产生一次中断；

③ 每 2 个事件产生一次中断；

④ 每 3 个事件产生一次中断。

中断选择（ETSEL[INTSEL]）位设置产生中断的事件，可选事件如下：

① 时间基准计数器等于零（TBCTR=0X0000）；

② 时间基准计数器等于周期值（TBCTR=TBPRD）；

③ 时间基准计数器在递增计数时等于比较寄存器 A；

④ 时间基准计数器在递减计数时等于比较寄存器 A；

⑤ 时间基准计数器在递增计数时等于比较寄存器 B；

⑥ 时间基准计数器在递减计数时等于比较寄存器 B。

通过中断事件计数器（ETPS[INTCNT]）寄存器位可以得到事件的数量。当 ETPS[INTC-NT]递增计数直到数值等于 ERPS(INTPRD)确定的值时,停止计数且输出置位;只有当中断发送到 PIE 时,计数器才会清零。当 ETPS[INTCNT]等于 ETPS(INTPRD)时,则将发生以下动作:

① 如果中断被使能,ETSEL[INTEN]＝1 并且中断标志清零,ETFLG[INT]＝0,则产生中断脉冲且中断标志位置位;ETFLG(INT)＝1,事件计数器清零,ETPS[INTCN]＝0,再重新对事件计数。

② 如果中断被禁止,ETSEL[INTEN]＝0 或者中断标志置位,ETFLG[INT]＝1,则当计数器的值等于周期值,即 ETPS[INTCNT]＝ETPS[INIPRD],计数器停止计数。

如果中断被使能,但是中断标志已经复位,则计数器将输出高电平直到 ETFLG[INT]标志位清零,这就允许接收一个中断时,另一个中断进行等待。

INTPRD 位写操作时,计数自动清零即 INTCNT＝0 并且计数器输出复位(所以没有中断产生)。写 1 到 ETFRC[INT]位,计数器 INTCNT 将增加。当 INTCNT＝INTPRD 时,计数器将按照上述描述进行工作。当 INTPRD＝0 时,计数器将被禁止,所以不会检测当任何事件并且 EIFRC[INT]位被忽略。

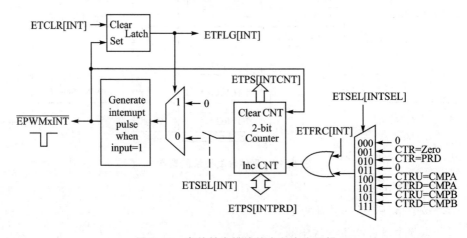

图 8.42　事件触发模块的中断产生逻辑

事件触发器产生启动 SOCA 脉冲的电路如图 8.43 所示,除了产生连续脉冲外,ETPS[SOCACNT]计数器和 ETPS[SOCAPRD]周期值同上述中断产生逻辑中的计数器和周期寄存器功能相同,不同的是此模块产生连续的脉冲。当一个脉冲产生时,脉冲标志 ETFLG[SOCA]被锁存,但是不会停止脉冲的产生。使能/禁止位 ETSEL[SOCAEN]用于停止脉冲的产生,但是输入事件仍就被继续计数直到其值等于周期

寄存器的值。可以通过 ETSEL[SOCASEL]和 ETSEL[SOCBSEL]位独立设置 SO-
CA 和 SOCB 脉冲触发事件。事件触发模块 SOCB 的产生电路,SOCB 产生过程和
SOCA 相同。

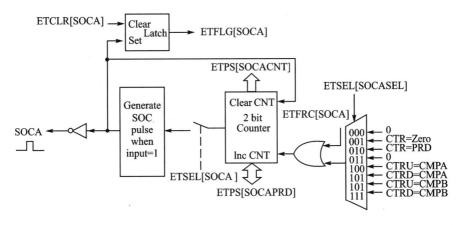

图 8.43 事件触发模块的 SOCA 产生电路

8.10 PWM 模块寄存器

F28335 PWM 所有的寄存器以及对应的地址如表 8.9 所列。

表 8.9 F28335 PWM 相关寄存器

名　称	地　址	大　小	描　述
TBCTL	0x6800	1	时基控制寄存器
TBSTS	0x6801	1	时基状态寄存器
TBPHSHR	0x6802	1	HRPWM 相位扩展寄存器
TBPHS	0x6803	1	时基相位寄存器
TBCTR	0x6804	1	时基计数寄存器
TBPRD	0x6805	1	时基周期寄存器
CMPCTL	0x6807	1	计数比较控制寄存器
CMPAHR	0x6808	1	HRPWM 计数比较扩展寄存器
CMPA	0x6809	1	计数比较寄存器 A
CMPB	0x680A	1	计数比较寄存器 B
AQCTLA	0x680B	1	动作控制寄存器 A
AQCTLB	0x680C	1	动作控制寄存器 B
AQSFRC	0x680D	1	动作软件强制寄存器
AQCSFRC	0x680E	1	动作连续软件强制寄存器

续表 8.9

名　称	地　址	大　小	描　述
DBCTL	0x680F	1	死区产生控制寄存器
DBRED	0x6810	1	死区产生上升沿延时寄存器
DBFED	0x6811	1	死区产生下降沿延时寄存器
TZSEL	0x6812	1	错误联防选择寄存器
TZCTL	0x6814	1	错误联防控制寄存器
TZEINT	0x6815	1	错误联防中断使能寄存器
TZFLG	0x6816	1	错误联防标志寄存器
TZCLR	0x6817	1	错误联防清零寄存器
TZFRC	0x6818	1	错误联防强制寄存器
ETSEL	0x6819	1	事件触发选择寄存器
ETPS	0x681A	1	事件触发预分频寄存器
ETFLG	0x681B	1	事件触发标志寄存器
ETCLR	0x681C	1	事件触发清零寄存器
ETFRC	0x681D	1	事件触发软件强制寄存器
PCCTL	0x681E	1	PWM 斩波控制寄存器
HRCNFG	0x6820	1	HRPWM 配置寄存器

1．时基模块寄存器

（1）时基周期寄存器 TBPRD

时基周期寄存器 TBPRD 各位信息如表 8.10 所列。

表 8.10　时基周期寄存器 TBPRD

位	名　称	值	描　述
15～0	TBPRD	0x0000～0xFFFF	时基周期寄存器:时基计数器周期

（2）时基相位寄存器 TBPHS

时基相位寄存器 TBPHS 各位信息如表 8.11 所列。

表 8.11　时基相位寄存器 TBPHS

位	名　称	值	描　述
15～0	TBPHS	0x0000～0xFFFF	时基相位寄存器:时基的相位

（3）时基计数寄存器 TBCTR

时基计数寄存器 TBCTR 各位信息如表 8.12 所列。

表 8.12　时基计数寄存器 TBCTR

位	名　称	值	描　述
15～0	TBCTR	0x0000～0xFFFF	时基计数器

（4）时基控制寄存器 TBCTL

时基控制寄存器 TBCTL 各位信息如表 8.13 所列。

表 8.13　时基控制寄存器 TBCTL

位	名　称	值	描　述
15～14	FREE,SOFT	00 01 1X	仿真模式位,这些位决定了当仿真事件到来时时基计数器的行为 当一次时基计数器增或者减后计数器停止 当计数器完成一个循环就停止 自由运行
13	PHSDIR	 0 1	相位方向位 当时基计数器配置为向上-下模式时,这个位才起作用。这个位决定了当同步信号到来时计数器装载相位寄存器的值后向上还是向下计数。 同步信号到来时向下计数 同步信号到来时向上计数
12～10	CLKDIV	 000 001 010 011 100 101 110 111	时基时钟分频位 这些位决定了时基时钟分频的值 TBCLK = SYSCLKOUT/(HSPCLKDIV×CLKDIV) /1(复位后默认值) /2 /4 /8 /16 /32 /64 /128
9～7	HSPCLKDIV	 000 001 010 011 100 101 110 111	高速时基时钟分频位 这些位决定了时基时钟分频值 TBCLK=SYSCLKOUT/(HSPCLKDIV×CLKDIV) /1 /2(复位后默认值) /4 /6 /8 /10 /12 /14

续表 8.13

位	名　称	值	描　述
6	SWFSYNC	0 1	软件强制同步脉冲 写 0 没有效果 写 1 强制一次同步脉冲产生
5～4	SYNCOSEL	 00 01 10 11	同步信号输出选择。这些位选择 ePWMxSYNCO 信号输出源。 ePWMxSYNCI CTR = ZERO:当时基计数器值等于 0 时 CTR = CMPA:当时基计数器等于比较寄存器 A 禁止同步信号输出
3	PRDLD	0 1	周期寄存器装载影子寄存器选择 当计数器的值为 0 时周期寄存器 TBPRD 装载影子寄存器的值 禁止使用影子寄存器
2	PHSEN	0 1	计数寄存器装载相位寄存器使能位 禁止装载 当同步信号到来时,计数寄存器装载相位寄存器的值
1～0	CTRMODE	 00 01 10 11	计数模式 一般情况下,计数模式只设置一次。如果需要改变模式,那么将会在下一个 TBCLK 的边沿生效 向上计数 向下计数 向上-下计数 停止计数(复位后默认)

(5) 时基状态寄存器 TBSTS

时基状态寄存器 TBSTS 各位信息如表 8.14 所列。

表 8.14　时基状态寄存器 TBSTS

位	名　称	值	描　述
15～3	保留		保留
2	CTRMAX	0 1	时基计数器达到最大值 0XFFFF 时,锁存位置 1 计数器没有达到最大值 计数器达到最大值,写入 1 可以清除此标志位
1	SYNCI	0 1	同步输入锁存状态位 没有同步事件发生 同步事件发生,写入 1 可以清除此标志位

位	名　称	值	描　述
0	CTRDIR	0 1	时基计数器方向状态位 时基计数器当前向下计数 时基计数器当前向上计数

2. 计数比较模块寄存器

（1）计数比较寄存器 A CMPA

计数比较寄存器 A 各位信息如表 8.15 所列。

表 8.15　计数比较寄存器 CMPA

位	名　称	描　述
15～0	CMPA	计数比较寄存器。CMPA 中的值与时基计数器的值一直在比较,当两个寄存器的值相同时,计数比较模块就会产生 CTR＝CMPA 事件,送给动作模块进行相应动作

（2）计数比较寄存器 B CMPB

计数比较寄存器 B 各位信息如表 8.16 所列。

表 8.16　计数比较寄存器 CMPB

位	名　称	描　述
15～0	CMPB	计数比较寄存器 B。CMPB 中的值与时基计数器的值一直在比较,当两个寄存器的值相同时,计数比较模块就会产生 CTR＝CMPB 事件,送给动作模块进行相应动作

（3）计数比较控制寄存器 CMPCTL

计数比较控制寄存器 CMPCTL 各位信息如表 8.17 所列。

表 8.17　计数比较控制寄存器 CMPCTL

位	名　称	值	描　述
15～10	保留		保留
9	SHDWBFULL	0 1	CMPB 影子寄存器满标志位 CMPB 影子缓冲寄存器 FIFO 未满 CMPB 影子缓冲寄存器 FIFO 已满,CPU 写入会覆盖当前影子寄存器的值
8	SHDWAFULL	0 1	CMPA 影子寄存器满标志位 CMPA 影子缓冲寄存器 FIFO 未满 CMPA 影子缓冲寄存器 FIFO 已满,CPU 写入会覆盖当前影子寄存器的值
7	保留		保留

续表 8.17

位	名　称	值	描　述
6	SHDWBMODE	0	计数比较 B 寄存器操作模式 影子装载模式:工作在双缓冲下,CPU 向影子寄存器写入值
		1	立即装载模式:CPU 直接向 CMPB 写入值
5	保留		保留
4	SHDWAMODE	0	计数比较 A 寄存器操作模式 影子装载模式:工作在双缓冲下,CPU 向影子寄存器写入值
		1	立即装载模式:CPU 直接向 CMPA 写入值
3~2	LOADBMODE		CMPB 影子装载模式下,装载条件选择模式
		00	在 CTR=ZERO 时
		01	在 CTR=PRD 时
		10	在 CTR=ZERO 或 CTR=PRD 时
		11	禁止
1~0	LOADAMODE		CMPA 影子装载模式下,装载条件选择模式
		00	在 CTR=ZERO 时
		01	在 CTR=PRD 时
		10	在 CTR=ZERO 或 CTR=PRD 时
		11	禁止

3. 动作模块寄存器

(1) 动作控制寄存器 A AQCTLA

动作控制寄存器 A AQCTLA 各位信息如表 8.18 所列。

表 8.18　动作控制寄存器 A AQCTLA

位	名　称	值	描　述
15~12	保留		保留
11~10	CBD	00 01 10 11	当向下计数时,时基计数器的值与 CMPB 寄存器的值相等不动作 清零:使 ePWMxA 输出低 置位:使 ePWMxA 输出高 翻转:使 ePWMxA 输出翻转
9~8	CBU	00 01 10 11	当向上计数时,时基计数器的值与 CMPB 寄存器的值相等不动作 清零:使 ePWMxA 输出低 置位:使 ePWMxA 输出高 翻转:使 ePWMxA 输出翻转

位	名　称	值	描　述
7～6	CAD	00 01 10 11	当向下计数时,时基计数器的值与 CMPA 寄存器的值相等不动作 清零:使 ePWMxA 输出低 置位:使 ePWMxA 输出高 翻转:使 ePWMxA 输出翻转
5～4	CAU	00 01 10 11	当向上计数时,时基计数器的值与 CMPA 寄存器的值相等不动作 清零:使 ePWMxA 输出低 置位:使 ePWMxA 输出高 翻转:使 ePWMxA 输出翻转
3～2	PRD	00 01 10 11	当时基计数器的值与周期寄存器的值相等时动作 不动作 清零:使 ePWMxA 输出低 置位:使 ePWMxA 输出高 翻转:使 ePWMxA 输出翻转
1～0	ZRO	00 01 10 11	当时基计数器的值等于 0 时动作 不动作 清零:使 ePWMxA 输出低 置位:使 ePWMxA 输出高 翻转:使 ePWMxA 输出翻转

(2) 动作控制寄存器 B AQCTLB

动作控制寄存器 B AQCTLB 各位信息如表 8.19 所列。

表 8.19　动作控制寄存器 B AQCTLB

位	名　称	值	描　述
15～12	保留		保留
11～10	CBD	00 01 10 11	当向下计数时,时基计数器的值与 CMPB 寄存器的值相等不动作 清零:使 ePWMxB 输出低 置位:使 ePWMxB 输出高 翻转:使 ePWMxB 输出翻转
9～8	CBU	00 01 10 11	当向上计数时,时基计数器的值与 CMPB 寄存器的值相等不动作 清零:使 ePWMxB 输出低 置位:使 ePWMxB 输出高 翻转:使 ePWMxB 输出翻转

位	名　称	值	描　　述
7~6	CAD	00 01 10 11	当向下计数时,时基计数器的值与 CMPA 寄存器的值相等不动作 清零:使 ePWMxB 输出低 置位:使 ePWMxB 输出高 翻转:使 ePWMxB 输出翻转
5~4	CAU	00 01 10 11	当向上计数时,时基计数器的值与 CMPA 寄存器的值相等不动作 清零:使 ePWMxB 输出低 置位:使 ePWMxB 输出高 翻转:使 ePWMxB 输出翻转
3~2	PRD	00 01 10 11	当时基计数器的值与周期寄存器的值相等时动作 不动作 清零:使 ePWMxB 输出低 置位:使 ePWMxB 输出高 翻转:使 ePWMxB 输出翻转
1~0	ZRO	00 01 10 11	当时基计数器的值等于 0 时动作 不动作 清零:使 ePWMxB 输出低 置位:使 ePWMxB 输出高 翻转:使 ePWMxB 输出翻转

(3) 动作软件强制寄存器 AQSFRC

动作软件强制寄存器 AQSFRC 的各位信息如表 8.20 所列。

表 8.20　动作软件强制寄存器 AQSFRC

位	名　称	值	描　　述
15~8	保留		保留
7~6	RLDCSF	00 01 10 11	AQCSF 有效寄存器装载影子寄存器的条件 当计数器值为 0 当计数器值为 PRD 周期寄存器 当计数器为 0 或者为 PRD 周期寄存器 立即加载
5	OTSFB	0 1	一次性软件强制 ePWMxB 输出 没有任何效果 初始化一次性软件强制信号

位	名　称	值	描　述
4～3	ACTSFB		当一次性软件强制 B 输出被调用时的动作
		00	不动作
		01	清零:使 ePWMxB 输出低
		10	置位:使 ePWMxB 输出高
		11	翻转:使 ePWMxB 输出翻转
2	OTSFA		一次性软件强制 ePWMxA 输出
		0	没有任何效果
		1	初始化一次性软件强制信号
1～0	ACTSFA		当一次性软件强制 A 输出被调用时的动作
		00	不动作
		01	清零:使 ePWMxA 输出低
		10	置位:使 ePWMxA 输出高
		11	翻转:使 ePWMxA 输出翻转

(4) 动作连续软件强制寄存器 AQCSFRC

动作连续软件强制寄存器 AQCSFRC 各位信息如表 8.21 所列。

表 8.21　动作连续软件强制寄存器 AQCSFRC

位	名　称	值	描　述
15～4	保留		保留
3～2	CSFB		连续软件强制 B 输出 在立即装载模式下,连续软件强制发生在下一个 TBCLK 边沿 在影子装载模式下,连续强制发生在装载后的下一个 TBCLK 边沿
		00	强制无效
		01	强制 B 输出为低
		10	强制 B 输出为高
		11	软件强制禁止
1～0	CSFA		连续软件强制 A 输出 在立即装载模式下,连续软件强制发生在下一个 TBCLK 边沿 在影子装载模式下,连续强制发生在装载后的下一个 TBCLK 边沿
		00	强制无效
		01	强制 A 输出为低
		10	强制 A 输出为高
		11	软件强制禁止

4. 死区模块寄存器

(1) 死区控制寄存器 DBCTL

死区控制寄存器 DBCTL 各位信息如表 8.22 所列。

表 8.22   死区控制寄存器 DBCTL

位	名 称	值	描 述
15~6	保留		保留
5~4	IN_MODE		死区模块输入控制
		00	ePWMxA 是双边沿延时输入源
		01	ePWMxB 是上升沿延时输入源,ePWMxA 是下降沿输入源
		10	ePWMxA 是上升沿延时输入源,ePWMxB 是下降沿输入源
		11	ePWMxB 是双边沿延时输入沿
3~2	POSEL		极性选择控制
		00	ePWMxA 和 ePWMxB 都不翻转
		01	ePWMxA 翻转,ePWMxB 不翻转
		10	ePWMxA 不翻转,ePWMxB 翻转
		11	ePWMxA 和 ePWMxB 都翻转
1~0	OUT_MODE		死区模块输出控制
		00	ePWMxA 和 ePWMxB 不经过死区模块
		01	禁止上升沿延时,使能下降沿延时
		10	禁止下降沿延时,使能上升沿延时
		11	使能双边沿延时

(2) 死区上升沿延时寄存器 DBRED

死区上升沿延时寄存器 DBRED 的各位信息如表 8.23 所列。

表 8.23   死区上升沿延时寄存器 DBRED

位	名 称	值	描 述
15~10	保留		保留
9~0	DEL	0~1023	上升沿延时计数器,10 位

(3) 死区下降沿延时寄存器 DBFED

死区下降沿延时寄存器 DBFED 各位信息如表 8.24 所列。

表 8.24   死区下降沿延时寄存器 DBFED

位	名 称	值	描 述
15~10	保留		保留
9~0	DEL	0~1023	下升沿延时计数器,10 位

5. 斩波模块寄存器

斩波控制寄存器 PCCTL 的各位信息如表 8.25 所列。

表 8.25　斩波控制寄存器 PCCTL

位	名　称	值	描　述
15～11	保留		保留
10～8	CHPDUTY		斩波时钟占空比
		000	占空比 ＝1/8
		001	占空比 ＝2/8
		010	占空比 ＝3/8
		011	占空比 ＝4/8
		100	占空比 ＝5/8
		101	占空比 ＝6/8
		110	占空比 ＝7/8
		111	保留
7～5	CHPFREQ		斩波时钟频率分频系数
		000	不分频
		001	2 分频
		010	3 分频
		011	4 分频
		100	5 分频
		101	6 分频
		110	7 分频
		111	8 分频
4～1	OSHTWTH		第一个脉冲宽度
		0000	1×SYSCLKOUT / 8
		0001	2×SYSCLKOUT / 8
		0010	3×SYSCLKOUT / 8
		0011	4×SYSCLKOUT / 8
		0100	5×SYSCLKOUT / 8
		0101	6×SYSCLKOUT / 8
		0110	7×SYSCLKOUT / 8
		0111	8×SYSCLKOUT / 8
		1000	9×SYSCLKOUT / 8
		1001	10×SYSCLKOUT / 8
		1010	11×SYSCLKOUT / 8
		1011	12×SYSCLKOUT / 8
		1100	13×SYSCLKOUT / 8
		1101	14×SYSCLKOUT / 8
		1110	15×SYSCLKOUT / 8
		1111	16×SYSCLKOUT / 8
0	CHPEN		PWM 斩波使能位
		0	禁止斩波功能
		1	使能斩波功能

6. 错误联防模块寄存器

(1) 错误联防选择寄存器 TZSEL

错误联防选择寄存器 TZSEL 各位信息如表 8.26 所列。

表 8.26　错误联防选择寄存器 TZSEL

位	名　称	值	描　述
15~14	保留		保留
13	OSHT6	0 1	one-short 错误联防 6 选择(TZ6)单次触发联防 禁止 TZ6 one-short 错误联防功能 使能 TZ6 one-short 错误联防功能
12	OSHT5	0 1	one-short 错误联防 5 选择(TZ5)单次触发联防 禁止 TZ5 one-short 错误联防功能 使能 TZ5 one-short 错误联防功能
11	OSHT4	0 1	one-short 错误联防 4 选择(TZ4)单次触发联防 禁止 TZ4 one-short 错误联防功能 使能 TZ4 one-short 错误联防功能
10	OSHT3	0 1	one-short 错误联防 3 选择(TZ3)单次触发联防 禁止 TZ3 one-short 错误联防功能 使能 TZ3 one-short 错误联防功能
9	OSHT2	0 1	one-short 错误联防 2 选择(TZ2)单次触发联防 禁止 TZ2 one-short 错误联防功能 使能 TZ2 one-short 错误联防功能
8	OSHT1	0 1	one-short 错误联防 1 选择(TZ1)单次触发联防 禁止 TZ1 one-short 错误联防功能 使能 TZ1 one-short 错误联防功能
7~6	保留		保留
5	CBC6	0 1	CBC 错误联防 6 选择(TZ6)周期触发联防 禁止 TZ6 CBC 错误联防功能 使能 TZ6 CBCt 错误联防功能
4	CBC5	0 1	CBC 错误联防 5 选择(TZ5)周期触发联防 禁止 TZ5 CBC 错误联防功能 使能 TZ5 CBCt 错误联防功能
3	CBC4	0 1	CBC 错误联防 4 选择(TZ4)周期触发联防 禁止 TZ4 CBC 错误联防功能 使能 TZ4 CBCt 错误联防功能

位	名　称	值	描　述
2	CBC3		CBC 错误联防 3 选择（TZ3）周期触发联防
		0	禁止 TZ3CBC 错误联防功能
		1	使能 TZ3CBCt 错误联防功能
1	CBC2		CBC 错误联防 2 选择（TZ2）周期触发联防
		0	禁止 TZ2CBC 错误联防功能
		1	使能 TZ2CBCt 错误联防功能
0	CBC1		CBC 错误联防 1 选择（TZ1）周期触发联防
		0	禁止 TZ1CBC 错误联防功能
		1	使能 TZ1CBCt 错误联防功能

（2）错误联防控制寄存器 TZCTL

错误联防控制寄存器 TZCTL 各位信息如表 8.27 所列。

表 8.27　错误联防控制寄存器 TZCTL

位	名　称	值	描　述
15～4	保留		保留
3～2	TZB		当错误事件发生的时候,此位决定了 ePWMxB 的输出状态
		00	高阻状态
		01	强制 ePWMxB 高状态
		10	强制 ePWMxB 低状态
		11	不起作用
1～0	TZA		当错误事件发生的时候,此位决定了 ePWMxA 的输出状态
		00	高阻状态
		01	强制 ePWMxA 高状态
		10	强制 ePWMxA 低状态
		11	不起作用

（3）错误联防中断使能寄存器 TZEINT

错误联防中断使能寄存器 TZEINT 各位信息如表 8.28 所列。

表 8.28　错误联防中断使能寄存器 TZEINT

位	名　称	值	描　述
15～3	保留		保留
2	OST	0	禁止 ONE－SHORT 中断
		1	使能 ONE－SHORT 中断
1	CBC	0	禁止 CBC 中断
		1	使能 CBC 中断
0	保留		保留

(4) 错误联防中断标志寄存器 TZFLG

错误联防中断使能寄存器 TZFLG 各位信息如表 8.29 所列。

表 8.29　错误联防中断标志寄存器 TZFLG

位	名　称	值	描　述
15～3	保留		保留
2	OST	0	没有 ONE - SHORT 事件产生
		1	表明 ONE - SHORT 事件产生
1	CBC	0	没有 CBC 事件产生
		1	表明 CBC 事件产生
0	INT	0	表明没有中断事件产生
		1	表明中断事件产生

(5) 错误联防中断清除寄存器 TZCLR

错误联防中断清除寄存器 TZCLR 各位信息如表 8.30 所列。

表 8.30　错误联防中断清除寄存器 TZCLR

位	名　称	值	描　述
15～3	保留		保留
2	OST	0	单次触发清除标志位 没有效果
		1	清除 OST 事件标志位
1	CBC	0	周期触发清除标志位 没有效果
		1	清除 CBC 事件标志位
0	INT	0	全局中断清除标志位 没有效果
		1	清除中断标志位

(6) 错误联防中断强制寄存器 TZFRC

错误联防中断强制寄存器 TZFRC 各位信息如表 8.31 所列。

表 8.31　错误联防中断强制寄存器 TZFRC

位	名　称	值	描　述
15～3	保留		保留
2	OST	0	通过软件强制单次触发 没有效果
		1	强制置 OST 事件标志位

续表 8.31

位	名　称	值	描　述
1	CBC		通过软件强制周期触发
		0	没有效果
		1	强制置 CBC 事件标志位
0	保留		保留

7. 事件触发模块寄存器

(1) 事件触发选择寄存器 ETSEL

事件触发选择寄存器 ETSEL 的各位信息如表 8.32 所列。

表 8.32　事件触发选择寄存器 ETSEL

位	名　称	值	描　述
15	SOCBEN		使能 ePWMxSOCB 信号产生位
		0	禁止 ePWMxSOCB 信号产生
		1	使能 ePWMxSOCB 信号产生
14～12	SOCBSEL		ePWMxSOCB 信号产生条件
		000	保留
		001	当 TBCTR＝0 时
		010	当 TBCTR＝TBPRD 时
		011	保留
		100	当 TBCTR＝CMPA,且向上计数时
		101	当 TBCTR＝CMPA,且向下计数时
		110	当 TBCTR＝CMPB,且向上计数时
		111	当 TBCTR＝CMPB,且向下计数时
11	SOCAEN		使能 ePWMxSOCA 信号产生位
		0	禁止 ePWMxSOCA 信号产生
		1	使能 ePWMxSOCA 信号产生
10～8	SOCASEL		ePWMxSOCA 信号产生条件
		000	保留
		001	当 TBCTR＝0 时
		010	当 TBCTR＝TBPRD 时
		011	保留
		100	当 TBCTR＝CMPA,且向上计数时
		101	当 TBCTR＝CMPA,且向下计数时
		110	当 TBCTR＝CMPB,且向上计数时
		111	当 TBCTR＝CMPB,且向下计数时
7～4	保留		保留

续表8.32

位	名　称	值	描　　述
3	INTEN		使能 ePWM 中断产生位
		0	禁止中断
		1	使能中断
2~0	INTSEL		ePWM 中断选择条件
		000	保留
		001	当 TBCTR＝0 时
		010	当 TBCTR＝TBPRD 时
		011	保留
		100	当 TBCTR＝CMPA,且向上计数时
		101	当 TBCTR＝CMPA,且向下计数时
		110	当 TBCTR＝CMPB,且向上计数时
		111	当 TBCTR＝CMPB,且向下计数时

（2）事件触发分频寄存器 ETPS

事件触发分频寄存器 ETPS 的各位信息如表 8.33 所列。

表 8.33　事件触发分频寄存器 ETPS

位	名　称	值	描　　述
15	SOCBCNT		这些位对产生 ePWMxSOCB 条件事件进行计数
		00	没有事件发生
		01	有一次事件发生
		10	有 2 次事件发生
		11	有 3 次事件发生
14~12	SOCBPRD		ePWMxSOCB 信号产生条件
		00	禁止 SOCB 事件计数器
		01	在第一个事件时,产生中断;INTCNT＝01
		10	在第 2 个事件时,产生中断;INTCNT＝10
		11	在第 3 个事件时,产生中断;INTCNT＝11
11~10	SOCACNT		这些位对产生 ePWMxSOCA 条件事件进行计数
		00	没有事件发生
		01	有一次事件发生
		10	有 2 次事件发生
		11	有 3 次事件发生

续表 8.33

位	名　称	值	描　述
9～8	SOCAPRD		ePWMxSOCA 信号产生条件
		00	禁止 SOCA 事件计数器
		01	在第一个事件时,产生 SOC 信号;SOCACNT=01
		10	在第 2 个事件时,产生 SOC 信号;SOCACNT=10
		11	在第 3 个事件时,产生 SOC 信号;SOCACNT=11
7～4	保留		保留
3～2	INTCNT		这些位对产生 ePWM 中断事件进行计数
		00	没有事件发生
		01	有一次事件发生
		10	有 2 次事件发生
		11	有 3 次事件发生
1～0	INTPRD		中断产生条件
		00	禁止中断事件计数器
		01	在第一个事件时,产生 SOC 信号;SOCBCNT=01
		10	在第 2 个事件时,产生 SOC 信号;SOCBCNT=10
		11	在第 3 个事件时,产生 SOC 信号;SOCBCNT=11

（3）事件触发标志寄存器 ETFLG

事件触发标志寄存器 ETFLG 的各位信息如表 8.34 所列。

表 8.34　事件触发标志寄存器 ETFLG

位	名　称	值	描　述
15～4	保留		保留
3	SOCB		ADC 转换启动信号 B ePWMxSOCB 事件发生标志位
		0	没有 ePWMxSOCB 事件发生
		1	有 ePWMxSOCB 事件产生
2	SOCA		ADC 转换启动信号 A ePWMxSOCA 事件发生标志位
		0	没有 ePWMxSOCA 事件发生
		1	有 ePWMxSOCA 事件产生强制置 CBC 事件标志位
1	保留		保留
0	INT		ePWM 中断标志位
		0	没有中断事件产生
		1	有中断事件产生

（4）事件触发清除寄存器 ETCLR

事件触发清除寄存器 ETCLR 的各位信息如表 8.35 所列。

表 8.35　事件触发清除寄存器 ETCLR

位	名　称	值	描　述
15～4	保留		保留
3	SOCB	0	ADC 转换启动信号 B ePWMxSOCB 标志清除位
			没有效果
		1	清除 SOCB 标志位
2	SOCA	0	ADC 转换启动信号 A ePWMxSOCA 标志清除位
			没有效果
		1	清除 SOCA 标志位
1	保留		保留
0	INT	0	ePWM 中断标志清除位
			没有效果
		1	清除中断标志位

(5) 事件触发强制寄存器 ETFRC

事件触发强制寄存器 ETFRC 的各位信息如表 8.36 所列。

表 8.36　事件触发强制寄存器 ETFRC

位	名　称	值	描　述
15～4	保留		保留
3	SOCB	0	SOCB 强制位
			没有效果
		1	强制置位 SOCB 标志位,用于测试目的
2	SOCA	0	SOCA 强制位
			没有效果
		1	强制置位 SOCA 标志位,用于测试目的
1	保留		保留
0	INT	0	INT 强制位
			没有效果
		1	强制置位中断标志位,用于测试目的

8.11　手把手教你实现 PWM 输出

1. 实验目的

① 掌握 F28335 PWM 输出设置。

② 掌握 PWM 原理。

2. 实验主要步骤

① 首先打开已经配置的 CCS6.1 软件。

② 将仿真器的 USB 与计算机连接,将仿真器的另一端 JTAG 端插到 YX-F28335 开发板的 JTAG 针处。

③ 在 CCS6.1 建立配置文件并连接 DSP 板卡。

④ 在 CCS6.1 菜单栏,首先选择 File→Import 菜单项,然后选择 Code Composer Studio→CCS Projects,最后浏览找到 PWM 工程所在的路径文件夹并导入工程。

⑤ 选择 Run→Load→Load Program 菜单项,选中 PWM.out 并下载。

⑥ 选择 Run→Resume 菜单项运行,之后用户打开示波器,将示波器的地线接到开发板的地线端,另一端接到 YX‐F28335 开发板 J5 的第 1 脚,则从示波器上看见如图 8.44 所示的方波;通过示波器查看 PWM 的频率应该是 10 kHz。

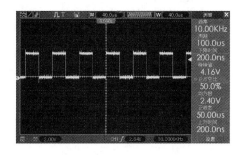

图 8.44 PWM 波形示意

3. 实验原理说明

实验中,需要产生一对互补对称,死区为 0,频率为 10 kHz,占空比为 50% 的 PWM 波形。

首先规定计数模式为增减计数。

① 根据实验要求首先要确定周期寄存器的值。

系统时钟为 150 MHz,那么周期寄存器的值 PRD=SYSCLKOUT/Fpwm×2;

即 PRD=150 000 000 / 10 000× 2=7 500;

将此值送给时基周期寄存器 TBPRD。

② 其次要确定比较寄存器的值。由于占空比为 50%,那么只需要将比较寄存器的值设为周期寄存器的值一半,就可以保证占空比为 50%,即 CMPA=7 500/2=3 750。

以下是程序举例:

```
#define CPU_CLK       150e6                    // 系统时钟 150 MHz
#define PWM_CLK       10e3                     // PWM 实际频率 10 kHz
#define SP            CPU_CLK/(2 * PWM_CLK)    //周期寄存器的值
#define TBCTLVAL      0x200E                   //控制寄存器的值
```

首先是 PWM 输出引脚 GPIO 需要进行如下所示的配置:

```
void InitePWM1Gpio(void)
{
    EALLOW;
        GpioCtrlRegs.GPAPUD.bit.GPIO0 = 0;      // 使能 GPIO0 内部上拉
```

```
        GpioCtrlRegs.GPAPUD.bit.GPIO1 = 0;        // 使能 GPIO1 内部上拉
        GpioCtrlRegs.GPAMUX1.bit.GPIO0 = 1;       // 将 GPIO0 配置为 ePWM1A 功能
        GpioCtrlRegs.GPAMUX1.bit.GPIO1 = 1;       // 将 GPIO1 配置为 ePWM1B 功能
    EDIS;
}
```

PWM 初始化设置如下所示：

```
void ePWMSetup()
{
    InitePWM1Gpio();                      //初始化 PWM1 引脚
    InitePWM2Gpio();                      //初始化 PWM2 引脚
    ePWM1Regs.TBSTS.all = 0;              //将时基的状态寄存器清零
    ePWM1Regs.TBPHS.half.TBPHS = 0;       //相位寄存器设置为 0
    ePWM1Regs.TBCTR = 0;                  //时基计数器清零
    ePWM1Regs.CMPCTL.all = 0x50;          // CMPA 和 CMPB 配置为立即模式
    ePWM1Regs.CMPA.half.CMPA = SP/2;      //设置占空比为 0.5,SP 是周期寄存器的值
    ePWM1Regs.CMPB = 0;
    ePWM1Regs.AQCTLA.all = 0x60;          // ePWMxA = 1 when CTR = CMPA and counter inc
    // ePWMxA = 0 when CTR = CMPA and counter dec
    ePWM1Regs.AQCTLB.all = 0;
    ePWM1Regs.AQSFRC.all = 0;
    ePWM1Regs.AQCSFRC.all = 0;
    ePWM1Regs.DBCTL.all = 0xb;            // ePWM1B 与 ePWM1A 相关联,即 ePWM1B 随着
    // ePWM1A 的变化而变化,具体变化过程需要参照说明手册
    ePWM1Regs.DBRED = 0;                  //上升沿的死区时间设置为 0
    ePWM1Regs.DBFED = 0;                  //下降沿的死区时间设置为 0
    ePWM1Regs.TZSEL.all = 0;              //联防区模块没有用到,把它的寄存器可以全部清零
    ePWM1Regs.TZCTL.all = 0;
    ePWM1Regs.TZEINT.all = 0;
    ePWM1Regs.TZFLG.all = 0;
    ePWM1Regs.TZCLR.all = 0;
    ePWM1Regs.TZFRC.all = 0;
    ePWM1Regs.ETSEL.all = 0;              // 禁止中断触发事件的产生
    ePWM1Regs.ETFLG.all = 0;
    ePWM1Regs.ETCLR.all = 0;
    ePWM1Regs.ETFRC.all = 0;
    ePWM1Regs.PCCTL.all = 0;
    ePWM1Regs.TBCTL.all = 0x0010 + TBCTLVAL;// 增减模式
    ePWM1Regs.TBPRD = SP;                 //SP 是时基周期寄存器的周期值,决定 PWM 的频率
}
```

4. 实验观察与思考

① 如何产生 20 kHz 频率的 PWM?
② 如何产生占空比为 1/3 的 PWM?
③ 如何产生 SPWM?

8.12 高精度脉宽调制模块 HRPWM

1. 高精度脉宽调制模块概述

PWM 控制的时候,系统频率一定,随着 PWM 开关频率的提高,PWM 的精度会下降,为了提高 PWM 的精度,可以采用高精度脉宽调制模块(HRPWM)。当 CPU 工作频率为 100 MHz 时,若 PWM 频率高于 200 kHz,PWM 控制精度会下降到 9～10 位,这时就应采用 HRPWM 来提高精度。HRPWM 的关键特征如下:

① 提高 PWM 时间控制精度。

② 可采用占空比和相移两种控制方法。

③ 采用比较寄存器与相位控制寄存器的扩展功能,实现更精确的时间间隔控制与边沿位置控制。

④ A 信号作用在 PWM 路径上,例如作用在 ePWMxA 输出上,ePWMxB 依然可工作在常规模式。

⑤ 自检诊断软件模式,可检查边沿位置的逻辑是否运行在最优状态。

ePWM 外设功能相当于一个数模转换器(DAC),如图 8.45 所示,当 $T_{\text{SYSCLKOUT}} = 10$ ns,(即时钟频率为 100 MHz),对传统的 PWM 来说,有效精度取决于 PWM 输出频率(或周期)和系统时钟。

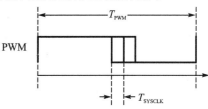

图 8.45 PWM 的精度计算

$$\text{PWM(精度\%)} = F_{\text{pwm}} / F_{\text{sysclkout}} \times 100\%;$$
$$\text{PWM(位 1b)} = \text{Log}_2(T_{\text{pwm}} / T_{\text{sysclkout}})。$$

在 PWM 模式下,输出高频率的 PWM 时不能提供足够的精度,就应考虑采用 HRPWM。表 8.37 为 PWM 与 HRPWM 在同样系统频率的情况下的精度对比,假定一个 MEP 步长为 180 ps。

表 8.37 PWM 和 HRPWM 的精度对比

PWM 频率/kHz	一般精度 PWM		高精度 HRPWM	
	位	%	位	%
20	12.3	0.0	18.1	0.000
50	11.0	0.0	16.8	0.001
100	10.0	0.1	15.8	0.002
150	9.4	0.2	15.2	0.003
200	9.0	0.2	14.8	0.004
250	8.6	0.2	14.4	0.005
500	7.6	0.5	13.8	0.007
1000	6.6	1.0	12.4	0.018
1500	6.1	1.5	11.9	0.027
2000	5.6	2.0	11.4	0.036

每个应用程序可能会有所不同,但典型的低频 PWM 工作模式(低于 250 kHz)一般不需要 HRPWM。HRPWM 的能力适用于需要采用高频 PWM 输出系统的电源转换技术中,例如:单相或多相降压、升压和反激变换器,相移式全桥变换器等。

2. 高精度脉宽调制模块的操作

HRPWM 是基于微边沿定位(Micro Edge Positional,MEP)技术。MEP 逻辑通过对常规的 PWM 发生器的原始时钟进行细分,从而可以进行更精确的边沿定位。时间步长可达 150 ps 的数量级,时间步长的数量级要看特定设备的数据手册。HRPWM 也有自检软件诊断模式,用以检查微边沿定位(MEP)逻辑是否运行在最优模式。

图 8.46 展示了原始系统时钟与 MEP 边沿定位的关系,其中 MEP 调整步长通过比较器 A 扩展寄存器(CMPAHR)中的 8 位设置位进行配置。

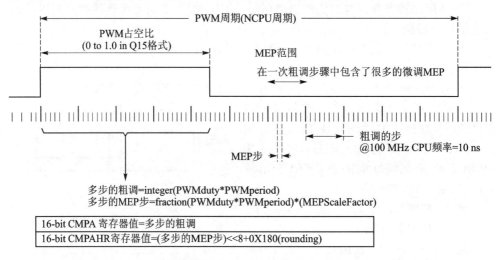

图 8.46 采用 MEP 的操作逻辑

要产生 HRPWM 信号,与常规 PWM 一样,在给定频率和极性下,要配置 TBM、CCM 和 AQM 寄存器,除此之外,还要配置 HRPWM 寄存器以扩展精度。HRPWM 操作相关寄存器寄存器如表 8.38 所列。

表 8.38 HRPWM 寄存器

寄存器	地址偏移	是否映射	功能描述
TBPHSHR	0x0002	否	HRPWM 相位(8 位)扩展寄存器
CMPAHR	0x0008	是	HRPWM 占空比(8 位)扩展寄存器
HRCNFG	0x0020	是	HRPMW 配置寄存器

(1) HRPMW 控制

HRPWM 的 MEP 由 2 个 8 位扩展寄存器控制。这 2 个 HRPWM 寄存器联合控制 PWM 操作的 16 位 TBPHS 和 CMPA 寄存器形成 2 个 32 位的寄存器,如图 8.47 所示。

➢ TBPHSHR——时间基准相位高精度寄存器。

➢ CMPAHR——计数比较器 A 高精度寄存器。

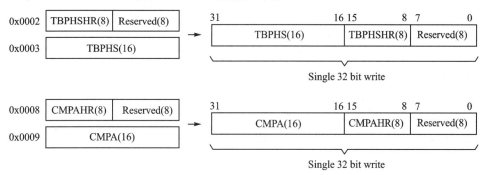

图 8.47　HRPWM 扩展寄存器和存储空间配置

经过扩展后,采用通道 A 的 PWM 信号通道便可实现 HRPWM 控制。图 8.48 给出了 HRPWM 与 8 位扩展寄存器的接口逻辑图。

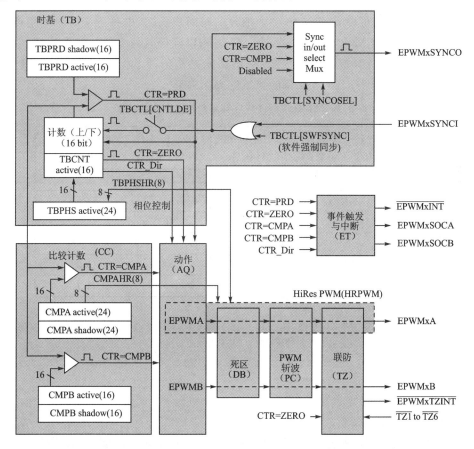

图 8.48　HRPWM 与 8 位扩展寄存器的接口逻辑图

(2) 配置 HRPWM

如果 ePWM 已经配置成一个给定频率和极性的常规 PWM,HRPWM 需要通过编程配置偏移地址为 20h 的 HRCNFG 寄存器。这个寄存器的配置选择提供了如下操作模式:

① 边沿模式——通过对 MEP 编程可以提供精确地上升沿、下降沿、双边沿位置控制。下降沿和上升沿的控制可应用于需要占空比控制的电源拓扑结构,而双边沿控制可应用于相移控制的拓扑结构,如相移全桥。

② 控制模式——可以通过配置 CMPAHR(占空比控制)寄存器或 TBPHSHR(相位控制)寄存器对 MEP 编程。上升沿与下降沿就由配置 CMPAHR 寄存器实现,而双边沿通过 TBPHSHR 寄存器的配置实现。

③ 影子模式——同常规 PWM 一样,这种模式提供了影子(双缓冲)选择。这种选择只有在 CMPAHR 寄存器的值与 CMPA 寄存器的值一样的时候才有效,而当使用 TBPHSHR 寄存器时,该模式无效。

(3) 操作方法

MEP 逻辑最大可以有 255(8 位)个细分的时间步长,其中每一个的时间精度为 150 ps。MEP 同 TBM 和 CCM 寄存器一起工作,以确保时间步长的最优应用,并且确保宽范围的 PWM 频率、系统时钟频率域其他操作条件下保持边沿定位的精度。表 8.39 展示了几种 HRPWM 支持的典型的操作频率。

表 8.39　MEP 步数、PWM 频率和精度之间的关系

系统频率/MHz	每个 SYSCLKOUT 对应的 MEP 步数	PWM 最低频率/Hz	PWM 最高频率/MHz	PWM 最高频率时的精度/位
50.0	111	763	2.50	11.1
60.0	93	916	3.00	10.9
70.0	79	1068	3.50	10.6
80.0	69	1221	4.00	10.4
90.0	62	1373	4.50	10.3
100.0	56	1526	5.00	10.1

注意:① 系统频率为时钟频率。

② MEP 时间步长精度为 180 ps。

③ 分配的 MEP 步长为时钟周期除以 MEP 时间步长精度。

④ PWM 最小频率是基于最大周期值,如 TBPRD＝65 535。PWM 模式为非对称向上计数。

⑤ 位精度按照 PWM 的最高频率给定。

1) 边沿定位

在典型的电源控制系统中(如开关电源、数字电动机、不间断电源等)都需要占空比的控制。假设一个特定应用的占空比要求为 40.5%,输出的 PWM 信号为 1.25 MHz,

如果采用系统时钟为 100 MHz 的常规 PWM,占空比只能接近 40.5%。如图 8.49 所示,通过 32 位的比较计数器能获得接近于 40.5% 的数值,在这种情况下,边沿定位时间精度步长为 320 ns,而不是 324 ns,数据参见表 8.40 所列。

采用 MEP 可以获得更为接近于 324 ns 的边沿定位。表 8.40 中给出了 CMPA 的值、22 位的 MEP 步长(CMPAHR 寄存器的值)可以获得 323.96 ns 的边沿位置,几乎实现零误差。假定 MEP 步长精度为 180 ps。

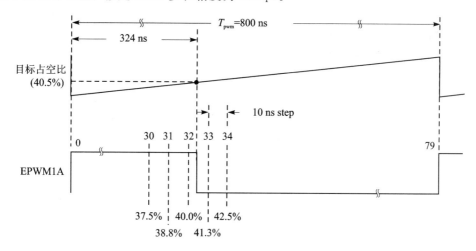

图 8.49 占空比为 40.5% 时对应的 PWM 波形

表 8.40 CMPA 和 CMPAHR 寄存器值对应的占空比

CMPA /计数器	占空比	高电平时间	CMPA 寄存器/计数	CMPAHR 寄存器值/计数	占空比	高电平 时间/ns
28	35.0	280	32	18	40.405	323.24
29	36.3	290	32	19	40.428	323.42
30	37.5	300	32	20	40.450	323.60
31	38.8	310	32	21	40.473	323.78
32	40.0	320	32	22	40.495	323.96
33	41.3	330	32	23	40.518	324.14
34	42.5	340	32	24	40.540	324.32
			32	25	40.563	324.50
Required			32	26	40.585	324.68
32.40	40.5	324	32	27	40.608	324.86

2) 具体配置

通过设置标准(CMPA)和 MEP(CMPAHR)寄存器,可以实现边沿定位的精准时间控制。在实际应用中,需要将要求的占空比和相应的周期值紧密对应,计算出来的数值要写到 CMPA 与 CMPAHR 寄存器组合中。

为此,首先要检查相关的比例和映射的步骤。通常软件控制中采用百分比表示占空比,这样做有个好处就是仅仅通过数学计算就可以了,而不用考虑最终的绝对的以时钟计数或高电平时间 ns 计算的占空比,编程时需要代码具有一定的移植性就要考虑到各种 PWM 频率下运行的情形。

寄存器赋值前,要得到相关比例需要两个步骤。

假设当前系统时钟,SYSCLKOUT=10 ns(100 MHz);

PWM 频率=1.25 MHz(1/800 ns);

需要的 PWM 占空比,PWM Duty=0.405(40.5%);

PWM 原始步长 PWMperiod(800 ns/10 ns)=80;

原始时钟调整的 MEP 步数(10 ns/180 ps),MEP_SF=55;

CMPAHR 寄存器内的值要求在 1~233,计算得到的小数需要取整(默认值)=0180H;

步骤 1:寄存器 CMPA 设置占空比的整数值。

$$CMPA \ 寄存器的值 = int(PWMDuty \times PWMperiod);$$
$$= int(0.405 \times 80)$$
$$= int(32.4)$$

$$CMPA \ 寄存器值 = 32(20H)$$

步骤 2:寄存器 CMPAHR 设置占空比的小数值。

$$CMPAHR \ 寄存器值 = (frac(PWMDuty \times PWMperiod) \times MEP\_SF) << 8) + 0180;$$

(frac 表示小数部分)

$$= (frac(32.4) \times 55 << 8) + 0180H(移位操作使计算的值放在 CMPAHR 高字节)$$

$$= ((0.4 \times 55) << 8) + 0180H$$

$$= 22 \times 256 + 0180H$$

$$= 1780H$$

CMPAHR 值=1700H//低 8 位忽略

3) 占空比限制

在高精度模式下,边沿定位并不能对占空比为 100% 的 PWM 进行调整。具体操作要求如下:当禁止诊断功能时,周期启动后至少经过 3 个时基时钟周期 TB-CLK;当 SFO 诊断功能启动时,周期启动至少 6 个时基时钟周期 TBCLK。

占空比调整范围限制如图 8.50 所示,该限制限定了最低的占空比调节。例如,针对接近 0% 的占空比并不能实现精确地边沿定位。尽管对最初的 3~6 个周期的 HRPWM 不可用,但是常规的 PWM 控制是可以做到占空比为 0 的。在绝大多数的应用中,这种情况并不常见,因为控制器运行条件很少要求占空比接近 0%。最小占空比限制如表 8.41 所列。

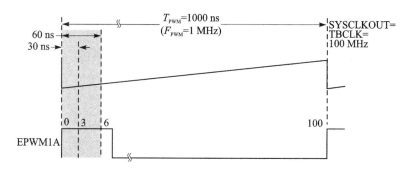

图 8.50　PWM 输出频率为 1 MHz 时低百分比占空比的限制

表 8.41　3 周期与 6 周期的占空比限制

PWM 频率 /kHz	3 周期最小 占空比	6 周期最小 占空比	PWM 频率 /kHz	3 周期最小 占空比	6 周期最小占 空比
200	0.6%	1.2%	1 200	3.6%	7.2%
400	1.2%	2.4%	1 400	4.2%	8.4%
600	1.8%	3.6%	1 600	4.8%	9.6%
800	2.4%	4.8%	1 800	5.4%	10.8%
1 000	3.0%	6.0%	2 000	6.0%	12%

　　如果应用系统要求 HRPWM 在低占空比范围内操作,那么 HRPWM 可以被配置为向下递减计数模式,采用 MEP 来控制上升沿。这种模式不会受到最低占空比限制,但会受到最大占空比限制。

　　4) 参数优化软件(SFO)

　　MEP 逻辑能够在 255 分步下定位边沿,如前所述,这些分步是在 150 ps 条件下实现的。MEP 步长会随着处理器参数、工作温度和电压变化。随着电压的降低和温度的升高而增大,随着电压的升高和温度的降低而减小。实际应用的时候可以采用 TI 提供的参数优化软件(SFO)设定的 HRPWM 参数。参数优化软件在 HRPWM 运行过程中动态地调整每个 SYSCLKOUT 周期的 MEP 步数。

　　要有效应用 MEP 功能,在 Q15 格式表示的占空比值映射到[CMPA:CM-PAHR]寄存器时,需要将 MEP 参数(MEP_SF)传值给软件。为此,每个 HRPWM 模块都内置了自检和诊断功能,能够在任何条件下确定优化 MEP_SF 的值。TI 公司提供了有两个优化函数的 C 调用库,它可以采用硬件优化和决定 MEP_SF 的参数。因此,MEP 控制和诊断寄存器保留给 TI 使用。

　　5) 优化编程代码的 HRPWM 实例

　　a. 为了更好地理解 HRPWM,举例如下:

　　非对称 PWM(递增模式、高电平有效)控制单相 Buck 变换器,单相变换器结构如图 8.51 所示。

　　b. 使用简易地 RC 滤波器实现 DAC 功能。

　　例:假设 MEP 步长精度为 150 ps,并使用 SFO 函数,代码如下:

```
// ------------------------------------
// HRPWM (High Resolution PWM)
// ====================================
// HRCNFG
#define HR_Disable 0x0
#define HR_REP 0x1          // Rising Edge position
#define HR_FEP 0x2          // Falling Edge positio
#define HR_BEP 0x3          // Both Edge position
#define HR_CMP 0x0          // CMPAHR controlled
#define HR_PHS 0x1          // TBPHSHR controlled
#define HR_CTR_ZERO 0x0     // CTR = Zero event
#define HR_CTR_PRD 0x1      // CTR = Period event
```

下面介绍单相变换器的控制。

PWM 输入要求如下:

a. PWM 频率＝1 MHz(即,TBPRD＝100)。

b. PWM 模式＝不对称,上升计数。

c. 精度 12.7 位(MEP 分步位为 150 ps)。

图 8.52 给出了 PWM 波形,正如前文所述,对 ePWM1 模块的配置除了 MEP 使能控制外,其他设置和一般的 PWM 配置一样。

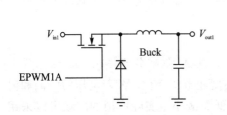

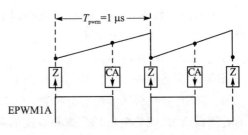

图 8.51　ePWM1 控制单相变换器的结构　　图 8.52　ePWM1 控制单相变换器的输出波形

本例代码包括两部分:初始化代码(执行一次)和实时代码(在 ISR 中执行)。

　　下面给出了初始化代码。第一部分是对一般 PWM 的参数配置。第二部分是对 HRPWM 参数的配置。

```
void HrBuckDrvCnf(void)
{
// 先配置常规的 PWM 参数
ePWM1Regs.TBCTL.bit.PRDLD = TB_IMMEDIATE;     // 设置为立即装载
ePWM1Regs.TBPRD = 100;                         // PWM 输出频率为 1000 kHz PWM
hrbuck_period = 200;                           // 2 x 周期, Q15~Q0 定标
ePWM1Regs.TBCTL.bit.CTRMODE = TB_COUNT_UP;
```

```
ePWM1Regs.TBCTL.bit.PHSEN = TB_DISABLE;              // ePWM1 为主
ePWM1Regs.TBCTL.bit.SYNCOSEL = TB_SYNC_DISABLE;
ePWM1Regs.TBCTL.bit.SYNCOSEL = TB_SYNC_DISABLE;
ePWM1Regs.TBCTL.bit.HSPCLKDIV = TB_DIV1;
ePWM1Regs.TBCTL.bit.CLKDIV = TB_DIV1;
// CHB 在此的初始化仅仅作为比较,实际并不需要
ePWM1Regs.CMPCTL.bit.LOADAMODE = CC_CTR_ZERO;
ePWM1Regs.CMPCTL.bit.SHDWAMODE = CC_SHADOW;
ePWM1Regs.CMPCTL.bit.LOADBMODE = CC_CTR_ZERO;        // 可选
ePWM1Regs.CMPCTL.bit.SHDWBMODE = CC_SHADOW;          // 可选
ePWM1Regs.AQCTLA.bit.ZRO = AQ_SET;
ePWM1Regs.AQCTLA.bit.CAU = AQ_CLEAR;
ePWM1Regs.AQCTLB.bit.ZRO = AQ_SET;                   // 可选
ePWM1Regs.AQCTLB.bit.CBU = AQ_CLEAR;                 // 可选
// 配置 HRPWM 参数
EALLOW;                                              // 下列寄存器是受保护的
// 仅仅演示 CHA 的配置
ePWM1Regs.HRCNFG.all = 0x0;                          // 清除所有位
ePWM1Regs.HRCNFG.bit.EDGMODE = HR_FEP;               // 控制下降沿的位置
ePWM1Regs.HRCNFG.bit.CTLMODE = HR_CMP;               // CMPAHR 控制 MEP
ePWM1Regs.HRCNFG.bit.HRLOAD = HR_CTR_ZERO;           // 影子寄存器加载模式
EDIS;
MEP_SF = 66 * 256;                                   // Start with typical Scale Factor
//100 MHz
// Note:使用 SFO 函数来动态更新 MEP_SF
}
```

3. HRPWM 寄存器描述

(1) 寄存器概述

HRPWM 所需的寄存器的汇总如表 8.42 所列。

表 8.42 HRPWM 相关寄存器描述

名　称	偏　移	大　小	描　述
时间基准寄存器			
TBCTL	0x0000	1/0	时间基准控制寄存器
TBSTS	0x0001	1/0	时间基准状态寄存器
TBPHSHR	TBPHSHR	1/0	时间基准相位高精度寄存器
TBPHS	0x0003	1/0	时间基准相位寄存器
TBCNT	0x0004	1/0	时间基准计数寄存器
TBPRD	0x0005	1/1	时间基准周期寄存器设置
Reserved	0x0006	1/0	保留
比较寄存器			
CMPCTL	0x0007	1/0	计数比较控制寄存器

续表 8.42

名　称	偏　移	大　小	描　述
CMPAHR	0x0008	1/1	计数比较 A 高精度寄存器设置
CMPA	0x0009	1/1	计数比较 A 寄存器设置
CMPB	0x000A	1/1	计数比较 B 寄存器设置
ePWM 寄存器			
ePWM	0x0000 至 0x001F	32	其他 ePWM 寄存器,包括上列
HRCNFG	0x0020	1	HRPWM 配置寄存器
ePWM/HRPWM 测试寄存器			
Reserved	0x0030 0x003F	16	保留

（2）HRPWM 配置寄存器（HRCNFG）

HRPWM 配置寄存器（HRCNFG）的各位信息如表 8.43 所列。

表 8.43　HRPWM 配置寄存器（HRCNFG）

位	名　称	描　述
15～4	Reserved	保留
3	HRLOAD	映射模式位:选择时间事件,将 CMPAHR 映射寄存器的值加载到主要寄存器 0:CTR=0(计数器等于零) 1:CTR=PRD(计数器等于周期值) 注:加载模式选择仅当 CTLMODE=0 被选定(位 2)时才有效。可以选择这个事件去配合 CMPA 加载模式的选定(也即,CMPCTL[LOADMODE] 位),在 ePWM 模块中设置如下: 00:Load on CTR=0;时基计数器等于零(TBCTR=0x0000) 01:Load on CTR=PRD;时基计数器等于周期值(TBCTR=TBP) 10:Load on CTR=0 或 CTR=PRD(步应用于 HRPWM 模块) 11:冻结(无负载可能)
2	CTLMODE	控制模式位:选择能够控制 MEP 的寄存器(CMP 或 TBPHS) 0:MPAHR(8)寄存器控制边沿位置(即占空比控制模式)(重置默认) 1:TBPHSHR(8)寄存器控制边沿位置(即相位控制模式)
1～0	EDGMODE	边沿模式位:选择被 MEP 逻辑控制的 PWM 边沿 00:HRPWM 禁用 01:MEP 上升沿控制 10:MEP 下降沿控制 11:MEP 双沿控制

（3）计数比较 A 高精度寄存器（CMPAHR）

计数比较 A 高精度寄存器（CMPAHR）的各位信息如表 8.44 所列。

表 8.44　计数比较 A 高精度寄存器(CMPAHR)

位	名　称	描　述
15～8	CMPAHR	比较 A 高精度寄存器位,实现 MEP 步长控制。使能 HRPWM 的最小值位 0x0001。MEP 在 1～255H 变化范围内有效
7～0	Reserved	保留

(4) 时间基准相位高精度寄存器(TBPHSHR)

时间基准相位高精度寄存器(TBPHSHR)的各位信息如表 8.45 所列。

表 8.45　时间基准相位高精度寄存器(TBPHSHR)

位	名　称	描　述
15～8	TBPHSH	时间基准相位高精度位
7～0	Reserved	保留

第 **9** 章

增强型脉冲捕获模块 eCAP

"事无巨细,无非因果",输入对输出有着非常重要的影响。脉冲量的输入是在数字控制系统中最常见的一类输入量,控制器专门设置了脉冲捕获模块(eCAP)来处理脉冲量,通过脉冲捕获模块捕获脉冲量的上升沿与下降沿,进而可以计算脉冲的宽度和占空比,可以采用脉冲信号进行相关控制。

9.1 脉冲捕获基本原理

捕获单元模块能够捕获外部输入引脚的逻辑状态(电平的高或低、电平翻转时的上升沿或下降沿),并利用内部定时器对外部事件或者引脚状态变化进行处理。典型应用如下:

> 电机测速。
> 测量脉冲电平宽度。
> 测量一系列脉冲占空比和周期。
> 电流/电压传感器的 PWM 编码信号的解码。

捕获单元示意图如图 9.1 所示。控制器给每个捕获单元模块都分配了一个捕获引脚,在捕获引脚上输入待测脉冲波形,捕获模块会捕获到指定捕获的逻辑状态。如图 9.1 所示的下降沿,捕获单元记录下定时器的时间,2 个下降沿间的时间差就是脉冲周期。同理,也可以捕获

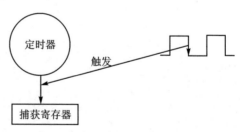

图 9.1 CAP 示意图

脉冲的上升沿,计算上升沿与下降沿之间的时间差就可以获得占空比,所以捕获单元可以用于测量脉冲周期以及脉冲的宽度。在一些数字脉冲测速场合,如电机的常见测速方法之一,在电机某个固定位置通过光电传感器发出一个脉冲,每周一个脉冲,2个脉冲之间的时间就是电机的转速。在一些精确控制的场合中,一周当然不止发出一个脉冲,这取决于传感器(光电编码器)的选型与性能。

9.2 增强型 CAP

F28335 共有 6 组 eCAP 模块,每个 eCAP 不但具有捕获功能,而且还可用作 PWM 输出功能。F28335 捕获模块的主要特征如下:

> 150 MHz 系统时钟的情况下,32 位时基的时间分辨率为 6.67 ns。
> 4 组 32 位的时间标志寄存器。
> 4 级捕获事件序列,可以灵活配置捕获事件边沿极性。
> 4 级触发事件均可以产生中断。
> 软件配置一次捕获可以最多得到 4 个捕获时间。
> 可连续循环 4 级捕获。
> 绝对时间捕获。
> 不同模式的时间捕获。
> 所有捕获都发生在一个输入引脚上。
> 如果 eCAP 模块不作捕获使用,可以配置成一个单通道输出的 PWM 模式。

eCAP 模块中一个捕获通道完成一次捕获任务,需要以下关键资源:

> 专用捕获输入引脚。
> 32 位时基(计数器)。
> 4×32 位时间标签捕获寄存器。
> 4 级序列器,与外部 eCAP 引脚的上升/下降沿同步。
> 4 个事件可独立配置边沿极性。
> 输入捕获信号预定标(2~62)。
> 一个 2 位的比较寄存器,一次触发后可以捕获 4 个时间标签事件。
> 采用 4 级深度的循环缓冲器以进行连续捕获。
> 4 个捕获事件中任意一个都可以产生中断。

9.3 捕获单元的 APWM 操作模式

如果 eCAP 模块不用作捕获输入,则可以将它用来产生一个单通道的 PWM。计数器工作在计数增模式,可以提供时基,从而产生不同占空比的 PWM。CAP1 与 CAP2 寄存器作为主要的周期和比较寄存器,CAP3 与 CAP4 寄存器作为周期和比较寄存器的影子寄存器,其原理框图如图 9.2 所示。

其功能描述如下:

> 时间计数器不断与 2 个 32 位的比较寄存器比较。
> CAP1 与 CAP2 用作周期与比较寄存器。
> 与影子寄存器 APRD、ACMP(CAP3、CAP4)配合形成双缓冲机制。如果选

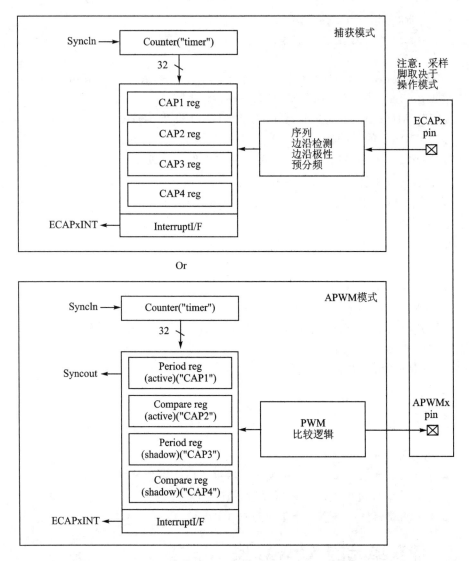

图 9.2　APWM 结构框图

择立即模式,则只要数据写入影子寄存器,影子寄存器的值就会立即加载到 CAP1 或者 CAP2 寄存器;如果选择周期加载模式,在 CTR＝PRD 的时候,影子寄存器的值就会加载到 CAP1 或者 CAP2 寄存器。

➢ 写数值到有效寄存器 CAP1/2 后,数值也将写到各自相应的影子寄存器 CAP3/4 里。

➢ 在初始化的时候,周期值与比较值必须写到有效寄存器 CAP1 与 CAP2,模块会自动复制初始化数值到影子寄存器中。在之后的数据更改时,只需要使用影子寄存器就可以了。

APWM 产生波形如图 9.3 所示。

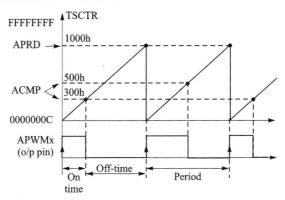

图 9.3　APWM 波形

9.4　捕获操作模式

F28335 中 eCAP 的原理框图如图 9.4 所示。

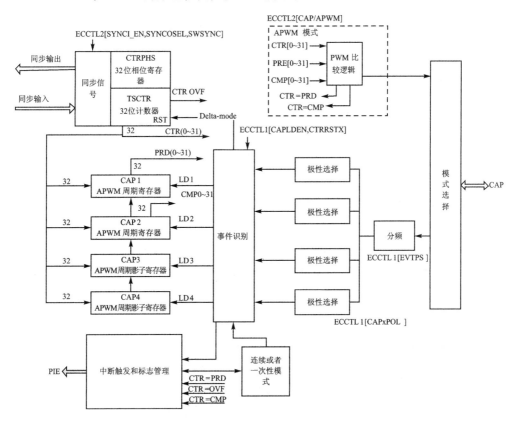

图 9.4　eCAP 原理框图

1. 事件分频(预定标)

可以对一个输入的捕捉信号进行分频系数为 $N=2\sim62$ 的分频,这在输入信号频率很高的时候非常有用。其框图和信号波形分别如图 9.5 和图 9.6 所示。

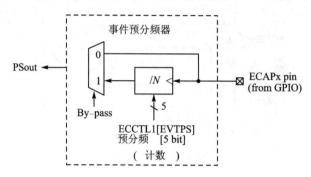

图 9.5　信号分频结构框图

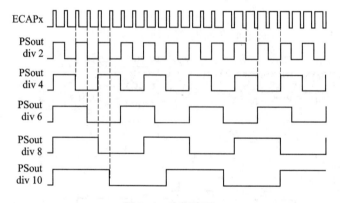

图 9.6　分频波形

2. 边沿极性选择

➢ 4 个独立的边沿极性选择器,每个捕获事件可以设置不同的边沿极性。

➢ 每个边沿事件由 MODULE4 序列发生器进行事件量化。

➢ 通过 Mod4 计数器将边沿事件锁存到相应的 CAP 寄存器中,CAP 寄存器工作在下降沿。

3. 连续/单次控制

➢ 2 位的 Mod4 计数器对相应的边沿捕获事件递增计数(CEVT1～CEVT4)。

➢ Mod4 计数器循环计数(0→1→2→3→0),直至停止工作。

➢ 在单次模式下,一个 2 位的停止寄存器与 Mod4 计数器的输出值进行比较,如果等于停止寄存器的值,Mod4 计数器将不再计数,并且阻止 CAP1～CAP4 寄存器加载数值。

连续/单次模块通过单次控制方式控制 Mod4 计数器的开始、停止和复位,这种单次控制方式由比较器的停止值触发,可通过软件进行强制控制。

在单次控制的时候,eCAP 模块等待 $N(1\sim4)$ 个捕捉事件发生,N 的值为停止寄存器的值。一旦 N 值达到后,MOD4 计数器和 CAP 寄存器的值都被冻结。如果向 CAP 控制寄存器 ECCTL2 中的单次重加载 RE-ARM 位写入 1,则 Mod4 计数器就会复位,并从冻结状态恢复作用;同时,如果将 CAP 控制寄存器 ECCTL1 中 CAP 寄存器加载使能 CAPLDEN 位置 1,那么 CAP1~CAP4 寄存器会再次加载新值。

在连续模式下,MOD4 计数器持续工作(0→1→2→3→0),捕捉值在一个环形缓冲里按顺序不断地写入 CAP1~CAP4。图 9.7 为连续/单次控制框图。

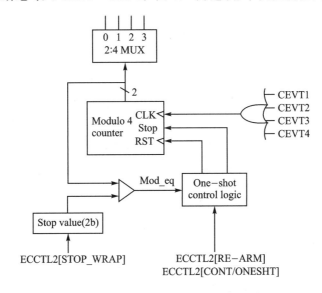

图 9.7　连续/单次模块控制框图

4. 32 位计数器与相位控制

计数器为事件捕获提供时基,其时钟信号为系统时钟的分频。通过软件或硬件强制,可以用相位寄存器与其他计数器同步。在 APWM 模式中,这个相位寄存器在模块之间需要相位差时很有用。在 4 个捕捉事件的数值加载中,可以选择复位这个32 位计数器,这点对时间偏差捕获很有用。首先 32 位计数器的值被捕获到,然后被LD1~LD4 中任意一个信号复位为 0。其工作原理框图如图 9.8 所示。

5. CAP1~CAP4 寄存器

CAP1~CAP4 寄存器通过 32 位的定时/计数器总线加载数值,当相应的捕获事件发生时,CTR[0:31]值加载到相应的 CAP 寄存器中。

通过控制 CAP 控制寄存器 ECCTL1[CAPLDEN]位可以阻止捕捉寄存器数值的加载。在单次模式下,一个停止信号产生的时候(StopValue=MOD4),该位被自

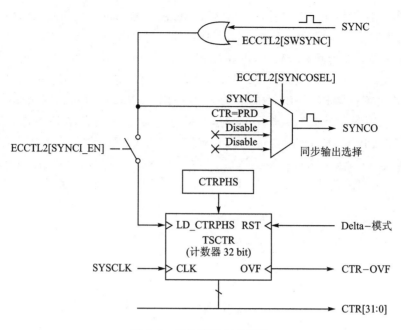

图 9.8 计数器与同步模块

动清除(不加载)。在 APWM 模式下 CAP1 与 CAP2 寄存器为有效的周期寄存器和比较寄存器;CAP3 与 CAP4 寄存器相对 CAP1 与 CAP2 寄存器为独立的影子寄存器(APRD 与 ACMP)。

6. 中断控制

捕捉事件的发生(CEVT1~CEVT4,CTROVF)或者 APWM 事件的发生(CTR=PRD,CTR=CMP)都将会产生中断请求。

这些事件中的任一个事件都可以被选作中断源(从 eCAPx 模块中)连到 PIE。

中断使能寄存器(ECEINT)用于使能/屏蔽中断源。中断标志寄存器(ECFLG)包含中断事件标志和全局中断标志位(INT)。

如果相应的中断事件使能标志位为 1,INT 标志位为 0,那么一个中断脉冲就会告知 PIE。

在其他的中断脉冲产生之前,在中断服务程序里必须通过中断清除寄存器(EC-CLR)清除全局中断标志和相应的中断事件。通过强制中断寄存器(ECFRC)可以强制发生某个中断事件,这个在测试的时候比较有用。其框图如图 9.9 所示。

注意,CEVT1、CEVT2、CEVT3、CEVT4 标志工作在捕捉模式(ECCTL2[CAP/APWM]==0);CTR=PRD,CTR=CMP 标志工作在 APWM 模式(ECCTL2[CAP/APWM]==1);CNTOVF 标志在 2 种模式下都可工作。

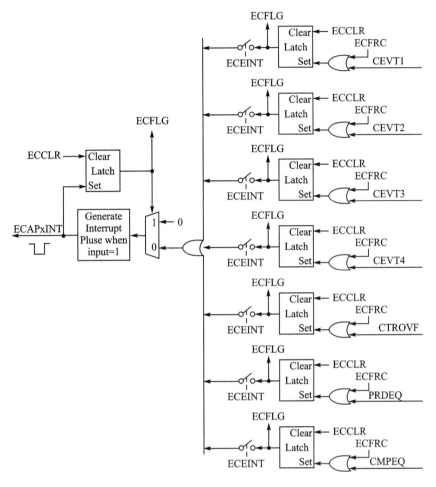

图 9.9　eCAP 模块中的中断

7. 影子加载与锁存控制

在捕捉模式下,锁存逻辑阻止任何影子数据从 APRD 和 ACMP 寄存器中加载到 CAP1 与 CAP2 中。

在 APWM 模式下,允许影子寄存器里的数据加载,并且还有两种选择:

➤ 立即:只要有新的数据写入影子寄存器,APRD 或 ACMP 立即向 CAP1 或 CAP2 加载数据。

➤ 在周期相等的时候,即 CTR[31:0]＝PRD[31:0]的时候,有效寄存器从影子寄存器加载数据。

9.5 CAP 寄存器

CAP 所有寄存器及地址如表 9.1 所列。

表 9.1 CAP 相关寄存器

名　称	地　址	大　小	描　述	名　称	地　址	大　小	描　述
TSCTR	0x6A00	2	32 位计数器	ECCTL1	0x6A14	1	捕获控制寄存器 1
CTRPHS	0x6A02	2	相位偏置寄存器	ECCTL2	0x6A15	1	捕获控制寄存器 2
CAP1	0x6A04	2	捕获寄存器 1	ECEINT	0x6A16	1	捕获中断使能寄存器
CAP2	0x6A05	2	捕获寄存器 2	ECFLG	0x6A17	1	捕获中断标志寄存器
CAP3	0x6A06	2	捕获寄存器 3	ECCLR	0x6A18	1	捕获中断清零寄存器
CAP4	0x6A0A	2	捕获寄存器 4	ECFRC	0x6A19	1	捕获中断强制寄存器

1. 时间标志寄存器(TSCTR)

时间标志寄存器(TSCTR)的各位信息如表 9.2 所列。

2. 计数相位寄存器(CTRPHS)

计数相位寄存器(CTRPHS)的各位信息如表 9.3 所列。

表 9.2 时间标志寄存器(TSCTR)位信息

位	名　称	描　述
31～0	TSCTR	32 位计数寄存器,捕捉事件的时间标志

表 9.3 计数相位寄存器(CTRPHS)位信息

位	名　称	描　述
31～0	CTRPHS	计数相位寄存器

3. 捕获寄存器 1(CAP1)

捕获寄存器 1(CAP1)的各位信息如表 9.4 所列。

4. 捕获寄存器 2(CAP2)

捕获寄存器 2(CAP2)的各位信息如表 9.5 所列。

表 9.4 捕获寄存器 1(CAP1)

位	名　称	描　述
31～0	CAP1	这个寄存器的作用:在 CMP 模式中,加载捕获事件中的时间标志(TSCTR 的计数值);在 APWM 模式中,起到 APRD 的作用

表 9.5 捕获寄存器 2(CAP2)

位	名　称	描　述
31～0	CAP2	这个寄存器的作用:在 CMP 模式中,加载捕获事件中的时间标志(TSCTR 的计数值);在 APWM 模式中,起到 ACMP 的作用

5. 捕获寄存器 3(CAP3)

捕获寄存器 3(CAP3)的各位信息如表 9.6 所列。

6. 捕获寄存器 4(CAP4)

捕获寄存器 4(CAP4)的各位信息如表 9.7 所列。

表 9.6　捕获寄存器 3(CAP3)

位	名　称	描　述
31～0	CAP3	这个寄存器的作用：在 CMP 模式中，加载捕获事件中的时间标志（TSCTR 的计数值）；在 APWM 模式中，起到 APRD 影子寄存器的作用

表 9.7　捕获寄存器 4(CAP4)

位	名　称	描　述
31～0	CAP4	这个寄存器的作用：在 CMP 模式中，加载捕获事件中的时间标志（TSCTR 的计数值）；在 APWM 模式中，起到 ACMP 影子寄存器的作用

7. eCAP 控制寄存器 1(ECCTL1)

eCAP 控制寄存器 1(ECCTL1)的各位信息如表 9.8 所列。

表 9.8　eCAP 控制寄存器 1(ECCTL1)

位	名　称	描　述
15～14	FREE/SOFT	仿真控制 00：仿真暂停时 TSCTR 计数立即停止 01：TSCTR 一直计数，直到为 0
13～9	PRESCALE	输入信号分频选择 00000：1 分频(不分频)；00001：2 分频；00010：4 分频；00011：6 分频；00100：8 分频；00101：10 分频；……；11110：60 分频；11111：62 分频
8	CAPLDEN	在捕获事件中使能 CAP1～4 寄存器的加载 0：禁止在捕获事件中加载 CAP1～4 寄存器的时间；1：使能在捕获事件中加载 CAP1～4 寄存器的时间
7	CTRRST4	CAP4 事件中重置计数器 0：在 CAP4 事件中不重置计数器；1：在 CAP4 捕获后重置计数器
6	CAP4POL	捕捉沿选择 0：CAP4 上升沿捕捉(RE)；1：CAP4 下降沿捕捉(FE)
5	CTRRST3	CAP3 事件中重置计数器 0：在 CAP3 事件中不重置计数器；1：在 CAP3 捕获后重置计数器

续表 9.8

位	名　称	描　述
4	CAP3POL	捕捉沿选择 0:CAP3 上升沿捕捉(RE);1:CAP3 下降沿捕捉(FE)
3	CTRRST2	CAP2 事件中重置计数器 0:在 CAP2 事件中不重置计数器;1:在 CAP2 捕获后重置计数器
2	CAP2POL	捕捉沿选择 0:CAP2 上升沿捕捉(RE);1:CAP2 下降沿捕捉(FE)
1	CTRRST1	CAP1 事件中重置计数器 0:在 CAP1 事件中不重置计数器;1:在 CAP1 捕获后重置计数器
0	CAP1POL	捕捉沿选择 0:CAP1 上升沿捕捉(RE);1:CAP1 下降沿捕捉(FE)

8. eCAP 控制寄存器 2(ECCTL2)

eCAP 控制寄存器 2(ECCTL2)的各位信息如表 9.9 所列。

表 9.9　eCAP 控制寄存器 2(ECCTL2)

位	名　称	描　述
15~11	保留	保留
10	APWMPOL	APWM 输出极性选择。仅限于 APWM 模式 0:输出为高(比较值为高);1:输出为低(比较值为低)
9	CAP/APWM	CAP 与 APWM 模式选择 0:eCAP 模块工作于捕捉模式。此模式做了下列配置: ➤ 通过 CTR=PRD 阻止 TSCTR 重置 ➤ 阻止影子寄存器加载到 CAP1 与 CAP2 寄存器 ➤ 允许用户使能加载 CAP1~4 寄存器 ➤ CAPx/APWMx 引脚作为捕捉输入 1:eCAP 模块工作于 APWM 模式。此模式做了下列配置: ➤ CTR=PRD 重置 TSCTR ➤ 允许影子寄存器加载到 CAP1 与 CAP2 寄存器 ➤ 禁止时间标志加载到 CAP1~4 寄存器 ➤ CAPx/APWMx 引脚作为 APWM 输出
8	SWSYNC	软件强制计数器同步。它提供一个简便的软件方法使一些或者所有 eCAP 时基同步。在 APWM 模式下也可以通过 CTR=PRD 实现同步 0:无影响 1:强制同步。写 1 后,该位返回一个 0 注意:选择 CTR=PRD 意味着仅限于 APWM 模式

位	名　称	描　述
7～6	SYNCO _SEL	同步输出选择 00:选择同步输入事件为同步信号输出;01:选择 CTR＝PRD 事件为同步信号输出 10 或 11:屏蔽同步信号输出
5	SYNCI_EN	计数器(TSCTR)同步输入选择模式 0:屏蔽同步输入操作;1:允许计数器根据一个 SYNCI 信号或者 S/W 事件从 TSCTR 寄存器中加载
4	TSCTR- STOP	计数器停止位控制 0:计数器停止;1:计数器计数
3	RE－ARM	单次重加载控制。也就是等待停止触发。重加载功能在单次或者连续模式下有效 0:无影响;1:以下情况将强制为单次模式 ▶ 复位 MOD4 计数器为 0 ▶ 允许 MOD4 计数器持续计数 ▶ 使能捕捉寄存器加载
2～1	STOP _WRAP	单次/连续模式下的停止值 00:单次模式下,在 CAP1 的捕捉事件发生后产生停止信号 　　连续模式下,在 CAP1 的捕捉事件发生后计数器正常运行 01:单次模式下,在 CAP2 的捕捉事件发生后产生停止信号 　　连续模式下,在 CAP2 的捕捉事件发生后计数器正常运行 10:单次模式下,在 CAP3 的捕捉事件发生后产生停止信号 　　连续模式下,在 CAP3 的捕捉事件发生后计数器正常运行 11:单次模式下,在 CAP4 的捕捉事件发生后产生停止信号 　　连续模式下,在 CAP4 的捕捉事件发生后计数器正常运行 注意,该位的值与 MOD4 计数器的值向比较,如果相等,将发生以下两件事件: ▶ MOD4 计数器暂停 ▶ 捕捉寄存器不再加载新的数据 在单次模式下,后续的中断事件将不会向 PIE 发出中断请求,除非重新配置模块
0	CONT/ ONESHT	连续/单次模式 0:连续模式 1:单次模式

9. eCAP 中断使能寄存器(ECEINT)

eCAP 中断使能寄存器(ECEINT)的各位信息如表 9.10 所列。

表 9.10　eCAP 中断使能寄存器(ECEINT)

位	名　称	描　述
15～8	保留	保留
7	CTR＝CMP	计数器匹配中断使能 0:屏蔽;1:使能
6	CTR＝PRD	计数器周期匹配中断使能 0:屏蔽;1:使能
5	CTROVF	计数器溢出中断使能 0:屏蔽;1:使能
4～1	CEVT4～CEVT1	捕捉事件 4～1 中断使能 0:屏蔽;1:使能
0	保留	保留

10. eCAP 中断标志寄存器(ECFLG)

eCAP 中断标志寄存器(ECFLG)的各位信息如表 9.11 所列。

表 9.11　eCAP 中断标志寄存器(ECFLG)

位	名　称	描　述
15～8	保留	保留
7	CTR＝CMP	计数器匹配状态标志位。仅限于 APWM 模式 0:无;1:计数器匹配比较寄存器值(ACMP)
6	CTR＝PRD	计数器周期匹配状态标志位。仅限于 APWM 模式 0:无;1:计数器匹配周期寄存器值(APER)并重置
5	CTROVF	计数器溢出标志 0:无;1:计数器从 0000 0000 变化到 FFFF FFFF
4～1	CEVT4～CEVT1	分别表示捕捉事件 4～1 状态标记,该状态位只在 CAP 模式下有效 0:无事件发生;1:有事件发生
0	INT	全局中断标志 0:无;1:有中断产生

11. eCAP 中断清除寄存器(ECCLR)

eCAP 中断清除寄存器(ECCLR)的各位信息如表 9.12 所列。

表 9.12   eCAP 中断清除寄存器(ECCLR)

位	名　称	描　述
15~8	保留	保留
7	CTR=CMP	计数器匹配状态 0:无影响;1:清除该位标志位
6	CTR=PRD	计数器周期匹配状态 0:无影响;1:清除该位标志位
5	CTROVF	计数器溢出 0:无影响;1:清除该位标志位
4~1	CEVT4~CEVT1	捕捉事件 4~1 标志 0:无影响;1:清除该位标志位
0	INT	全局中断标志 0:无影响;1:清除该位标志位,不影响中断的使能

12. eCAP 强制中断寄存器(ECFRC)

eCAP 强制中断寄存器(ECFRC)的各位信息如表 9.13 所列。

表 9.13   eCAP 强制中断寄存器(ECFRC)

位	名　称	描　述
15~8	保留	保留
7	CTR=CMP	强制计数器匹配比较寄存器 0:无影响;1:写 1 置位该标志位
6	CTR=PRD	强制计数器匹配周期寄存器 0:无影响;1:写 1 置位该标志位
5	CTROVF	强制计数器溢出 0:无影响;1:写 1 置位该标志位
4	CEVT4	强制捕捉事件 4 中断 0:无影响;1:写 1 置位该标志位
3	CEVT3	强制捕捉事件 3 中断 0:无影响;1:写 1 置位该标志位
2	CEVT2	强制捕捉事件 2 中断 0:无影响;1:写 1 置位该标志位
1	CEVT1	强制捕捉事件 1 中断 0:无影响;1:写 1 置位该标志位
0	保留	保留

9.6 手把手教你实现 CAP 捕获信号发生器信号边沿

1. 实验目的

① 掌握 F28335 CAP 捕获原理。

② 运用 CAP 计算脉冲信号占空比。

2. 实验主要步骤

① 首先打开已经配置的 CCS6.1 软件。

② 将仿真器的 USB 与计算机连接,将仿真器的另一端 JTAG 端插到 YX - F28335 开发板的 JTAG 针处。

③ 在 CCS6.1 中建立配置文件并连接 DSP 板卡。

④ 在 CCS6.1 菜单栏,首先选择 File→Import 菜单项,然后选择 Code Composer Studio→CCS Projects,最后浏览找到 f28335_ Cap 工程所在的路径文件夹并导入工程。

⑤ 选择 Run→Load→Load Program 菜单项,选中 f28335_ Cap.out 并下载。

⑥ 打开信号发生器,调信号发生器产生 10 kHz 的 0～3.3 V 的方波,然后将信号发生器的地线接到开发板的地线端,另一端接到 YX - F28335 开发板 J8 的第 2 脚。

⑦ 选择 Run→Resume 菜单项运行,之后用户在 CCS 菜单中选择 View→Expressions,在 Expressions 窗口中输入变量 T1 、T2 后回车。单击 Expressions 窗口上面的 Continuous Refresh,则可以看到 T1 和 T2 的值为 15 000 左右 。

3. 实验原理说明

此实验利用 CAP 捕捉信号发生器产生的方波,T1 和 T2、T3 和 T4 所测值的公式为:T＝F28335 工作频率/所测信号频率。F28335 工作频率为 150 MHz,信号发生器产生方波的频率为 10 kHz,所以 T 的值应该是 15 000。

eCAP 的时钟计数器是以系统时钟为基准的,所以首先须设置系统时钟,为 eCAP 提供基准:

```
void ChoseCAP(void)
{
SysCtrlRegs.PCLKCR1.bit.eCAP1ENCLK = 1;          // 使能系统时钟为 CAP1 提供基准
SysCtrlRegs.PCLKCR1.bit.eCAP2ENCLK = 1;          // 使能系统时钟为 CAP2 提供基准
//SysCtrlRegs.PCLKCR1.bit.eCAP3ENCLK = 1;        // 其他 CAP 模块未用到,所以屏蔽
//SysCtrlRegs.PCLKCR1.bit.eCAP4ENCLK = 1;
//SysCtrlRegs.PCLKCR1.bit.eCAP5ENCLK = 1;
//SysCtrlRegs.PCLKCR1.bit.eCAP6ENCLK = 1;
}
```

设置 CAP 的输入引脚如下：

```
void IniteCAP1Gpio(void)
{
//选择设置 GPIO24 为 CAP1,当然用户可以选择其他 GPIO,前提是所选的 GPIO 具有 CAP 功能即可
EALLOW;
GpioCtrlRegs.GPAPUD.bit.GPIO24 = 0;        // 使能 GPIO24（CAP1）上拉
GpioCtrlRegs.GPAQSEL2.bit.GPIO24 = 0;      // 使 GPIO24（CAP1）时钟与系统时钟输出同步
GpioCtrlRegs.GPAMUX2.bit.GPIO24 = 1;       // 配置 GPIO24 作为 CAP1
EDIS;
}
# if DSP28_eCAP2
void IniteCAP2Gpio(void)
{
EALLOW;
GpioCtrlRegs.GPAPUD.bit.GPIO25 = 0;        // 使能 GPIO25（CAP2）上拉
GpioCtrlRegs.GPAQSEL2.bit.GPIO25 = 0;      // 使 GPIO25（CAP2）时钟与系统时钟输出同步
GpioCtrlRegs.GPAMUX2.bit.GPIO25 = 1;       // 配置 GPIO25 作为 CAP2
EDIS;
}
# endif // endif DSP28_eCAP2
```

CAP 工作模式的配置如下所示：

```
void SetCap1Mode(void)
{
//下面为寄存器赋值大部分采用了宏定义方式,具体参数值需要查看源程序的宏定义部分
eCAP1Regs.ECCTL1.bit.CAP1POL = EC_RISING;         // 1 级事件捕捉上升沿
eCAP1Regs.ECCTL1.bit.CAP2POL = EC_RISING;         // 2 级事件捕捉上升沿
eCAP1Regs.ECCTL1.bit.CAP3POL = EC_RISING;         // 3 级事件捕捉上升沿
eCAP1Regs.ECCTL1.bit.CAP4POL = EC_RISING;         // 4 级事件捕捉上升沿
eCAP1Regs.ECCTL1.bit.CTRRST1 = EC_ABS_MODE;       // 1 级事件捕捉后不清零计数器
eCAP1Regs.ECCTL1.bit.CTRRST2 = EC_ABS_MODE;       // 2 级事件捕捉后不清零计数器
eCAP1Regs.ECCTL1.bit.CTRRST3 = EC_ABS_MODE;       // 3 级事件捕捉后不清零计数器
eCAP1Regs.ECCTL1.bit.CTRRST4 = EC_ABS_MODE;       // 4 级事件捕捉后不清零计数器
eCAP1Regs.ECCTL1.bit.CAPLDEN = EC_ENABLE;  // 使能事件捕捉时捕捉寄存器装载计数器值
eCAP1Regs.ECCTL1.bit.PRESCALE = EC_DIV1;          // 对外部信号不分频
eCAP1Regs.ECCTL2.bit.CAP_APWM = EC_CAP_MODE;      // 捕捉模式
eCAP1Regs.ECCTL2.bit.CONT_ONESHT = EC_CONTINUOUS; // 连续模式
eCAP1Regs.ECCTL2.bit.SYNCO_SEL = EC_SYNCO_DIS;
eCAP1Regs.ECCTL2.bit.SYNCI_EN = EC_DISABLE;
eCAP1Regs.ECEINT.all = 0x0000;                    // 关闭所有 CAP 中断
eCAP1Regs.ECCLR.all = 0xFFFF;                     // 清除所有中断标志位
eCAP1Regs.ECCTL2.bit.TSCTRSTOP = EC_RUN;          // 启动 CAP 计数器
eCAP1Regs.ECEINT.bit.CEVT4 = 1; // 使能 4 级事件中断,即当发生第 4 次捕捉时进入中断
}
void SetCap2Mode(void)
{
eCAP2Regs.ECCTL1.bit.CAP1POL = EC_FALLING;        // 1 级事件捕捉下降沿
eCAP2Regs.ECCTL1.bit.CAP2POL = EC_FALLING;        // 2 级事件捕捉下降沿
```

```
eCAP2Regs.ECCTL1.bit.CAP3POL = EC_FALLING;              // 3 级事件捕捉下降沿
eCAP2Regs.ECCTL1.bit.CAP4POL = EC_FALLING;              // 4 级事件捕捉下降沿
eCAP2Regs.ECCTL1.bit.CTRRST1 = EC_ABS_MODE;
eCAP2Regs.ECCTL1.bit.CTRRST2 = EC_ABS_MODE;
eCAP2Regs.ECCTL1.bit.CTRRST3 = EC_ABS_MODE;
eCAP2Regs.ECCTL1.bit.CTRRST4 = EC_ABS_MODE;
eCAP2Regs.ECCTL1.bit.CAPLDEN = EC_ENABLE;
eCAP2Regs.ECCTL1.bit.PRESCALE = EC_DIV1;
eCAP2Regs.ECCTL2.bit.CAP_APWM = EC_CAP_MODE;
eCAP2Regs.ECCTL2.bit.CONT_ONESHT = EC_CONTINUOUS;
eCAP2Regs.ECCTL2.bit.SYNCO_SEL = EC_SYNCO_DIS;
eCAP2Regs.ECCTL2.bit.SYNCI_EN = EC_DISABLE;
eCAP2Regs.ECEINT.all = 0x0000;                          //关闭所有中断
eCAP2Regs.ECCLR.all = 0xFFFF;                           //清除中断标志位
eCAP2Regs.ECCTL2.bit.TSCTRSTOP = EC_RUN;                //启动开中断
eCAP2Regs.ECEINT.bit.CEVT4 = 1;                         //使能 CEVT4 中断
}
```

4. 实验观察与思考

① 若把 F28335 的工作频率设置为 100 MHz,则此时 T1 的值为多少?
② 若把信号发生器的信号设为 30 kHz,此时 T1 的值为多少?
③ F28335 的 CAP 能测量 300 MHz 的方波信号吗? 如果可以,怎么测量?

9.7 手把手教你实现 CAP 捕获 PWM 信号边沿

1. 实验目的

① 掌握 PWM 原理。
② 掌握 CAP 原理。

2. 实验主要步骤

① 首先打开已经配置的 CCS6.1 软件。
② 将仿真器的 USB 与计算机连接,将仿真器的另一端 JTAG 端插到 YX - F28335 开发板的 JTAG 针处。
③ 在 CCS6.1 建立配置文件并连接 DSP 板卡。
④ 在 CCS6.1 菜单栏,首先选择 File→Import 菜单项,然后选择 Code Composer Studio→CCS Projects,最后浏览找到 f28335_Cap 工程所在的路径文件夹并导入工程。
⑤ 选择 Run→Load→Load Program 菜单项,选中 f28335_ Cap.out 并下载。
⑥ 将板卡上面的 J8-2 和 J5-1 短接起来。
⑦ 选择 Run→Resume 菜单项运行,之后用户在 CCS 菜单中选择 View→Expressions,在 Expressions 窗口中输入变量 T1、T2 后回车,单击 Expressions 窗口上面的 Continuous Refresh,则可以看到 T1 和 T2 的值为 15 000 左右。

3. 实验原理说明

此实验是将 F28335 产生的 PWM 波送给其 CAP 端进行捕捉。这样就可以在不使用示波器和信号发生器情况下，也可以分析其工作原理，从而达到同样实验学习、理解的目的。将 F28335 产生 10 kHz 的 PWM 波通过短接线直接将此信号送给 CAP 输入引脚，T 值为 15 000，程序在实现的时候需要对 PWM 进行设置，然后再启动 CAP。

PWM 输出引脚配置如下：

```
void InitEPwm1Gpio(void)
{
EALLOW;
GpioCtrlRegs.GPAPUD.bit.GPIO0 = 0;      // 使能 GPIO0 内部上拉
GpioCtrlRegs.GPAPUD.bit.GPIO1 = 0;      // 使能 GPIO1 内部上拉
GpioCtrlRegs.GPAMUX1.bit.GPIO0 = 1;     // 将 GPIO0 配置为 EPWM1A 功能
GpioCtrlRegs.GPAMUX1.bit.GPIO1 = 1;     // 将 GPIO1 配置为 EPWM1B 功能
EDIS;
}
```

PIE 中断控制设置程序如下：

```
void InitPieCtrl(void)
{
// 关闭 CPU 总中断
DINT;
// 关闭 PIE 模块总中断
PieCtrlRegs.PIECTRL.bit.ENPIE = 0;
// 关闭所有 PIE 模块的中断
PieCtrlRegs.PIEIER1.all = 0;
PieCtrlRegs.PIEIER2.all = 0;
PieCtrlRegs.PIEIER3.all = 0;
PieCtrlRegs.PIEIER4.all = 0;
PieCtrlRegs.PIEIER5.all = 0;
PieCtrlRegs.PIEIER6.all = 0;
PieCtrlRegs.PIEIER7.all = 0;
PieCtrlRegs.PIEIER8.all = 0;
PieCtrlRegs.PIEIER9.all = 0;
PieCtrlRegs.PIEIER10.all = 0;
PieCtrlRegs.PIEIER11.all = 0;
PieCtrlRegs.PIEIER12.all = 0;
// 清除所有 PIE 中断标志位
PieCtrlRegs.PIEIFR1.all = 0;
PieCtrlRegs.PIEIFR2.all = 0;
PieCtrlRegs.PIEIFR3.all = 0;
PieCtrlRegs.PIEIFR4.all = 0;
PieCtrlRegs.PIEIFR5.all = 0;
PieCtrlRegs.PIEIFR6.all = 0;
PieCtrlRegs.PIEIFR7.all = 0;
```

```
PieCtrlRegs.PIEIFR8.all = 0;
PieCtrlRegs.PIEIFR9.all = 0;
PieCtrlRegs.PIEIFR10.all = 0;
PieCtrlRegs.PIEIFR11.all = 0;
PieCtrlRegs.PIEIFR12.all = 0;
}
```

PIE 中断向量表的初始化函数如下：

```
void InitPieVectTable(void) //此函数初始化中断向量表,将中断服务函数与向量表关联
{
int16 i;
Uint32 * Source = (void * ) &PieVectTableInit;// 中断服务函数入口地址
Uint32 * Dest = (void * ) &PieVectTable;      // 中断向量表
EALLOW;
for (i = 0; i < 128; i++)
* Dest ++ = * Source ++ ;// 把中断入口地址送给中断向量表,达到关联的目的
EDIS;
// Enable the PIE Vector Table
PieCtrlRegs.PIECTRL.bit.ENPIE = 1;              // 使能 PIE 模块的总中断
}
```

eCAP 初始化设置，CAP 使能设置：

```
void ChoseCAP(void)
{
SysCtrlRegs.PCLKCR1.bit.eCAP1ENCLK = 1;      // 使能系统时钟为 CAP1 提供基准
SysCtrlRegs.PCLKCR1.bit.eCAP2ENCLK = 1;      // 使能系统时钟为 CAP2 提供基准
//SysCtrlRegs.PCLKCR1.bit.eCAP3ENCLK = 1;    // 其他 CAP 模块未用到,所以屏蔽
//SysCtrlRegs.PCLKCR1.bit.eCAP4ENCLK = 1;
//SysCtrlRegs.PCLKCR1.bit.eCAP5ENCLK = 1;
//SysCtrlRegs.PCLKCR1.bit.eCAP6ENCLK = 1;
}
```

CAP 的输入引脚设置如下：

```
void IniteCAP1Gpio(void)
{
//选择设置 GPIO24 为 CAP1,也可以选择其他 GPIO,前提是所选的 GPIO 具有 CAP 功能可 EALLOW;
GpioCtrlRegs.GPAPUD.bit.GPIO24 = 0;          // 使能 GPIO24 (CAP1)上拉
GpioCtrlRegs.GPAQSEL2.bit.GPIO24 = 0;        // 使 GPIO24 (CAP1)时钟不系统时钟输出同步
GpioCtrlRegs.GPAMUX2.bit.GPIO24 = 1;         // 配置  GPIO24 作为 CAP1
EDIS;
}
# if DSP28_eCAP2
void IniteCAP2Gpio(void)
{
EALLOW;
GpioCtrlRegs.GPAPUD.bit.GPIO25 = 0;          // 使能 GPIO25 (CAP2)上拉
```

```
GpioCtrlRegs.GPAQSEL2.bit.GPIO25 = 0;        // 使 GPIO25 (CAP2)时钟不系统时钟输出同步
GpioCtrlRegs.GPAMUX2.bit.GPIO25 = 1;          // 配置  GPIO25 作为 CAP2
EDIS;
}
#endif // endif DSP28_eCAP2
```

CAP 工作模式的配置如下所示：

```
void SetCap1Mode(void)
{
//下面为寄存器赋值大部分采用了宏定义方式,具体参数值需要查看源程序的宏定义部分
eCAP1Regs.ECCTL1.bit.CAP1POL = EC_RISING;           // 1 级事件捕获上升沿
eCAP1Regs.ECCTL1.bit.CAP2POL = EC_RISING;           // 2 级事件捕获上升沿
eCAP1Regs.ECCTL1.bit.CAP3POL = EC_RISING;           // 3 级事件捕获上升沿
eCAP1Regs.ECCTL1.bit.CAP4POL = EC_RISING;           // 4 级事件捕获上升沿
eCAP1Regs.ECCTL1.bit.CTRRST1 = EC_ABS_MODE;         // 1 级事件捕获后不清零计数器
eCAP1Regs.ECCTL1.bit.CTRRST2 = EC_ABS_MODE;         // 2 级事件捕获后不清零计数器
eCAP1Regs.ECCTL1.bit.CTRRST3 = EC_ABS_MODE;         // 3 级事件捕获后不清零计数器
eCAP1Regs.ECCTL1.bit.CTRRST4 = EC_ABS_MODE;         // 4 级事件捕获后不清零计数器
eCAP1Regs.ECCTL1.bit.CAPLDEN = EC_ENABLE;   // 使能事件捕捉时捕捉寄存器装载计数器值
eCAP1Regs.ECCTL1.bit.PRESCALE = EC_DIV1;            // 对外部信号不分频
eCAP1Regs.ECCTL2.bit.CAP_APWM = EC_CAP_MODE;        // 捕捉模式
eCAP1Regs.ECCTL2.bit.CONT_ONESHT = EC_CONTINUOUS;   // 连续模式
eCAP1Regs.ECCTL2.bit.SYNCO_SEL = EC_SYNCO_DIS;
eCAP1Regs.ECCTL2.bit.SYNCI_EN = EC_DISABLE;
eCAP1Regs.ECEINT.all = 0x0000;                      // 关闭所有 CAP 中断
eCAP1Regs.ECCLR.all = 0xFFFF;                       // 清除所有中断标志位
eCAP1Regs.ECCTL2.bit.TSCTRSTOP = EC_RUN;            // 启动 CAP 计数器
eCAP1Regs.ECEINT.bit.CEVT4 = 1;  // 使能 4 级事件中断,即当发生第 4 次捕捉时进入中断
}
void SetCap2Mode(void)
{ eCAP2Regs.ECCTL1.bit.CAP1POL = EC_FALLING;        // 1 级事件捕捉下降沿
eCAP2Regs.ECCTL1.bit.CAP2POL = EC_FALLING;          // 2 级事件捕捉下降沿
eCAP2Regs.ECCTL1.bit.CAP3POL = EC_FALLING;          // 3 级事件捕捉下降沿
eCAP2Regs.ECCTL1.bit.CAP4POL = EC_FALLING;          // 4 级事件捕捉下降沿
eCAP2Regs.ECCTL1.bit.CTRRST1 = EC_ABS_MODE;
eCAP2Regs.ECCTL1.bit.CTRRST2 = EC_ABS_MODE;
eCAP2Regs.ECCTL1.bit.CTRRST3 = EC_ABS_MODE;
eCAP2Regs.ECCTL1.bit.CTRRST4 = EC_ABS_MODE;
eCAP2Regs.ECCTL1.bit.CAPLDEN = EC_ENABLE;
eCAP2Regs.ECCTL1.bit.PRESCALE = EC_DIV1;
eCAP2Regs.ECCTL2.bit.CAP_APWM = EC_CAP_MODE;
eCAP2Regs.ECCTL2.bit.CONT_ONESHT = EC_CONTINUOUS;
eCAP2Regs.ECCTL2.bit.SYNCO_SEL = EC_SYNCO_DIS;
eCAP2Regs.ECCTL2.bit.SYNCI_EN = EC_DISABLE;
eCAP2Regs.ECEINT.all = 0x0000;                      // 关闭所有中断
eCAP2Regs.ECCLR.all = 0xFFFF;                       // 清除中断标志位
eCAP2Regs.ECCTL2.bit.TSCTRSTOP = EC_RUN;            // 启动开中断
eCAP2Regs.ECEINT.bit.CEVT4 = 1;                     // 使能 CEVT4 中断
}
```

PWM 设置如下所示：

```
void EPwmSetup()
{
InitEPwm1Gpio();                            // 初始化 PWM1 引脚
InitEPwm2Gpio();                            // 初始化 PWM2 引脚
EPwm1Regs.TBSTS.all = 0;                    // 将时基的状态寄存器清零
EPwm1Regs.TBPHS.half.TBPHS = 0;             // 相位寄存器设置为 0
EPwm1Regs.TBCTR = 0;                        // 时基计数器清零
EPwm1Regs.CMPCTL.all = 0x50;                // CMPA 和 CMPB 配置为立即模式
EPwm1Regs.CMPA.half.CMPA = SP/2;            // 设置占空比为 0.5,SP 是周期寄存器的值
EPwm1Regs.CMPB = 0;
EPwm1Regs.AQCTLA.all = 0x60;           // EPWMxA = 1 when CTR = CMPA and counter inc
// EPWMxA = 0 when CTR = CMPA and counter dec
EPwm1Regs.AQCTLB.all = 0;
EPwm1Regs.AQSFRC.all = 0;
EPwm1Regs.AQCSFRC.all = 0;
EPwm1Regs.DBCTL.all = 0xb;                  // EPWM1B 不与 EPWM1A 相关联
EPwm1Regs.DBRED = 0;                        // 上升沿的死区时间设置为 0
EPwm1Regs.DBFED = 0;                        // 下降沿的死区时间设置为 0
EPwm1Regs.TZSEL.all = 0;              // 行程区模块没有用到,把它的寄存器可以全部清零
EPwm1Regs.TZCTL.all = 0;
EPwm1Regs.TZEINT.all = 0;
EPwm1Regs.TZFLG.all = 0;
EPwm1Regs.TZCLR.all = 0;
EPwm1Regs.TZFRC.all = 0;
EPwm1Regs.ETSEL.all = 0;                    // 禁止中断接收事件的产生
EPwm1Regs.ETFLG.all = 0;
EPwm1Regs.ETCLR.all = 0;
EPwm1Regs.ETFRC.all = 0;
EPwm1Regs.PCCTL.all = 0;
EPwm1Regs.TBCTL.all = 0x0010 + TBCTLVAL;    // 增减模式
EPwm1Regs.TBPRD = SP;                       // SP 是时基周期寄存器的周期值,决定 PWM 的频率
}
```

4. 实验观察与思考

① 通过程序改变 PWM 的频率,查看 T 值的变化。

② PWM 频率不变,改变占空比,会影响 T 值吗？为什么？

③ 在不知道 PWM 频率和占空比的情况下,通过怎样的软件算法可以得出 PWM 的频率和占空比？

第 **10** 章

增强型正交编码模块 eQEP

在运动控制系统中,不仅仅需要获取实时的速度信息,有时候为了精确控制,也需要位置信息以及运动方向信息。F28335 中的 eQEP 模块通过应用正交编码器不仅仅可以获得速度信息,也可以获得方向信息以及位置信息。

10.1 正交编码器 QEP 概述

光电编码器是集光、机、电技术于一体的数字化传感器,通过光电转换将输出轴上的机械几何位移量转换成脉冲或者数字量的传感器,可以高精度测量被测物的转角或直线位移量,是目前应用最多的传感器之一。它具有分辨率高、精度高、结构简单、体积小、使用可靠、易于维护、性价比高等优点,在数控机床、机器人、雷达、光电经纬仪、地面指挥仪、高精度闭环调速系统、伺服系统等诸多领域中得到了广泛的应用。典型的光电编码器由码盘(Disk)、检测光栅(Mask)、光电转换电路(包括光源、光敏器件、信号转换电路)、机械部件等组成,如图 10.1 所示。

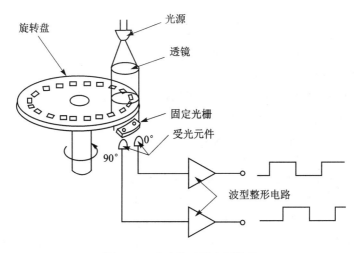

图 10.1 光电编码器主要结构

一般来说,根据光电编码器产生脉冲的方式不同,可以分为增量式、绝对式以及复合式 3 大类。按编码器运动部件的运动方式来分,可以分为旋转式和直线式两种。

由于直线式运动可以借助机械连接转变为旋转式运动,反之亦然。因此,只有在那些结构形式和运动方式都有利于使用直线式光电编码器的场合才使用。旋转式光电编码器容易做成全封闭型式,易于实现小型化,传感长度较长,具有较长的环境适用能力,因而在实际工业生产中得到广泛的应用。

增量式光电编码器的特点是每产生一个输出脉冲信号就对应一个增量位移,但是不能通过输出脉冲区别出在哪个位置上的增量。它能够产生与位移增量等值的脉冲信号,其作用是提供一种对连续位移量离散化或增量化以及位移变化(速度)的传感方法;它是相对于某个基准点的相对位置增量,不能够直接检测出轴的绝对位置信息。一般来说,增量式光电编码器输出 A、B 两相互差 90°电度角的脉冲信号(即所谓的两组正交输出信号),从而可方便地判断出旋转方向。同时还有用作参考零位的 Z 相标志(指示)脉冲信号,码盘每旋转一周,只发出一个标志信号。标志脉冲通常用来指示机械位置或对积累量清零,如图 10.2 所示。

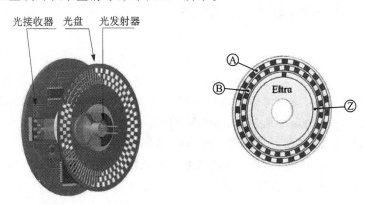

图 10.2   增量式编码器

增量式编码器以转动时输出脉冲,通过计数设备来知道其相对参考点的位置,当编码器不动或停电时,依靠计数设备的内部记忆来记住位置。这样,当停电后,编码器不能有任何的移动,当来电工作时,编码器输出脉冲过程中,也不能有干扰而丢失脉冲;不然,计数设备记忆的零点就会偏移,而且这种偏移的量是无从知道的,只有错误的生产结果出现后才能知道。解决的方法是增加参考点,编码器每经过参考点,将参考位置修正进计数设备的记忆位置。在参考点以前,是不能保证位置的准确性的。为此,在工控中就有每次操作先找参考点,开机找零等方法。例如,打印机扫描仪的定位就是用的增量式编码器原理,每次开机,我们都能听到噼哩啪啦的一阵响,它在找参考零点,然后才工作。这样的方法对有些工控项目比较麻烦,甚至不允许开机找零(开机后就要知道准确位置),于是就有了绝对编码器的出现。编码器的基本原理及组成部件与增量式光电编码器基本相同,也是由光源、码盘、检测光栅、光电检测器件和转换电路组成。与增量式光电编码器不同的是,绝对式光电编码器用不同的数码分别指示每个不同的增量位置,它是一种直接输出数字量的传感器。在它的圆形码盘上沿径向有若干同心码道,每条上由透光和不透光的扇形区相间组成,相邻码道的扇区数目是双倍关系,码盘上的码道数就是它的二进制数码的位数,在码盘的一侧是光源,另一侧对应每一码道有一光敏元件;当码盘处于不同位置时,各光敏元件根据受光照与否转换出相应的电平信号,形成二进制数。这种编码器的特点是不要计数器,在转轴的任意位置都可读出一个固定的与位置相对应的数字码。显然,码道越多,分辨率就越高,对于一个具有 N 位二进制分辨率的编码器,其码盘必须有 N 条码道。绝对式光电编码器原理如图 10.3 所示。

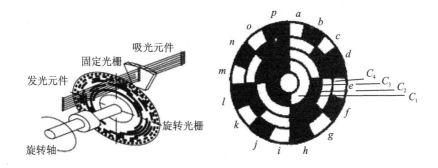

图 10.3　绝对式编码器

绝对式光电编码器是利用自然二进制、循环二进制(格雷码)、二-十进制等方式进行光电转换的。绝对式光电编码器与增量式光电编码器不同之处在于圆盘上透光、不透光的线条图形,绝对光电编码器可有若干编码,根据读出码盘上的编码,检测绝对位置。它的特点是可以直接读出角度坐标的绝对值,没有累积误差,电源切除后位置信息不会丢失,编码器的精度取决于位数,最高运转速度比增量式光电编码器高。

混合式光电编码器,就是在增量式光电编码器的基础上,增加了一组用于检测永磁伺服电机磁极位置的码道。它输出两组信息,一组信息用于检测磁极位置,带有绝对信息功能,另一组则完全同增量式编码器的输出信息。

由于绝对编码器在位置定位方面明显地优于增量式编码器,已经越来越多地应用于工控定位中。测速需要可以无限累加测量,目前增量型编码器在测速应用方面仍处于无可取代的主流位置。F28335 中的 eQEP 模块主要针对的是增量型的编码器。

1. 采用增量型光电编码器来判别电机转速方向的基本原理

增量型编码器一般安装在电机或其他旋转机构的轴上,在码盘旋转过程中,输出两个信号称为 QEPA 与 QEPB,两路信号相差 90°,这就是所谓的正交信号。当电机正转时,脉冲信号 A 的相位超前脉冲信号 B 的相位 90°,此时逻辑电路处理后可形成高电平的方向信号 Dir。当电机反转时,脉冲信号 A 的相位滞后脉冲信号 B 的相位 90°,此时逻辑电路处理后的方向信号 Dir 为低电平。因此根据超前与滞后的关系可以确定电机的转向。其转速辩相的原理如图 10.4 所示。

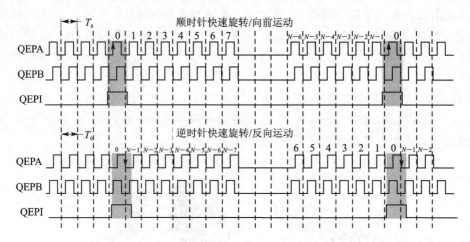

图 10.4　QEP 编码器的顺时针和逆时针输出信号波形

2. 光电编码器电机测速的基本原理

可以利用定时/计数器配合光电编码器的输出脉冲信号来测量电机的转速。具体的测速方法有 M 法、T 法和 M/T 法 3 种。

M 法又称之为测频法,其测速原理是在规定的检测时间 T_c 内,对光电编码器输出的脉冲信号计数的测速方法。例如,光电编码器是 N 线的,则每旋转一周可以有 $4N$ 个脉冲,因为两路脉冲的上升沿与下降沿正好是编码器信号 4 倍频。现在假设检测时间是 T_c,计数器的记录的脉冲数是 M_1,则电机的每分钟的转速为:

$$n = \frac{15M_1}{NT_c} \tag{10-1}$$

在实际的测量中,时间 T_c 内的脉冲个数不一定正好是整数,而且存在最大半个脉冲的误差。如果要求测量的误差小于规定的范围,比如说是小于百分之一,那么 M_1 就应该大于 50。在一定的转速下要增大检测脉冲数 M_1 以减小误差,可以增大检测时间 T_c,但考虑到实际的应用中检测时间很短,如伺服系统中的测量速度用于反馈控制,一般应在 0.01 s 以下。由此可见,减小测量误差的方法是采用高线数的光电编码器。

M 法测速适用于测量高转速,因为对于给定的光电编码器线数 N,测量时间 T_c 条件下,转速越高,计数脉冲 M_1 越大,误差也就越小。

T 法也称之为测周法,该测速方法是在一个脉冲周期内对时钟信号脉冲进行计数的方法。例如,时钟频率为 f_{clk},计数器记录的脉冲数为 M_2,光电编码器是 N 线的,每周输出 $4N$ 个脉冲,那么电机的每分钟的转速为:

$$n = \frac{15f_{clk}}{NM_2} \tag{10-2}$$

为了减小误差,希望尽可能地记录较多的脉冲数,因此 T 法测速适用于低速运行的场合。但转速太低,一个编码器输出脉冲的时间太长,时钟脉冲数会超过计数器最大计数值而产生溢出;另外,时间太长也会影响控制的快速性。与 M 法测速一样,选用线数较多的光电编码器可以提高对电机转速测量的快速性与精度。

M/T 法测速是将 M 法和 T 法两种方法结合在一起使用,在一定的时间范围内,同时对光电编码器输出的脉冲个数 M_1 和 M_2 进行计数,则电机每分钟的转速为:

$$n = \frac{15M_1 f_{clk}}{NM_2} \qquad (10-3)$$

实际工作时,在固定的 T_c 时间内对光电编码器的脉冲计数,在第一个光电编码器上升沿定时器开始定时,同时开始记录光电编码器和时钟脉冲数,定时器定时 T_c 时间到,对光电编码器的脉冲停止计数,而在下一个光电编码器的上升沿到来时,时钟脉冲才停止记录。采用 M/T 法既具有 M 法测速的高速优点,又具有 T 法测速的低速的优点,能够覆盖较广的转速范围,测量的精度也较高,在电机的控制中有着十分广泛的应用。

10.2 增强型正交编码模块 eQEP 概述

1. eQEP 引脚

F28335 有两路 eQEP 模块,每个模块有 4 个引脚,分别是 QEPA/XCLK 和 QEPB/XDIR。这两个引脚被使用在正交时钟模式或者直接计数模式。

正交时钟模式:正交编码器提供两路相位差为 90°的脉冲,相位关系决定了电机旋转的方向信息,脉冲的个数可以决定电机的绝对位置信息。超前或者顺时针旋转时,A 路信号超前 B 路信号,滞后或者逆时针旋转时,B 路信号超前 A 路信号。正交编码器使用这两路输入引脚可以产生正交时钟和方向信号。

直接计数模式:在直接计数模式中,方向和时钟信号直接来自外部,此时 QEPA 引脚提供时钟输入,QEPB 引脚提供方向输入。

➤ eQEPI:索引或者起始标记。

正交编码器使用索引信号来确定一个绝对的起始位置,此引脚直接与正交编码器的索引输出端相连。当此信号到来时,可以将位置计数器复位清零,也可以初始化或者锁存位置计数器的值。

➤ QEPS:锁存输入引脚。

锁存引脚输入的主要作用就是当规定事件信号到来时,初始或者锁存位置计数器的值。此引脚通常和传感器或者限制开关相连,从而通知电机已经达到了预定位置。

2. eQEP 功能描述

eQEP 主要包括以下几个功能单元:

➤ 通过 GPIO MUX 寄存器编程锁定 QEPA 或者 QEPB 功能。

- 正交解码单元(QDU)。
- 位置计数器和位置计算控制单元(PCCU)。
- 正交边沿捕获单元,用于低速测量(QCAP)。
- 用于速度/频率测量的时基单元(UTIME)。
- 用于检测的看门狗模块。

QEP 模块框图如图 10.5 所示。

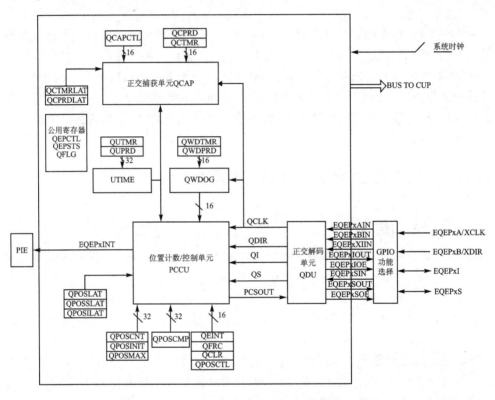

图 10.5　QEP 模块框图

10.3　正交解码单元 QDU

正交解码单元功能框图如图 10.6 所示。

1. 位置计数器输入模式

在正交计数模式下,正交解码模块产生位置计数器时钟信号和方向信号。位置计数器的计数模式由 QDECCTL 寄存器中的 QSRC 位决定,主要有如下 4 种模式:

- 正交-计数模式。
- 直接-计数模式。

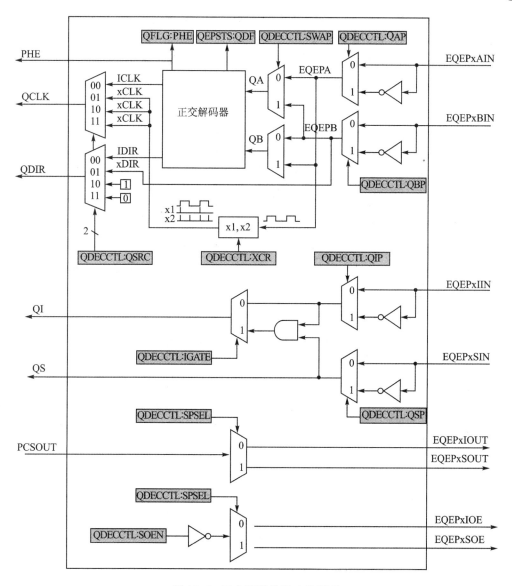

图 10.6　正交解码单元功能框图

➢ 向上-计数模式。

➢ 向下-计数模式。

（1）正交-计数模式

在正交-计数模式下，正交解码器产生方向信号和时钟信号送给位置计数器。

方向解码——通过确定 QEPA 和 QEPB 两个脉冲信号，超前的一个来解码出旋转方向逻辑，并且将此方向逻辑更新到 QEPSTS 的 QDF 位。表 10.1 给出了方向解码逻辑的真值表。图 10.7 给出了方向解码的状态机。F2833X 系列 DSP 中的 QEP

还有相位错误检测机制,当 QEPA 和 QEPB 信号同步到来时,QEP 中的相位错误标志会置位,而且会申请中断。

时钟解码——QEP 中的解码模块会对 QEPA 和 QEPB 脉冲的上升沿及下降沿进行计数,所以最后解码的时钟频率将会是实际输入 QEPA 或者 QEPB 的 4 倍。

表 10.1　方向解码逻辑的真值表

先前边沿	当前边沿	QDIR	QPOSCNT
QA↑	QB↑	上	递增
	QB↓	下	递减
	QA↓	翻转	递增或递减
QA↓	QB↓	上	递增
	QB↑	下	递减
	QA↑	翻转	递增或递减
QB↑	QA↑	下	递增
	QA↓	上	递减
	QB↓	翻转	递增或递减
QB↓	QA↓	下	递增
	QA↑	上	递减
	QB↑	翻转	递增或递减

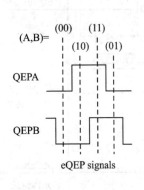
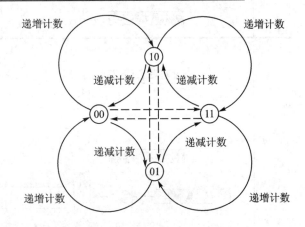

图 10.7　方向解码的状态机

相位错误标识:在正常操作条件下,正交输入 QEPA 与 QEPB 在相位上相差 90°,边沿信号是不会同时到达的。当同时检测到两者的边沿信号时,QFLG 寄存器的相位错误标识(PHE)置位。图 10.7 中状态机的虚线就代表产生的相位错误的可能。

反向计数:在正常正交计数操作时,QEPA 输入送到正交解码器的 QA 输入,QEPB 输入到正交解码器的 QB 输入。反向计数通过设置 QDECCTLL 寄存器的 Swap 位被使能,此时正交解码器的输入取反,从而计数方向也取反。

(2) 方向计数模式

有些位置编码器提供了方向和时钟输出代替正交输出,如图 10.8 所示,此种情况下,可以使用方向计数模式。此时 QEPA 只能作为时钟输入,QEPB 只能作为方向输入。如果方向为高时,那么计数器会在 QEPA 输入的上升沿时递增计数;当方向为低时,那么计数器会在 QEPA 输入的上升沿自动递减计数。

(3) 递增计数模式

计数器的方向信号被硬件规定为递增计数,此时位置计数器根据 QDECCTL 中的 XCR 位规定,对 QEPA 信号计数或者 2 倍关系计数。

(4) 递减计数模式

计数器的方向信号被硬件规定为递减计数,此时位置计数器根据 QDECCTL 中的 XCR 位规定,对 QEPA 信号计数或者 2 倍关系计数。

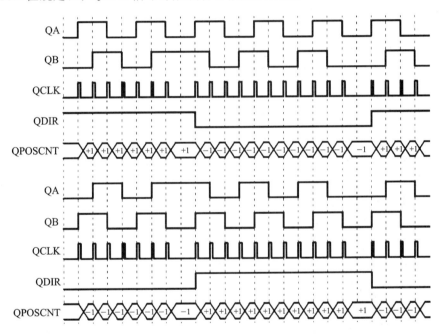

图 10.8　正交时钟与方向解码关系

2. QEP 输入极性选择

每个 QEP 输入可以通过 QDECCTL 寄存器的 8～5 位决定极性。

3. 位置比较同步输出

增强型的 QEP 包括一个位置比较单元,主要用于产生位置比较同步信号。当位置计数器的值与位置比较寄存器 QPOSCMP 的值相等时,可以把 QEPI 或者 QEPS 配置为输出引脚,用于产生同步信号输出。具体配置请看 QDECCTL[SOEN] 和 QDECCTL[SPSEL]。

10.4　位置计数和控制单元 PCCU

位置计数和控制单元提供了两个配置寄存器 QEPCTL 和 QPOSCTL,用于设置位置计数器操作模式、位置计数器初始化/锁存模式和产生同步信号的位置比较逻辑。

1. 位置计数操作模式

位置计数器的值可以有不同的方式进行捕获。在有些系统中,位置计数器连续累加计数,位置计数器按照当前的参考位置提供计数信息。例如,在安装正交编码器的打印机中,通过将打印机头移动到起始位置从而使计数器复位,即打印机头在起始位置时为参考位置。而在有些系统中,位置计数器通过索引脉冲实现每次索引脉冲到来时,位置计数器就自动复位。位置计数器提供了相对于索引脉冲的相对位置信息。位置计数器可以配置为如下几种模式:

➤ 在索引事件到来时,位置计数器复位。

➤ 在计数值达到设定的最大值时,位置计数器复位。

➤ 第一个索引事件到来时,位置计数器复位。

➤ 在定时(单位时间)事件到达时,位置计数器复位。

上述所有的操作模式,位置计数器都会在上溢时复位到 0,在下溢时复位到 QPOSMAX 最大值。上溢是指位置计数器向上计数达到最大值后,下溢是指位置计数器向下计数达到 0 之后。

① 在索引事件到来时,位置计数器复位[QEPCTL[PCRM]=00]。

如果索引事件发生在正向运动时,那么位置计数器在下一个 QEP 时钟复位到 0。如果索引事件发生在反向运动时,那么位置计数器在下一个 QEP 时钟复位到 QPOSMAX 最大设定值。

第一个索引标识为在第一个索引边沿后的正交边沿。eQEP 外设记录了第一个索引标识(QEPSTS[FIMF])的发生以及第一个索引事件标识方向(QEPSTS[FIDF]),它也记录了第一个索引标识的正交边沿,从而使这个相关的正交转换用于索引事件的复位操作。例如,在正向运动过程中,第一次复位操作发生在 QEPB 的下降沿,那么所有后来的复位必须分配在正向运动中 QEPB 的下降沿或者反向运动中 QEPB 的上升沿,如图 10.9 所示。

在每个索引事件发生时,位置计数器的值锁存到 QPOSILAT 寄存器中,方向信号更新到 QEPSTS[QDLF]中。在这种情况下,如果锁存的值不是 0 或者 QPOSMAX 值时,位置计数错误标志位和错误中断标志位会置 1。在索引事件被标识时,位置计数器错误标识(QEPSTS[PCEF])被更新并且错误中断标识(QFLG[PCE])将被置位,只有通过软件才能清楚这两个错误标识。

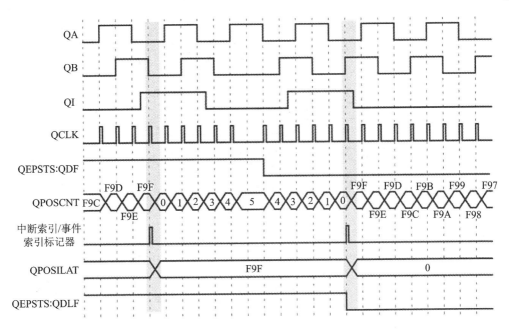

图 10.9　1 000 线编码器通过索引事件复位的位置计数器的时序图

这种模式下,索引事件锁存配置 QEPCTL[IEL]位被忽略,位置计数器错误标识以及中断标识只有在索引事件复位模式下产生。

② 在计数值达到设定最大值时,位置计数器复位[QEPCTL[PCRM]＝01]。

如果位置计数器达到 QPOSMAX,那么在正向运动过程中,位置计数器在下一个 eQEP 时钟时置 0,且位置计数器上溢标识位置位;如果位置计数器等于 0,而且在反向运动的条件下,那么位置计数器在 QEP 的下一个时钟复位到 QPOSMAX,且位置计数器下溢标识位置位,如图 10.10 所示。

③ 第一个索引事件发生时,位置计数器复位[QEPCTL[PCRM]＝10]。

如果第一个索引事件发生在正向运动时,位置计数器会在下一个 QEP 时钟复位为 0;如果第一个索引事件发生在反向运动时,位置计数器会在下一个 QEP 时钟复位为 QPOSMAX。注意,只有在第一个索引事件发生时,位置计数器才会复位,而后面的索引事件,不会使位置计数器复位。

④ 在定时(单位时间)事件到达时,位置计数器复位[QEPCTL[PCRM]＝11]。

在此种模式下,事件发生时 QPOSCNT 的值会锁存到 QPOSLAT 寄存器中,然后位置计数器会复位到 0 或者 QPOSMAX,取决于 QDECCTL[QSRC]设置的方向模式。这种模式对测量频率很有效。

2. 位置计数器锁存

QEP 的索引和标记输入引脚输入事件发生时,将位置计数器的值锁存到 QPOSILAT 和 QPOSSLAT 中。

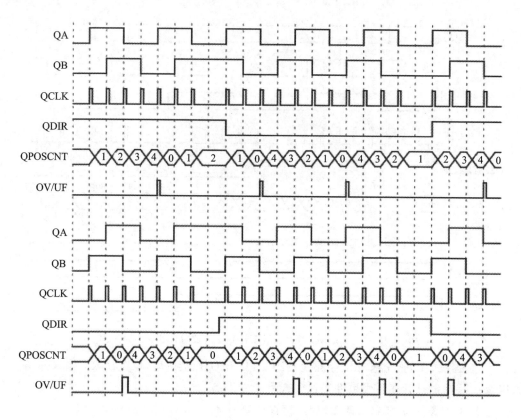

图 10.10　位置计数器上溢/下溢操作

(1) 索引事件锁存

在某些应用中,并不要求在每次索引事件到来时复位位置计数器,而是要求在 32 位模式(QEPCTL[PCRM]=01 和 QEPCTL[PCRM]=10)下,操作位置计数器。

在这种情况下,eQEP 的位置计数器可以在如下事件配置锁存并且在每次索引事件标识时,方向信息被记录到 QEPSTS[QDLF]中:

① 上升沿锁存(QEPCTL[IEL]=01)。

② 下降沿锁存(QEPCTL[IEL]=10)。

③ 索引事件标识锁存(QEPCTL[IEL]=11)。

这个作为错误检查机制很有用,可以用来检查位置计数器在索引事件之间能否正确累加。例如,1 000 线的编码器按照相同方向运动时,在两个索引事件之间应当有 4 000 个脉冲,进行累加 4 000 次。

位置计数器的值锁存到 QPOSILAT 寄存器中时,索引事件中断标志位(QFLG[IEL])被置位。当 QEPCTL=0 时,索引事件锁存配置位(QEPCTZ(IEL))被忽略。

上升沿锁存(QEPCTL[IEL]=01)——在输入索引事件的每次上升沿到来时,位置计数器的值(QPOSCNT)锁存到 QPOSILAT 寄存器中。

下降沿锁存(QEPCTL[IEL]=10)——在输入索引事件的每次下降沿到来时,位置计数器的值(QPOSCNT)锁存到 QPOSILAT 寄存器中。

索引事件标识锁存/软件索引标识(QEPCTL[IEL]=11)——第一个索引标识在第一个索引边沿后的正交边沿。eQEP 外设记录了第一个索引标识(QEPSTS[FIMF])的发生以及第一个索引事件标识方向(QEPSTS[FIDF]),它也记录了第一个索引标识的正交边沿,从而可使这个相关的正交转换可以用于位置计数器锁存(QEPCTL[IEL]=11)。

图 10.11 为应用索引事件标识的位置计数器锁存时序图。

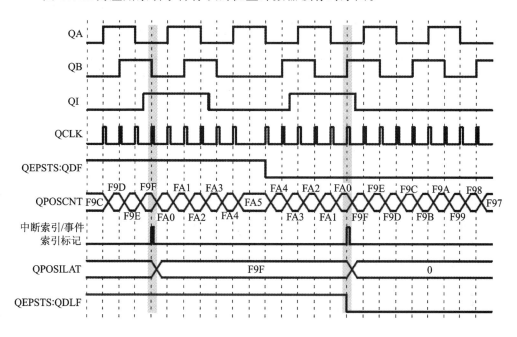

图 10.11　1 000 线编码器使用索引事件标识锁存位置计数器的时序图

(2) 选择事件锁存

位置计数器的值在选择输入信号的上升沿被锁存到 QPOSSLAT 寄存器中,并且 QEPCTL[SE1]位被清零。如果 QEPCTL[SE1]位被置位,位置计数器的值在正向运动时,选择输入信号的上升沿进行锁存;反向运动时,选择输入信号的下降沿进行锁存,如图 10.12 所示。

当位置计数器的值锁存到寄存器后,选择事件锁存中断标志位(QFLG[SE1])被置位。

3. 位置计数器初始化

位置计数器可以由以下事件进行初始化:

➤ 索引事件。

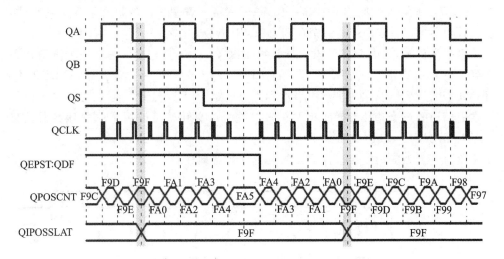

图 10.12　选择事件锁存

> 选择事件。

> 软件初始化。

① 索引事件初始化(IEI)——QEPI 索引输入在索引输入上升沿或者下降沿的时候可以触发位置计数器的初始化。如果 QEPCTL(IEI)位是 10,那么位置计数器在索引输入上升沿时会初始化为寄存器 QPOSINIT 的值;如果 QEPCTL(IEI)位是 11,位置计数器的值在输入索引的下降沿初始化。当位置计数器初始化为 QPOSINIT 的值后,索引事件初始化中断位(QFLG[IEI])被置位。

② 选择事件初始化(SEI)——如果 QEPCTL(SEI)位是 10,那么位置计数器在选择输入上升沿时会初始化为寄存器 QPOSINIT 的值;如果 QEPCTL(SEI)位是 11,位置计数器的值在正转时会在选择输入的上升沿初始化为 QPOSINIT 的值,否则,在反转时,在选择输入的下降沿初始化。当位置计数器初始化为 QPOSINIT 的值后,选择事件初始化中断位(QFLG[IEI])被置位。

③ 软件初始化(SWI)——将 QEPCTL(SWI)位设置为 1 时,位置计数器由软件初始化,而 QEPCTL(SWI)位在初始化后会自动清除。

10.5　位置比较单元

QEP 模块包含一个位置比较单元,用于产生同步信号输出或者产生匹配中断。原理框图如图 10.13 所示。

位置比较寄存器 QPOSCMP 有影子寄存器,影子寄存器模式可以通过 QPOSCTL[PSSHDW]使能或者禁止。如果影子寄存器模式禁止,CPU 直接写到有效位置比较寄存器即可。

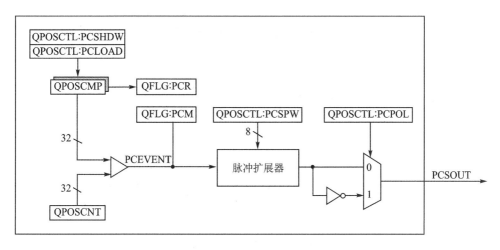

图 10.13　QEP 位置比较单元框图

在影子寄存器模式使能时,可以配置位置比较单元(QPOSCTL[PCLOAD])位,以将影子寄存器内的值在下列事件来临时装入有效寄存器并且在装载完成后,会产生位置比较就绪中断位(QFLG[PCR]):

➢ 比较匹配装载。

➢ 位置计数器清零装载。

当位置计数器的值(QPOSCNT)与工作位置比较寄存器(QPOSCMP)的值匹配时,位置比较位(QFLG[PCM])被置位,并且会产生位置比较同步可调宽脉冲以触发外部设备。

例如,假设 QPOSCM＝2,在正向计数时,位置比较单元在 eQEP 位置计数器的 1～2 转换过程中产生一个位置比较事件;而在反向计数时,位置计数器 3～2 转换过程中产生一个位置比较事件,如图 10.14 所示。

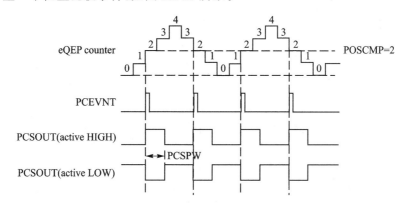

图 10.14　eQEP 位置比较事件发生时序

位置比较的脉冲扩展逻辑在位置比较匹配时可以输出一个可编程的位置比较同步脉冲,当前一个位置比较脉冲仍在工作并且产生新的位置比较匹配时,脉冲扩展器会根据新的位置比较事件延伸脉冲宽度,如图 10.15 所示。

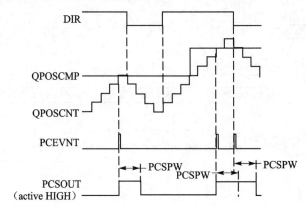

图 10.15   eQEP 位置比较同步输出脉冲宽度扩展器

10.6   边沿捕获单元

eQEP 模块包括一个集成的边沿捕获单元来测量转速,如图 10.16 所示,其中针对慢速和高速,此单元提供了 2 种方式进行计算。

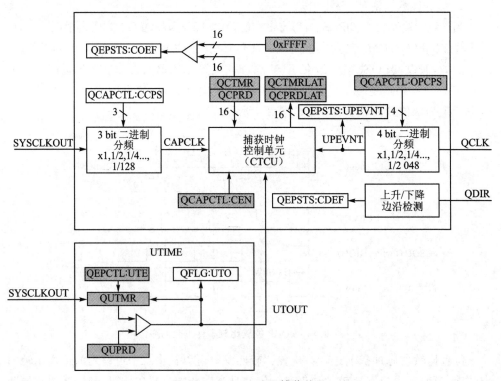

图 10.16   eQEP 边沿捕获单元

① 低速测量公式：

$$V(k) = \frac{x}{t(k) - t(k-1)} = \frac{X}{\Delta T} \qquad (10-4)$$

低速测量思想就是在设定编码器脉冲数 X 时，计量在此脉冲数内所消耗的时间，从而计算出 $V(k)$，即 T 法。具体工作过程如下：

捕获时钟（QCTMR）以系统时钟分频后的时基作基准运行，在每个单位位置事件发生时，QCTMR 的值会自动加载到捕获周期寄存器 QCPRD 中，之后捕获时钟自动清零，同时 QEPSTS 中的 UPEVNT 标志位会置 1，表明有新值锁存到 QCPRD 寄存器，通知 CPU 进行操作。图 10.17 是低速速度测量的时序。此种测量方式只有在下面 2 个条件满足时才是正确的：

条件一：单位位置事件之间不能超过捕获时钟的最大值，不能超过 65 335。

条件二：没有换向发生。

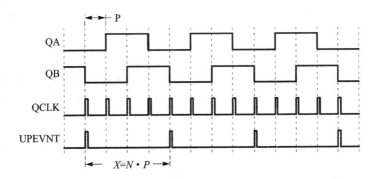

图 10.17 低速测量时序（QCAPCTL[UPPS]＝0010）

如果上述条件不满足，定时器上溢时，捕获单元的错误标志位 QEPSTS[COEF] 会置 1；如果两个单元位置事件发生方向变化，则状态寄存器 QEPSTS[CDEF]错误标识被置位。所以这种方式只适用于低速的时候。

② 高速测量公式：

$$V(k) = \frac{x(k) - x(k-1)}{T} = \frac{\Delta X}{T} \qquad (10-5)$$

高速测量思想是在设定的单位时间 T 内，计量采集到的脉冲数 ΔX，即可确定速度值，即 M 法。

捕获时钟寄存器和捕获周期寄存器可以配置成如下事件发生时，会把值锁存到 QCTMRLAT 和 QPPRDLAT 中：

事件一：CPU 读 QPOSCNT 寄存器时。

事件二：单位时间事件发生时。

如果 QEPCTL[QCLM]位被清零了，那么当 CPU 读取位置计数器时，捕获时钟和捕获周期寄存器的值分别被锁存到 QCTMRLAT 和 QCPRDLAT 寄存器中。

eQEP 也沿捕获单元时序如图 10.18 所示。

如果 QEPCTL[QCLM]置位 1,那么当单位时间事件发生时,位置计数器、捕获时钟寄存器和捕获周期寄存器的值分别锁存到 QPOSLAT 、QCTMRLAT 和 QCPRDLAT 中。

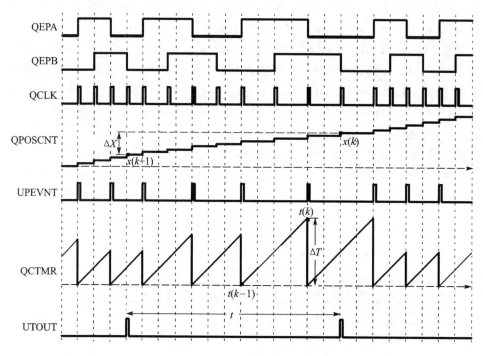

图 10.18 eQEP 边沿捕获单元时序图

10.7 看门狗电路

QEP 模块包括一个 16 位的看门狗计数器,用来监测正交编码脉冲状态。若有正交编码脉冲到来,看门狗计数器可以复位;如果正交编码脉冲没有到来,当看门狗计数器的值与其周期寄存器的值匹配时,可以产生中断信号给 CPU。该看门狗单元可以通过软件使能或者禁止。看门狗模块原理如图 10.19 所示。

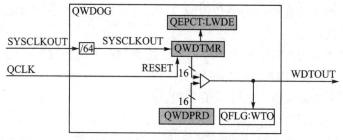

图 10.19 eQEP 看门狗定时器

10.8 定时器基准单元

eQEP 模块还包括了一个 32 位定时器(QUTMR),由 SYSCLKOUT 提供时钟,可产生用于速度计算的周期性中断。当定时器(QUTMR)与周期寄存器(QUPRD)匹配时,单位超时中断(QFLG[UTO])被置位。

一个单位事件超时时,eQEP 可以配置为锁存位置计数器、捕捉定时器和捕捉周期值,从而用这些锁存的值来计算速度。图 10.20 给出了定时器的结构图。

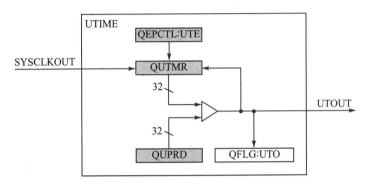

图 10.20 eQEP 定时器结构图

10.9 中断结构

eQEP 模块中断的工作机制如图 10.21 所示。

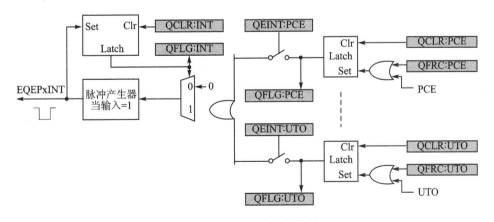

图 10.21 eQEP 中断结构图

QEP 一共可以产生 11 个中断事件,分别为 PCE、PHE、QDC、WTO、PCU、PCO、PCR、PCM、SEL、IEL、UTO。这些中断可以通过中断控制寄存器 QEINT 来

设置使能或者禁止。如果每个中断都使能,那么中断源会产生中断脉冲送给 PIE 模块,进而送给 CPU。这些中断标志可以通过中断清除寄存器 QCLR 来清除,而且还可以通过中断强制寄存器来软件强制中断事件,这样对系统测试比较有利。

10.10 寄存器

1. QEP 解码控制寄存器 QDECCTL

QDECCTL 解码控制寄存器的位信息与功能描述如表 10.2 所列。

表 10.2 QEP 解码控制寄存器描述

位	名　　称	值	描　　述
15~14	QSRC		位置计数器源选择
		00	正交计数模式
		01	直接计数模式
		10	向上计数模式
		11	向下计数模式
13	SOEN		同步信号输出使能
		0	禁止位置比较同步输出
		1	使能位置比较同步输出
12	SPSEL		同步信号引脚选择
		0	Index 引脚用于输出
		1	Strobe 引脚用于输出
11	XCR		外部时钟频率
		0	2 倍:上下边沿计数
		1	1 倍:上边沿计数
10	SWAP		交换正交时钟输入
		0	正交时钟交换禁止
		1	正交时钟交换使能
9	IGATE		索引脉冲选通
		0	禁止索引脉冲选通
		1	使能索引脉冲选通
8	QAP		QEPA 输入极性
		0	无效果
		1	反向 QEPA 极性

续表 10.2

位	名　称	值	描　　　述
7	QBP	0	QEPB 输入极性
			无效果
		1	反向 QEPB 极性
6	QIP	0	QEPI 输入极性
			无效果
		1	反向 QEPI 极性
5	QSP	0	QEPS 输入极性
			无效果
		1	反向 QEPS 极性
4～0	保留		写入总是为 0

2. QEP 控制寄存器 QEPCTL

QEPCTL 控制寄存器的位信息与功能描述如表 10.3 所列。

表 10.3　QEP 控制寄存器描述

位	名　称	值	描　　　述
15～14	FREE, SOFT		仿真控制位
		00	位置计数器立刻停止(位置计数器行为)
		01	位置计数器继续运行
		1x	位置计数器不受影响
		00	看门狗计数器停止(看门狗计时器行为)
		01	看门狗计数器继续运行
		1x	看门狗计数器不受影响
		00	捕获定时器立刻停止(捕获定时器行为)
		01	捕获定时器继续运行
		1x	捕获定时器不受影响
13～12	PCRM		位置计数器复位模式
		00	当索引事件发生时复位
		01	当达到最大位置时复位
		10	当第一个索引事件时复位
		11	当单位时间事件时复位
11～10	SEI		索引事件初始位置计数器
		00	不动作
		01	不动作
		10	初始化位置计数器在 QEPI 信号的上升沿
		11	初始化位置计数器在 QEPI 信号的下降沿

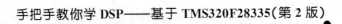

续表 10.3

位	名　称	值	描　述
9～8	IEI	00 01 10 11	索引事件初始位置计数器 不动作 不动作 初始位置计数器在 QEPI 上升沿 初始位置计数器在 QEPI 下降沿
7	SWI	0 1	软件初始化位置计数器 不动作 初始化位置计数器
6	SEL	0 1	索引事件锁存位置计数器 在 QEPS 的上升沿锁存位置计数器的值 如果 QDECCTL 的 QSP＝1，那么在 QEPS 的下降沿锁存数据 在 QEPS 的顺时针方向：在 QEPS 的上升沿锁存位置计数器逆 时针：在 QEPS 的下降沿锁存位置计数器
5～4	IEL	00 01 10 11	索引事件锁存位置计数器 保留 在索引信号上升沿锁存位置计数器 在索引信号下降沿锁存位置计数器 软件索引标记
3	QPEN	0 1	正交位置计数器使能 软件复位 QEP QEP 计数器使能
2	QCLM	0 1	QEP 捕捉锁存模式 当 CPU 读位置计数器时，锁存数据 当单位时间事件发生时，锁存数据
1	UTE	0 1	QEP 单位定时器使能 禁止定时器 使能单位定时器
0	WDE	0 1	QEP 看门狗使能 禁止 QEP 看门狗 使能 QEP 看门狗

3. QEP 位置比较控制寄存器 QPOSCTL

QPOSCTL 位置控制寄存器的位信息与功能描述如表 10.4 所列。

表 10.4 QEP 位置控制寄存器描述

位	名 称	值	描 述
15	PCSHDW	0	位置比较影子映射使能
			禁止此功能
		1	使能此功能
14	PCLOAD	0	位置比较影子映射加载模式
			在 QPOSCNT ＝0 时加载
		1	在 QPOSCNT ＝QPOSCMP 时加载
13	PCPOL	0	同步信号输出极性
			输出高有效脉冲
		1	输出低有效脉冲
12	PCE	0	位置比较功能使能/禁止
			禁止此功能
		1	使能此功能
11～0	PCSPW		选择位置比较同步输出脉冲宽度
		0x000	1×4×SYSCLKOUT
		0x001	2×4×SYSCLKOUT
		0xfff	4 096×4×SYSCLKOUT

4. QEP 捕获控制寄存器 QCAPCTL

QCAPCTL 捕获控制寄存器的位信息与功能描述如表 10.5 所列。

表 10.5 QEP 捕获控制寄存器描述

位	名 称	值	描 述
15	CEN	0	使能 QEP 捕捉功能
			禁止 QEP 捕捉单元
		1	使能 QEP 捕捉单元
14～7	保留		总是写入 0
6～4	CCPS		QEP 捕捉时钟分频数
		000	CAPCLK＝SYSCLK/1
		001	CAPCLK＝SYSCLK/2
		010	CAPCLK＝SYSCLK/4
		011	CAPCLK＝SYSCLK/8
		100	CAPCLK＝SYSCLK/16
		101	CAPCLK＝SYSCLK/32
		110	CAPCLK＝SYSCLK/64
		111	CAPCLK＝SYSCLK/128

续表 10.5

位	名 称	值	描 述
3~0	UPPS		单位位置事件分频数
		0000	UPEVNT=QCLK/1
		0001	UPEVNT=QCLK/2
		0010	UPEVNT=QCLK/4
		0011	UPEVNT=QCLK/8
		0100	UPEVNT=QCLK/16
		0101	UPEVNT=QCLK/32
		0110	UPEVNT=QCLK/64
		0111	UPEVNT=QCLK/128
		1000	UPEVNT=QCLK/256
		1001	UPEVNT=QCLK/512
		1010	UPEVNT=QCLK/1024
		1011	UPEVNT=QCLK/2048
		11xx	保留

5. QEP 位置计数器 QPOSCNT 寄存器

QPOSCNT 位置计数器的位信息与功能描述如表 10.6 所列。

表 10.6 QEP 位置计数器描述

位	名 称	描 述
31~0	QPOSCNT	32 位位置计数寄存器,它会根据方向进行增或者减计数

6. QEP 位置计数器初始化寄存器 QPOSINIT

QEP 位置计数器初始化寄存器 QPOSINIT 的位信息与功能描述如表 10.7 所列。

表 10.7 QEP 位置计数器初始化寄存器描述

位	名 称	描 述
31~0	QPOSINIT	这个寄存器的值可以对 QPOSCNT 进行初始化

7. QEP 最大位置计数器寄存器 QPOSMAX

QEP 最大位置计数器寄存器 QPOSMAX 的位信息与功能描述如表 10.8 所列。

表 10.8 QEP 最大位置计数器寄存器描述

位	名 称	描 述
31~0	QPOSMAX	此寄存器为最大的位置计数器的值

8. QEP 位置比较寄存器 QPOSCMP

QEP 位置比较寄存器 QPOSCMP 的位信息与功能描述如表 10.9 所列。

表 10.9　QEP 位置比较寄存器描述

位	名　称	描　述
31~0	QPOSCMP	当位置计数器的值与位置比较寄存器的值相同时,会输出同步信号或者产生中断

9. QEP 索引位置加载寄存器 QPOSILAT

QEP 索引位置加载寄存器 QPOSILAT 的位信息与功能描述如表 10.10 所列。

表 10.10　QEP 索引位置加载寄存器描述

位	名　称	描　述
31~0	QPOSILAT	当索引事件发生时,位置计数器的值会加载到这个寄存器中

10. QEP 标记位置加载寄存器 QPOSSLAT

QEP 标记位置加载寄存器 QPOSSLAT 的位信息与功能描述如表 10.11 所列。

表 10.11　QEP 标记位置加载寄存器描述

位	名　称	描　述
31~0	QPOSSLAT	当标记事件发生时,位置计数器的值会加载到这个寄存器中

11. QEP 位置加载寄存器 QPOSLAT

QEP 位置加载寄存器 QPOSLAT 的位信息与功能描述如表 10.12 所列。

表 10.12　QEP 位置加载寄存器描述

位	名　称	描　述
31~0	QPOSLAT	当单位时间事件发生时,位置计数器的值会加载到这个寄存器中

12. QEP 单位时间定时器 QUTMR

QEP 单位时间定时器 QUTMR 的位信息与功能描述如表 10.13 所列。

表 10.13　QEP 单位时间定时器寄存器描述

位	名　称	描　述
31~0	QUTMR	当此定时器的值与单位时间周期寄存器的值相同时,单位时间事件就会发生

13. QEP 单位时间周期寄存器 QUPRD

QEP 单位时间周期寄存器 QUPRD 的位信息与功能描述如表 10.14 所列。

表 10.14　QEP 单位时间周期寄存器描述

位	名　称	描　述
31~0	QUPRD	此寄存器中的值为单位时间周期值

14. QEP 看门狗定时器 QWDTMR

QEP 看门狗定时器 QWDTMR 的位信息与功能描述如表 10.15 所列。

表 10.15 QEP 看门狗定时器寄存器描述

位	名 称	描 述
31~0	QWDTMR	这个为看门狗的定时器,当此值与看门狗的周期寄存器的值相同时,看门狗中断就会产生

15. QEP 看门狗周期寄存器 QWDPRD

QEP 看门狗定时器 QWDPRD 的位信息与功能描述如表 10.16 所列。

表 10.16 QEP 看门狗周期寄存器描述

位	名 称	描 述
31~0	QWDPRD	看门狗的周期寄存器

16. QEP 中断使能寄存器 QEINT

QEP 中断使能寄存器 QEINT 的位信息与功能描述如表 10.17 所列。

表 10.17 QEP 中断使能寄存器描述

位	名 称	值	描 述	位	名 称	值	描 述
15~12	保留	0	写入全部为 0	6	PCO	0	位置计数器上溢中断使能 中断禁止
						1	
11	UTO	0	单位时间事件中断使能 中断禁止	5	PCU	0	位置计数器下溢中断使能 中断禁止
		1	中断使能			1	中断使能
10	IEL	0	索引事件锁存中断使能 中断禁止	4	WTO	0	看门狗事件中断使能 中断禁止
		1	中断使能			1	中断使能
9	SEL	0	标记事件锁存中断使能 中断禁止	3	QDC	0	看门狗方向改变中断使能 中断禁止
		1	中断使能			1	中断使能
8	PCM	0	位置比较匹配中断使能 中断禁止	2	QPE	0	正交相位错误中断使能 中断禁止
		1	中断使能			1	中断使能
7	PCR	0	位置比较准备中断使能 中断禁止	1	PCE	0	位置计数器错误中断使能 中断禁止
		1	中断使能中断使能			1	中断使能
				0	保留		保留

17. QEP 中断标志寄存器 QFLG

QEP 中断标志寄存器 QFLG 的位信息与功能描述如表 10.18 所列。

表 10.18　QEP 中断标志寄存器描述

位	名称	值	描述	位	名称	值	描述
15~12	保留		写入全部为 0	5	PCU	0 1	位置计数器下溢中断标志 没有中断产生 中断产生
11	UTO	0 1	单位时间事件中断标志 没有中断产生 中断产生	4	WTO	0 1	看门狗事件中断标志 没有中断产生 中断产生
10	IEL	0 1	索引事件锁存中断标志 没有中断产生 中断产生	3	QDC	0 1	正交方向改变中断标志 没有中断产生 中断产生
9	SEL	0 1	标记事件锁存中断标志 没有中断产生 中断产生	2	PHE	0 1	正交相位错误中断标志 没有中断产生 中断产生
8	PCM	0 1	QEP 比较匹配中断标志 没有中断产生 中断产生	1	PCE	0 1	位置计数器错误中断标志 没有中断产生 中断产生
7	PCR	0 1	QEP 比较准备中断标志 没有中断产生 中断产生	0	INT	0 1	全局中断状态标志 没有中断产生 中断产生
6	PCO	0 1	位置计数器上溢中断标志 没有中断产生 中断产生				

18. QEP 中断清除寄存器 QCLR

QEP 中断清除寄存器 QCLR 的位信息与功能描述如表 10.19 所列。

19. QEP 中断强制寄存器 QFRC

QEP 中断强制寄存器 QFRC 的位信息与功能描述如表 10.20 所列。

表 10.19　QEP 中断清除寄存器描述

位	名　称	值	描　述
15～12	保留		写入全部为 0
11	UTO	0	清除单位时间事件中断标志 没有效果
		1	清除中断标志
10	IEL	0	清除索引事件锁存中断标志 没有效果
		1	清除中断标志
9	SEL	0	清除标记事件锁存中断标志 没有效果
		1	清除中断标志
8	PCM	0	清除 QEP 比较匹配中断标志 没有效果
		1	清除中断标志
7	PCR	0	清除 QEP 比较准备中断标志 没有效果
		1	清除中断标志
6	PCO	0	清除位置计数器上溢中断标志 没有效果
		1	清除中断标志
5	PCU	0	清除位置计数器下溢中断标志 没有效果
		1	清除中断标志
4	WTO	0	清除看门狗事件中断标志 没有效果
		1	清除中断标志
3	QDC	0	清除正交方向改变中断标志 没有效果
		1	清除中断标志
2	PHE	0	清除正交相位错误中断标志 没有效果
		1	清除中断标志
1	PCE	0	清除位置计数器错误中断标志 没有效果
		1	清除中断标志
0	INT	0	清除全局中断状态标志 没有效果
		1	清除中断标志

表 10.20　QEP 中断强制寄存器描述

位	名　称	值	描　述
5～12	保留		写入全部为 0
11	UTO	0	强制单位时间事件中断 没有效果
		1	强制中断产生
10	IEL	0	强制索引事件锁存中断 没有效果
		1	强制中断产生
9	SEL	01	强制标记事件锁存中断 没有效果 强制中断产生
8	PCM	0	强制 QEP 比较匹配中断 没有效果
		1	强制中断产生
7	PCR	0	强制 QEP 比较准备中断 没有效果
		1	强制中断产生
6	PCO	0	强制位置计数器上溢中断 没有效果
		1	强制中断产生
5	PCU	0	强制位置计数器下溢中断 没有效果
		1	强制中断产生
4	WTO	0	强制看门狗事件中断标志 没有效果
		1	强制中断产生
3	QDC	0	强制正交方向改变中断 没有效果
		1	强制中断产生
2	PHE	0	强制正交相位错误中断 没有效果
		1	强制中断产生
1	PCE	0	强制位置计数器错误中断 没有效果
		1	强制中断产生
0	保留		写入全部为 0

20. QEP 状态寄存器 QEPSTS

QEP 状态寄存器 QEPSTS 的位信息与功能描述如表 10.21 所列。

表 10.21　QEP 状态寄存器描述

位	名称	值	描述	位	名称	值	描述
15~8	保留		写入的值全部为0	3	COEF	0	捕获溢出错误标志 无意义
7	UPEVNT	0	单位位置事件标志 没有检测此事件			1	在 QEP 捕获计时器发生溢出
		1	检测到此事件,写1清零				
6	FDF	0	第一个索引标记方向 第一个索引标记锁存逆时针方向	2	CDEF	0	捕获方向错误标志位 无意义
		1	第一个索引标记锁存顺时针方向			1	在捕获事件发生时,方向改变
5	QDF	0	正交方向标志 逆时针方向	1	FIMF	0	第一个索引标记标志位 无意义
		1	顺时针方向			1	第一个索引标记事件发生
4	QDLF	0	QEP 方向锁存标志 在索引标记事件锁存逆时针方向	0	PCEF	0	位置计数器错误标志位 没有发生错误
		1	在索引标记事件锁存顺时针方向			1	位置计数器错误

21. QEP 捕获定时器 QCTMR

QEP 捕获定时器 QCTMR 的位信息与功能描述如表 10.22 所列。

表 10.22　QEP 捕获定时器描述

位	名称	描述
15~0	QCTMR	这个寄存器为边沿捕获单元提供时基

22. QEP 捕获周期寄存器 QCPRD

QEP 捕获周期寄存器 QCPRD 的位信息与功能描述如表 10.23 所列。

表 10.23　QEP 捕获周期寄存器描述

位	名称	描述
15~0	QCPRD	QEP 边沿捕获周期寄存器

23. QEP 捕获周期锁存寄存器 QCPRDLAT

QEP 捕获周期锁存寄存器 QCPRDLAT 的位信息与功能描述如表 10.24 所列。

表 10.24　QEP 捕获周期锁存寄存器描述

位	名　称	描　述
15～0	QCPRDLAT	QEP 边沿捕获周期锁存寄存器

24. QEP 捕获定时锁存寄存器 QCTMRLAT

QEP 捕获定时锁存寄存器 QCPTMRLAT 的位信息与功能描述如表 10.25 所列。

表 10.25　QEP 捕获定时锁存寄存器描述

位	名　称	描　述
15～0	QCTMRLAT	QEP 边沿捕获定时锁存寄存器

10.11　手把手教你实现基于 eQEP 的电机测速

1. 实验目的

① 掌握编码器信号测速原理。

② 掌握 eQEP 原理。

2. 实验主要步骤

① 打开已经配置的 CCS6.1 软件。

② 将仿真器的 USB 与计算机连接,将仿真器的另一端 JTAG 端插到 YX F28335 开发板的 JTAG 针处。

③ 在 CCS6.1 建立配置文件并连接 DSP 板卡。

④ 在 CCS6.1 菜单栏,首先选择 File→Import 菜单项,然后选择 Code Composer Studio→CCS Projects,最后浏览找到 QEP POS SPEED 工程所在的路径文件夹并导入工程。

⑤ 选择 Run→Load→Load Program 菜单项,选中 QEP POS SPEED.out 并下载。

⑥ 将板卡上面的 J8-2 和 J5-1 或者 J5-2 短接起来。

⑦ 选择 Run→Resume 菜单项运行,之后选择 View→Expressions 菜单项,再在 Expressions 窗口中输入变量 T1 、T2、T3、T4 后回车。单击 Expressions 窗口上面的 Continuous Refresh,可以看到,若 J8-2 和 J5-1 短接起来,则 T1 和 T2 的值为 15 000 左右;若 J8-2 和 J5-2 短接起来,则 T3 和 T4 的值为 15 000 左右。

3. 实验原理说明

此实验通过编码器信号的读取,编码器的信号可以为 ABZ 增量式 1 000 线编码

器。将编码器与电机转轴连接固定后,可以完成最大速度为 6 000 转/分,最低速度
为 10 转/分,极对数为 2 的电机测速。

QEP 测速主要针对编码器信号,通过编码器信号的运算得到的速度量应用频
繁,因此在程序中设置了位置速度结构体。

位置速度结构体定义如下:

```
typedef struct {
                int theta_elec; // 电角度
                int theta_mech;                 // 机械角度
                int DirectionQep;               // 电机转向
                int QEP_cnt_idx;                // 编码器索引事件计数
                int theta_raw;                  // 转过的角度值
                int mech_scaler;                // 系数
                int pole_pairs;                 // 电机极对数
                int cal_angle;                  // 原始角度偏差
                int index_sync_flag;            // 索引同步信号标志位

                Uint32 SpeedScaler;             // 速度系数
                _iq Speed_pr;                   // 速度
                Uint32 BaseRpm;                 // 最大速度值
                int32 SpeedRpm_pr;
                _iq  oldpos;                    // 上一次位置值
                _iq Speed_fr;
                int32 SpeedRpm_fr;
                void ( * init)();               // QEP 初始化函数
                void ( * calc)();               // QEP 计算函数
                } POSSPEED;
//QEP 初始化函数
void   POSSPEED_Init(void)
{

    # if (CPU_FRQ_150MHZ)
      eQEP1Regs. QUPRD = 1500000;               //单位时间频率为 100 Hz at 150 MHz
    # endif
    # if (CPU_FRQ_100MHZ)
      eQEP1Regs. QUPRD = 1000000;               // 单位时间频率为 100 Hz at 100 MHz
    # endif

    eQEP1Regs. QDECCTL. bit. QSRC = 00;         // QEP 计数模式

    eQEP1Regs. QEPCTL. bit. FREE_SOFT = 2;      // 自由运行
    eQEP1Regs. QEPCTL. bit. PCRM = 00;          // QEP 位置计数器在索引事件复位
    eQEP1Regs. QEPCTL. bit. UTE = 1;            // 单位事件使能
    eQEP1Regs. QEPCTL. bit. QCLM = 1;           // 单位事件发生时,加载计数值
    eQEP1Regs. QPOSMAX = 0xffffffff;            // 初始化最大位置值
    eQEP1Regs. QEPCTL. bit. QPEN = 1;           // QEP 模块使能

    eQEP1Regs. QCAPCTL. bit. UPPS = 5;          // 单位位置 32 分频
```

```
    eQEP1Regs.QCAPCTL.bit.CCPS = 7;              // CAP 捕获 128 分频
    eQEP1Regs.QCAPCTL.bit.CEN = 1;               // QEP 捕获使能

}
//QEP 计算函数
void POSSPEED_Calc(POSSPEED * p)
{
    long tmp;
    unsigned int pos16bval,temp1;
        _iq Tmp1,newp,oldp;
    p ->DirectionQep = eQEP1Regs.QEPSTS.bit.QDF;    // 电机旋转方向
    pos16bval = (unsigned int)eQEP1Regs.QPOSCNT;    //每个 QA 周期的计数值
    p ->theta_raw = pos16bval + p ->cal_angle;      //角度 = 计数值 + 原始偏差
    tmp = (long)((long)p ->theta_raw * (long)p ->mech_scaler);
    tmp &= 0x03FFF000;
    p ->theta_mech = (int)(tmp >> 11);              // Q26 ->Q15
    p ->theta_mech &= 0x7FFF;                       //保存机械角度
    p ->theta_elec = p ->pole_pairs * p ->theta_mech;  // 保存电气角度
    p ->theta_elec &= 0x7FFF;

// 检测索引事件
    if (eQEP1Regs.QFLG.bit.IEL == 1)
    {
        p ->index_sync_flag = 0x00F0;
        eQEP1Regs.QCLR.bit.IEL = 1;                 //清除中断位
    }
// **** 高速测量 **** //
    if(eQEP1Regs.QFLG.bit.UTO == 1)                 // 如果单位时间事件到来,计数目前速度
    {
        pos16bval = (unsigned int)eQEP1Regs.QPOSLAT;   //加载计数值
         tmp = (long)((long)pos16bval * (long)p ->mech_scaler);
        tmp &= 0x03FFF000;
        tmp = (int)(tmp>>11);
        tmp &= 0x7FFF;
        newp = _IQ15toIQ(tmp);
        oldp = p ->oldpos;
        if (p ->DirectionQep == 0)                  // POSCNT 向下计数
        {
        if (newp>oldp)
            Tmp1 = - (_IQ(1) - newp + oldp);
          else
            Tmp1 = newp - oldp;
        }
        else if (p ->DirectionQep == 1)             // POSCNT 向上计数
        {
        if (newp<oldp)
            Tmp1 = _IQ(1) + newp - oldp;
        else
            Tmp1 = newp - oldp;                                      }
```

```
            if (Tmp1 > _IQ(1))
                p -> Speed_fr = _IQ(1);
            else if (Tmp1 < _IQ(-1))
                p -> Speed_fr = _IQ(-1);
            else
                p -> Speed_fr = Tmp1;
        // 更新电角度值
    p -> oldpos = newp;
        eQEP1Regs.QCLR.bit.UTO = 1;                       // 清除中断标志
    }
// **** 低速测量 **** //
    if(eQEP1Regs.QEPSTS.bit.UPEVNT == 1)          // 单位位置事件到来时,计算速度
    {
        if(eQEP1Regs.QEPSTS.bit.COEF == 0)                //没有溢出
            temp1 = (unsigned long)eQEP1Regs.QCPRDLAT;   // temp1 = t2 - t1
        else
            temp1 = 0xFFFF;
    p -> Speed_pr = _IQdiv(p -> SpeedScaler,temp1);
            Tmp1 = p -> Speed_pr;
        if (Tmp1 > _IQ(1))
            p -> Speed_pr = _IQ(1);
        else
            p -> Speed_pr = Tmp1;
        if (p -> DirectionQep == 0)
            p -> SpeedRpm_pr = - _IQmpy(p -> BaseRpm,p -> Speed_pr);
        else
                p -> SpeedRpm_pr = _IQmpy(p -> BaseRpm,p -> Speed_pr);
        eQEP1Regs.QEPSTS.all = 0x88;
    }
}
```

4. 实验观察与思考

如何通过增量式编码器 ABZ 信号进行电机位置的精确控制?

第**11**章

ADC 转换单元

模拟信号无处不在,在数字世界里,模拟信号只能转换为数字信号来处理,ADC (Analog to Digital Converter)模/数转换器就是模数之间的关键桥梁。F28335 的 CAP 与 eQEP 处理开关类信号、脉冲类信号,但如电压、电流、温度、压力、湿度、速度、加速度等幅值随着时间连续变化的模拟信号的处理,就必须用到 ADC。

11.1　A/D 转换基本原理

1. ADC 转换步骤

A/D 转换器(ADC)将模拟量转换为数字量通常要经过 4 个步骤:采样、保持、量化和编码。所谓采样,就是将一个时间上连续变化的模拟量转化为时间上离散变化的模拟量,如图 11.1 所示。

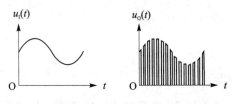

图 11.1　A/D 采样原理

将采样结果存储起来,直到下次采样,这个过程称做保持。一般,采样器和保持电路一起总称为采样保持电路。将采样电平归化为与之接近的离散数字电平,这个过程称为量化。将量化后的结果按照一定数制形式表示就是编码。将采样电平(模拟值)转换为数字值时,主要有两类方法:直接比较型与间接比较型。

➤ 直接比较型:就是将输入模拟信号直接与标准的参考电压比较,从而得到数字量。属于这种类型常见的有并行 ADC 和逐次比较型 ADC。

➤ 间接比较型:输入模拟量不是直接与参考电压比较,而是将二者变为中间的某种物理量再进行比较,然后将比较所得的结果进行数字编码。属于这种类型常见的有双积分型的 ADC。

2. ADC 转换原理

采用逐次逼近法的 A/D 转换器是由一个比较器、D/A 转换器、缓冲寄存器及控制逻辑电路组成,如图 11.2 所示。

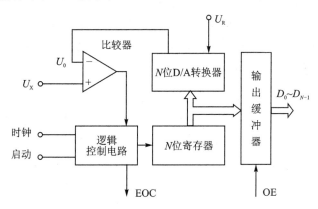

图 11.2　逐次逼近式 A/D 转换器原理图

基本原理是从高位到低位逐位试探比较,就像用天平称物体,从重到轻逐级增减砝码进行试探。逐次逼近法的转换过程是:初始化时将逐次逼近寄存器各位清零;转换开始时,先将逐次逼近寄存器最高位置 1,送入 D/A 转换器,经 D/A 转换后生成的模拟量送入比较器,称为 V_0,与送入比较器的待转换的模拟量 V_x 进行比较,若 $V_0 < V_x$,该位 1 被保留,否则被清除。然后再置逐次逼近寄存器次高位为 1,将寄存器中新的数字量送 D/A 转换器,输出的 V_0 再与 V_x 比较,若 $V_0 < V_x$,该位 1 被保留,否则被清除。重复此过程,直至逼近寄存器最低位。转换结束后,将逐次逼近寄存器中的数字量送入缓冲寄存器,得到数字量的输出。逐次逼近的操作过程是在一个控制电路的控制下进行的。

采用双积分法的 A/D 转换器由电子开关、积分器、比较器和控制逻辑等部件组成。如图 11.3 所示。

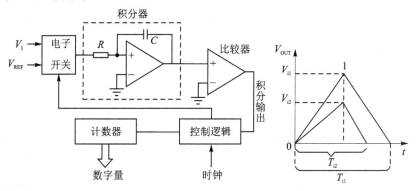

图 11.3　双积分式 A/D 转换器原理图

基本原理是将输入电压变换成与其平均值成正比的时间间隔,再把此时间间隔转换成数字量,属于间接转换。双积分法 A/D 转换的过程是:先将开关接通待转换的模拟量 V_i,V_i 采样输入到积分器,积分器从零开始进行固定时间 T 的正向积分,时间 T 到后,开关再接通与 V_i 极性相反的基准电压 V_{REF},将 V_{REF} 输入到积分器进行反向积分,直到输出为 0 V 时停止积分。V_i 越大,积分器输出电压越大,反向积分时间也越长。计数器在反向积分时间内所计的数值,就是输入模拟电压 V_i 所对应的数字量,实现了 A/D 转换。

3. ADC 关键技术指标

① 分辨率(Resolution)指数字量变化一个最小量时模拟信号的变化量,定义为满刻度与 2^n 的比值。分辨率又称精度,通常以数字信号的位数来表示。

② 转换速率(Conversion Rate):也可以称为 A/D 采样率,是 A/D 转换一次所需要时间的倒数。单位时间内完成从模拟转换到数字的次数。积分型 A/D 的转换时间是毫秒级属低速 A/D,逐次比较型 A/D 是微秒级属中速 A/D,全并行/串并行型 A/D 可达到纳秒级。采样时间则是另外一个概念,是指两次转换的间隔。为了保证转换正确完成,采样速率(Sample Rate)必须小于或等于转换速率。因此,有人习惯上将转换速率在数值上等同于采样速率也是可以接受的。常用单位是 ksps 和 Msps,表示每秒采样千/百万次(kilo / Million Samples per Second)。

③ 量化误差(Quantizing Error):由于 A/D 的有限分辨率而引起的误差,即有限分辨率 A/D 的阶梯状转移特性曲线与无限分辨率 A/D(理想 A/D)的转移特性曲线(直线)之间的最大偏差。通常是一个或半个最小数字量的模拟变化量,表示为 1 LSB、1/2 LSB。

④ 偏移误差(Offset Error):输入信号为零时输出信号不为零的值,可外接电位器调至最小。

⑤ 满刻度误差(Full Scale Error):满刻度输出时对应的输入信号与理想输入信号值之差。

⑥ 线性度(Linearity):实际转换器的转移函数与理想直线的最大偏移,不包括以上 3 种误差。

其他指标还有绝对精度(Absolute Accuracy),相对精度(Relative Accuracy),微分非线性,单调性和无错码,总谐波失真(Total Harmonic Distotortion,THD)和积分非线性。

11.2 ADC 转换模块

F28335 片内集成的 ADC 转换模块的核心资源是一个 12 位的模/数转换器,12 位的精度处于一般水平,能够适合大多数测量需要,若需要用到更高精度的 A/D,如

16 位的或者 24 位的,就需要考虑外扩。A/D 转换模块的价格相对比较高,重要的资源就要充分利用,在电子电路中通常采用的方法就是分时多路复用。同样,在 F28335 内核中,通过多路复用后有 16 个模拟转换输入通道,多路复用实际是用时间换资源,16 个通道肯定是不能并行转换的,而在 A/D 模块转换时,实际采用 2 个采样保持器,2 个采样保持器的结果肯定也不能同时转换,都是分时转换。2 个采样保持器复用一个 A/D 转换模块,16 个输入通道复用 2 个采样保持器。尽管只有一个 A/D 模块,但 2 个采样保持器保证了 F28335 的 ADC 转换模块也能够同时采样 2 个输入通道,同时采样,但并不同步转换,但从最终结果来看就等效为同步转换。电力系统中通常需要三相电压实时同步采集,F28335 内置 A/D 就不够用了,不得已只能外扩。这 16 个输入通道、2 路采样保持器,如何组合,先后转换顺序如何确定,如何响应触发源? 这就由 2 个 8 通道排序器(SEQ1、SEQ2)完成。这 2 个排序器可以独立使用,这样就可以两组 8 通道分别排序,可以同时响应两路触发源。这两个排序器也可以级联使用,这样就是一组 16 通道分别排序,只能响应一路触发源。A/D 什么时候开始转换,什么时候结束转换? 分别由 ADC 的触发源以及中断响应程序来控制。A/D 的最终转换结果保存在结果寄存器内。在 ADC 模块中排序器就好像是整个 ADC 模块的控制器一样。F28335 的 ADC 转换模块的原理框图如图 11.4 所示。

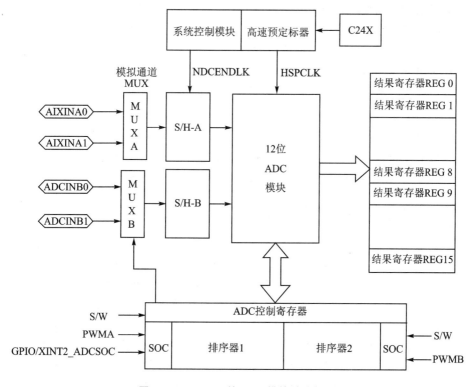

图 11.4　F28335 的 ADC 模块功能框图

F28335 的 ADC 模块主要包括以下特点：

➤ 12 位模数转换。

➤ 2 个采样保持器(S/H)。

➤ 同时或顺序采样。

➤ 模拟电压输入范围 0～3 V。

➤ ADC 转换时钟频率最高可配置为 25 MHz,采样带宽 12.5 MHz。

➤ 16 通道模拟输入。

➤ 排序器支持 16 通道独立循环"自动转换",每次转换通道可以软件编程选择。

➤ 16 个结果寄存器存放 ADC 转换的结果,转换后的数字量表示为：

$$数字值 = 4\ 095 \times \frac{输入模拟值 - ADCLO}{3}, 输入模拟值在 0～3 之间$$

➤ 多个触发源启动 ADC 转换(SOC)：

　　• S/W——软件立即启动；

　　• 外部引脚；

　　• ePWMx SOCA 启动；

　　• ePWMx SOCB 启动。

➤ 灵活的中断控制,允许每个或者每隔一个序列转换结束产生中断请求。

➤ 排序器可工作在启动/停止模式。

➤ 采样保持(S/H)采集时间窗口有独立的预定标控制。

在使用 ADC 转换模块时,特别要注意的是 F28335 的 A/D 的输入范围 0～3 V,若输入负电压或高于 3 V 的电压就会烧坏 A/D 模块,这一点要务必引起重视。超出输入范围的电压可在前级电路,通过电阻分压或经运放比例电路进行处理后再输入。连接到 ADCINxx 引脚的模拟输入信号要尽可能地远离数字电路信号线,ADC 模块的电源供电要与数字电源隔离开,避免数字电源的高频干扰,ADC 的参考源是影响A/D 精度的一个重要因素,注意 ADC 参考源的电压纹波处理。

11.3　ADC 的排序器操作

F28335 的 ADC 转换模块有 2 个独立的 8 状态排序器(SEQ1 与 SEQ2),这 2 个排序器还可以级联为一个 16 状态的排序器(SEQ)。这里的状态是指排序器内能够完成的 A/D 自动转换通道的个数。8 状态排序器指的是能够完成 8 个 A/D 转换通道的排序管理。2 个排序器可有两种操作方式,分别为单排序器方式(级联为一个 16 状态排序器,即级联方式)和双排序器方式(2 个独立的 8 状态排序器)。A/D 转换模块每次收到触发源的开始转换(SOC)请求时,就能够通过排序器自动完成多路转换,将模拟输入信号引入采样保持器与 ADC 内核。转换完成后,将转换结果存入结果寄存器。两种操作方式的最大差别就在于,单排序操作方式(即级联方式)响应触发源是唯一的,可双排序的方式可以分别响应各自的触发源。单排序操作方式简单,双排序操作方式复杂。2 种工作方式都可以进行顺序采样或者同步采样,2 种采样方式最大的不同在于,顺序采样相当于是串行模式,同步采样相当于并行模式,能保证信号的同时性。显然同步采样的要求高一些,两个采样保持器决定了最多能够进行 2 路同步,这在电气常用控制中,跟 PWM 控制结合起来很有用,但超过 2 路同步就无能为力,如在三相电压、电流同时采样中就不够了,就需要外扩了。采样的时候,可以多次采样,然后求平均,以获得比单采样方式更精确的结果。

1. 级联操作方式

图 11.5 为排序器级联状态下的结构框图。

启动 ADC 之前,首先要进行一些初始化的工作。初始化转换的最多通道数(MAX_CONV)限制了最多有效通道数,对于级联模式,最大为 16,在双排序方式下,最大为 8;假如输入信号为 6,设置值为 4,实际只有 4 个输入有效通道。配置需要的转换输入信号对应的转换次序(CHSELxx),最终的转换结果存放到各自的结果寄存器(RESULT0～RESULT15),结果寄存器不与输入通道完全对应,结果寄存器与转换次序对应。

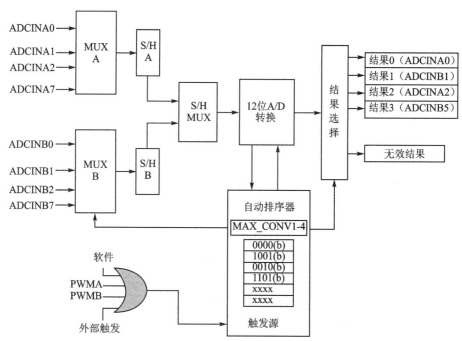

图 11.5　排序器级联状态下的结构框图

(1)级联排序器顺序采样模式

在级联排序器操作方式下,2 个 8 状态排序器(SEQ1 和 SEQ2)构成一个 16 状态的排序器 SEQ 控制外部输入的模拟信号的排序。通过控制寄存器 CONVxx 的 4

位值确定输入引脚,其中,最高位确定采用哪个采样保持缓冲器,其他 3 位定义具体输入引脚。2 个采样保持器对应各自的 8 选 1 多路选择器和 8 个输入通道。下边举例说明 A/D 的配置:

[例 11.1] 级联模式下,ADCINA0、ADCINB1、ADCINA2 和 ADCINB5 输入通道轮回顺序采样。

ADCINA0 的控制数为 0000,ADCINB1 控制数为 1001,ADCINA2 的控制数为 0010,ADCINB5 控制数为 1101,最高位确定了是哪个采样保持器,后 3 位是具体的输入引脚。

```
//配置 ADC
AdcRegs.ADCTRL1.bit.ACQ_PS = 1;          // 预定标系数 = 1
AdcRegs.ADCTRL3.bit.ADCCLKPS = 2;        // HSPCLK 进行 4 分频
AdcRegs.ADCTRL1.bit.SEQ_CASC = 1;        // 建立级联序列方式
AdcRegs.ADCTRL1.bit.CONT_RUN = 0;        // 非连续运行
AdcRegs.ADCMAXCONV.bit.MAX_CONV1 = 0x3;  // 设置 4 个转换
AdcRegs.ADCCHSELSEQ1.bit.CONV00 = 0x0;   // 设置 ADCINA0 作为第 1 个变换
AdcRegs.ADCCHSELSEQ1.bit.CONV01 = 0x9;   // 设置 ADCINB1 作为第 2 个变换
AdcRegs.ADCCHSELSEQ1.bit.CONV02 = 0x2;   // 设置 ADCINA2 作为第 3 个变换
AdcRegs.ADCCHSELSEQ1.bit.CONV03 = 0xD;   // 设置 ADCINB5 作为第 4 个变换
AdcRegs.ADCTRL2.bit.EPWM_SOCA_SEQ1 = 1;. // 使能 PWMA SOC 触发
AdcRegs.ADCTRL2.bit.INT_ENA_SEQ1 = 1;    // 使能 SEQ1 中断
```

级联排序器运行后,将相应通道的结果存储到结果寄存器中。

```
ADCINA0 ->AdcRegs.ADCRESULT0;
ADCINB1>AdcRegs.ADCRESULT1;
ADCINA2 ->AdcRegs.ADCRESULT2;
ADCINB5 ->AdcRegs.ADCRESULT3;
```

注意,不是 A0 通道就对应结果寄存器 0,而是按照 ADCCHSELSEQn 的设置来对应的。一共有 16 个通道,16 个结果寄存器,4 个 ADCCHSELSEQn 排序管理寄存器,分别为 ADCCHSELSEQ1~4。排序管理器对应到输入引脚时需要 4 位二进制位,采样通道对应结果寄存器时自动排序,如 AdcRegs.ADCCHSELSEQ1.bit.CONV00,对应结果寄存器 0。ADCCHSELSEQ1 共有 16 个二进制位,可以对应 4 个结果寄存器,排序管理器 1 的最低 4 位对应结果寄存器 0,接下来高 4 位对应结果寄存器 1,依此类推。配置如表 11.1 所列。

表 11.1 ADCCHSELSEQn 寄存器(一)

地　址	位 15~12	位 11~8	位 7~4	位 3~0	寄存器
70A3h	13	2	9	0	CHSELSEQ1
70A4h	X	X	X	X	CHSELSEQ2
70A5h	X	X	X	X	CHSELSEQ3
70A6h	X	X	X	X	CHSELSEQ4

[例 11.2] 级联模式下轮回转换 16 个通道的操作。表 11.2 为 ADCCH-SELSEQn 寄存器(二)。配置以及结果存放位置如图 11.6 所示。

如图 11.7 所示为 16 个通道顺序采样工作方式。

表 11.2 ADCCHSELSEQn 寄存器(二)

地 址	位 15～12	位 11～8	位 7～4	位 3～0	寄存器
70A3h	3	2	1	0	CHSELSEQ1
70A4h	7	6	5	4	CHSELSEQ2
70A5h	11	10	9	8	CHSELSEQ3
70A6h	15	14	13	12	CHSELSEQ4

```
//配置 ADC
AdcRegs.ADCTRL3.bit.SMODE_SEL = 0;              // 配置采样模式:顺序采样
AdcRegs.ADCTRL1.bit.SEQ_CASC = 1;               // 建立级联序列方式
AdcRegs.ADCMAXCONV.bit.MAX_CONV1 = 0xF;         // 设置 16 个转换
AdcRegs.ADCCHSELSEQ1.bit.CONV00 = 0x0;          // 设置 ADCINA0 作为第 1 个变换
AdcRegs.ADCCHSELSEQ1.bit.CONV01 = 0x1;          // 设置 ADCINA1 作为第 2 个变换
AdcRegs.ADCCHSELSEQ1.bit.CONV02 = 0x2;          // 设置 ADCINA2 作为第 3 个变换
AdcRegs.ADCCHSELSEQ1.bit.CONV03 = 0x3;          // 设置 ADCINA3 作为第 4 个变换
AdcRegs.ADCCHSELSEQ2.bit.CONV04 = 0x4;          // 设置 ADCINA4 作为第 5 个变换
AdcRegs.ADCCHSELSEQ2.bit.CONV05 = 0x5;          // 设置 ADCINA5 作为第 6 个变换
AdcRegs.ADCCHSELSEQ2.bit.CONV06 = 0x6;          // 设置 ADCINA6 作为第 7 个变换
AdcRegs.ADCCHSELSEQ2.bit.CONV07 = 0x7;          // 设置 ADCINA7 作为第 8 个变换
AdcRegs.ADCCHSELSEQ3.bit.CONV08 = 0x8;          // 设置 ADCINB0 作为第 9 个变换
AdcRegs.ADCCHSELSEQ3.bit.CONV09 = 0x9;          // 设置 ADCINB1 作为第 10 个变换
AdcRegs.ADCCHSELSEQ3.bit.CONV10 = 0x0A;         // 设置 ADCINB2 作为第 11 个变换
AdcRegs.ADCCHSELSEQ3.bit.CONV11 = 0x0B;         // 设置 ADCINB3 作为第 12 个变换
AdcRegs.ADCCHSELSEQ4.bit.CONV12 = 0x0C;         // 设置 ADCINB4 作为第 13 个变换
AdcRegs.ADCCHSELSEQ4.bit.CONV13 = 0x0D;         // 设置 ADCINB5 作为第 14 个变换
AdcRegs.ADCCHSELSEQ4.bit.CONV14 = 0x0E;         // 设置 ADCINB6 作为第 15 个变换
AdcRegs.ADCCHSELSEQ4.bit.CONV15 = 0x0F;         // 设置 ADCINB7 作为第 16 个变换
AdcRegs.ADCTRL2.bit.EPWM_SOCA_SEQ1 = 1;.        // 使能 PWMA SOC 触发
AdcRegs.ADCTRL2.bit.INT_ENA_SEQ1 = 1;           // 使能 SEQ1 中断
```

(2) 级联排序器同步采样模式

如果一个输入来自 ADCINA0～7,另一个输入来自 ADCINB0～7,ADC 能够实现 2 个 ADCINxx 输入的同时采样。此外,要求 2 个输入必须有同样的采样和保持偏移量(例如,ADCINA4 和 ADCINB4,不能是 ADCINA7 和 ADCINA6)。为了让 ADC 模块工作在同步采样模式,必须设置 ADCTRL3 寄存器中的 SMODE_SEL 位为 1。

在同步采样模式下,CONVxx 寄存器的最高位不起作用,每个采样和保持缓冲器对 CONVxx 寄存器低 3 位确定的引脚进行采样。例如,如果 CONVxx 寄存器的值是 0110b,ADCINA6 就由采样保持器 A 采样,ADCINB6 由采样保持器 B 采样;和

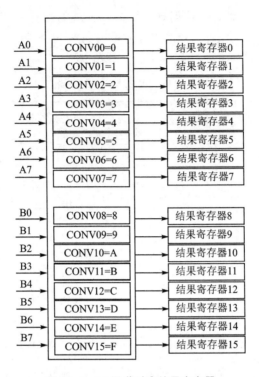

图 11.6　16 通道对应结果寄存器

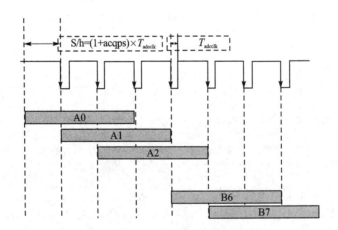

图 11.7　16 个通道顺序采样工作方式

1110b 的效果是一样的,如果 CONVxx 寄存器的值是 1001b,ADCINA1 由采样和保持器 A 采样,ADCINB1 由采样和保持器 B 采样。采样保持两路可以同步进行,因为有 2 个采样保持器,但是转换不可能同时进行。转换器首先转换采样保持器 A 中锁存的电压量,然后转换采样保持器 B 中锁存的电压量。采样保持器 A 转换的结果保存到当前的 ADCRESULTn 寄存器(如果排序器已经复位,SEQ1 的结果放到 AD-

CRESULT0);采样保持器 B 转换的结果保存到下一个(顺延)ADCRESULTn 寄存器(如果排序器已经复位,SEQ1 的结果放到 ADCRESULT1),结果寄存器指针每次增加 2。图 11.8 描述了同步采样模式的时序。

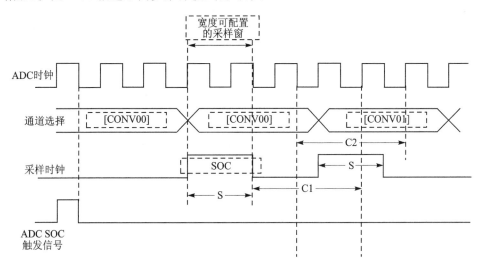

图 11.8 同步采样模式(SMODE＝1)

[例 11.3] 级联排序器操作方式下,双通道同时采样,8 对(16 个通道)模拟量均由 SEQ1 排序控制,操作时序如图 11.9 所示,配置及转换结果存放位置如图 11.10 所示。

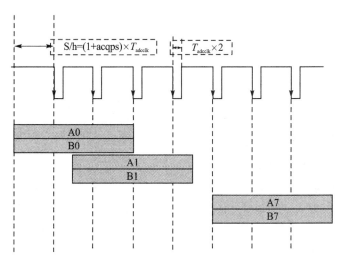

图 11.9 双通道同时采样级联排序器操作时序

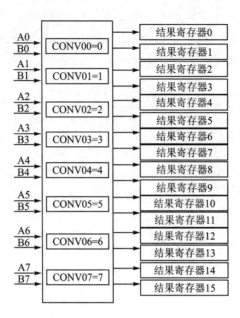

图 11.10 双通道同时采样转换结果存放位置

```
AdcRegs.ADCTRL3.bit.SMODE_SEL = 1;            // 设置同步采样模式
AdcRegs.ADCTRL1.bit.SEQ_CASC = 1;             // 建立级联排序器方式
AdcRegs.ADCMAXCONV.bit.MAX_CONV1 = 0x7;       // 设置 8 对转换,共 16 通道
AdcRegs.ADCCHSELSEQ1.bit.CONV00 = 0x0;        // 设置 ADCINA0/B0 作为第 1 个变换
AdcRegs.ADCCHSELSEQ1.bit.CONV01 = 0x1;        // 设置 ADCINA1/B1 作为第 2 个变换
AdcRegs.ADCCHSELSEQ1.bit.CONV02 = 0x2;        // 设置 ADCINA2/B2 作为第 3 个变换
AdcRegs.ADCCHSELSEQ1.bit.CONV03 = 0x3;        // 设置 ADCINA3/B3 作为第 4 个变换
AdcRegs.ADCCHSELSEQ2.bit.CONV04 = 0x4;        // 设置 ADCINA4/B4 作为第 5 个变换
AdcRegs.ADCCHSELSEQ2.bit.CONV05 = 0x5;        // 设置 ADCINA5/B5 作为第 6 个变换
AdcRegs.ADCCHSELSEQ2.bit.CONV06 = 0x6;        // 设置 ADCINA6/B6 作为第 7 个变换
AdcRegs.ADCCHSELSEQ2.bit.CONV07 = 0x7;        // 设置 ADCINA7/B7 作为第 8 个变换
AdcRegs.ADCTRL2.bit.EPWM_SOCA_SEQ1 = 1;.      // 使能 PWMA SOC 触发
AdcRegs.ADCTRL2.bit.INT_ENA_SEQ1 = 1;         // 使能 SEQ1 中断
```

2. 双排序器操作方式

图 11.11 为双排序器状态下的结构框图。

当 ADC 工作在双排序器工作方式下时,2 个 8 状态排序器(SEQ1 和 SEQ2)彼此独立。在这种方式下 PWMA 触发 SEQ1,PWMB 触发 SEQ2,触发源是独立的。双排序器工作方式可以将 ADC 看成 2 个独立的 A/D 转换单元,每个单元由各自的触发源触发转换。

在双排序器连续采样模式下,一旦当前工作的排序器完成排序,任何一个排序器的挂起 ADC 开始转换都会开始执行。例如,假设当 SEQ1 产生 ADC 开始转换请求时,A/D 单元正在对 SEQ2 进行转换,完成 SEQ2 的转换后会立即启动 SEQ1。SEQ1 排序器有更高的优先级,如果 SEQ1 和 SEQ2 的 SOC 请求都没有挂起,并且

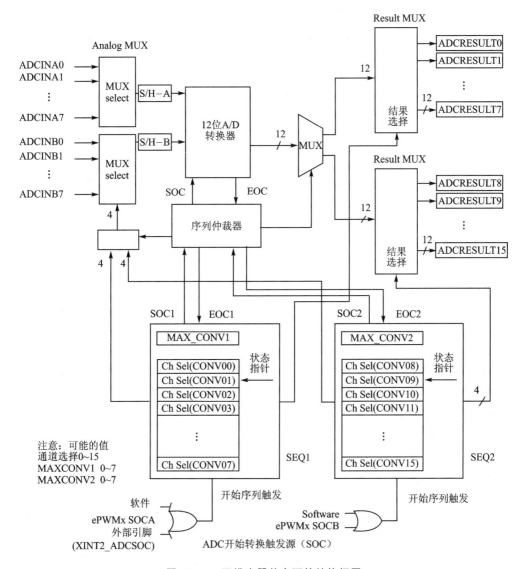

图 11.11　双排序器状态下的结构框图

SEQ1 和 SEQ2 同时产生 SOC 请求,则 ADC 完成 SEQ1 的有效排序后,将会立即处理新的 SEQ1 的转换请求,SEQ2 的转换请求处于挂起状态。

　　双排序方式使用了 2 个排序器,SEQ1/SEQ2 能在一次排序过程中对 8 个任意通道进行排序转换。每次转换结果保存在相应的结果寄存器中,这些寄存器由低地址向高地址依次进行填充。

　　每个排序器中的转换通道个数依然受 MAX CONVn 控制,最大控制通道数为 7,而不是前面的 16 了。该值在自动排序转换的开始时被载到自动排序状态寄存器(AUTO_SEQ_SR)的排序计数器控制位(SEQ CNTR3～0),MAX CONVn 的值在

0~7内变化。当排序器安排内核从 CONV00 开始按顺序转换时,SEQ CNTRn 的值从装载值开始向下计数,直到 SEQ CNTRn 等于 0。一次自动排序完成的转换数为(MAX CONVn +1)。

一旦排序器接收到触发源开始转换(SOC)信号就开始转换,SOC 触发信号也会装载 SEQ CNTRn 位,ADCCHSELSEQn 位自动减 1。一旦 SEQCNTRn 递减到 0,根据寄存器 ADCTRL1 中的连续运行状态位(CONT RUN)的不同会以下出现 2 种情况:

如果 CONT_RUN 置 1,转换序列重新自动开始(例如,SEQ CNTRn 装入最初的 MAX CONV1 的值,并且 SEQ1 通道指针指向 CONV00)。在这种情况下,为了避免覆盖先前转换的结果,必须保证在下一个转换序列开始之前读走结果寄存器的值。当 ADC 模块产生冲突时(ADC 向结果寄存器写入数据的同时,用户从结果寄存器读取数据),ADC 内部的仲裁逻辑保证结果寄存器的内容不会被破坏,发出延时写等待。

如果 CONT_RUN 没有被置位,排序指针停留在最后的状态(例如,本例中停留在 CONV06),SEQ CNTRn 继续保持 0。为了在下一个启动时重复排序操作,在下一个 SOC 信号到来之前不需要使用 RST SEQn 位复位排序器。

SEQ CNTRn 每次归零时,中断标志位都置位,用户可以在中断服务子程序中(ISR)用 ADCTRL2 寄存器的 RST SEQn 位将排序器手动复位。这样可以将 SEQn 状态复位到初始值(SEQ1 复位值 CONV00,SEQ2 复位值为 CONV08),这一特点在启动/停止排序器操作时非常有用。

(1) 双排序器顺序采样

[例 11.4] SEQ1 完成 7 个通道的模数转换,分别是模拟输入 ADCINA2、ADCINA3、ADCINA2、ADCINA3、ADCINA6、ADCINA7 和 ADCINB4。

使用 SEQ1 完成 7 个通道的模数转换(模拟输入 ADCINA2、ADCINA3、ADCINA2、ADCINA3、ADCINA6、ADCINA7 和 ADCINB4),则 MAX CONV 应被设为 6,且 ADCCHSELSEQn 寄存器的值确定如表 11.3 所列。

表 11.3 ADCCHSELSEQn 寄存器

地 址	位 15~12	位 11~8	位 7~4	位 3~0	寄存器
70A3h	3	2	3	2	CHSELSEQ1
70A4h	x	12	7	6	CHSELSEQ2
70A5h	x	x	x	x	CHSELSEQ3
70A6h	x	x	x	x	CHSELSEQ4

```
//配置 ADC
AdcRegs.ADCTRL1.bit.SEQ_CASC = 0;      // 建立双排序方式
AdcRegs.ADCTRL1.bit.CONT_RUN = 1;      // 连续运行
AdcRegs.ADCTRL1.bit.CPS = 0;           // 预定标系数为1
```

```
AdcRegs.ADCMAXCONV.bit.MAX_CONV1 = 0x6;        // 设置 7 个转换
AdcRegs.ADCCHSELSEQ1.bit.CONV00 = 0x2;
AdcRegs.ADCCHSELSEQ1.bit.CONV01 = 0x3;
AdcRegs.ADCCHSELSEQ1.bit.CONV02 = 0x2;
AdcRegs.ADCCHSELSEQ1.bit.CONV03 = 0x3;
AdcRegs.ADCCHSELSEQ2.bit.CONV04 = 0x6;
AdcRegs.ADCCHSELSEQ2.bit.CONV05 = 0x7;
AdcRegs.ADCCHSELSEQ2.bit.CONV06 = 0xC;
AdcRegs.ADCTRL2.bit.EPWM_SOCA_SEQ1 = 1;        // 使能 PWMA SOC 触发
AdcRegs.ADCTRL2.bit.INT_ENA_SEQ1 = 1;          // 使能 SEQ1 中断
AdcRegs.ADCTRL3.bit.ADCCLKPS = 2;              // HSPCLK 进行 4 分频
```

级联排序器运行,将相应通道的结果存储到结果寄存器当中:

```
ADCINA2 ->AdcRegs.ADCRESULT0;
ADCINA3 ->AdcRegs.ADCRESULT1;
ADCINA2 ->AdcRegs.ADCRESULT2;
ADCINA3 ->AdcRegs.ADCRESULT3;
ADCINA6 ->AdcRegs.ADCRESULT4;
ADCINA7 ->AdcRegs.ADCRESULT5;
ADCINB4 ->AdcRegs.ADCRESULT6;
```

(2) 双排序器同时采样

如果一个输入来自 ADCINA0～7,另一个输入来自 ADCINB0～7,ADC 能够实现 2 个 ADCINxx 输入的同时采样。此外,要求 2 个输入必须有同样的采样保持偏移量(例如,ADCINA4 和 ADCINB4,但不能是 ADCINA7 和 ADCINB6)。为了让 ADC 模块工作在同步采样模式,必须设置 ADCTRL3 寄存器中的 SMODE_SEL 位为 1。在同时采样模式下,双排序器同级联排序器相比,主要区别在于排序器控制:在双排序器中每个排序器分别控制 4 个转换 8 个通道,共构成 16 通道;而在级联排序器的同步采样模式下,实际上只是用 SEQ1 作为排序器,控制 8 个转换 16 个通道。下面给出了双排序器模式下同步采样设计实例。

[例 11.5] 双排序器同步采样模式 ADC 应用实例。

```
AdcRegs.ADCTRL3.bit.SMODE_SEL = 1;             // 设置同步采样模式
AdcRegs.ADCMAXCONV.bit.MAX_CONV1 = 0x33;       // 设置 4 对转换,共 8 通道
AdcRegs.ADCCHSELSEQ1.bit.CONV00 = 0x0;         // 设置 ADCINA0 和 ADCINB0
AdcRegs.ADCCHSELSEQ1.bit.CONV01 = 0x1;         // 设置 ADCINA1 和 ADCINB1
AdcRegs.ADCCHSELSEQ1.bit.CONV02 = 0x2;         // 设置 ADCINA2 和 ADCINB2
AdcRegs.ADCCHSELSEQ1.bit.CONV03 = 0x3;         // 设置 ADCINA3 和 ADCINB3
AdcRegs.ADCCHSELSEQ3.bit.CONV08 = 0x4;         // 设置 ADCINA4 和 ADCINB4
AdcRegs.ADCCHSELSEQ3.bit.CONV09 = 0x5;         // 设置 ADCINA5 和 ADCINB5
AdcRegs.ADCCHSELSEQ3.bit.CONV10 = 0x6;         // 设置 ADCINA6 和 ADCINB6
AdcRegs.ADCCHSELSEQ3.bit.CONV11 = 0x7;         // 设置 ADCINA7 和 ADCINB7
AdcRegs.ADCTRL2.bit.EPWM_SOCA_SEQ1 = 1;.       // 使能 PWMA SOC 触发
AdcRegs.ADCTRL2.bit.INT_ENA_SEQ1 = 1;          // 使能 SEQ1 中断
```

SEQ1 和 SEQ2 同时运行,将相应通道的转换结果存储到结果寄存器中:

```
ADCINA0 ->AdcRegs.ADCRESULT0;
ADCINB0 ->AdcRegs.ADCRESULT1;
ADCINA1 ->AdcRegs.ADCRESULT2;
ADCINB1 ->AdcRegs.ADCRESULT3;
ADCINA2 ->AdcRegs.ADCRESULT4;
ADCINB2 ->AdcRegs.ADCRESULT5;
ADCINA3 ->AdcRegs.ADCRESULT6;
ADCINB3 ->AdcRegs.ADCRESULT7;
ADCINA4 ->AdcRegs.ADCRESULT8;
ADCINB4 ->AdcRegs.ADCRESULT9;
ADCINA5 ->AdcRegs.ADCRESULT10;
ADCINB5 ->AdcRegs.ADCRESULT11;
ADCINA6 ->AdcRegs.ADCRESULT12;
ADCINB6 ->AdcRegs.ADCRESULT13;
ADCINA7 ->AdcRegs.ADCRESULT14;
ADCINB7 ->AdcRegs.ADCRESULT15;
```

3. 排序器的启动/停止模式

排序器的启动/停止模式是相对于连续的自动排序模式而言的,任何一个排序器(SEQ1、SEQ2 或 SEQ)都可以工作在启动/停止模式,这种方式可在不同时间上分别和多个启动触发信号同步。一旦排序器完成了第一个排序(假定排序器在中断服务子程序中未被复位),可允许排序器不需要复位到初始状态 CONV00 情况下重新触发排序器。因此当一个转换序列结束时,排序器就停止在当前转换状态。在这种工作模式下,ADCTRL1 寄存器中的连续运行位(CONT RUN)必须设置为 0。

[例 11.6] 排序器启动/停止操作模式:要求触发源 1 启动 3 个自动转换(I_1、I_2、I_3),触发源 2 启动 3 个自动转换(V_1、V_2、V_3)。触发源 1 和触发源 2 在时间上是独立的,(间隔 25 μs),触发信号由 ePWM 提供。如图 11.12 所示,本例中只使用 SEQ1。

在这种情况下,MAX CONV1 的值设置为 2,ADC 模块的输入通道选择排序控制寄存器(ADCCHSELSEQn)应按表 11.4 设置。

表 11.4　ADCCHSELSEQn 寄存器使用情况

地　址	位 15~12	位 11~8	位 7~4	位 3~0	寄存器
70A3h	V_1	I_3	I_2	I_1	CHSELSEQ1
70A4h	x	x	V_3	V_2	CHSELSEQ2
70A5h	x	x	x	x	CHSELSEQ3
70A6h	x	x	x	x	CHSELSEQ4

一旦复位和初始化完成,SEQ1 就等待触发。第一个触发到来之后,执行通道选择值为 CONV00(I_1)、CONV02(I_2)和 CONV02(I_3)的 3 个转换。转换完成后,

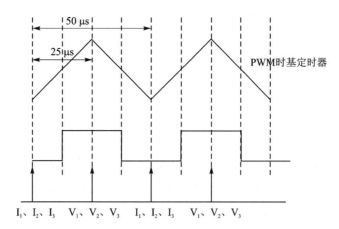

图 11.12　触发启动排序器

SEQ1 停在当前的状态等待下一个触发源到来,25 μs 后另一个触发源到来,ADC 模块开始选择通道为 CONV03(V1)、CONV04(V2)、和 CONV05(V3)的 3 个转换。

　　对于这 2 种触发,MAX CONV1 的值会自动地装入 SEQ CNTRn 中。如果第二个触发源要求转换的个数与第一个不同,用户必须通过软件在第二个触发源到来之前改变 MAX CONV1 的值;否则,ADC 模块会重新使用原来的 MAX CONV1 的值。可以使用中断服务程序 ISR 适当地改变 MAX CONV1 的值。

　　在第二个转换序列完成之后,ADC 模块的转换结果存储到相应的寄存器,如表 11.5 所列。

表 11.5　ADC 模块转换结果存储到对应的寄存器

缓冲寄存器	ADC 转换结果缓冲	缓冲寄存器	ADC 转换结果缓冲
RESULT0	I_1	RESULT4	V_2
RESULT1	I_2	RESULT5	V_3
RESULT2	I_3	RESULT6	X
RESULT3	V_1	RESULT7	X
缓冲寄存器	ADC 转换结果缓冲	缓冲寄存器	ADC 转换结果缓冲
RESULT8	X	RESULT12	X
RESULT9	X	RESULT13	X
RESULT10	X	RESULT14	X
RESULT11	X	RESULT15	X

　　第二个转换序列完成后,SEQ1 保持在下一个触发的"等待"状态。用户可以通过软件复位 SEQ1,将指针指到 CONV00,重复同样的触发源 1、2 转换操作。

4. 输入触发源

　　每个排序器都有一系列可以使能或禁止的触发源。SEQ1、SEQ2 和级联 SEQ

的有效输入触发如表 11.6 所列。

表 11.6　排序触发信号

SEQ1	SEQ2	级联 SEQ
软件触发(r 软件 SOC)	软件触发(软件 SOC)	软件触发(软件 SOC)
EPWMx SOCA	EPWMx SOCB	EPWMx SOCA EPWMx SOCB
外部 SOC 引脚		外部 SOC 引脚

只要排序器处于空闲状态,SOC 触发源就能启动一个自动转换排序。空闲状态是指在收到触发信号前,排序器的指针指向 CONV00,或者是排序器已经完成了一个转换排序,也就是 SEQ CNTRn 为 0。如果转换序列正在运行时,到来一个新的 SOC 触发信号,则 ADCTRL2 寄存器中的 SOC_SEQn 位置 1(该位在前一个转换开始时已经清除)。但如果又有一个 SOC 触发信号到来,则该信号将被丢失,也就是当 SOC_SEQn 位置 1 时(SOC 挂起),随后的触发不起作用。被触发后,排序器不能在中途停止或中断。程序必须等到一个序列的结束或复位排序器,才能使排序器恢复到初始空闲状态(SEQ1 和级联的排序器指针指向 CONV00;SEQ2 的指针指向 CONV08)。当 SEQ1/2 用于级联同时采样模式时,SEQ2 的触发源被忽略,SEQ1 的触发源有效。因此,级联模式可以看做 SEQ1 有 16 个转换通道。

5. 排序器转换的中断操作

排序器有两种中断工作模式,中断模式 1 为每个 EOS 转换结束信号到来时产生中断请求,中断模式 2 为每隔一个 EOS 转换结束信号到来时产生中断请求。这两种方式由 ADCTRL2 寄存器中的中断模式使能控制位决定。下面几个例子说明在不同工作模式下如何使用中断模式 1 和中断模式 2。

情形 1:在第一个和第二个序列中采样的数量不相等。

(1) 中断模式 1(每个 EOS 到来时产生中断请求)

① 排序器用 MAX CONVn=1 初始化,转换 I_1 和 I_2。

② 在中断服务子程序 a 中,通过软件将 MAX CONVn 的值设置为 2,转换 V_1、V_2 和 V_3。

③ 在中断服务子程序 b 中,完成下列任务:

➤ 将 MAX CONVn 的值再次设置为 1,转换 I_1 和 I_2。

➤ 从 ADC 结果寄存器中读出 I_1、I_2、V_1、V_2 和 V_3 的值。

➤ 复位排序器。

④ 重复操作第②步和第③步。每次 SEQ CNTRn 等于 0 时产生中断,且中断能够被识别。

情形 2:在第一个和第二个序列中采样的数量相等。

(2) 中断模式 2 操作(每隔一个 EOS 信号产生中断请求)

① 排序器设置 MAX CONVn＝2 初始化,转换 I_1、I_2、I_3 或(V_1、V_2 和 V_3)。

② 在服务子程序 b 和 d 中,完成下列任务;

➤ 从 ADC 结果寄存器中读出 I_1、I_2、I_3、V_1、V_2 和 V_3 的值。

➤ 复位排序器。

➤ 重复第②步。

情形 3:两个序列的采样个数是相等的(带空读)

(3) 中断模式 2(隔一个 EOS 信号产生中断请求)

① MAX CONVn＝2,初始化序列器,转换 I_1、I_2 和 x(空采样)。

② 在中断服务子程序 b 和 d 中,完成下列任务;

➤ 从 ADC 结果寄存器中读出 I_1、I_2、x、V_1、V_2 和 V_3 的值。

➤ 复位排序器。

➤ 重复第②步。在①中,I_1、I_2 后的 x 采样为一个空的采样,其实并没有要求采样。然而,利用模式 2 间隔产生中断请求的特性,可以减小中断服务子程序和 CPU 的开销。图 11.13 为 ADC 在序列转换过程中的中断操作的时序。

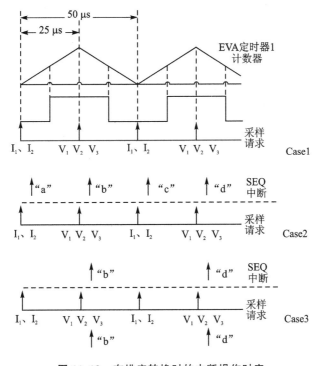

图 11.13 在排序转换时的中断操作时序

6. 排序器覆盖功能

通常在运行模式下,排序器 SEQ1、SEQ2 或者级联 SEQ 用于选择 ADC 通道,并将转换的结果存储在相应的 ADCRESULTn 寄存器中。在 MAX CONVn 设置的转换结束时,排序器自动返回 0。在使用排序器覆盖功能时,排序器的自动返回可通过软件控制,这由 ADC 控制寄存器 1(ADCCTRL1)的第 5 位控制。例如,假定 SEQ - OVRD 位为 0,ADC 工作在级联模式下的连续转换模式,MAX CONV1 设置为 7;通常情况下,排序器会递增并将 ADC 转换结果更新结果寄存器到 ADCRESULT7 寄存器,然后返回到 0。当 ADCRESULT7 寄存器更新完成后相应的中断标志位被置位。当 SEQ - OVRD 位被重置置位,排序器在更新 7 个结果寄存器后不再回绕到 0,而将继续增加,并更新 ADCRESULT8 寄存器,直到 ADCRESULT15 为止。当 ADCRESULT15 寄存器更新完毕,再返回到 0。这可以将结果寄存器看成 FIFO,用于 ADC 对连续数据的捕捉。当 ADC 在最高数据速率下进行转换时,这个功能有助于捕捉 ADC 的数据。

11.4 ADC 的时钟控制

外设时钟 HSPCLK 是通过 ADCTRL3 寄存器的 ADCCLKPS[3～0]位来分频的,然后再通过寄存器 ADCTRL1 中的 CPS 位进行 2 分频或不分频。此外,ADC 模块还通过扩展采样获取周期调整信号源阻抗,这由 ADCTRL1 寄存器中的 ACQ_PS3～0 位控制。这些位并不影响采样保持和转换过程,但通过延长转换脉冲的长度可以增加采样时间的长度,如图 11.14 所示。

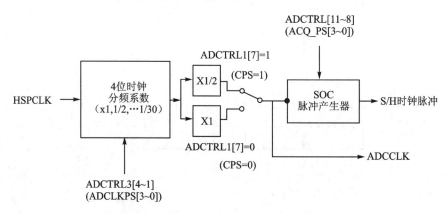

图 11.14　ADC 内核时钟和采样保持时钟

ADC 模块有几种时钟预定标方法,从而产生不同速度的操作时钟。图 11.15 给出了 ADC 模块时钟的选择方法。

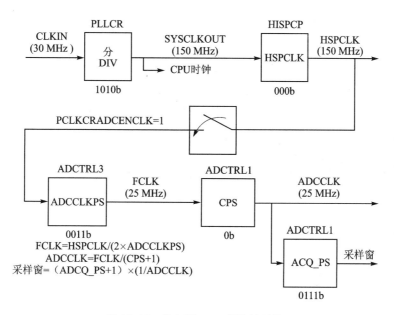

图 11.15 输入到 ADC 模块的时钟

11.5 ADC 电气特性

1. 参考电压选择

F28335 处理器的模/数转换单元的参考电压有 2 种提供方式,即内部参考电压和外部参考电压,外部参考电压分别为 2.048 V、1.5 V 或 1.024 V。具体选择哪种参考电压由 ADCREFSEL 寄存器的 REF_SEL(15:14)确定,一般情况下,尽量选择内部参考源。如图 11.16 所示,这种设计方式为模/数转换的增益校准提供了方便。为了获得良好的增益性能,处理器要求 2 个参考引脚 ADCREFP 和 ADCREFM 的电压差为 1 V。一般情况下,ADCREFP 的电压为 $2 \times (1 \pm 5\%)$ V,ADCREFM 的电压为$(1 \pm 5\%)$ V。

图 11.17 给出了外部参考电路,该电路采用精准的参考电压并通过分压保证准确的参考范围,在给处理器引脚提供之前增加缓冲电路。采用该电路主要有 2 个优点:

① 稳定的 ADCREFP 和 ADCREFM 对于实现良好的 ADC 性能非常重要,然而 ADCREFP 和 ADCREFM 是静态的,而 ADC 使用参考则是动态的。在每次模/数转换过程中对 2 个参考电压引脚进行采样,并且要求在特定的 ADC 时钟周期内能够稳定。外部参考电路刚好能够满足 ADC 的动态和稳定性要求。

② 在 ADC 操作过程中 ADCREFP 和 ADCREFM 的电流会有所波动,如果不采用外部缓冲电路/分压电阻上的电流会产生变化,从而改变输入的参考电压值,导致增益误差变大。

图 11.17 给出的外部参考电路为 ADCREFP 和 ADCREFM 引脚分别提供

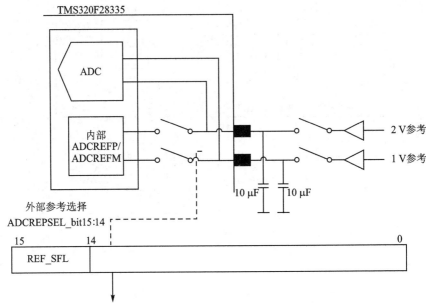

TMS320F28335

ADC

内部
ADCREFP/
ADCREFM

2 V参考

1 V参考

10 μF   10 μF

外部参考选择
ADCREPSEL_bit15:14

15	14		0
REF_SFL			

0:默认状态，ADCREFP（2 V）和ADCREFM（1 V）脚输出内部参考信号
1:使能ADCREFP（2 V）和ADCREFM（1 V）引脚作为外部参考输入引脚

图 11.16　TMS320F28335 处理器 ADC 参考信号

2.048 V和1.048 9 V参考电压,为减少参考信号负载对参考电压的影响增加了缓冲电路。ADCREFP 和 ADCREFM 的参考电压差要求等于 1 V,外部实际电压差为 0.999 V,满足 1%的误差要求。ADC 的精度除了受原理上设计的影响,选择的元器件的精度也会影响 ADC 的精度。此外,在 PCB 设计时所有元器件应尽量靠近 AD-CREFP 和 ADCREFM 引脚。

在软件设计时需要完成下列操作:

F2833x 器件初始化完成后,使能 ADC 时钟。

设置寄存器配置 ADCREFP 和 ADCREFM 引脚为输入。由于 ADCREF 和 AD-CREFM 引脚默认为输出,因此上电后要尽快配置位输入,防止 ADC 上电后产生冲突。

使能 ADC 上电。

选择外部参考信号源的 ADC 初始化代码如下:

```
//ADC初始化
void InitAdc (void)
{
    extern void DSP28x_usDelay(Uint32 Count);
    EALLOW;SysCtrlRegs.PCLKCR0.bit.ADCENCLK = 1;
    ADC_cal();EDIS;
    AdcRegs.ADCREFSEL.bit.REF_SEL = 0x01;       //设置外部参考电压
    asm ("rpt #10 || nop");                     //等待外部参考使能
    AdcRegs.ADCTRL3.all = 0x00E0;               //bandgap 与参考电压上电
    DELAY_US(ADC_usDELAY);                      //延时等待 ADC 上电
}
```

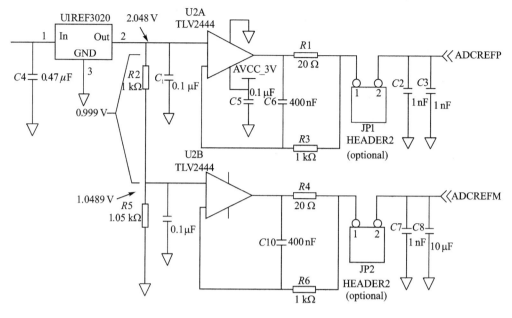

图 11.17　外部参考电路原理图

2. 低功耗模式

ADC 支持 3 种不同的供电模式,分别为 ADC 上电、ADC 断电、ADC 关闭。这 3 种模式由 ADCTRL4 寄存器控制,具体控制信息如表 11.7 所列。

表 11.7　ADC 供电选择

供电模式	ADCBGRFDN1	ADCBGRFDN0	ADCPWDN
ADC 上电	1	1	1
ADC 断电	1	1	0
ADC 关闭	0	0	0
保留	1	0	*
保留	0	1	*

3. 上电次序

ADC 复位时即进入关闭状态,从关闭状态上电时 ADC 应遵循以下步骤:

① 如果采用外部参考电压时,采用 ADCREFSEL 寄存器的 15～14 位使能该外部参考模式。必须在带隙上电之前使能该模式。

② 通过置位 ADCTRL3 寄存器的 7～5 位(ADCBGRFDN[1:0],ADCPWDN)能够给参考信号、带隙和模拟电路一同上电。

③ 在第一次转换运行之前,至少需要延迟 5 ms。

在 ADC 断电时,上述 3 个控制位要同时清除。ADC 供电模式可由软件控制,与器件的供电模式是相互独立的。可通过设置 ADCPWDN 将 ADC 断电,但此时带隙和参考信号仍带电,设置 ADCPWDN 控制位重新上电后,在进行第一次转换之前需要延迟 20 μs。

注意,F28335 中的 ADC 模块在所有电路上电之后需要延迟 5 ms,这一点跟一些其余 DSP 的 A/D 模块有所不同。

4. ADC 校验

ADC 校验子程序 ADC_cal() 由生产商直接嵌入 TI 保留的 OTP 存储器内。根据设备的具体校验数据,boot ROM 自动调用 ADC_cal() 子程序来初始化 ADCREF-SEL 和 ADCOFFTRIM 寄存器。在通常运行过程中,该校验过程是自动完成的,用户无须进行任何操作。当一次采样结束后,采样结果将首先加上/减去偏移校正值,然后存放在相应的结果寄存器中。

如果在系统开发时,禁止了 BOOT ROM,则需要用户来进行 ADCREFSEL 和 ADCOFFTRIM 寄存器的初始化。

OTP 存储器是保密的,ADC_cal() 子程序必须由受保护的存储器调用,或者在编码安全模块解锁之后由非安全存储器调用。如果 ADC 复位后,子程序也需要被重复调用。

5. DMA 接口

位于外设 0 地址单元内的 ADC 结果寄存器(0x0B00~0x0B0F)支持 DMA 直接访问模式,由于 DMA 访问无需通过总线,所以这些寄存器同时支持 CPU 访问。位于外设 2 地址单元的 ADC 结果寄存器(0x7108~0x710F)不支持 DMA 访问。

11.6　ADC 单元寄存器

1. ADC 模块控制寄存器 1(ADCTRL1)

ADC 模块控制寄存器 1(ADCTRL1)各位信息如表 11.8 所列。

表 11.8　ADC 模块控制寄存器 1(ADCTRL1)

位	名　称	功能描述
15	Reserved	保留
14	RESET	ADC 模块软件复位 0:无效 1:复位整个 ADC 模块(复位后此位将自动清 0)

位	名　称	功能描述
13～12	SUSMOD1 SUSMOD2	仿真悬挂模式 这两位决定产生仿真器挂起操作时执行的操作(如调试器遇到断点) 00:仿真挂起被忽略 01:当前排序完成后排序器与其他逻辑立即停止工作,锁存最终结果更新状态机 10:当前排序完成后排序器与其他逻辑立即停止工作,锁存最终结果更新状态机 11:仿真器挂起,排序器与其他逻辑立即停止
11～8	ACQ_PS[3:0]	采样时间选择位 控制 SOC 的脉冲宽度,同时也决定了采样开关闭合的时间。SOC 的脉冲宽度是 ADCTRL[11～8]+1 个 ADCLK 周期数
7	CPS	转换时间预定标器 对外设时钟 HSPCLK 分频 0:f=CLK/1 1:f=CLK/2 注:CLK=定标后的 HSPCLK(ADCCLKPS[3:0])
6	CONT_RUN	运行方式 0:读取完转换序列后停止(启动/停止模式) 1:连续运行(从起始状态开始)
5	SEQ_OVRD	排序器运行方式(连续运行模式) 0:转换完 MAX_CONVn 个通道后,排序器指针复位到初始状态 1:最后一个排序状态后,排序器指针复位到初始状态
4	SEQ_CASC	排序器模式 0:双排序器模式　　//两个独立的 8 状态排序器 1:级联排序器模式　　//级联为一个 16 状态排序器
3～0	Reserved	保留

2. ADC 模块控制寄存器 2(ADCTRL2)

ADC 模块控制寄存器 2(ADCTRL2)各位信息如表 11.9 所列。

表 11.9　ADC 模块控制寄存器 2(ADCTRL2)

位	名　称	功能描述
15	ePWM_SOCB_SEQ	级联排序器使能 ePWM SOCB,1 有效 0:无效 1:允许 ePWM SOCB 触发

续表 11.9

位	名　称	功能描述
14	RST_SEQ1	复位排序器 向该位写 1 立即复位 SEQ1 为预触发状态,退出正在执行的转换序列 0:无效 1:复位排序器 SEQ1 到 CONV00 状态
13	SOC_SEQ1	SEQ1 的启动转换触发 以下触发可引起该位的置位: ➢ S/W——软件向该位写 1 ➢ ePWM_SOCA——ePWM 触发 ➢ ePWM_SOCB——ePWM 触发(仅在级联模式中) ➢ EXT——外部引脚(如 ADCSOC) 当触发源到来时,有 3 种情况 ① SEQ1 空闲且 SOC 位清 0。SEQ1 立即开始,允许任何触发"挂起"的请求 ② SEQ1 忙且 SOC 位清 0。此时表示可以挂起一个触发请求。当完成当前的转换 SEQ1 重新开始时,该位清 0 ③ SEQ1 忙且 SOC 位置位。这种情况下任何触发将会忽视(丢失)
12	Reserved	保留
11	INT_ENA_SEQ1	SEQ1 中断使能 使能 INT SEQ1 向 CPU 发出中断申请 0:禁止 INT SEQ1 向 CPU 发出中断申请 1:允许 INT SEQ1 向 CPU 发出中断申请
10	INT_MOD_SEQ1	SEQ1 中断模式 选择 INT SEQ1 中断模式 0:每个 SEQ1 序列结束时,INT SEQ1 置位 1:每隔一个 SEQ1 序列结束时,INT SEQ1 置位
9	Reserved	保留
8	ePWM_SOCA_SEQ1	SEQ1 的 ePWM 的 SOCA 屏蔽位 0:ePWM 的触发信号不能启动 SEQ1 1:允许 ePWM 的触发信号启动 SEQ1
7	EXT_SOC_SEQ1	SEQ1 的外部信号启动位 0:无操作 1:外部 ADCSOC 引脚信号启动 ADC 自动转换序列
6	RST_SEQ2	复位 SEQ2 0:无操作 1:立即复位 SEQ2 为预触发状态,退出正在执行的转换序列

续表 11.9

位	名　　称	功能描述
5	SOC_SEQ2	序列 2(SEQ2)的转换触发启动 仅适用于双排序模式,在级联模式下不使用,下列触发可使该位置位: ➤ S/W——软件向该位写 1 ➤ ePWM_SOCB——ePWM 触发 当触发源到来时,有 3 种情况 ① SEQ2 空闲且 SOC 位清 0。SEQ1 立即开始,允许任何触发"挂起"的请求 ② SEQ2 忙且 SOC 位清 0。此时表示可以挂起一个触发请求。当完成当前的转换 SEQ1 重新开始时,该位清 0 ③ SEQ2 忙且 SOC 位置位。这种情况下任何触发将会忽视(丢失)
4	Reserved	保留
3	INT_ENA_SEQ2	SEQ2 中断使能 使能 INT SEQ2 向 CPU 发出中断申请 0:禁止 INT SEQ2 向 CPU 发出中断申请 1:允许 INT SEQ2 向 CPU 发出中断申请
2	INT_MOD_SEQ2	SEQ2 中断模式 选择 INT SEQ2 中断模式 0:每个 SEQ2 序列结束时,INT SEQ2 置位 1:每隔一个 SEQ2 序列结束时,INT SEQ2 置位
1	Reserved	保留
0	ePWM_SOCB_SEQ2	SEQ2 的 ePWM 的 SOCB 屏蔽位 0:ePWM 的触发信号不能启动 SEQ2 1:允许 ePWM 的触发信号启动 SEQ2

3．ADC 模块控制寄存器 3(ADCTRL3)

ADC 模块控制寄存器 3(ADCTRL3)各位信息如表 11.10 所列。

表 11.10　ADC 模块控制寄存器 3(ADCTRL3)

位	名　　称	功能描述
15~8	Reserved	保留
7~6	ADCBGRFDN[1:0]	ADC 带隙和参考的电源控制 该位控制内部模拟的内部带隙和参考电路的电源 00:带隙与参考电路掉电 11:带隙与参考电路上电

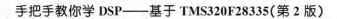

续表 11.10

位	名　称	功能描述
5	ADCPWDN	ADC 电源控制 该位控制除带隙和参考电路外的 ADC 其他模拟电路的供电 0:除带隙与参考电路外的 ADC 其他模拟电路掉电 1:除带隙与参考电路外的 ADC 其他模拟电路上电
4～1	ADCCLKPS[3:0]	ADC 的内核时钟分频器 对 F28x 外设时钟 HSPCLK 进行 2×ADCLKPS[3:0]的分频,分频后的时钟再进行 ADCTRL1[7]+1 分频从而产生 ADC 的内核时钟 ADCCLK ADCCLKPS[3:0] 时钟分频　　ADCLK 0000　　　　0　　　　$HSPCLK/(ADCTRL1[7]+1)$ 0001　　　　1　　　　$HSPCLK/[2×(ADCTRL1[7]+1)]$ 0010　　　　2　　　　$HSPCLK/[4×(ADCTRL1[7]+1)]$ 0011　　　　3　　　　$HSPCLK/[6×(ADCTRL1[7]+1)]$ 0100　　　　4　　　　$HSPCLK/[8×(ADCTRL1[7]+1)]$ 0101　　　　5　　　　$HSPCLK/[10×(ADCTRL1[7]+1)]$ 0110　　　　6　　　　$HSPCLK/[12×(ADCTRL1[7]+1)]$ 0111　　　　7　　　　$HSPCLK/[14×(ADCTRL1[7]+1)]$ 1000　　　　8　　　　$HSPCLK/[16×(ADCTRL1[7]+1)]$ 1001　　　　9　　　　$HSPCLK/[18×(ADCTRL1[7]+1)]$ 1010　　　　10　　　　$HSPCLK/[20×(ADCTRL1[7]+1)]$ 1011　　　　11　　　　$HSPCLK/[22×(ADCTRL1[7]+1)]$ 1100　　　　12　　　　$HSPCLK/[24×(ADCTRL1[7]+1)]$ 1101　　　　13　　　　$HSPCLK/[26×(ADCTRL1[7]+1)]$ 1110　　　　14　　　　$HSPCLK/[28×(ADCTRL1[7]+1)]$ 1111　　　　15　　　　$HSPCLK/[30×(ADCTRL1[7]+1)]$
0	SMODE_SEL	采样模式选择 选择顺序采样或者同步采样 0:顺序采样 1:同步采样

4. 最大转换通道数(ADCMAXCONV)

最大转换通道数(ADCMAXCONV)各位信息如表 11.11 所列。

表 11.11　最大转换通道数(ADCMAXCONV)

位	名　称	功能描述
15～7	保留	保留
6～0	MAXCONVn	MAX CONVn 定义了自动转换中最多转换的通道数,该位根据排序器的工作模式变化而变化 　对于 SEQ1,使用 MAX CONV1[2:0] 　对于 SEQ2,使用 MAX CONV2[2:0] 　对于 SEQ,使用 MAX CONV1[3:0] 自动转换序列总是从初状态开始,依次连续的转换直到结束,并将转换结果按顺序装载到结果寄存器。每个转换序列可以转换 1～ MAXCONVn+1 个通道,转换的通道数可以编程

5. 自动排序状态寄存器 ADCASEQSR

自动排序状态寄存器 ADCASEQSR 各位信息如表 11.12 所列。

表 11.12　自动排序状态寄存器 ADCASEQSR

位	名　称	功能描述
15～12	保留	保留
11～8	SEQ_CNTR	排序器计数器状态位 　SEQ1、SEQ2 和级联排序器使用 SEQ CNTRn4 位计数状态位,在级联同时采样模式中与 SEQ2 无关。转换开始时,排序器的计数器的计数位 SEQ CNTR(3～0)初始为序列 MAX CONV 中的值。每次自动序列转换完成后,排序器计数减 1。 　在递减计数过程中随时可以读取 SEQ CNTRn 位检查序列器的状态。读取的值与 SEQ1 和 SEQ2 的忙位一起标志了正在执行的排序器的状态。 SEQ CNTRn 转换的通道数 SEQ CNTRn 转换的通道数 0000 1 或 0　1000 9 0001 2　1001 10 0010 3　1010 11 0011 4　1011 12 0100 5　1100 13 0101 6　1101 14 0110 7　1110 15 0111 8　1111 16
7	保留	
6～0	SEQ_STATE	SEQ2 PTR2～0 和 SEQ1 PTR3～0 位分别是 SEQ2 和 SEQ1 的指针。这些位保留给 TI 芯片测试使用

6．ADC 状态和标志寄存器

ADC 状态和标志寄存器各位信息如表 11.13 所列。

表 11.13   ADC 状态和标志寄存器

位	名　称	功能描述
15～8	保留	保留
7	EOS_BUF2	SEQ2 的排序缓冲结束位 　　在中断模式 0 下,该位不用或保持 0,例如在 ADCTRL2[2]＝0 时; 在中断模式 1 下,例如在 ADCTRL2[2]＝1 时,在每一个 SEQ2 排序的结束时触发。该位在芯片复位时被清除,不受排序器复位或清除相应中断标志的影响
6	EOS_BUF1	SEQ1 的排序缓冲结束位 　　在中断模式 0 下,该位不用或保持 0,例如在 ADCTRL2[10]＝0 时; 在中断模式 1 下,例如在 ADCTRL2[10]＝1 时,在每一个 SEQ2 排序的结束时触发。该位在芯片复位时被清除,不受排序器复位或清除相应中断标志的影响
5	NT_SEQ1_CLR	中断清除位 读该位返回 0,向该位写 1 可以清除中断标志 0:向该位写 0 无影响 1:清除 SEQ2 的中断标志位－INT_SEQ2
4	NI_SEQ1_CLR	中断清除位 读该位返回 0,向该位写 1 可以清除中断标志 0:向该位写 0 无影响 1:清除 SEQ1 的中断标志位－INT_SEQ1
3	SEQ2_BSY	SEQ2 忙状态位 0:SEQ2 处于空闲状态,等待触发 1:SEQ2 正在运行
2	SEQ1_BSY	SEQ1 忙状态位 0:SEQ1 处于空闲状态,等待触发 1:SEQ1 正在运行
1	INT_SEQ2	SEQ2 中断标志位 　　向该位的写无影响。在中断模式 0,例如,在 ADCTRL2[2]＝0 中,该位在每个 SEQ2 排序结束时被置位;在中断模式 1 下,在 ADCTRL2[2]＝1,如果 EOS_BUF2 被置位,该位在一个 SEQ2 排序结束时置位。 0:没有 SEQ2 中断事件 1:已产生 SEQ2 中断事件

位	名　称	功能描述
0	INT_SEQ1	向该位的写无影响。在中断模式 0,例如,在 ADCTRL2[2]＝0 中,该位在每个 SEQ1 排序结束时被置位;在中断模式 1 下,在 ADCTRL2[2]＝1,如果 EOS_BUF1 被置位,该位在一个 SEQ1 排序结束时置位。 0:没有 SEQ1 中断事件 1:已产生 SEQ1 中断事件

7. ADC 输入通道选择排序控制寄存器

ADC 输入通道选择排序控制寄存器各位信息如表 11.14 所列。

表 11.14　ADC 输入通道选择排序控制寄存器

寄存器	ADCCHSELSEQ1			
位	15～12	11～8	7～4	3～0
说　明	CONV03	CONV02	CONV01	CONV00
寄存器	ADCCHSELSEQ2			
位	15～12	11～8	7～4	3～0
说　明	CONV07	CONV06	CONV05	CONV04
寄存器	ADCCHSELSEQ3			
位	15～12	11～8	7～4	3～0
说　明	CONV11	CONV10	CONV09	CONV08
寄存器	ADCCHSELSEQ4			
位	15～12	11～8	7～4	3～0
说　明	CONV15	CONV14	CONV13	CONV12

每 4 位 CONVxx 可以为一次自动排序转换选定 16 个 ADC 输入通道中的一个通道,如表 11.15 所列。

表 11.15　CONV 位的值与被选择的 A/D 输入通道的对应表

CONVxx	ADC 输入通道选择	CONVxx	ADC 输入通道选择
0000	ADCINA0	1000	ADCINB0
0001	ADCINA1	1001	ADCINB1
0010	ADCINA2	1010	ADCINB2
0011	ADCINA3	1011	ADCINB3
0100	ADCINA4	1100	ADCINB4
0101	ADCINA5	1101	ADCINB5
0110	ADCINA6	1110	ADCINB6
0111	ADCINA7	1111	ADCINB7

8. 结果寄存器 ADCRESULTn

结果寄存器 ADCRESULTn 各位信息如表 11.16 所列。

表 11.16　结果寄存器 ADCRESULTn

位	15	14	13	12	11	10	9	8	7	6	5	4	3	2	1	0
说明	D11	D10	D9	D8	D7	D6	D5	D4	D3	D2	D1	D0	X	X	X	X

F28335 内部 A/D 只有 12 位,用 16 位的结果寄存器来存储,所以必定有 4 位是保留位。当结果寄存器映射在外设帧 2 中需经 2 个等待状态,并采用左对齐;若映射在外设帧 0 中,不需等待,采用的是右对齐。表 11.15 为左对齐形式。

模拟输入电压 0～3 V,因此有如表 11.17 所列结果。

表 11.17　A/D 转换结果对应表

模拟电压/V	转换结果	结果寄存器	模拟电压/V	转换结果	结果寄存器
3.0	FFFh	1111 1111 1111 0000	0.00073	1h	0000 0000 0001 0000
1.5	7FFh	0111 1111 1111 0000	0	0h	0000 0000 0000 0000

11.7　手把手教你实现片内 A/D 数据采集

1. 实验目的

掌握 F28335 片内 A/D 的使用。

2. 实验主要步骤

① 先用短接帽将 YX－F28335 开发板 JP1 的 2 、3 脚短接,再用短接线将 J5 的 26 脚与 J3 的 1 脚连接起来,如图 11.18 所示(此步骤一定要正确,如果接入 A/D 的电压超过 3 V,则会导致 DSP 烧毁)。

② 打开已经配置的 CCS6.1 软件。

③ 将仿真器的 USB 与计算机连接,将仿真器的另一端 JTAG 端插到 YX－F28335 开发板的 JTAG 针处。

④ 在 CCS6.1 建立配置文件并连接 DSP 板卡。

⑤ 在 CCS6.1 菜单栏,首先选择 File→Import 菜单项,然后选择 Code Composer Studio→CCS Projects,最后浏览找到 DA－AD 工程所在的路径文件夹并导入工程。

⑥ 选择 Run→Load→Load Program 菜单项,选中 DA－AD.out 并下载。

⑦ 选择 Run→Resume 菜单项运行,之后在 CCS 菜单中选择 Tools→Graph→Single Time,在弹出的窗口中按图 11.19 进行设置。

图 11.18 A/D 测试短接管脚示意

图 11.19 图形查看设置

单击 OK 按钮,即可观察如图 11.20 所示的波形。

⑨ 将短接线将 J5 的 26 脚与 J3 的 2 脚连接起来,按照相同的方法观看的波形

如图 11.21 所示。

⑩ 将短接线将 J5 的 26 脚与 J3 的 3 脚连接起来,按照相同的方法观看的波形如图 11.22 所示。

⑪ 将短接线将 J5 的 26 脚与 J3 的 4 脚连接起来,按照相同的方法观看的波形如图 11.23 所示。

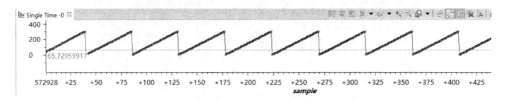

图 11.20　A/D 实测锯齿波

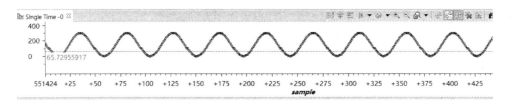

图 11.21　A/D 实测正弦波

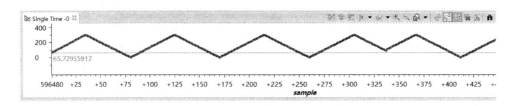

图 11.22　A/D 实测三角波

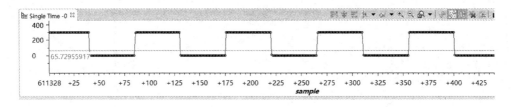

图 11.23　A/D 实测矩形波

3. 实验原理说明

此实验主要是通过 YX－F28335 板上的 DAC7724 产生各种信号源,然后将这些信号送入 A/D 采集模块进行模数转换。但此处一定要保证 DAC 产生的信号电压范围在 0~3 V 之间,否则将会把 A/D 模块烧毁。

(1) ADC 工作时钟设置

```
EALLOW;
SysCtrlRegs.HISPCP.all = ADC_MODCLK;   // HSPCLK = 25MHz,ADC 工作的标准频率
EDIS;
```

(2) ADC 初始化设置

```
void InitAdc(void)
{
extern void DSP28x_usDelay(Uint32 Count);
EALLOW;
SysCtrlRegs.PCLKCR0.bit.ADCENCLK = 1;        // 使能 ADC 的时钟
ADC_cal(); //调用 ADC_cal 汇编程序,它是 TI 官方编写的 ADC 校验程序,用户直接使用即可
EDIS;
AdcRegs.ADCTRL3.all = 0x00E0;                // 给 ADC 内部上电
DELAY_US(ADC_usDELAY);                       // 在 ADC 转换前要延时一段时间
}
```

(3) ADC 工作方式设置

```
AdcRegs.ADCTRL1.bit.ACQ_PS = ADC_SHCLK;     // 顺序采样方式
AdcRegs.ADCTRL3.bit.ADCCLKPS = ADC_CKPS;    // ADC 工作 25 MHz 下,不再分频
AdcRegs.ADCTRL1.bit.SEQ_CASC = 1;           // 1 通道模式
AdcRegs.ADCTRL1.bit.CONT_RUN = 1;           // 连续采样模式
AdcRegs.ADCTRL1.bit.SEQ_OVRD = 1;           // 使能排序覆盖
AdcRegs.ADCCHSELSEQ1.all = 0x0;             // A0 为采样通道
AdcRegs.ADCMAXCONV.bit.MAX_CONV1 = 0x1;     // 最大采集通道数,我们只用到 A0,所以其
                                            // 值为 0,如果最大采集通道数是 3,那么其
                                            // 值为 2
/******************** 接下来就是 D/A 产生信号,A/D 采样信号,在此需要注意的
               是一定要控制 D/A 输出信号的电压范围(0～3 V)
************************* /
```

(4) DAC 信号产生以及 A/D 采样信号程序

```
While (1)
{
array_index = 0; //定义一个标志位
for (i = 0; i<(BUF_SIZE); i++)
{
//  下面的代码主要用来模拟 DAC 的输出波形
DA_TRANS = 1;
if(flagA)
{ CHA_DATA -= 50;
if(CHA_DATA == 0)
{
flagA = 0;
}
}
else
```

```
{
CHA_DATA += 50;
if(CHA_DATA == 1000)
{
flagA = 1;
}
}
if(flagA)
CHB_DATA = 0;
else
CHB_DATA = 200;
if(CHC_DATA == 1000)
CHC_DATA = 0;
else
CHC_DATA += 50;
CHD_DATA = 511 * sin((float)(2 * 3.14 * (float)CHC_DATA / 1000.0)) + 512;
DA_CHA = CHA_DATA;              // 三角波
DA_CHB = CHB_DATA;              // 方波
DA_CHC = CHC_DATA;              // 锯齿波
DA_CHD = CHD_DATA;              // 正弦波
DA_TRANS = 0;
DELAY_US(10);
DA_TRANS = 1;
while (AdcRegs.ADCST.bit.INT_SEQ1 == 0){} // 查询转换是否结束
AdcRegs.ADCST.bit.INT_SEQ1_CLR = 1;      // 清除中断标志位
SampleTable[array_index++] = ((AdcRegs.ADCRESULT0) >> 4); // 将转换的结果送给
                                                         // SampleTable 数组
DELAY_US(100);
}
}
```

4. 实验观察与思考

① 如果按照 A/D 为 12 位来计算,请问模拟 2.5 V 转换后的数字值为多少?

② 如何通过实验得出 A/D 的实际精度?

第 **12** 章

直接存储器访问模块 DMA

数字信号控制器的优势不能纯粹以处理器的速度来衡量,而是以整个系统的能力来衡量。数字信号控制器处理的许多应用操作都要用大量的带宽来移动数据,如从片外存储器到片内存储器,从一个外设(比如一个模数转换器)到 RAM,从一个外设到另一个外设之间。例如,当控制器读/写 A/D 采集的数据时或者读/写外部扩展存储器内容时,内存与外设间会存在着大量的数据交换,而且这种交换是经常性的。对于这样的数据交换,若采用中断方式响应,每传送一次数据,就要经历中断处理的全部步骤,CPU 就会不断地进行中断的相关操作,如将工作现场寄存器压入堆栈,中断结束时恢复现场,CPU 频繁地进行工作现场的切换,效率非常低。有没有一种专用通道,专用的控制器来负责这类经常性的操作,而将 CPU 资源释放出来呢?

12.1　DMA 模块概述

直接存储器访问 DMA(Direct Memory Access)模块就是用硬件实现存储器与存储器之间、存储器与 I/O 设备之间直接进行高速数据传送,不需要 CPU 的干预,减少了中间环节,而且存储器地址的修改和传送均由硬件自动完成,所以极大地提高了批量数据的传送速度。

实现 DMA 传送的关键部件是 DMA 控制器(DMAC)。系统总线分别受到 CPU 和 DMAC 这 2 个部件的控制,即 CPU 可以向地址总线、数据总线和控制总线发送信息(非 DMA 方式),DMAC 也可以向地址总线、数据总线和控制总线发送信息(DMA 方式)。

但在同一时刻,系统总线只能接受一个部件的控制。究竟哪个部件来控制系统总线,是通过这两个部件之间的"联络信号"控制实现的。DMA 取得总线控制权前处于受控状态,此时,CPU 可对 DMAC 进行初始化编程,也可从 DMAC 中读出状态,这时 DMA 处于从态,DMAC 上电或复位时,DMAC 自动处于从态。在 DMAC 获得总线控制权之后,DMAC 取代 CPU 而成为系统总线的主控者,接管和控制系统总线。通过总线向存储器或 I/O 设备发出地址、读/写信号,以控制在 2 个实体之间的数据传送。这时候 DMA 处于主动态。DMA 系统组成框图如图 12.1 所示。

DMA 传送过程大致有以下几个步骤:

① 当外设输入数据准备好,外设向 DMA 发出一个选通信号,将数据送到数据

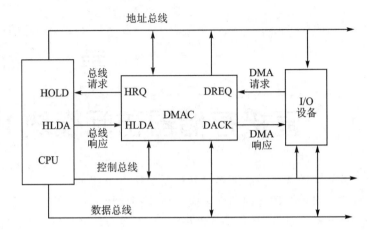

图 12.1　DMA 模块系统组成

端口；向 DMA 发出请求。

②　DMA 控制器向 CPU 发出总线请求信号（HOLD）高电平。

③　CPU 在现行总线周期结束后响应，向 DMA 发出响应信号（HLDA）高电平。

④　CPU 待该总线周期结束时，放弃对总线控制，DMA 控制器接管三态总线，接口将数据送上数据总线，并撤消 DMA 请求。

⑤　内存收到数据以后，给 DMA 一个回答，于是 DMA 修改地址指针，改变传送字节数。检查传送是否结束。没有结束时，下次接口准备好数据，再进行一次新的传输。

⑥　当计数值计为 0，DMA 传输过程便告结束。DMA 控制器撤消总线请求（HOLD 变低），在下一个时钟周期上升沿使总线响应 HLDA 变低，DMA 释放总线，CPU 取得总线控制权。

在高速大数据量场合的情况下，显然 DMA 传输方式要比 CPU 中断处理方式来得优越得多。但并不是每个控制器都有 DMA 通道，即便有 DMA 通道的控制器，其通道数也是有限的，因为 DMA 通道是有额外硬件开销的。在 DMA 期间由 DMAC（直接存储器存取控制器）控制总线，负责一批数据的传输，数据传送完成后，再把总线的控制权交还给 CPU。由于 DMA 传送期间，CPU 让出总线控制权，这就可能影响诸如中断请求的及时响应和处理。又因为 DMA 传送方式的高速度是以增加系统的复杂性和成本为代价的（即用硬件控制代替软件控制），所以，在一些小系统中，当对传送速度和传送量要求不高时，一般并不用 DMA 方式。

12.2　F28335 的 DMA 模块

1. F28335 的 DMA 模块的基本特点

F28335 的 DMA 模块主要结构如图 12.2 所示，DMA 数据传输是基于事件触发的,这就意味着 DMA 需要外设中断触发来启动 DMA 的数据传输。F28335 共有 18 个不同的触发源,图中右边所示即为触发源,外设触发源如表 12.1 所列。其中有 8 个外部中断触发源,全部引自 GPIO 引脚,这样 DMA 的事件触发是很灵活的。DMA 不能通过自身数据源定时触发,若要定时触发可以借助于外设中断触发源中 CPU 定时器来实现。F28335 共有 6 个 DMA 通道,每个通道都可以有各自的触发源,通过各自独立的 PIE 中断告知 CPU DMA 数据传输的开始与结束,这 6 个通道中,第一通道有着更高的优先级。DMA 模块的核心其实是一个与地址控制逻辑紧密关联的状态机,在数据传输过程中让数据块自动地重新配置,就好像是 2 个缓冲器之间在打乒乓球一样,我们把这种机制也叫 DMA 的乒乓机制。DMA 总线结构包括一个 22 位地址总线、一个 32 位数据读总线和一个 32 位数据写总线,与 DMA 总线相连的资源,好比乒乓球运动员,分别是数据传送的地址源与数据源、地址源与数据源的接口通过总线互相相连。这个接口 DMA 可能会访问,CPU 也会访问。与 DMA 总线相连的资源如图中左边所示:①XINTF 区域 0、6、7、8,L4 SARAM、L5 SARAM、L6 SARAM、L7 SARAM;②ADC 存储器映射结果寄存器;③MCBSP - A 和 MCBSP - B 数据接收寄存器(DDR2/DDR1)和数据发送寄存器(DXR2/DXR1);④映射到外设 3 的 ePWM1 - 6/HRPWM1 - 6 寄存器。

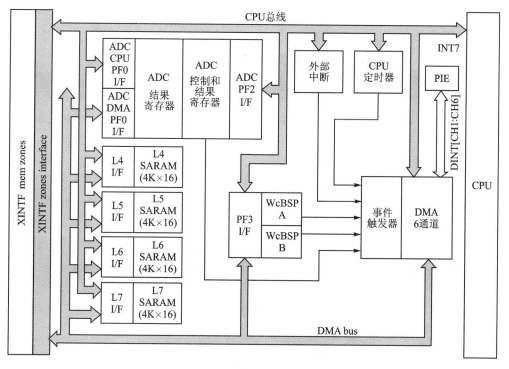

图 12.2　DMA 结构图

表 12.1   DMA 外设中断触发源

外　　设	中断触发源
CPU	DMA 软件位(CHx. CONTROL. PERINIFRC)
ADC	排序器 1 中断 排序器 2 中断
外部中断	外部中断 1~7、外部中断 13
CPU 定时器	CPU 定时器 0、1、2 溢出
McBSP - A、McBSP - B	发送缓冲器空、接收缓冲器满
Epwm1~6	ADC 启动信号

F28335 的 DMA 的基本特性如下：

① 6 个 DMA 通道,6 个通道都具有独立的 PIE 中断。

② 外设中断触发源。

DMA 模块是基于事件触发的,因此要求一个外设触发器启动 DMA 数据的传递。例如,它能通过将一个定时器配置成中断触发源,从而变成一个周期性的定时驱动器,中断触发源可以为 6 个 DMA 通道分别单独配制。F28335 的外设中断触发源如下：

➤ ADC 排序器 1 和排序器 2。

➤ 多路缓冲串行端口 A 和 B(McBSP - A,McBSP - B)的发送和接收。

➤ XINT1~7 和 XINT13。

➤ CPU 计时器。

➤ ePWM1~6 ADCSOCA 和 ADSOCB 信号。

➤ 软件。

③ 数据源/目的地。

DMA 传递数据的来源或者传输的目的地,主要如下：

➤ L4~L7,16K×16 的 SARAM。

➤ 所有 XINTF 区域(外扩的存储器)。

➤ ADC 的结果寄存器。

➤ McBSP - A 和 McBSP - B 发送和接收缓冲器。

➤ ePWM1~6/HRPWM1~6 外设第 3 帧映射寄存器。

ePWM/HRPWM 寄存器被 DMA 访问之前必须被重新映射到 PF3(通过MAPCNF 寄存器的 0 位设置)。

④ 字长。DMA 传输数据的字长为：

➤ 字的大小:16 位或 32 位(McBSPs 只限于 16 位)。

➤ 读/写操作:4 周期/字(对于 McBSP 5 周期/字进行读取)。

2. F28335 的 DMA 模块的触发机制

外设中断触发 DMA 数据传送的原理如图 12.3 所示。F28335 的 DMA 每个通道都可以选择各自独立的触发源,触发源有 18 个,包括与 GPIO 引脚连接的 8 个外部中断触发源,这样的触发源的选择是很灵活的。在外设中断触发的时候,首先通过各自通道的模式寄存器(MODE. CHX)的外设中断触发源选择位(MODE. CHX (PERINTSEL))来选择触发源,有效的中断触发发生后,控制寄存器的外设中断触发标志位(PERINTFLG)会被置位;如果相应 DMA 通道的模式寄存器中的外设中断允许位(MODE. CHX. [PERINTE])是使能的,并且控制寄存器中运行状态位(CONTROL. CHx[RUNSTS])是允许的,该 DMA 通道就能响应数据传输服务了。在接收完一个外设中断触发信号后,DMA 会自动地发一个清除信号给中断源,这样后续的中断事件会接着响应。

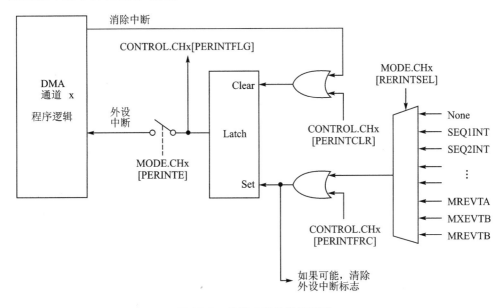

图 12.3 外设中断触发原理图

软件触发的时候可以不管通道模式寄存器中触发源的选择,可以通过控制寄存器中的外设中断强制位 CONTROL. CHx[PERINTFRC]的置位来强制触发。同样,可以通过控制寄存器中的外设中断清除位 CONTROL. CHx[PERINTCLR]位来清除挂起的 DMA 触发。

一旦一个特定的中断触发置位了控制寄存器中的中断触发标志位 PERINT-FLG,该位一直保持置位(挂起)状态,直到状态机的优先级逻辑允许该通道进行数据传输。数据传输开始,标志位就被清零。数据正在传输过程中,一个新的中断触发产生了,在正常的优先级别下,数据传输完成后才会去响应新的中断触发。如果那个新的中断触发还处在挂起状态,即未被执行,又来了一个新的中断触发,即第 3 个中断触发,这时候控制寄存器中的溢出标志位 CONTROL. CHx[OVRFLG]会被置位以示错误。如果一个外设中断触发发生了,而与此同时标志位正在清除中,外设中断触发有一定优先权的,外设中断标志位还是会被置位。

3. F28335 的 DMA 模块的流水线机制

DMA 进行数据传输时采用了 4 级流水线,将数据传输主要分成如下工序:产生数据源地址,输出数据源地址,读数据源数据,产生目的源地址,输出目的源地址,写目的源数据,如图 12.4 所示。有个例外情况的是,当将 McBSP 作为数据源时,读取 McBSP DDR 寄存器的值时会拖延 DMA 一个时钟周期,如图 12.5 所示。

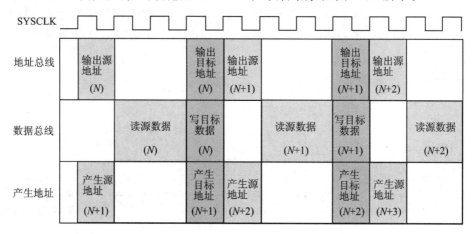

图 12.4 4 级流水线 DMA 传输

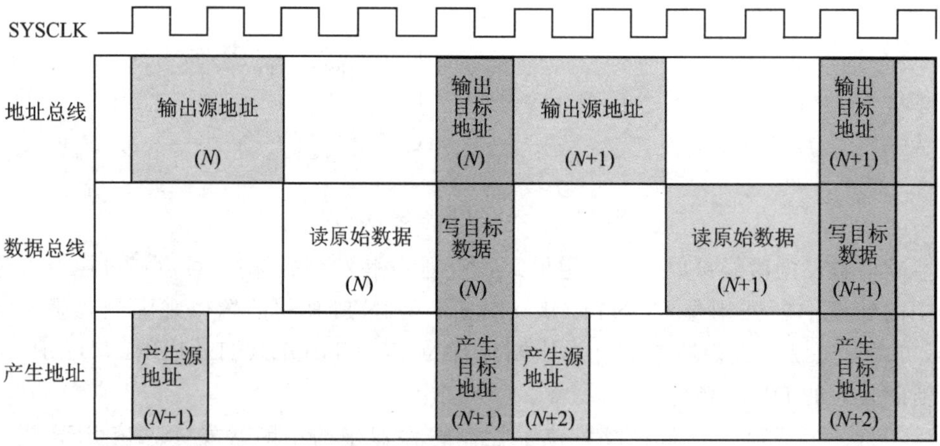

图 12.5 McBsp 作为数据源的时候的流水线操作

此外,还有一些其他操作也会影响到 DMA 通道的吞吐,如下所示:

① 在每次数据传输之前要增加一个周期的延迟。

② 当从 CH1 高优先级中断返回时也会周期延迟。

③ 32 位传输速度是 16 位传输速度的 2 倍,传输一个 32 位的字与传输一个 16 位的字所花的时间是一样的。

④ 与 CPU 的冲突可能增加延迟时间。

例如,从 ADC 到 RAM 传递 128 个 16 位的字,通道被配置成 1 波传递 16 个字,每个字要花 4 个时钟周期,8 波能传完,总共需要 520 个时钟周期:

8 burst×[(4 cycle/word×16 word/burst)+1]=520 cycle

如果通道被配置成传递 32 位的字,传递过程为 8 burst×[(4 cycle/word×8 word/burst)+1]＝264 cycle,共需要 264 个时钟周期,所花时间差不多减半。也就是对 DMA 传输而言,采用 32 位数据线传输,若以 16 位为字进行传输,则浪费了一半吞吐量。

4. F28335 的 DMA 模块的 CPU 仲裁机制

通常情况下,DMA 的运行是独立于 CPU 运行的。但是有时候 DMA 与 CPU 会同时通过同一个接口访问存储器或外设寄存器,这时候就需要进入 CPU 仲裁程序。例外的情况是,ADC 寄存器(内存映射 PF0)被 CPU 与 DMA 同时访问的时候不会有冲突,即使是访问不同的地址。访问任何一个不同的接口或者 CPU 要通过一个 DMA 正在访问的接口,即访问同一接口的时间是不同时的,都不会产生冲突。有可能产生冲突的内部接口如下:

XINTF 存储区域 0,6 and 7

L4 RAM

L5 RAM

L6 RAM

L7 RAM

外设帧 3 (McBSP - A and McBSP - B)

(1) 访问外部存储器接口

① 如果 CPU 和 DMA 在同一周期内访问任何一个 XINTF 区域,DMA 被响应,CPU 的所有访问被挂起(CPU 访问正常的优先权顺序是写-读-获取)。

② 如果 CPU 访问一个 XINTF 的区域处于挂起状态或者正在被处理,此时 DMA 正试图访问该区域,DMA 访问会被搁置,直到挂起的 CPU 访问完成为止。例如,一个 CPU 的读或写的访问在挂起状态,CPU 的获取访问在被执行中,首先是完成这个获取访问,然后是 CPU 的写,接着 CPU 的读,最后才是 DMA 访问。

③ 如果 CPU 与 DMA 同时试图进行写操作,则延时一个时钟周期。

如果 DMA 或者 CPU 写 XINTF 区域,那么 XINTF 的缓冲器有助于 CPU 或者 DMA 避免延迟。如果 DMA 或 CPU 读 XINTF 区域,那么会有明显的延迟。这里要注意的是,如果 DMA 被延迟,则 DMA 可能会错过高优先权的 DMA 事件,如在产生高速率数据的 ADC 模块里的 DMA 传输。在这种情况下,就不能采用 DMA 来传输 XINTF 里的数据,DMA 延迟时间太长,会丢失关键的 DMA 事件。

DMA 不支持半途中止 XINTF 的读操作。如果 DMA 正在访问 XINTF 的一个区域并且 DMA 访问被延迟了,CPU 会发一个硬件重启 HARDRESET 指令来中止 DMA 的访问,HARDRESTE 就像是 DMA 的系统重启命令。因此,HARDRESET 会被应用在 XINTF 上,以从外设崩溃的状态中恢复过来,XINTF 与 DMA 中的写缓冲器的数据与被挂起的数据信息全部会丢失。

(2) 其他外设/存储器

① CPU 与 DMA 同一周期内访问相同接口,DMA 优先,CPU 被延迟。

② CPU 正在访问,另一个 CPU 对同一接口的访问在挂起状态,如果 CPU 正在进行写处理,一个读访问在挂起状态,CPU 写操作完以后,DMA 访问先于读访问执行。对于同一个接口,对于挂起的 CPU 访问而言,DMA 访问有更高优先权。如果 CPU 正在进行读-修改-写操作,DMA 在相同位置上执行一个写操作,该操作正好发生在 CPU 读操作和写操作之间,则 DMA 的写操作可能会丢失,因此建议不要把 CPU 和 DMA 混在一起访问同一接口。

5. F28335 的 DMA 模块的通道优先级机制

通道优先级确定时有两个方案:ROUND-robin 模式和通道 1 高优先级模式。

(1) ROUND-robin 模式

ROUND-robin 模式就是轮次模式,在这个模式下,所有通道有相同的优先权,每一个通道以"轮次"响应的形式被响应到。响应形式如下:CH1→CH2→CH3→CH4→CH5→CH6→CH1→CH2→…。

在上述情况下,每个通道发送一波字以后,下一个通道就会被响应,用户可以指定每个通道的一波字的数量;一旦第 6 通道(或者是最后一个被使能的通道)响应结束后,并且没有其余被挂起的响应,轮次模式状态机就进入了空闲状态。

在空闲状态下,通道 1 如果被使能,则总是被第一个响应;然而,如果 DMA 目前正处理通道 X,所有在 X 与最后通道之间的通道,即 X~6 之间的通道会在 CH1 之前被响应,一定意义上可以认为所有通道都是等优先权的。例如,第 1、4、5 通道都是使能的,第 4 通道正在被执行,在第 4 通道响应完成之前,第 1、5 通道接到来自相关外设的中断触发,这时第 1、5 通道都被挂起,通道 4 响应结束后通道 5 会被响应,在通道 5 响应结束后通道 1 才会被响应;通道 1 完成后,若没有其他被挂起的任务,则轮次模式状态机就进入了空闲状态。

更复杂的情况如下:

① 假设所有通道都被使能,DMA 正处在一个空闲状态。

② 在相同周期里,CH1、CH3 和 CH5 同时被第一次触发。

③ CH1 响应传递数据,CH3、CH5 未被响应。

④ CH1 响应完成之前,DMA 又收到一个 CH2 的请求,此时被挂起的请求分别来自 CH2、CH3、CH5。

⑤ CH1 完成后 CH2 被响应。

⑥ CH2 响应完成后 CH3 响应,接着是 CH5。

⑦ 当 CH5 被服务时,DMA 又收到来自 CH1、CH3 和 CH6 的请求。

⑧ CH5 完成后,CH6 响应,然后是 CH1,接着是 CH3。

⑨ CH3 完成后,若无其他触发发生,则轮次模式状态机进入空闲状态。

轮次模式状态机可以通过 DMA 的 DMACTRL[PRIORITYRESET]控制寄存器的优先权重启位进行重启到空闲状态。

(2) 通道 1 高优先级模式

在这个模式中,通道 1 有高优先权。如果通道 1 触发事件发生,其余任何通道在当前字传完(还不是这一波传完)后即被终止,通道 1 响应完成数据传送。数据传送完成后,又回到原来执行的传送中。除 1 以外的其余通道还是平等的,还是以轮次模式执行。

➢ 高优先级:CH1。

➢ 低优先级:CH2→CH3→CH4→CH5→CH6→CH2→…。

如 CH1、CH4、CH5 被使能,工作在通道 1 高优先级模式,CH4 正在被执行,在 CH4 完成之前,CH1、CH5 收到相应外设中断触发信号,被挂起;当 CH4 传送完当前字以后,还没到 CH4 完成 1 波数据的传送,CH4 的任务就被中止,转而去执行高优先级的 CH1;当 CH1 的数据传输完以后,再回来执行 CH4,然后是 CH5。若执行完 CH5 以后就没有任务了,则轮次模式状态机进入空闲状态。

通常通道 1 的高优先级模式会在 ADC 采集数据中使用,因为 ADC 的数据速率太快,这种高优先级模式也可以用在跟外设设备的连接中。

6. F28335 的 DMA 模块的地址指针与发送控制方法

DMA 模块的内部状态机是 2 级嵌套的循环结构,当一个外部设备的中断触发信号到来时,内部循环开始一次突发传送。一次突发传送被定义为一次传送的最小单位,可通过 BURST_SIZE 寄存器为每个通道设定突发传送的数据量。BURST_SIZE 允许在一次突发传送中最多传送 32 个 16 位的字;通过 TRANSFER_SIZE 寄存器可设置每个外环的尺寸,并且定义在一次传送过程中突发传送的循环次数,由于 TRANSFER_SIZE 是一个 16 位的寄存器,所以在一次传送过程中总数据量可满足任何传送要求。在每次传送的开始或结尾,可以产生一次 CPU 中断,这是由 MODE.CHX[CHINTMODE]位决定的。

在 MODE.CHX[ONESHOT]位默认设置下,DMA 在一次外设中断触发下仅产生一次突发传送。当此次突发传送结束后,即使当前通道的触发信号再次到来,状态机也将根据优先级顺序移动到下一个通道,这样可以防止一个通道独占 DMA 总线。如果所要传送的总数据量大于一次突发传送的最大数据量,那么可以通过将

MODE.CHx[ONESHOT]置位来完成整个传送过程。但需要注意的是,在此模式下将会导致一次触发事件占用绝大部分的 DMA 带宽。

每个 DMA 通道都包含源地址与目标地址的映射地址指针(即 SRC_ADDR 和 DST_ADDR),这些指针在传送状态机运行过程中可独立控制,每次传送开始时,每个指针映射地址中的值将分别装载到其当前寄存器中。在内部循环运行时,每完成一个字的传送,源或目标寄存器 BURST_STEP 的值将被添加到当前 SRC/DST_ ADDR 中。每次内环结束时,可采用 2 种方法清除当前地址指针:第一种(默认),将 SRC/DST_TRANSFER_STEP 寄存器中的标记值添加到相应的指针中;第二种,通过返回过程,返回地址将被加载到当前地址指针中,当返回过程开始时,SRC/DST_ TRANSFER_STEP 寄存器被忽略。

当 SRC/DST_WRAP_SIZE 寄存器中设定的突发传送次数完成时,发生地址返回。每个 DMA 通道有 2 个映射地址指针 SRC_BEG_ADDR 和 DST_BEG_ADDR,从而允许源与目标独立控制。如果 SRC_ADDR 与 DST_ADDR 一样,那么在传送开始时当前寄存器 SRC/DST_BEG_ADDR 将从其自身映射单元中加载数据。当设定的突发传送次数完成时,一个返回过程将发生:

① 当前寄存器 SRC/DST_BEG_ADDR 将根据 SRC/DST_WRAP_STEP 寄存器中的标记值进行增加;

② 当前寄存器 SRC/DST_BEG_ADDR 中的新值将装载到 SRC/DST_ADDR 当前寄存器中。

另外,返回计数器(SRC/DST_WRAP_COUNT)将会重新加载 SRC/DST_WRAP_ SIZE 的值,为下次返回做准备,这就允许在一次传送过程中产生多次返回操作。

DMA 的地址指针有当前寄存器与映射寄存器,从而允许用户在 DMA 工作时间为下次传送过程在映射寄存器中设定相应的值。具有映射单元的指针有:

① 源/目标地址指针(SRC/DST_ADDR)。映射寄存器中的值即为读/写操作的首地址,每次传送开始时,映射寄存器中的值将装载到当前寄存器中。

② 源/目标开始地址指针(SRC/DST_BEG_ADDR)。每次传送开始时,映射寄存器中的值将装载到当前寄存器中,当前寄存器的值在添加到 SRC/DST_ADDR 寄存器中之前将先根据 SRC/DST_WRAP_STEP 寄存器中的值增加。

对于每个通道,传送过程由以下长度值进行控制:

① 源和目标突发传送长度 BURST_SIZE(内部循环次数)。BURST_SIZE 定义了一次突发传送所传递字的个数,在突发传送开始前,BURST_SIZE 的值被加载到 BURST_COUNT 寄存器中,每次完成一个字的传送,BURST_COUNT 减 1,直到归零时表明本次突发传送结束。当前通道的行为由 MODE 寄存器中 ONE_SHOT 位定义,每次突发传送的最大字数由外设决定;如果 ADC 的突发传送可为 16 个寄存器,则 McBSP 突发传送字的个数被限制为 1,因为其没有接收与发送缓冲器。对于 RAM 单元,突发传送的最大字的个数可由 BURST_SIZE 设定为 32。

② 源和目标传送次数 TRANSFER_SIZE(外部循环次数)。TRANSFER_SIZE 指定在每个 CPU 中断(如果被使能)产生前所发生的突发传送的次数。通过 MODE 寄存器中的 CHINTMODE 位可将中断配置成在传送开始时触发中断或在传送结束时触发中断。MODE 寄存器中的 CONTINUOUS 位可设定在传送完成后,当前通道是继续使能还是禁止工作。在传送开始时,TRANSFER _ SIZE 被装载到 TRANSFER_COUNT 寄存器中,TRANSFER_COUNT 不断监视突发传送的次数,直到其归零时,表明 DMA 传送过程结束。

③ 源/目标返回长度 SRC/DST_WRAP_SIZE。SRC/DST_WRAP_SIZE 定义了在当前地址指针返回开始位置前所发生的突发传送次数,用来实现一个环绕的地址类型功能。在传送开始时,SRC/DST_WRAP_SIZE 的值被装载到 SRC/DST_WRAP_COUNT 寄存器中,SRC/DST_WRAP_COUNT 监视突发传送所发生的次数,当归零时相应的源/目标地址指针的返回操作被执行。要禁止此项功能,设定此寄存器的值大于 TRANSFER_SIZE 的值。

对于每个源/目标指针,地址的改变可通过以下步长来控制:

① 源/目标突发传送步长 SRC/DST_BURST_STEP。每次突发传送,源地址及目标地址的增量步长由此寄存器设定。寄存器中的值有符号二进制形式,地址按要求增加或减少。如果像访问 McBSP 数据接收与发送寄存器时,不要求增量步进,可将此寄存器设为 0。

② 源/目标传送步长 SRC_DST_TITRANSFER_STEP。定义了在当前突发传送完成后,下一个突发传送的地址偏移量。当访问的寄存器或内存单元存在固定的地址间隔,可使用此功能。

③ 源/目标返回步长 SRC/DST_WRAP_STEP。当返回计数器归零时,此寄存器定义了 BEG_ADDR 指针增加或减少字的个数,从而设定新的地址。

注意,不管 DATASIZE 的值如何设定,STEP 寄存器的值默认为 16 位地址设定步长,如果增加一个 32 位地址,该寄存器应设定为 2。

以下模式定义了 DMA 两级循环状态机的运行模式:

① 单次触发模式(ONESHOT)。在一次外设中断触发信号到来时,如果使能单次触发模式,则在 TRANSFER_COUNT 归零前 DMA 将连续执行突发传送。如果单次触发模式被禁止,则每次突发传送过程都要由中断触发信号进行触发,直到 TRANSFER_COUNT 归零。

② 连续触发模式(CONTINUOUS)。如果连续触发模式被禁止,那么在传送结束后将 CONTROL 寄存器中的 RUNSTS 位清零,禁止 DMA 通道工作。如果要在此通道发起又一次传送过程,则首先要将 CONTROL 寄存器中的 RUN 位置 1,以重新启动通道。如果连续触发模式被使能,则 RUNSTS 位在每次传送结束不会被清除。

③ 通道中断模式(CHINTMODE)。用来定义 DMA 中断是在传送开始时发生还是在传送结束时发生。如果要用连续模式实现"乒-乓"操作,则中断应在传送开始时发生;如果 DMA 没有工作在连续模式,则中断通常在传送结束时产生。

以上所有特点及模式选择如图 12.6 所示。

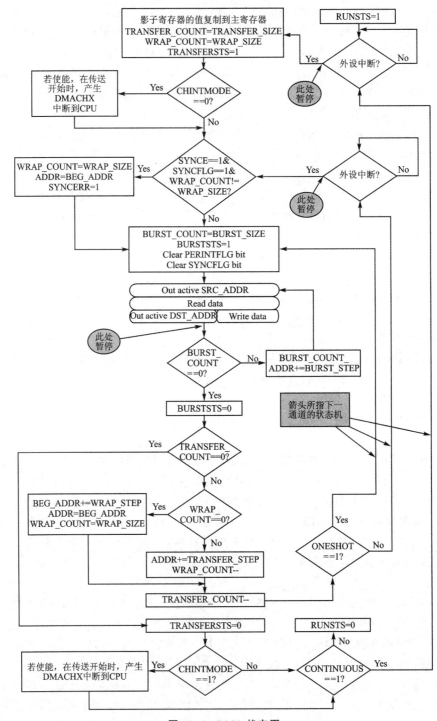

图 12.6　DMA 状态图

7. F28335 的 DMA 模块的 ADC 同步特征

当 ADC 转换器工作在连续转换模式且使能覆盖功能时，DMA 可以与 ADC 的序列 1 中断(SEQlINT)进行硬件同步。在此模式下，ADC 可以连续地转换序列中的各个通道，并在序列末尾不对序列指针进行复位。DMA 收到触发信号时并不知道 ADC 的序列指针指向哪个 ADCRESULT 寄存器，因此 DMA 与 ADC 之间存在潜在的不同步问题。当 ADC 配置为上述模式时，每当转换序列指向 RESULT0 寄存器时，将给 DMA 提供一个同步信号，DMA 用这个同步信号去完成一个返回过程或开始一次传送。如果 ADC 不这样做，会再度同步。

① 将返回长度寄存器 WRAP_SIZE 的值重新装载到返回计数寄存器 WRAP_COUNT 中。

② 将开始地址指针寄存器 BEG_ADDR 的值装载到 ADDR 当前寄存器中。

③ CONTROL 寄存器中的 SYNCERR 位置位。

这样允许使用多个缓冲器来存储数据，必要时 DMA 与 ADC 之间可以再同步。例如，ADC 在序列 1 转换 4 路通道，序列 1 的最大长度为 8，每隔一次序列转换，序列会自己复位，并产生同步信号。如果程序中希望将前 4 个转换结果通过 DMA 存放到缓冲器 A 中，将后 4 个转换结果通过 DMA 存放到缓冲器 B 中。一旦 DMA 因冲突而遗漏一次触发信号，DMA 和 ADC 将产生不同步，此时，DMA 将 CONTROL 寄存器中的 SYNCERR 位置 1，并实施上述再同步过程，使 DMA 与 ADC 重新同步。

同步源可通过 MODE 寄存器中的 PERINTSEL 位选择，如图 12.7 所示。对于选择的源和通道，如果 SYNC 使能，在该通道在 RUN 置位后第一个 SYNC 信号接收到时才开始传送，所有外设中断触发信号在第一个 SYNC 事件前被忽略。

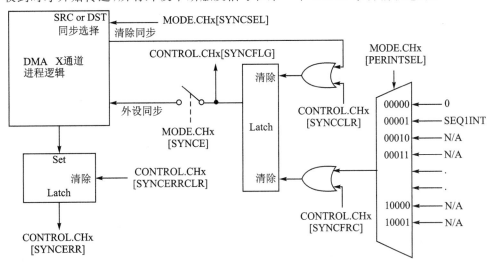

图 12.7 DMA 模块的 ADC 同步

8. F28335 的 DMA 溢出检测特征

DMA 有溢出检测逻辑。当 DMA 接收到一次外部中断触发信号时,CONTROL 寄存器中的 PERINTFLG 位置位,并将相应的通道在 DMA 状态机中挂起;当该通道的突发传送开始时,PERINTFLG 被清零。如果 PERINTFLG 置位后在该通道的突发传送开始前又有新的触发信号到来,则第二个触发信号被丢失,并将 CONTROL 寄存器中的错误标志位 OVERFLG 置位,如图 12.8 所示。如果溢出中断被使能,则该通道将向 PIE 模块发出中断请求。

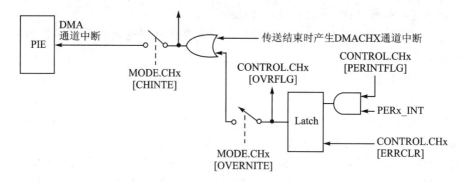

图 12.8 DMA 溢出检测

12.3 F28335 的 DMA 模块的寄存器

1. DMA 控制寄存器(DMACTRL)

DMA 控制寄存器(DMACTRL)的各位信息如表 12.2 所列。

表 12.2 DMA 控制寄存器(DMACTRL)

位	名 称	取值及功能描述
15～2	保留	保留
1	PRIORITY RESET	优先级复位位置 1 时复位轮次优先状态机。写 0 不起作用,该位始终返回 0 当此位置 1 时,所有被挂起的传送请求执行完后,才进行优先级复位。如果优先级模式为通道 1 优先,则低优先级的通道传送操作完成后才进行优先级状态机复位
0	HARD RESET	硬件复位位 写 1 时硬件复位 DMA 并且终止当前所有访问;写 0 时,可忽略。正常返回为 0

2. DMA 调试控制寄存器(DEBUGCTRL)

DMA 调试控制寄存器(DEBUGCTRL)的位信息如表 12.3 所列。

表 12.3　DMA 调试控制寄存器(DEBUGCTRL)

位	名　称	取值及功能描述
15	FREE	仿真控制位 0:DMA 继续运行,直到当前 DMA 读操作完成并且当前 DMA 被冻结 1:DMA 不受仿真挂起的影响
14～0	保留	保留

3. DMA 修订寄存器(REVISION)

DMA 修订寄存器(REVISION)的位信息如表 12.4 所列。

表 12.4　DMA 修订寄存器(REVISION)

位	名　称	取值及功能描述
15～8	TYPE	DMA 类型指示位,用来表明此 DMA 模块的类型,不同型号的 DSP 芯片其 DMA 模块的类型可能不同 0000:xF2833x 系列 DSP 中 DMA 的型号为类型 0
7～0	REV	DMA 修正指示位,用来表明 DMA 模块被改进过,不同型号的芯片可能会对以前芯片内 DMA 模块进行修正 0000:表明此 DMA 模块为首款,未被改进过

4. DMA 优先级控制寄存器(PRIORITYCTRL1)

DMA 优先级控制寄存器(PRIORITYCTRL1)的位信息如表 12.5 所列。

表 12.5　DMA 优先级控制寄存器(PRIORITYCTRL1)

位	名　称	取值及功能描述
15～1	保留	保留
0	CH1 PRIORITY	用来控制 CH1 是否具有高优先级 0:所有通道具有相同优先级 1:CH1 具有较高优先级 注:只有当所有通道都禁止时,才能设置通道的优先级

5. DMA 优先级状态寄存器(PRIORITYSTAT)

DMA 优先级状态寄存器(PRIORITYSTAT)的各位信息如表 12.6 所列。

表 12.6　DMA 优先级状态寄存器(PRIORITYSTAT)

位	名　称	取值及功能描述
15～7	保留	保留
6～4	ACTIVESTS_SHADOW	通道状态映射寄存器。只有当 CH1 被设为高优先级时才用到此位段,当 CH1 正在执行时,ACTIVESTS 位被复制到映射单元中,表明 CH1 所抢占的通道。当 CH1 执行完成时,映射寄存器单元中的值被复制到 ACTIVESTS 中,如果此位段的值是 0 或与 ACTIVESTS 位相同,表明 CH1 执行期间无通道被挂起。CH1 未使用高优先级模式时,此位段被忽略 000:无通道被挂起 001:CH1;..... 110:CH6
3	保留	保留
2～0	ACTIVESTS	用来表明哪个通道正在执行 000:无通道被执行 001:CH1;...... 110:CH6

6. DMA 模式寄存器(MODE)

DMA 模式寄存器(MODE)的位信息如表 12.7 所列。

表 12.7　DMA 模式寄存器(MODE)

位	名　称	取值及功能描述
15	CHINTE	通道中断使能位。使能/禁止 DMA 通道向 CPU 发起中断(通过 PIE) 0:禁止中断;1:使能中断
14	DATASIZE	控制 DMA 通道的数据宽度 0:16 位数据宽度;1:32 位数据宽度
13	SYNCSEL	同步模式选择位,此位决定 SRC 或 DST 返回计数器是否由同步信号控制 0:SRC 返回计数器被控制 1:DST 返回计数器被控制
12	SYNCE	同步信号使能位 0:ADCSYNC 被忽略 1:如果通过 PERINTSEL 位选择 ADC,那么 ADCSYNC 同步信号被用来同步 ADC 中断信号与 DMA 返回计数器
11	CONTINUOUS	连续触发控制位 0:当 TRANSFER_COUNT 归零时,DMA 停止,并将 RUNSTS 位清零 1:当 TRANSFER_COUNT 归零时,DMA 重新初始化,并等待下次触发信号

续表 12.7

位	名 称	取值及功能描述
10	ONESHOT	单次触发控制位 0:每次中断触发信号启动一次突发传送 1:一次中断触发信号完成所有突发传送
9	CHINTMODE	通道中断模式选择位 0:在一次传送开始产生中断事件 1:在一次传送结束产生中断事件
8	PERINTE	外设中断触发使能位,决定是否使用外设中断信号触发 DMA 0:外设中断触发信号被禁止 1:使能外设中断触发信号
7	OVRINTE	溢出中断使能位 0:禁止溢出中断 1:使能溢出中断
6,5	保留	保留
4~0	PERINTSEL	外设中断源选择位。为给定的 DMA 通道选择合适的外部中断信号触发源,只可选择一个中断源,DMA 突发传送也可通过强制寄存器 FERINTFRC 位强制产生。具体如表 12.8 所列

表 12.8 DMA 外设中断源对应表

PERINTSEL 值	中断源	对应外设	同步信号
0	无	无	无
1	SEQ1INT	ADC	ADCSYNC
2	SEQ2INT		无
3	XINT1		无
4	XINT2		无
5	XINT3		无
6	XINT4	外部中断信号	无
7	XINT5		无
8	XINT6		无
9	XINT7		无
10	XINT13		无
11	TINT0		无
12	TINT1	CPU 定时器	无
13	TINT2		无

续表 12.8

PERINTSEL 值	中断源	对应外设	同步信号
14	MXEVTA	McBSP - A	无
15	MREVTA		无
16	MXEVTB	McBSP - B	无
17	MREVTB		无
18	ePWM1SOCA	ePWM1	无
19	ePWM1SOCB		无
20	ePWM2SOCA	ePWM2	无
21	ePWM2SOCB		无
22	ePWM3SOCA	ePWM3	无
23	ePWM3SOCB		无
24	ePWM4SOCA	ePWM4	无
25	ePWM4SOCB		无
26	ePWM5SOCA	ePWM5	无
27	ePWM5SOCB		无
28	ePWM6SOCA	ePWM6	无
29	ePWM6SOCB		无
30,31	保留	保留	保留

7. DMA 控制寄存器(CONTROL)

DMA 控制寄存器(CONTROL)的各位信息如表 12.9 所列。

表 12.9　DMA 控制寄存器(CONTROL)

位	名　称	取值及功能描述
15	保留	保留
14	OVRFLG	溢出标志位:用来指示 PERINTFLG 置位时是否有新的外设中断触发信号到来 0:无溢出事件 1:有溢出事件 注:可通过 ERRCLR 对此位清零,OVRFLG 不受 PERINTFRC 的影响
13	RUNSTS	运行状态标志位:当向 RUN 位写 1 时将会对此位置位,表明 DMA 已经准备好接收外设中断触发信号。当 CONTINUOUS 位为 0 且 TRANSFER_COUNT 归零时会对此位清零,也可通过 HARDRESET、SOFTRESET 及 HALT 位对其清零 0:通道被禁止；1:通道被使能

位	名 称	取值及功能描述
12	BURSTSTS	突发传送状态标志位:当 DMA 突发传送开始时,BURST_COUNT 从 BURST_SIZE 中加载数据,此位将被置位。当 BURST_COUNT 归零时,此位清零,也可通过 HARDRESET、SOFTRESET 位对其清零 0:无有效的突发传送 1:DMA 正在执行或挂起一次突发传送
11	TRANSFERST	传送状态标志位:当 DMA 传送开始时,TRANSFER_COUNT 从 TRANS-FER_SIZE 中加载数据,此位将被置位。当 TRANSFER_COUNT 归零时,此位清零,也可通过 HARDRESET、SOFTRESET 位对其清零 0:无有效的传送过程 1:DMA 正在执行一次传送过程
10	SYNCERR	同步错误标志位:当 ADCSYNC 同步事件发生时,如果 SRC 或 DST_WRAP_COUNT 不为 0,则此位置位 0:无同步错误;1:同步错误发生
9	SYNCFLG	同步信号标志位:用来表明 ADCSYNC 同步事件是否发生 0:无同步事件;1:同步事件发生 注:通过强制同步 SYNCFRC 位可将此位置位,通过 SYNCCLR 位可对其清零
8	PERINTFLG	外设中断触发事件标志位:指示外设中断触发事件是否发生,在第一次突发传送开始时,此位被清零 0:无外设中断触发事件发生 1:有外设中断触发事件发生 注:通过 PERINTFRC 位可被此位置位,通过 PERINTCLR 位可对其清零
7	ERRCLR	错误清除位 0:写 0 无反应 1:写 1 将清除同步错误标志位 SYNCERR、清除 OVRFLG 位,通常在第一次初始化 DMA 通道或出现溢出错误时使用此位
6	SYNCCLR	同步信号强制位 0:写 0 无反应 1:写 1 将强制产生一次外部中断事件,并将 PERINTFLG 清零,通常在第一次初始化 DMA 通道时使用此位
5	SYNCFRC	同步信号强制位 0:写 0 无反应 1:写 1 将强制产生一次同步事件,并将 SYNCFLG 置位

续表 12.9

位	名　称	取值及功能描述
4	PERINTCLR	外设中断事件强制位 0:写 0 无反应 1:写 1 将清除被锁存的外部中断事件,并将 PERINTFLG 清零,通常在第一次初始化 DMA 通道时使用此位
3	PERINTFRC	外设中断事件强制位 0:写 0 无反应 1:写 1 将强制产生一次外部中断事件,并将 PERINTFLG 置位
2	SOFTRESET	通道软件复位位 写 1 将结束当前读/写操作,并将以下都清零:RUNSTS、TRANSFERSTS、BURST_COUNT、TRANSFER_COUNT、SRC_ WRAP_COUNT 和 DST_WRAP_COUNT
1	HALT	通道停止位 0:写 0 无反应 1:写 1 将在当前读/写操作完成后,停止 DMA 所有工作,RUNSTS 位被清零
0	RUN	通道运行位 0:写 0 无反应 1:写 1 将启动当前 DMA 通道,RUNSTS 置位,也可将器件从 HALT 状态带出

8. DMA 突发传送长度寄存器 BURST_SIZE

DMA 突发传送长度寄存器 BURST_SIZE 的位信息如表 12.10 所列。

表 12.10　DMA 突发传送长度寄存器 BURST_SIZE

位	名　称	取值及功能描述
15~5	保留	保留
4~0	BURST_SIZE	定义了一次突发传送的数据个数 0~31(k),一次突发传送传递 k+1 个字

9. DMA 突发传送计数寄存器 BURST_COUNT

DMA 突发传送计数寄存器 BURST_COUNT 的位信息如表 12.11 所列。

表 12.11　DMA 突发传送计数寄存器 BURST_COUNT

位	名　称	取值及功能描述
15~5	保留	保留
4~0	BURSTCOUNT	定义了一次突发传送中未被传送的数据个数 0~31(k),一次突发传送中还剩余 k 个字未被传送

10. DMA 源突发传送步长寄存器 SRC_BURST_STEP

DMA 源突发传送步长寄存器 SRC_BURST_STEP 的位信息如表 12.12 所列。

表 12.12　DMA 源突发传送步长寄存器 SRC_BURST_STEP

位	名　称	取值及功能描述
15～0	SRCBURSTSTEP	定义了在一次突发传送结束后,源地址增加/减少的步长 0x0FFF:将地址增加 4095 …… 0x0001:将地址增加 1 0x0000:地址不变 0xFFFF:将地址减少 1 …… 0xF000:将地址减少 4 096

11. DMA 目标突发传送步长寄存器 DST_BURST_STEP

DMA 目标突发传送步长寄存器 DST_BURST_STEP 的位信息如表 12.13 所列。

表 12.13　DMA 目标突发传送步长寄存器 DST_BURST_STEP

位	名　称	取值及功能描述
15～0	DSTBURSTSTEP	定义了在一次突发传送结束后,目标地址增加/减少的步长 0x0FFF:将地址增加 4 095 …… 0x0001:将地址增加 1 0x0000:地址不变 0xFFFF:将地址减少 1 …… 0xF000:将地址减少 4 096

12. DMA 外环传送长度寄存器 TRANSFER_SIZE

DMA 外环传送长度寄存器 TRANSFER_SIZE 的位信息如表 12.14 所列。

表 12.14　DMA 外环传送长度寄存器 TRANSFER_SIZE

位	名　称	取值及功能描述
15～0	TRANSFERSIZE	定义了在一次传送过程中突发传送的次数 0～65 535(k):产生 k+1 次突发传送

13. DMA 外环传送计数寄存器 TRANSFER_COUNT

DMA 外环传送计数寄存器 TRANSFER_COUNT 的位信息如表 12.15 所列。

表 12.15　DMA 外环传送计数寄存器 TRANSFER_COUNT

位	名　称	取值及功能描述
15~0	TRANSFERCOUNT	定义了在一次传送过程剩余的突发传送次数 0~65 535(k):剩余 k 次突发传送

14. DMA 源传送步长寄存器 SRC_TRANSFER_STEP

DMA 源传送步长寄存器 SRC_TRANSFER_STEP 的位信息如表 12.16 所列。

表 12.16　DMA 源传送步长寄存器 SRC_TRANSFER_STEP

位	名　称	取值及功能描述
15~0	SRCTRANSFERSTEP	定义了在一次突发传送结束后,源地址指针增加/减少的步长 0x0FFF:将地址增加 4 095 …… 0x0001:将地址增加 1 0x0000:地址不变 0xFFFF:将地址减少 1 …… 0xF000:将地址减少 4 096

15. DMA 目标传送步长寄存器 DST_TRANSFER_STEP

DMA 目标传送步长寄存器 DST_TRANSFER_STEP 的位信息如表 12.17 所列。

表 12.17　DMA 目标传送步长寄存器 DST_TRANSFER_STEP

位	名　称	取值及功能描述
15~0	DSTTRANSFERSTEP	定义了在一次突发传送结束后,目标地址指针增加/减少的步长 0x0FFF:将地址增加 4 095 …… 0x0001:将地址增加 1 0x0000:地址不变 0xFFFF:将地址减少 1 …… 0xF000:将地址减少 4 096

16. DMA 源/目标返回长度寄存器 SRC/DST_WRAP_SIZE

DMA 源/目标返回长度寄存器 SRC/DST_WRAP_SIZE 的位信息如表 12.18 所列。

表 12.18　DMA 源/目标返回长度寄存器 SRC/DST_WRAP_SIZE

位	名　　称	取值及功能描述
15～0	WRAPSIZE	定义了在返回开始地址指针前突发传送的次数 0～65 535(k):经过 k+1 次突发传送后返回

17. DMA 源/目标返回计数寄存器 SRC/DST_WRAP_COUNT

DMA 源/目标返回计数寄存器 SRC/DST_WRAP_COUNT 的位信息如表 12.19 所列。

表 12.19　DMA 源/目标返回计数寄存器 SRC/DST_WRAP_COUNT

位	名　　称	取值及功能描述
15～0	WRAPCOUNT	定义了在返回开始地址指针前剩余突发传送的次数 0～65 535(k):剩余 k 次突发传送

18. DMA 源/目标返回步长寄存器 SRC/DST_WRAP_STEP

DMA 源/目标返回步长寄存器 SRC/DST_WRAP_STEP 的位信息如表 12.20 所列。

表 12.20　DMA 源/目标返回步长寄存器 SRC/DST_WRAP_STEP

位	名　　称	取值及功能描述
15～0	WRAPSTEP	定义了返回寄存器归零后,源/目标地址指针增加/减少的步长 0x0FFF:将地址增加 4 095 …… 0x0001:将地址增加 1 0x0000:地址不变 0xFFFF:将地址减少 1 …… 0xF000:将地址减少 4 096

19. DMA 源开始地址指针映射寄存器 SRC_BEG_ADDR_SHADOW

DMA 源开始地址指针映射寄存器 SRC_BEG_ADDR_SHADOW 的位信息如表 12.21 所列。

表 12.21　DMA 源开始地址指针映射寄存器 SRC_BEG_ADDR_SHADOW

位	名　　称	取值及功能描述
31～22	保留	保留
21～0	BEGADDR	22 位地址单元

目标开始地址指针映射寄存器 DST_BEG_ADDR_SHADOW、源开始地址指针的当前寄存器 SRC_BEG_ADDR、目标开始地址指针的当前寄存器 DST_BEG_ADDR 同表 12.21。

12.4 手把手教你实现 DMA 传输数据

1. 实验目的

掌握 DMA 数据传输原理。

2. 实验主要步骤

① 首先打开已经配置的 CCS6.1 软件。

② 将仿真器的 USB 与计算机连接,将仿真器的另一端 JTAG 端插到 YX - F28335 开发板的 JTAG 针处。

③ 在 CCS6.1 建立配置文件并连接 DSP 板卡。

④ 在 CCS6.1 菜单栏,首先选择 File→Import 菜单项,然后选择 Code Composer Studio→CCS Projects,最后浏览找到 DMA _ SRAM 工程所在的路径文件夹并导入工程。

⑤ 选择 Run→Load→Load Program 菜单项,选中 DMA _SRAM.out 并下载。

⑥ 选择 Run→Resume 菜单项运行,在 CCS 中选择 View→Memory Browser 查看存储器,在 data 栏输入 0xC000,即 DMABuf1 首地址之后会看到如图 12.9 所示的结果。

3. 实验原理说明

F28335 上有存储器直接访问模块,该模块共有 6 路 DMA,每路 DMA 都有 5 种触发方式,分别为 ADC sequencer 1 和 2、多通道缓冲串口 A 和 B、外部中断 1~7 和 13、CPU 的 3 个定时器、软件。DMA 可以访问的空间有 ADC 的结果寄存器、内部 SRAM 的 L4~L7 块、区域 0、区域 6、区域 7、多通道缓冲串口 A 和 B 发送和接收缓冲区域。通过编程可以支持 16 位或 32 位数据传输。本实验中向 XINTF 外扩的 SRAM 的前 1 024 空间写入数据,然后通

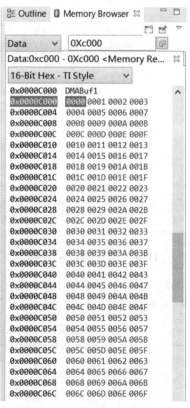

图 12.9 DMA 数据传输

过第一路 DMA 把外部 SRAM 的前 1 024 空间的数据读到内部 SRAM 的 L4 区域。

```
void main(void)
{
Uint16 i;
//第 1 步,系统初始化控制:锁相环、看门狗,外设时钟
InitSysCtrl();
//第 2 步,GPIO 初始化:定义说明使用到的 GPIO 的状态
// InitGpio();
//第 3 步,清除所有中断,禁止 CPU 中断,初始化中断相量表
DINT;
InitPieCtrl();
IER = 0x0000;
IFR = 0x0000;
InitPieVectTable();
//第 4 步,设置本程序中需要的中断
EALLOW;
PieVectTable.DINTCH1 = &local_DINTCH1_ISR;
EDIS;
IER = M_INT7 ;                              // DMA 1 通道中断使能
EnableInterrupts();
CpuTimer0Regs.TCR.bit.TSS = 1;              // 停止定时器 0 计数
//第 5 步,主要功能代码,使能相关中断
//初始化 DMA
DMAInitialize();
//初始化外部 SRAM
init_zone6();
//DMA 用于数据的两个大数组,一个是源数组,一个是目标数组,BUF_SIZE 为 1 024,本程序
//的目标就是将外部 SRAM 的 1 024 字的数据通过 DMA 传到内部 SRAM
for (i = 0; i<BUF_SIZE; i++)
{
        DMABuf1[i]  =  0;
        DMABuf2[i]  =  i;
}
//程序中采用 DMA 通道 1 进行数据传输,需要配置 DMA 通道 1 相关参数
DMADest    = &DMABuf1[0];                    // 目标地址
DMASource = &DMABuf2[0];                     // 源地址
DMACH1AddrConfig(DMADest,DMASource);        // 通道 1 赋值
DMACH1BurstConfig(31,2,2);
DMACH1TransferConfig(31,2,2);
DMACH1WrapConfig(0xFFFF,0,0xFFFF,0);
//采用定时器 0,单次触发模式
DMACH1ModeConfig(DMA_TINT0,PERINT_ENABLE,ONESHOT_ENABLE,CONT_DISABLE,SYNC_DISABLE,
SYNC_SRC,OVRFLOW_DISABLE,THIRTYTWO_BIT,CHINT_END,CHINT_ENABLE);
StartDMACH1();
//Init the timer 0
CpuTimer0Regs.TIM.half.LSW = 512;
CpuTimer0Regs.TCR.bit.SOFT = 1;
CpuTimer0Regs.TCR.bit.FREE = 1;
CpuTimer0Regs.TCR.bit.TIE = 1;              //使能定时器 0 中断
```

```
CpuTimer0Regs.TCR.bit.TSS = 0;                          //重启定时器 0
for(;;)
}
```

4. 实验观察与思考

① 如何将 A/D 寄存器的数据通过 DMA 通道将数据传到内部 SRAM?

② 如何将外扩 FLASH 的数据通过 DMA 通道将数据传到内部 SRAM?

第13章

串行通信 SCI

在 DSP 控制器间,DSP 控制器与外部设备间交换信息、通信时可采取的通信方式主要两大类:串行通信和并行通信。并行通信一般包括多条数据线、多条控制线和状态线,特点是传输速度快、传输线路多、硬件开销大、不适合远距离传输,一般用在系统内部,如 XINTF 接口或者控制器内部如 DMA 控制器。串行通信则在通信线路上既传输数据信息也传输联络控制信息,硬件开销小,传输成本低,但是传输速度慢,且收发双方需要通信协议,可用于远距离通信。

13.1　串行通信基础知识

串行通信可以分为两大类:同步通信和异步通信。

> 同步通信:发送器和接收器通常使用同一时钟源来同步。方法是在发送器发送数据的同时包含时钟信号,接收器利用该时钟信号进行接收。典型的如 I^2C、SPI。

> 异步通信:收发双方的时钟不是同一个时钟,是由双方各自的时钟实现数据的发送和接收。但要求双方使用同一标称频率,允许有一定偏差。典型的如 SCI。

串行通信的传输方式有 3 类:单工、全双工和半双工。

> 单工(Simplex):数据传送是单向的,一端为发送端,另一端为接收端。这种传输方式中,除了地线之外,只要一根数据线就可以了。有线广播就是单工的。

> 全双工(Full - duplex):数据传送是双向的,且可以同时接收与发送数据。这种传输方式中,除了地线之外,需要两根数据线,站在任何一端的角度看,一根为发送线,另一根为接收线。下文介绍的 SCI、SPI 都可以工作在全双工方式下。

> 半双工(Half - duplex):数据传送也是双向的,但是在这种传输方式中,除了地线之外,一般只有一根数据线。任何一个时刻,只能由一方发送数据,另一方接收数据,不能同时收发。I^2C 的通信传输方式工作在半双工下。

在串行通信协议中还要明确通信的数据格式、通信的速率与通信的奇偶校验方法。通常通信的数据格式采用 NRZ 数据格式,即 standard non-return-zero mark/ space data format,译为"标准不归零传号/空号数据格式"。"不归零"的最初含义是用正、负电平表示二进制值,不使用零电平。mark/space 即"传号/空号"分别表示两种状态的物理名称,逻辑名称记为"1/0"。典型的 SCI 数据格式如图 13.1所示。

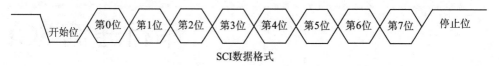

图 13.1   SCI 数据格式

通信的速率单位为波特率(baud rate),即每秒内传送的位数。通常情况下,波特率的单位可以省略。通常使用的波特率有 300、600、900、1 200、1 800、2 400、4 800、9 600、192 00、38 400。

字符奇偶校验检查(character parity checking)称为垂直冗余检查(Vertical Redundancy Checking,VRC),它是每个字符增加一个额外位使字符中"1"的个数为奇数或偶数。

➢ 奇校验:如果字符数据位中"1"的数目是偶数,校验位应为"1";如果"1"的数目是奇数,校验位应为"0"。

➢ 偶校验:如果字符数据位中"1"的数目是偶数,则校验位应为"0";如果是奇数则为"1"。

13.2   F28335 的 SCI 模块

1. SCI 简介

SCI 即 Serial Communication Interface,串行通信接口,接收和发送有各自独立的信号线,但不是同一个时钟,所以是进行串行异步通信接口,一般可以看作 uart(通用异步接收/发送装置),经常会跟 RS232 接口连接。通常,DSP 引脚输入/输出使用 TTL 电平,而 TTL 电平的"1"和"0"的特征电压分别为 2.4 V 和 0.4 V,适用于板内数据传输。TTL 电平与 RS232 电平之间要互相转换,这就需要采用串口转换芯片,常用的是 MAX232。为了使信号传输得更远,美国电子工业协会 EIA(Electronic Industry Association)制订了串行物理接口标准 RS‐232C。RS‐232C 采用负逻辑,−3～−15 V 为逻辑"1",3～15 V 为逻辑"0"。RS‐232C 最大的传输距离是 30 m,通信速率一般低于 20 kbit/s。RS‐232 接口,简称"串口",它主要用于连接具有同样接口的设备。下面给出了 9 芯串行接口的排列位置(如图 13.2 所示),相应

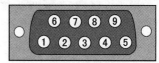

图 13.2   9 芯串行接口排列

引脚含义如表 13.1 所列。SCI 模块框图如图 13.3 所示。

表 13.1　9 芯串行接口引脚含义表

引脚号	功　能	引脚号	功　能
1	接收线信号检测(载波检测 DCD)	6	数据通信设备准备就绪(DSR)
2	接收数据线(RXD)	7	请求发送(RTS)
3	发送数据线(TXD)	8	清除发送
4	数据终端准备就绪(DTR)	9	振铃指示
5	信号地(SG)		

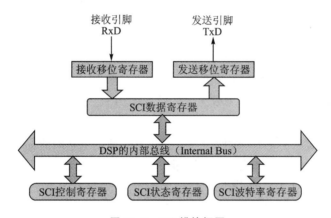

图 13.3　SCI 模块框图

2. SCI 模块特点

F28335 处理器共提供 3 个 SCI 接口,相对 TI 的 C240X 系列 DSP 的 SCI 接口,功能上有很大的改进,在原有功能基础上增加了通信速率自动检测和 FIFO 缓冲等新功能。为了减小串口通信时 CPU 的开销,F28335 的串口支持 16 级接收和发送 FIFO。也可以不使用 FIFO 缓冲,SCI 的接收器和发送器可以使用双级缓冲传送数据,并且 SCI 接收器和发送器有各自独立的中断和使能位,可以独立地操作实现半双工通信,或者同时操作实现全双工通信。为了保证数据完整,SCI 模块对接收到的数据进行间断、极性、超限和帧错误的检测。为了减少软件的负担,SCI 采用硬件对通信数据进行极性和数据格式检查。通过对 16 位的波特率控制寄存器进行编程,可以配置不同的 SCI 通信速率。SCI 与 CPU 接口如图 13.4 所示。

SCI 模块的特点如下:

① 2 个外部引脚:SCITXD 为 SCI 数据发送引脚,SCIRXD 为 SCI 数据接收引脚。2 个引脚为多功能复用引脚,如果不使用可以作为通用数字量 I/O。

② 可编程通信速率,可以设置 64K 种通信速率。

③ 数据格式:

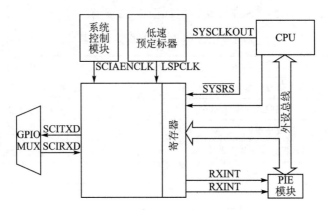

图 13.4 SCI 与 CPU 接口结构图

> 一个启动位。

> 1~8 位可编程数据字长度。

> 可选择奇校验、偶校验或无效校验位模式。

> 1 或 2 位的停止位。

④ 4 种错误检测标志位:奇偶错误、超越错误、帧错误和间断检测。

⑤ 2 种唤醒多处理器方式:空闲线唤醒(Idle - line)和地址位唤醒(Address Bit)。

⑥ 全双工或者半双工通信模式。

⑦ 双缓冲接收和发送功能。

⑧ 发送和接收可以采用中断和状态查询 2 种方式。

⑨ 独立地发送和接收中断使能控制(BRKDT 除外)。

⑩ NRZ(非归零)通信格式。

⑪ 13 个 SCI 模块控制寄存器,起始地址为 7050H。

⑫ 自动通信速率检测(相对 F140x 增强的功能)。

⑬ 16 级发送/接收 FIFO(相对 F240x 增强的功能)。

3. SCI 模块结构

SCI 模块结构框图如图 13.5 所示。

SCI 采用全双工通信模式的通信连接图如图 13.6 所示,主要功能单元如下:

① 一个发送器(TX)及相关寄存器。

> SCITXBUF:发送数据缓冲寄存器,存放要发送的数据(由 CPU 装载)。

> TXSHF 寄存器:发送移位寄存器,从 SCITXBUF 寄存器接收数据,并将数据移位到 SCITXD 引脚上,每次移一位数据。

② 一个接收器(RX)及相关寄存器。

> RXSHF 寄存器:接收移位寄存器,从 SCIRXD 引脚移入数据,每次移一位。

> SCIRXBUF:接收数据缓冲寄存器,存放 CPU 要读取的数据,来自远程处

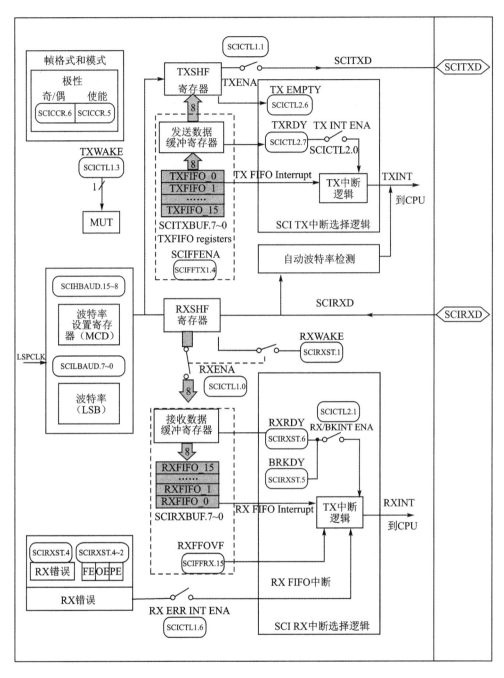

图 13.5　SCI 通信模块接口框图

理器的数据装入寄存器 RXSHF,然后又装入接收数据缓冲寄存器 SCIR-XBUF 和接收仿真缓冲寄存器 SCIRXEMU 中。

③ 一个可编程的波特率产生器。

④ 数据存储器映射的控制和状态寄存器。

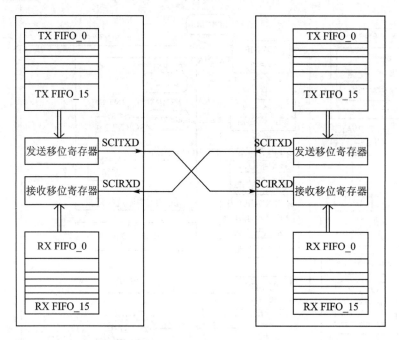

图 13.6 SCI 全双工通信连接图

4. SCI 的数据格式

SCI 的发送和接收都采用不归零码格式,具体包括:

① 一位起始位。

② 1~8 位数据。

③ 一个奇/偶校验位(可选择)。

④ 一位或 2 位停止位。

⑤ 区分数据和地址的附加位(仅在地址位模式存在)。

数据的基本单元称为字符,它有 1~8 位长。每个字符包含一位启动位、一或 2 位停止位、可选择的奇偶校验位和地址位。在 SCI 通信中,带有格式信息的数据字符叫帧,如图 13.7 所示。

图 13.7 典型 SCI 数据帧格式

可以使用 SCI 通信控制寄存器(SCICCR)配置 SCI 通信采用的数据格式。

SCI 异步通信可采用半双工通信方式,每个数据位占用 8 个 SCICLK 时钟周期,如图 13.8 所示。

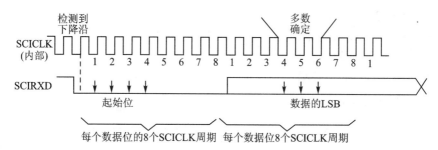

图 13.8　SCI 异步通信格式

接收器在收到一个起始位后开始工作,4 个连续 SCICLK 周期的低电平表示有效的起始位,如图 13.8 所示。如果没有连续 4 个 SCICLK 周期的低电平,则处理器重新寻找另一个起始位。对于 SCI 数据帧的起始位后面的位,处理器在每位的中间进行 3 次采样,确定位的值。3 次采样点分别在第 4、第 5 和第 6 个 SCICLK 周期,3 次采样中 2 次相同的值即为最终接收位的值。

由于接收器使用帧同步,外部发送和接收器不需要使用串行同步时钟,时钟由器件本身提供。

(1) SCI 的信号接收

满足下列条件时,接收器的信号时序如图 13.9 所示:

① 地址位唤醒模式(地址位不出现在空闲模式中)。

② 每个字符有 6 位数据。

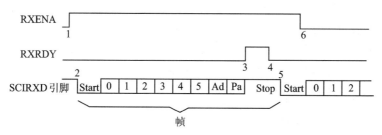

图 13.9　串行通信模式中的 SCI RX 信号

SCI 接收信号的几点说明:

➢ 标志位 RXENA(SCICTL1,位 0)变高,使能接收器接收数据。

➢ 数据达到 SCIRXD 引脚后,检测起始位。

➢ 数据从 RXSHF 寄存器移位到接收缓冲器(SCIRXBUF),产生一个中断申请,标志位 RXRDY(SCIRXST,位 6)变高表示已接收一个新字符。

➢ 程序读 SCIRXBUF 寄存器,标志位 RXRDY 自动被清除。

➢ 数据的下一个字节达到 SCIRXD 引脚时,检测启动位,然后清除。

➢ 位 RXENA 变为低,禁止接收器接收数据。继续向 RXSHF 转载数据,但不移入到接收缓冲寄存器。

(2) SCI 的信号发送

满足下列条件时发送器的信号时序如图 13.10 所示:

① 地址位唤醒模式(地址位不出现在空闲模式中)。

② 每个字符有 3 位数据。

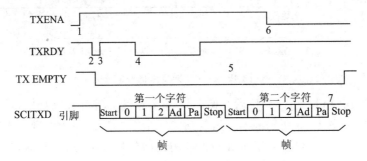

图 13.10　通信模式中的 SCI TX 信号

SCI 发送信号的几点说明:

➤ 位 TXENA(SCICTL1,位 1)变高,使能发送器发送数据。

➤ 写数据到 SCITXBUF 寄存器,从而发送器不再为空,TXRDY 变低。

➤ SCI 发送数据到移位寄存器(TXSHF)。发送器准备传送第二个字符(TXRDY 变高),并发出中断请求(使能中断,位 TXINTENA,SCICTL2 中的第 0 位置 1)。

➤ 在 TXRDY 变高后,程序写第二个字符到 SCITXBUF 寄存器(在第二个字节写入到 SCITXUBF 后 TXRDY 又变低)。

➤ 发送完第一个字符,开始将第二字符移位到寄存器 TXSHF。

➤ 位 TXENA 变低,禁止发送器发送数据,SCI 结束当前字符的发送。

➤ 第二个字符发送完成,发送器变空准备发送下一个字符。

5. SCI 的 16 级 FIFO 缓冲

下面介绍 FIFO 特征和使用 FIFO 时 SCI 的编程。

① 复位:在上电复位时,SCI 工作在标准 SCI 模式,禁止 FIFO 功能。FIFO 的寄存器 SCIFFTX、SCIFFRX 和 SCIFFCT 都被禁止。

② 标准 SCI:标准 F28335 SCI 模式,TXINT/RXINT 中断作为 SCI 的中断源。

③ FIFO 使能:通过 SCIFFTX 寄存器的 SCIFFEN 位置 1,使能 FIFO 模式。在任何操作状态下 SCIRST 都可以复位 FIFO 模式。

④ 寄存器有效:所有 SCI 寄存器和 SCI FIFO 寄存器(SCIFFTX、SCIFFRX 和 SCIFFCT)有效。

⑤ 中断:FIFO 模式有 2 个中断,一个是发送 FIFO 中断 TXINT,另一个是接收

FIFO 中断 RXINT。FIFO 接收、接收错误和接收 FIFO 溢出共用 RXINT 中断。标准 SCI 的 TXINT 将被禁止,该中断将作为 SCI 发送 FIFO 中断使用。

⑥ 缓冲:发送和接收缓冲器增补了 2 个 16 级的 FIFO,发送 FIFO 寄存器是 8 位宽,接收 FIFO 寄存器是 10 位宽。标准 SCI 的一个字的发送缓冲器作为发送 FIFO 和移位寄存器间的发送缓冲器。只有移位寄存器的最后一位被移出后,一个字的发送缓冲才从发送 FIFO 装载。使能 FIFO 后,经过一个可选择的延迟(SCIFF-CT),TXSHF 被直接装载而不再使用 TXBUF。

⑦ 延迟发送:FIFO 中的数据传送到发送移位寄存器的速率是可编程的,可以通过 SCIFFCT 寄存器的位 FFTXDLY(7～0)设置发送数据间的延迟。FFTXTDLY(7～0)确定延迟的 SCI 波特率时钟周期数,8 位寄存器可以定义从 0 个波特率时钟周期的最小延迟到 256 个波特率时钟周期的最大延迟。当使用 0 延迟时,SCI 模块的 FIFO 数据移出时,数据间没有延时,一位紧接一位地从 FIFO 移出,实现数据的连续发送。当选择 256 个波特率时钟的延迟时,SCI 模块工作在最大延迟模式,FIFO 移出的每个数据字之间有 256 个波特率时钟的延迟。在慢速 SCI/UART 的通信时,可编程延迟可以减少 CPU 对 SCI 通信的开销。

⑧ FIFO 状态位:发送和接收 FIFO 都有状态位 TXFFST 或 RXFFST(位 12～0),这些状态位显示当前 FIFO 内数据的个数。当状态位为 0 时,发送 FIFO 复位位 TXFIFO 和接收复位位 RXFIFO 会被设置为 1,会将 FIFO 指针复位为 0,FIFO 重新开始运行。

⑨ 可编程的中断级:发送和接收 FIFO 都能产生 CPU 中断,只要发送 FIFO 状态位 TXFFST(位 12～8)与中断触发优先级 TXFFIL(位 4～0)相匹配,就产生一个中断触发,从而为 SCI 的发送和接收提供一个可编程的中断触发逻辑。接收 FIFO 的默认触发优先级为 0x11111,发送 FIFO 的默认触发优先级 0X00000。图 13.11 和表 13.2 给出了在 FIFO 或非 FIFO 模式下 SCI 中断的操作和配置。

表 13.2　SCI 中断标志位

FIFO 选项	SCI 中断源	中断标志	中断使能	FIFO 使能 SCIFFENA	中断线
SCI 不使用 FIFO	接收错误	RXERR	RXERRINTENA	0	RXINT
	接收中止	BRKDT	RX/BKINTENA	0	RXINT
	数据接收	RXTDY	RX/BKINTENA	0	RXINT
	发送空	TXRDY	TXINTENA	0	TXINT
SCI 使用 FIFO	接收错误和接收中止	RXERR	RXERRINTENA	1	RXINT
	FIFO 接收	RXFFIL	RXFFIENA	1	RXINT
	发送空	TXFFIL	TXFFIENA	1	TXINT
自动波特率	自动波特率检测	ABD	无关	X	TXINT

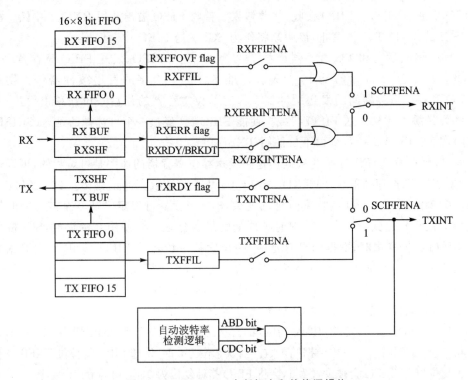

图 13.11　SCI FIFO 中断标志和使能逻辑位

6. SCI 自动波特率检测

大多数 SCI 模块硬件不支持自动波特率检测。一般情况下嵌入式控制器的 SCI 时钟由 PLL 提供,设计的系统工作时会改变 PLL 复位时的工作状态,这样很难支持自动波特率检测功能。在 F28335 处理器上,增强功能的 SCI 模块硬件支持自动波特率检测逻辑。寄存器 SCIFFCT 的 ABD 位和 CDC 位控制自动波特率逻辑,使能 SCIRST 位使自动波特率逻辑工作。增加自动波特率检测功能的 SCI 通信接口除了能够满足正常通信自动检测系统的通信速率外,还支持采用 SCI 接口上电引导装载程序,这对于通过上位机采用 SCI 接口实时更新系统软件非常重要。

当 CDD 为 1 时,如果 ABD 也置位表示自动波特率检测开始工作,就会产生 SCI 发送 FIFO 中断(TXINT)。同时在中断服务程序中必须使用软件将 CDC 位清 0,否则如果中断服务程序执行完 CDC 仍然为 1,则以后不会产生中断。具体操作步骤如下:

① 将 SCIFFCT 中的 CDC 位(位 13)置位,清除 ABD 位(位 15),使能 SCI 的自动波特率检测模式。

② 初始化波特率寄存器为 1 或限制在 500 kbps 内。

③ 允许 SCI 以期望的波特率从一个主机接收字符"A"或字符"a"。如果第一个字符是"A"或"a",则说明自动波特率检测硬件已经检测到 SCI 通信的波特率,然后将 ABD 位置 1。

④ 自动检测硬件将用检测到的波特率的十六进制值刷新波特率寄存器的值,这个刷新逻辑也会产生一个 CPU 中断。

⑤ 通过向 SCIFFCT 寄存器的 ABD CLR 位(位 13)写入 1 清除 ABD 位,响应中断。写 0 清除 CDC 位,禁止自动波特率逻辑。

⑥ 读到接收缓冲的字符"A"或"a"时,清空缓冲和缓冲状态位。

⑦ 当 CDC 为 1 时,如果 ABD 也置位表示自动波特率检测开始工作,就会产生 SCI 发送 FIFO 中断(TXINT),同时在中断服务程序中必须使用软件将 CDC 位清 0。

7. 多处理器通信

在同一条串行连接线上,多处理器通信模式允许一个处理器向串行线上其他多个处理器发送数据,但是一条串行线上,每次只能实现一次数据传送,也就是在一条串行线上一次只能有一个节点发送数据。多处理通信方式主要包括唤醒(Idle-line)和地址位(Address Bit)2 种多处理器通信模式。

① 地址字节。发送节点(Talker)发送信息的第一个字节是一个地址字节,所有接收节点(Listener)都读取该地址字节。只有接收数据的地址字节与接收节点的地址字节相符时,才能中断接收节点。如果接收节点的地址和接收的地址不符,接收节点将不会被中断,等待接收下一个地址字节。

② Sleep 位。连接到串行总线上的所有处理器都将 SCI SLEEP 位置 1(SCICTL1 的第 2 位),这样只有检测到地址字节后才会被中断。

尽管当 SLEEP 位置 1 时接收器仍然工作,但它并不能将 RXRDY、RXINT 或任何接收器错误状态位置 1,只有在检测到地址位且接收的帧地址位是 1 时才能将这些位置 1。SCI 本身并不能改变 SLEEP 位,必须由用户软件改变。

③ 识别地址位。处理器根据所使用的多处理器模式(空闲线模式或地址位模式),采用不同的方式识别地址字节,例如:

➢ 空闲线模式在地址字节预留一个静态空间,该模式没有额外的地址/数据位。它在处理包含 10 个以上字节的数据块传输方面比地址位模式效率高。空闲线模式一般用于非处理器的 SCI 通信。

➢ 地址位模式在每个字节中加入一个附加位(也就是地址位)。由于这种模式数据块之间不需要等待,因此在处理小块数据时比空闲线模式效率更高。

④ 控制 SCI TX 和 RX 的特性。用户可以使用软件通过 ADDR/IDLE MODE 位(SCICCR,位 3)选择多处理器模式,2 种模式都使用 TXWAKE(SCICTL1,位 3)、RXWAKE(SCIRXST,位 1)和 SLEEP 标志位(SCICTL1,位 2)控制 SCI 的发送器和接收器的特性。

⑤ 接收步骤。在 2 种多处理器模式中,接收步骤如下:

➢ 在接收地址块时,SCI 端口唤醒并申请中断(必须使能 SCICTL2 的 RX/BK INT ENA 位申请中断),读取地址块的第一帧,该帧包含目的处理器的地址。

> 通过中断检测接收的地址启动软件例程,然后比较内存中存放的器件地址和接收到数据的地址字节。

> 如果上述地址相吻合表明地址块与 DSP 的地址相符,则 CPU 清除 SLEEP 位并读取块中剩余的数据;否则,退出软件子程序并保持 SLEEP 置位,直到下一个地址块开始才接收中断。

(1) 地址位多处理器通信

在地址位多处理器协议中(在 SCICCR 寄存器中的位 3 ADDR/IDLE MODE 位为 1),所有帧的最后一个数据位后有一个附加位,称为地址位,用以区分地址帧和数据帧。数据在发送过程中,将数据块的第一个帧的地址位设置为 1,其他帧的地址位设置为 0。因此,地址位多处理器模式的数据传输与数据块之间的空闲周期无关,如图 13.12 所示。

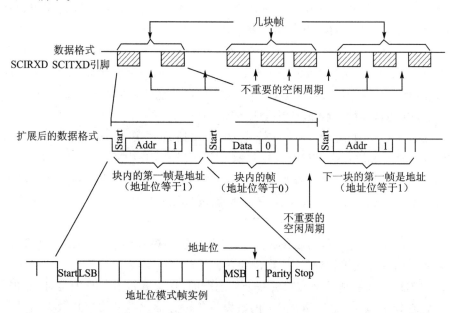

图 13.12 地址多处理器通信格式

SCI 的控制寄存器 SCICTL1 的发送唤醒方式选择位 TXWAKE 的值被放置到地址位。在发送期间,当 SCITXBUF 寄存器和 TXWAKE 分别转载到 TXSHF 寄存器和 WUT 中时,TXWAKE 清 0,且 WUT 的值为当前帧的地址位的值。因此,发送一个地址需要完成下列操作。

① TXWAKE 位置 1,写适合的地址值到 SCITXBUF 寄存器。当地址值被送到 TXSHF 寄存器后又被移出时,地址位的值被作为 1 发送。这样串行总线上其他处理器就读取这个地址。

② TXSHF 和 WUT 加载后,向 SCITXBUF 和 TXWAKE 写入新值(由于 TX-SHF 和 WUT 是双缓冲的,它们能被立即写入)。

③ TXWAKE 位保持 0,发送块中无地址的数据帧。

一般情况下,地址位格式应用于 11 个或更少字节的数据帧传输。这种格式在所有发送的数据字节中增加了一位(1 代表地址帧,0 代表数据帧),通常 12 个或更多字节的数据帧传输使用空闲线格式。

(2) 空闲线多处理器模式

在空闲线多处理器协议中(ADDR/IDLE MODE 位为 0),数据块被各数据块间的空闲时间分开,该空闲时间比块中数据帧之间的空闲时间要长。一帧后的空闲时间(10 个或更多个高电平位)表明新数据块传输的开始,每位的时间可直接由波特率的值(bit/s)计算,空闲线多处理器通信格式如图 13.13 所示。

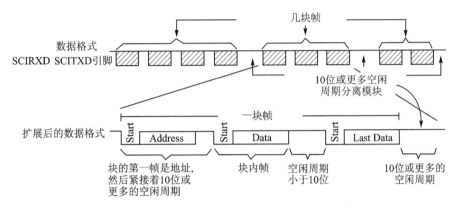

图 13.13　空闲线多处理器通信格式

1) 空闲线模式操作步骤

➢ 接收到块起始信号后,SCI 被唤醒。

➢ 处理器识别下一个 SCI 中断。

➢ 中断服务子程序将收到的地址与接收节点的地址进行比较。

➢ 如果 CPU 的地址与接收到的地址相符,则中断服务子程序清除 SLEEP 位,并接收块中剩余的数据。

➢ 如果 CPU 的地址与接收到的地址不符,则 SLEEP 位仍保持在置位状态,直到检测到下一个数据块的开始,否则 CPU 都不会被 SCI 端口中断,继续执行主程序。

2) 块起始信号

有 2 种方法发送块的起始信号。

方法 1:特意在前后两个数据块之间增加 10 位或更多的空闲时间。

方法 2:在写 SCITXBUF 寄存器之前,首先将 TXWAKE 位(SCICTL1,位 3)置 1,这样就会自动发送 11 位的空闲时间。在这种模式下,除非必要,否则串行通信线不会空闲。在设置 TXWAKE 后发送地址数据前,要向 SCITXBUF 写入一个无关的数据,以保证能够发送空闲时间。

3）唤醒临时（WUT）标志

与 TXWAKE 位相关的是唤醒临时（WUT）标志位，这是一个内部标志，与 TXWAKE 构成双缓冲。当 TXSHF 从 SCITXBUF 装载时，WUT 从 TXWAKE 装入，TXWAKE 清 0，如图 13.14 所示。

4）块的开始信号发送

在块传送过程中需要采用下列步骤发送块开始信号：

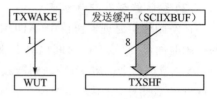

图 13.14 双缓冲的 WUT 和 TXSHF

➢ 写 1 到 TXWAKE 位。

➢ 为发送一个块开始信号，写一个数据字（内容不重要）到 SCITXBUF 寄存器。当块开始信号被发送时，写入的数据字被禁止，且在块开始信号发送后被忽略。当 TXSHF（发送移位寄存器）再次空闲后，SCITXBUF 寄存器的内容被移位到 TXSHF 寄存器，TXWAKE 的值被移位到 WUT 中，然后 TXWAKE 被清除。由于 TXWAKE 置 1，在前一帧发送完停止位后，起始位、数据位和奇偶校验位被发送的 11 位空闲位取代。

➢ 写一个新的地址值到 SCITXBUF 寄存器。在传送开始信号时，必须先将一个无关的数据写入 SCITXBUF 寄存器，从而使 TXWAKE 位的值能被移位到 WUT 中。由于 TXSHF 和 WUT 都是双缓冲，在无关数据字被移位到 TXSHF 寄存器后，才能再次将数据写入 SCITXBUF。

5）接收器操作

接收器的操作和 SLEEP 位无关，然而在检测到一个地址帧之前，接收器并不对 RXRDY 位和错误状态位置位，也不申请接收中断。

13.3　F28335 的 SCI 相关寄存器

SCI 寄存器的地址以及功能描述如表 13.3 所列。

表 13.3　SCIA 寄存器

地　址	寄存器	功能描述
0x7050	SCICCR	SCI‑A 通信控制寄存器
0x7051	SCICTL1	SCI‑A 控制寄存器 1
0x7052	SCIHBAUD	SCI‑A 波特率设置寄存器高字节
0x7053	SCILBAUD	SCI‑A 波特率设置寄存器低字节
0x7054	SCICTL2	SCI‑A 控制寄存器 2
0x7055	SCIRXST	SCI‑A 接收状态寄存器

续表 13.3

地　　址	寄存器	功能描述
0x7056	SCIRXEMU	SCI－A 接收仿真缓冲
0x7057	SCIRXBUF	SCI－A 接收数据缓冲
0x7059	SCITXBUF	SCI－A 发送数据缓冲
0x705A	SCIFFTX	SCI－A FIFO 发送寄存器
0x705B	SCIFFRX	SCI－A FIFO 接收寄存器
0x705C	SCIFFCT	SCI－A FIFO 控制寄存器
0x705F	SCIPRI	SCI－A 优先级控制寄存器

1. SCI 通信控制寄存器(SCICCR)

SCI 通信控制寄存器各位描述如表 13.4 所列。

表 13.4　SCI 通信控制寄存器 SCICCR

位	名　称	描　述	位	名　称	描　述
7	STOP BITS	停止位位数,SCI 停止位个数 1:两位停止位 0:一位停止位	4	LOOP BACK ENABLE	自测模式,自测模式功能 1:自测模式使能 0:屏蔽自测模式
6	EVEN/ ODD PARITY	奇偶校验位,SCI 奇校验/偶校验 1:偶校验 0:奇校验	3	ADD/IDLE MODE	地址位/空闲线模式位,SCI 多机模式控制位 1:选择地址位协议 0:选择空闲线协议
5	PARITY ENABLE	奇偶校验使能,SCI 允许奇偶校验 1:允许奇偶校验 0:不允许奇偶校验	2~0	SCI CHAE2	SCI 数据长度 2~0,字符长度控制位 000:1 位数据 001:2 位数据 … 111:8 位数据

2. SCI 控制寄存器 1(SCICTL1)

SCI 控制寄存器 1 的各位描述如表 13.5 所列。

表 13.5　SCI 控制寄存器 1

位	名　称	描　述
7	RESERVED	保留
6	RX ERR INT ENA	SCI 接收错误中断使能 1:接收错误中断使能 0:屏蔽接收错误中断

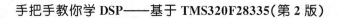

位	名 称	描 述
5	SW RESET	SCI 软件复位(低有效)。向该位写 0 可以初始化 SCI 状态寄存器和标志寄存器(SCICTL2 和 SCIRXST) 该位不影响配置寄存器 受影响的位如下: 位　　　　　寄存器位　　　　　软件复位值 TXRDY　　　SCICTL2,bit7　　　1 TX EMPTY　 SCICTL2,bit6　　　0 RXWAKE　　 SCIRXST,bit1　　　0 PE　　　　　SCIRXST,bit2　　　0 OE　　　　　SCIRXST,bit3　　　0 FE　　　　　SCIRXST,bit4　　　0 BRKDT　　　SCIRXST,bit5　　　0 RXRDY　　　SCIRXST,bit6　　　0 RX ERROR　 SCIRXST,bit7　　　0
4	RESERVED	保留
3	TXWAKE	SCI 发送唤醒方式选择 1:发送模式唤醒,空闲线模式或者地址位模式 0:不唤醒,在空闲线模式下,向该位写 1,然后写数据到 SCITXBUF 产生一个 11 位数据长度的空闲时间
2	SLEEP	SCI 睡眠。在多机通信中该位控制接收方进入睡眠状态。清除该位可以脱离睡眠状态 1:睡眠状态 0:非睡眠状态
1	TXENA	SCI 发送使能。只有在该位被设置的情况下数据才能够通过 SCITXD 引脚发送 1:发送使能 0:发送屏蔽
0	RXENA	SCI 接收使能 1:将接收到的字符复制到 SCIRXEMU 和 SCIRXBUF 0:阻止将接收到的字符复制到 SCIRXEMU 和 SCIRXBUF

3. SCI 波特率设置寄存器(SCIHBAUD,SCILBAUD)

SCI 通信速率可以根据系统需求进行编程,最多支持 64K 种速率模式。系统内部产生的串行时钟由低速外设时钟 LSPCLK 频率和波特率选择寄存器确定。在器件时钟频率确定的情况下,使用16位的波特率选择寄存器设置SCI的波特率,因此,SCI可以采用64K种波特率进行通信。

SCI波特率有以下公式计算:

$$SCI\ 异步波特率 = \frac{LSPCLK}{16}, SCI\ 异步波特率 = \frac{LSPCLK}{(BRR+1)\times 8}$$

因此,

$$BRR = \frac{LSPCLK}{SCI\ 异步波特率 \times 8} - 1$$

注意,上述公式只有在 $1 \leqslant BRR \leqslant 65\ 535$ 时成立,如果 $BRR = 0$,则:

$$SCI\ 异步波特率 = \frac{LSPCLK}{16}$$

SCI波特率选择如表13.6所列。

表 13.6　SCI 波特率选择

理想波特率	BRR	实际波特率	错误百分比/(%)
2 400	1 952(7A0H)	2 400	0
4 800	976(3D0H)	4 798	−0.04
9 600	487(1E7H)	9 606	0.06
19 200	243(F3H)	19 211	0.06
38 400	121(79H)	38 422	0.06

波特率设置寄存器如表13.7所列。

表 13.7　波特率选择寄存器

位	名　称	描　　述
15~0	BAUD15~0	SCI 16 位波特率配置寄存器。SCIHBAUD 和 SCILBAUD 的值以一个16位的变量值 BRR 表示 低速外围时钟(LSPCLK)和两个字节的波特率配置寄存器值 BRR 决定SCI 的波特率(SCI Asynchronous Baud)

4. SCI 控制寄存器 2(SCICTL2)

SCI 控制寄存器各位信息如表13.8所列。

表 13.8　SCI 控制寄存器 2

位	名　称	描　　述
7	TXRDY	发送缓冲寄存器就绪标志 1:SCITXBUF 准备好接收下一组要发送的数据 0:SCITXBUF 已满

续表 13.8

位	名　称	描　述
6	TX EMPTY	发送空标志 1:发送缓冲和发送移位寄存器为空 0:发送缓冲或发送移位寄存器有数据未发送完
5~2	RESERVED	保留
1	RX/BK INT ENA	接收缓冲/抑制中断使能。该位可以置位由 RXRDY 或 BRKDT (SCIRXS 寄存器)引起的中断请求。但是不影响相应位的中断标志 1:使能 RXRDY/BRKDT 中断 0:屏蔽 RXRDY/BRKDT 中断
0	TX INT ENA	SCITXBUF 寄存器中断使能。可以通过置位 TXRDY 标志位引发中断请求 1:使能 TXRDY 中断 0:屏蔽 TXRDY 中断

5. SCI 接收状态寄存器(SCIRXST)

SCI 接收状态寄存器各位信息如表 13.9 所列。

表 13.9　SCI 接收状态寄存器

位	名　称	描　述
7	RX ERROR	SCI 接收错误标志位 1:错误标志置位 0:错误标志未置位
6	RXRDY	SCI 接收就绪标志位。当有新的数据可以从 SCIRXBUF 寄存器读取的时候,该位置位 1:新数据可读 0:没有新数据可以
5	BRKDT	SCI 间断检测标志位。当一个间断出现时,该位置位,在丢失掉第一个停止位后,如果 SCIRXD 数据线保持 10 位以上的低电平,则发生一次间断事件。如果 RX/BKINT ENA 置位,则将产生一次中断,即便 SLEEP 置位,BRKDT 仍能产生中断。系统复位和软件复位可将 BRKDT 清零,在发送一次间断事件后,为了接收后面的正常字符,应当使用 SW RESET 对其进行复位 0:无间断事件 1:有间断事件

位	名　称	描　述
4	FE	SCI 数据帧格式错误。当 SCI 没有检测到一个预期的停止位时该位置位 1:数据帧格式错误 0:数据帧格式正确
3	OE	SCI 数据覆盖错误。在 SCIRXEMU 和 SCIRXBUF 收到的数据未被 CPU 或 DMA 读取之前接收到新的数据,那之前未读取的数据会被覆盖掉,发 生错误,该位将置位 1:覆盖错误发生 0:覆盖错误未发生
2	PE	SCI 奇偶校验错误标志位 1:奇偶校验错误 0:奇偶校验无错误或者无奇偶校验位
1	RXWAKE	接收唤醒位。该位置位表明收到一个唤醒接收功能的信号
0	保留	保留

6. 数据接收缓冲寄存器(SCIRXEMU,SCIRXBUF)

接收到的数据从 RXSHF 传送到 SCIRXEMU 和 SCIRXBUF。传送完成以后 RXRDY 位置位,表明接收的数据已被读取。两个寄存器的数值完全一样,它们有各自独立的地址,但是共用一个物理存储空间。它们唯一的区别就是,读取 SCIRXE-MU 的数据不会清除 RXRDY 位,而读取 SCIRXBUF 会清除 RXRDY 位。因此,一般读取 SCI 接收的数据都是读取 SCIRXBUF 寄存器。SCIRXEMU 寄存器主要用于仿真时,因为它可以不清除 RXRDY 标志位而不断读取接收到的数据。在系统复位的时候 SCIRXEMU 被清空。各位信息如表 13.10 所列。

表 13.10　数据接收缓冲寄存器位信息

位	名　称	描　述
15	SCIFFFE	SCIFIFO 帧格式错误标志位 0:接收字符 7~0 位时,无帧格式错误 1:接收字符 7~0 位时,有帧格式错误
14	SCIFFPE	SCIFIFO 奇偶校验错误标志位 0:接收字符 7~0 位时,无奇偶校验错误 1:接收字符 7~0 位时,有奇偶校验错误
13~8	保留	保留
7~0	RXDT7~RXDT0	接收到的字符

7. 数据发送缓冲寄存器(SCITXBUF)

需要发送的数据将被写入该寄存器,数据使用右对齐方式。要发送的数据从该寄存器中传送到 TXSHF 移位发送寄存器后 TXRDY 置位,表明该寄存器可以写入下一个需要发送的数据。若 TX INT ENA(SCICTL2.0)置位,数据发送可以触发中断。各位信息如表 13.11 所列。

表 13.11 数据发送缓冲寄存器位信息

位	名 称	描 述
7～0	TXDT7～TXDT0	发送的字符

8. SCI 发送 FIFO 寄存器(SCIFFTX)

SCI 发送 FIFO 寄存器(SCIFFTX)寄存器各位信息如表 13.12 所列。

表 13.12 SCI 发送 FIFO 寄存器(SCIFFTX)

位	名 称	描 述
15	SCIRST	0:复位 SCI 接收与发送通道 1:SCI FIFO 能继续发送或接收
14	SCIFFENA	0:SCI FIFO 功能屏蔽 1:SCI FIFO 功能使能
13	TXFIFO Reset	发送 FIFO 复位 0:复位 FIFO 指针指向 0 并保持复位状态 1:重新使能发送 FIFO
12～8	TXFFST4～0	00000:发送 FIFO 为空 00001:发送 FIFO 有 1 字节数据 00010:发送 FIFO 有 2 字节数据 ... 10000:发送 FIFO 有 16 字节数据
7	TXFFINT	发送 FIFO 中断 0:发送 FIFO 中断未发生 1:有发送 FIFO 中断发生
6	TXFFINT CLR	0:无影响 1:清除 TXFFINT 标志位
5	TXFFIENA	0:屏蔽 TX FIFO 中断 1:使能 TX FIFO 中断
4～0	TXFFIL4～0	发送 FIFO 深度设置。当 FIFO 状态位(TXFFST4～0)与 FIFO 深度(TXFFIL4～0)相等(少于或者等于)的时候,发送 FIFO 将触发中断

9. SCI 接收 FIFO 寄存器(SCIFFRX)

SCI 接收 FIFO 寄存器各位信息如表 13.13 所列。

表 13.13 SCI 接收 FIFO 寄存器

位	名 称	描 述
15	RXFFOVF	接收 FIFO 溢出 0:接收 FIFO 没有溢出 1:接收 FIFO 发生溢出,FIFO 收到了超过 16 帧的数据,并且收到的第一帧数据已经丢失
14	RXFFOVF CLR	0:无影响 1:清除 RXFFOVF 标志位
13	RXFIFO Reset	接收 FIFO 复位 0:复位 FIFO 指针指向 0 并保持复位状态 1:重新使能接收 FIFO
12~8	RXFFST4~0	00000:接收 FIFO 为空 00001:接收 FIFO 有 1 字节数据 00010:接收 FIFO 有 2 字节数据 … 10000:接收 FIFO 有 16 字节数据
7	RXFFINT	发送 FIFO 中断 0:接收 FIFO 中断未发生 1:有接收 FIFO 中断发生
6	RXFFINT CLR	0:无影响 1:清除 RXFFINT 标志位
5	RXFFIENA	0:屏蔽 RX FIFO 中断 1:使能 RX FIFO 中断
4~0	RXFFIL4~0	接收 FIFO 深度设置。当 FIFO 状态位(RXFFST4~0)与 FIFO 深度(RXFFIL4~0)相等(大于或者等于)的时候,接收 FIFO 将触发中断

10. SCI FIFO 控制寄存器(SCIFFCT)

SCI FIFO 控制寄存器各位信息如表 13.14 所列。

表 13.14　SCI FIFO 控制寄存器

位	名　称	描　述
15	ABD	波特率自动检测位 0:非自动检测 1:自动检测
14	ABD CLR	清除 ABD 0:无影响 1:清除 ABD 位
13	CDC	0:禁止波特率自动检测的校准 1:允许波特率自动检测的校准
12～8	RESERVED	保留
7～0	FFTXDLY7～0	FIFO 发送延时。该位确定每个 FIFO 帧数据从 FIFO 传送到发送移位寄存器的间隔时间。延时时间是波特率时钟的整数倍。从 0 个波特率时钟的延时到 256 个波特率时钟的延时

11. 优先级控制寄存器(SCIPRI)

SCI 优先级控制寄存器各位信息如表 13.15 所列。

表 13.15　SCI 优先级控制寄存器

位	名　称	描　述
7～5	RESERVED	保留
4～3	SOFT and FREE	当一个仿真暂停事件发生时该位决定 SCI 该做什么工作 00:暂停情况下立即停止 10:在完成了当前数据的发送/接收后执行停止命令 ×1:连续运行,暂停命令无效
2～0	RESERVED	保留

13.4　手把手教你实现 SCI 数据收发

1. 实验目的

① 掌握 SCI 数据收发。
② 掌握 DSP 与 PC 采用串口通信的方法。

2. 实验主要步骤

① 首先用短接帽将至尊板 JP6(实用板 JP4)的 2、3 脚短接,将至尊板 JP7(实用

板 JP5)的 2、3 脚短接,如图 13.15 所示。

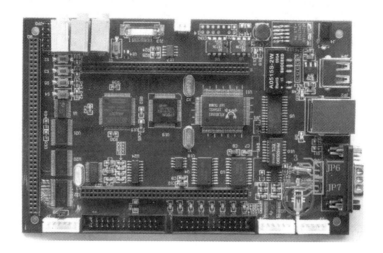

图 13.15　串口跳帽连接实物图

② 用 232 串口线连接板子与计算机。

③ 建立超级终端("开始 → 附件 → 通信 → 超级终端"),将串口参数设置为
COM1,9600,NONE,8,1,如图 13.16 所示。

图 13.16　超级终端设置

然后弹出如图 13.17 所示界面,用户为其命名 43,这个名字可以随便命名,然后
单击"确定"按钮。

之后根据用户 PC 机的实际情况选择 COM 端口,如图 13.18 所示,之后单击"确
定"按钮。

图 13.17　超级终端命名

然后设置串口的波特率、数据位和奇偶校验等参数,如图 13.19 所示设置。

图 13.18　选择 COM1　　　　　图 13.19　超级终端设置

超级终端建立完成,单击"确定"按钮就可以了。

④ 打开已经配置的 CCS6.1 软件。

⑤ 将仿真器的 USB 与计算机连接,将仿真器的另一端 JTAG 端插到 YX - F28335 开发板的 JTAG 针处。

⑥ 在 CCS6.1 建立配置文件并连接 DSP 板卡。

⑦ 在 CCS6.1 菜单栏,首先选择 File→Import 菜单项,然后选择 Code Composer Studio→CCS Projects ,最后浏览找到 SCIC 工程所在的路径文件夹并导入工程。

⑧ 选择 Run→Load→Load Program,选中 SCI. out 并下载。

⑨ 选择 Run→Resume 菜单项运行。

则会出现如图 13.20 所示的内容,我们可以在键盘上输入字母。

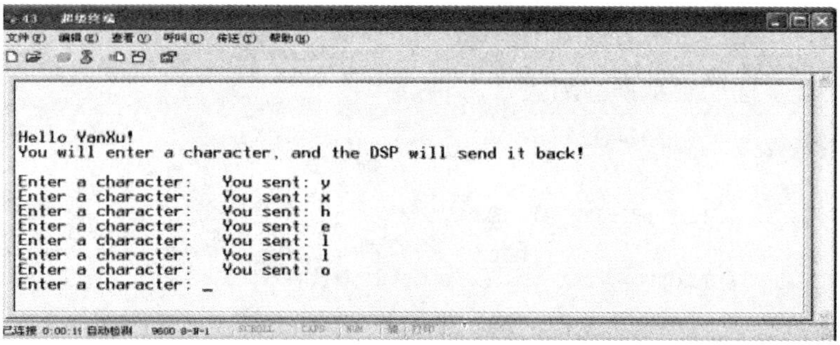

图 13.20　超级终端显示

3. 实验原理

F28335 上面有 3 个 UART 口,SCIA、SCIB 和 SCIC。YX－F28335A 上有一个 DB9 接口,它通过跳帧共用了 SCIB 和 SCIC。用户可以根据需要改变跳帧来选择 SCIB 或 SCIC。本程序针对 SCIC。

```
//SCIC 引脚的配置
void InitScicGpio()
{
    EALLOW;
    GpioCtrlRegs.GPBPUD.bit.GPIO62 = 0;      //使能 GPIO62 (SCIRXDC)内部上拉功能
    GpioCtrlRegs.GPBPUD.bit.GPIO63 = 0;      //使能 GPIO63 (SCITXDC)内部上拉功能
    GpioCtrlRegs.GPBQSEL2.bit.GPIO62 = 3;
    GpioCtrlRegs.GPBQSEL2.bit.GPIO63 = 3;
    GpioCtrlRegs.GPBMUX2.bit.GPIO62 = 1;     //配置 GPIO62 为 SCIRXDC 引脚
    GpioCtrlRegs.GPBMUX2.bit.GPIO63 = 1;     //配置 GPIO63 为 SCITXDC 引脚
    EDIS;
}
```

(1) SCIC 工作方式和参数的设置

```
void scic_echoback_init()
{
    ScicRegs.SCICCR.all = 0x0007;        //1 位停止位,无奇偶校验位,8 个数据位
    ScicRegs.SCICTL1.all = 0x0003;       //使能 TX、RX,关闭睡眠模式,关闭接收纠错
    ScicRegs.SCICTL2.all = 0x0003;
    ScicRegs.SCICTL2.bit.TXINTENA = 1;
    ScicRegs.SCICTL2.bit.RXBKINTENA = 1;
    # if (CPU_FRQ_150MHZ)                 //DSP 工作在 150 MHz 下
        ScicRegs.SCIHBAUD = 0x0001;       //波特率设置为 9 600
        ScicRegs.SCILBAUD = 0x00E7;
    # endif
    # if (CPU_FRQ_100MHZ)                 //DSP 工作在 100 MHz 下
        ScicRegs.SCIHBAUD = 0x0001;       // 9 600 baud @LSPCLK = 20 MHz
        ScicRegs.SCILBAUD = 0x0044;
    # endif
```

```
    ScicRegs.SCICTL1.all = 0x0023;
}
```

(2) SCI 发送单个数据的函数

```
void scic_xmit(int a)
{
    while (ScicRegs.SCIFFTX.bit.TXFFST != 0)    //查询是否发送完毕,如果未发送完,就在此等待
    {       }
    ScicRegs.SCITXBUF = a;                        //发送 a 数据
}
```

(3) SCI 发送数组数据的函数

```
void scic_msg(char * msg)
{
    int i;
    i = 0;
    while (msg[i] != '\0')                        //判断数组是否结束
    {
        scic_xmit(msg[i]);                        //调用前面 SCI 发送单个字母的函数
        i ++ ;
    }
}
//main 主程序
void scic_echoback_init(void);                    //SCIC 初始化
void scic_fifo_init(void);                        //SCIC FIFO 初始化
void scic_xmit(int a);                            //SCIC 发送字符函数
void scic_msg(char * msg);                        //SCIC 发送字符串函数
Uint16 LoopCount;
Uint16 ErrorCount;
void main(void)
{
    Uint16 ReceivedChar;
    char * msg;
    InitSysCtrl();                                //系统初始化
    InitScicGpio();                               //SCIC 引脚功能设置
    DINT;                                         //禁止中断
InitPieCtrl();                                    //初始化 PIE 模块
//禁止所有中断,清除所有中断标志
IER = 0x0000;
IFR = 0x0000;
InitPieVectTable();                               //初始化中断向量表
//循环和错误计数变量清零
LoopCount = 0;
ErrorCount = 0;
scic_fifo_init();                                 //初始化 SCI FIFO
scic_echoback_init();                             //初始化 SCI
msg = "\r\n\n\nHello Yan Xu! \0";                //为 msg 赋值
scic_msg(msg);                                    //发送此字符串
msg = "\r\nYou will enter a character, and the DSP will echo it back! \n\0";
```

```
scic_msg(msg);
  for(;;)
  {
      msg = "\r\nEnter a character: \0";
      scic_msg(msg);
      //等待接收到数据,否则在此循环
      while(ScicRegs.SCIRXST.bit.RXRDY != 1) { }
      //将收到的字符送给发送变量
      ReceivedChar = ScicRegs.SCIRXBUF.all;
      msg = "  You sent: \0";
      scic_msg(msg);
      scic_xmit(ReceivedChar);
      LoopCount ++ ;
  }
}
```

4. 实验观察与思考

① 如何在 PC 机上显示"HELLO WORD !"?

② 如何采用 FIFO 模式收发数据?

第 **14** 章

高速同步串行输入/输出端口 SPI

14.1 SPI 概述

  SPI 即 Serial Peripheral Interface 是高速同步串行输入/输出端口,最早是由原 Freescale 公司在其 MC68HCxx 系列处理器上定义的一种高速同步串行接口。SPI 目前被广泛用于外部移位寄存器、D/A、A/D、串行 EEPROM、LED 显示驱动器等外部芯片的扩展。与前文介绍的 SCI 最大的区别是,SPI 是同步串行接口。SPI 总线包括一根串行同步时钟信号线(SCI 不需要)以及 2 根数据线,实际总线接口一般使用 4 根线,即 SPI 四线制,串行时钟线、主机输入/从机输出数据线、主机输出/从机输入数据线和低电平有效的从机片选线。有的 SPI 接口带有中断信号线,也有 SPI 接口没有主机输出/从机输入线。在 F28335 中使用的是 SPI 四线制。

  SPI 接口的通信原理简单,以主从方式进行工作。在这种模式中,必须要有一个主设备,可以有多个从设备。通过片选信号来控制通信从机,SPI 时钟引脚提供串行通信同步时钟,数据从从入主出引脚输出,从出主入引脚输入。通过波特率寄存器设置数据速率。SPI 向输入数据寄存器或发送缓冲器写入数据时就启动了从入主出引脚上的数据发送,先发送最高位。同时,接收数据从 SPISIMO 引脚写出,从 SPISO-MI 读入。选定数量位发送结束,则整个数据发送完毕。收到的数据传送到 SPI 接收寄存器,右对齐供 CPU 读取。SPI 的通信连接如图 14.1 所示。

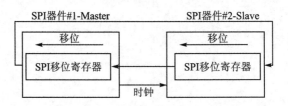

图 14.1 SPI 器件通信链接示意图

14.2 F28335 的 SPI 模块

1. F28335 SPI 特点

F28335 的 SPI 接口具有以下特点。

① 4 个外部引脚：

SPISOMI：SPI 从输出/主输入引脚。

SPISIMO：SPI 从输入/主输出引脚。

SPISTE：SPI 从发送使能引脚。

SPICLK：SPI 串行时钟引脚。

② 2 种工作方式：主、从工作方式。

波特率：125 种可编程波特率。

数据字长：可编程的 1～16 个数据长度。

③ 4 种时钟模式（由时钟极性和时钟相应控制）：

无相位延时的下降沿：SPICLK 为高电平有效。在 SPICLK 信号的下降沿发送数据，在 SPICLK 信号的上升沿接收数据。

有相位延时的下降沿：SPICLK 为高电平有效。在 SPICLK 信号的下降沿之前的半个周期发送数据，在 SPICLK 信号的下降沿接收数据。

无相位延迟的上升沿：SPICLK 为低电平有效。在 SPICLK 信号的上升沿发送数据，在 SPICLK 信号的下降沿接收数据。

有相位延迟的上升沿：SPICLK 为低电平有效。在 SPICLK 信号的下降沿之前的半个周期发送数据，而在 SPICLK 信号的上升沿接收数据。

④ 接收和发送可同时操作（可以通过软件屏蔽发送功能）。通过中断或查询方式实现发送和接收操作。9 个 SPI 模块控制寄存器。

⑤ 增强特点：

16 级发送/接收 FIFO。

延时发送控制。SPI CPU 模块接口框图如图 14.2 所示。SPI 的原理框图如图 14.3 所示。

2. F28335 SPI 工作模式

典型的 2 个 SPI 控制器连接方式如图 14.4 所示。主控器发送 SPICLK 信号时，也启动了数据传输。无论是主控制器还是从控制器，数据都是在 SPICLK 边沿时移出移位寄存器，并且在相反的边沿锁存进移位寄存器。如果 CLOCK PHASE（SPICTL.3）位为高电平，则数据在 SPICLK 跳变之前的半个周期被发送和接收。因此 2 个控制器的数据的接收与发送是同步的。应用软件决定数据是否有用还是仅仅是占位的无意义的数据。数据传输的时候有 3 种可能形式：

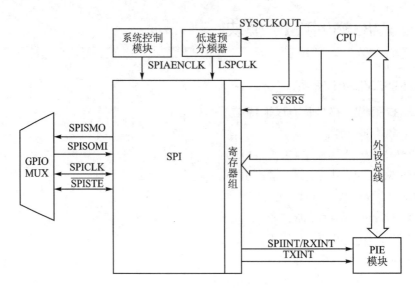

图 14.2　SPI CPU 模块接口框图

① Master 发送数据,Slave 发送伪数据。

② Master 发送数据,Slave 发送数据。

③ Master 发送伪数据,Slave 发送数据。

主控制器因为控制着 SPICLK 信号,所以可以在任何时候启动数据传输。然而软件决定着当从控制器已经准备好数据传输时主控制器如何检测到。

SPI 的工作模式通过主/从位(MASTER/SLAVE 位 SPICTL.2)进行选择。

(1) 主控制器模式

MASTER/SLAVE＝1 时,控制器工作在主控制器模式下,SPI 通过主控制器的 SPICLK 引脚为整个串行通信网络提供时钟。数据从 SPISIMO 引脚输出,并锁存 SPISOMI 引脚上输入的数据。可以通过 SPIBRR 寄存器(SPI 波特率寄存器)配置数据传输率,可以配置 126 种不同的数据传输率。

数据写到 SPIDAT(SPI 数据寄存器)或 SPITXBUF(SPI 输出缓冲寄存器)时会启动 SPISIMO 引脚上的数据发送,首先发送的是最高位有效位(MSB most significant bit)。同时,接收的数据通过 SPISOMI 引脚移入 SPIDAT 的最低有效位。当传输完指定的位数后,接收到的数据被存放到 SPIRXBUF 寄存器,以备 CPU 读取。数据在 SPIRXBUF 寄存器中采用右对齐的方式存储。

指定数量的数据位通过 SPIDAT 移出后,会发生下列事件:

➢ SPIDAT 中的内容发送到 SPIRXBUF 寄存器中。

➢ SPI INT FLAG 位(SPISTS.6)置 1。

如果在发送缓冲器 SPITXBUF 中还有有效的数据(SPISTS 寄存器中的 TXBUF FULL 位用来标志是否在 SPITXBUF 中存在有效数据),则这个数据被传送到

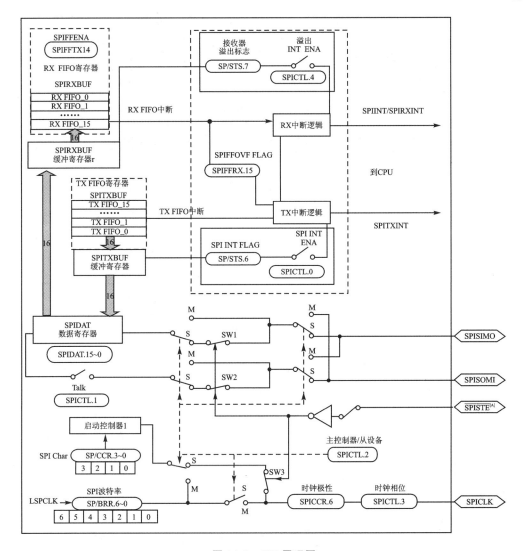

图 14.3 SPI 原理图

SPIDAT 寄存器被发送出去。若所有位从 SPIDAT 寄存器移出后,SPICLK 时钟即停止。

如果 SPI 中断使能位 SPI INT ENA 位(SPICTL.0)为高电平,则产生中断。

在典型应用中,$\overline{\text{SPISTE}}$ 引脚作为从 SPI 控制器的片选控制信号,在主 SPI 设备同从 SPI 设备之间传送信息的过程中,被置成低电平;当数据传送完毕后,该引脚为高电平。

(2) 从控制器模式

在从控制器模式中(MASTER/SLAVE = 0),SPISOMI 引脚为数据输出引脚,SPISIMO 引脚为数据输入引脚。SPICLK 引脚为串行移位时钟的输入,该时钟由网

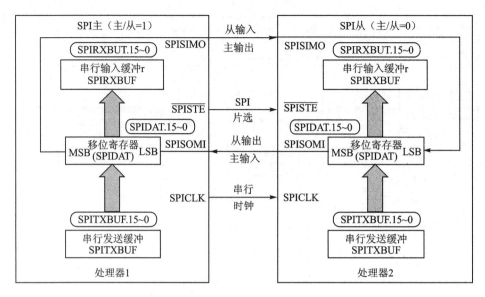

图 14.4　SPI 主控器/从控制器之间的通信

络主控制器提供,传输率也由该时钟决定。SPICLK 输入频率不应超过 CLKOUT 频率的 1/4。

当从 SPI 设备检测到来自网络主控制器的 SPICLK 信号的合适时钟边沿时,已经写入 SPIDAT 或 SPITXBUF 寄存器的数据被发送到网络上。要发送字符的所有位移出 SPIDAT 寄存器后,写入到 SPITXBUF 寄存器的数据将会传送到 SPIDAT 寄存器。如果向 SPITXBUF 写入数据时没有数据发送,数据将立即传送到 SPIDAT 寄存器。为了能够接收数据,从 SPI 设备等待网络主控器发送 SPICLK 信号,然后将 SPISIMO 引进的数据移入到 SPIDAT 寄存器中。如果从设备同时也发送数据,而且 SPITX 部分还没有装载数据,则必须在 SPICLK 开始之前把数据写入到 SPITX-BUF 或 SPIDAT 寄存器。

当 TALK 位(SPICTL.1)清零,数据发送被禁止,输出引脚(SPISOMI)处于高阻态。如果在发送数据期间将 TALK 位(SPICTL.1)清零,即使 SPISOMI 引脚被强制成高阻状态也要完成当前的字符传输。这样可以保证 SPI 设备能够正确地接收数据。TALK 位允许在网络上设有许多个从 SPI 设备,但在某一时刻只能有一个从设备来驱动 SPISOMI。

$\overline{\text{SPISTE}}$ 引脚用作从器件的选通引脚,当该引脚为低电平时,允许从 SPI 设备向串行总线发送数据;当该引脚为高电平时,从 SPI 串行移位寄存器停止工作,串行输出引脚被置成高阻状态。在同一网络上可以连接多个从 SPI 设备,但同一时刻只能有一个从设备起作用。

3. SPI 的数据传输

SPI 接口数据传输时一共有 3 种模式:简单模式、基本模式、增强模式。下面依次介绍这 3 种模式。

在简单工作模式下,SPI 可以通过移位寄存器实现数据交换,即通过 SPIDAT 寄存器移入或移出数据。在发送数据帧的过程中将 16 位的数据发送到 SPITXBUF 缓冲,直接从 SPIRXBUF 读取接收到的数据帧。

在基本操作模式下,接收操作采用双缓冲,也就是在新的接收操作启动时,CPU 可以暂时不读取 SPIRXBUF 中接收到的数据,但是在新的接收操作完成之前必须读取 SPIRXBUF,否则将会覆盖原来接收到的数据。在这种模式下,发送操作不支持双缓冲操作。在下一个字写到 SPITXDAT 寄存器之前必须将当前的数据发送出去,否则会导致当前的数据损坏。由于主设备控制 SPICLK 时钟信号,它可以在任何时候配置数据传输。

在增强的 FIFO 缓冲模式下,用户可以建立 16 级深度的发送和接收缓冲,而对于程序操作仍然使用 SPITXBUF 和 SPIRXBUF 寄存器,这样可以使 SPI 具有接收或发送 16 次数据的能力。此种模式下还可以根据 2 个 FIFO 的数据装载状态确定其中断级别。SPI 接口的内部功能如图 14.5 所示。

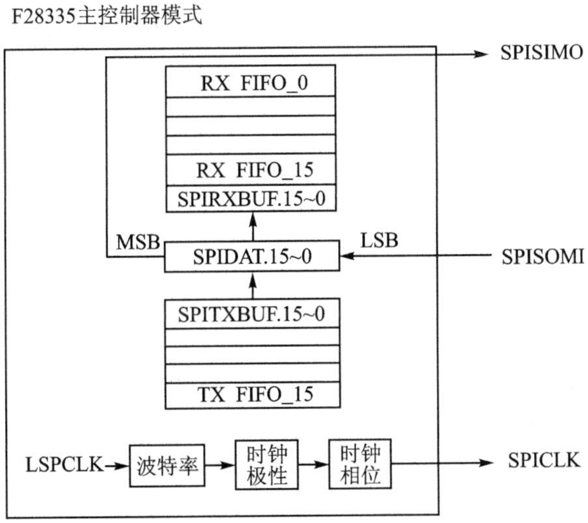

F28335主控制器模式

图 14.5　串行外设接口内部功能图

F28335 的 SPI 主要为后 2 种操作模式:基本操作模式和增强的 FIFO 缓冲模式。

SPI 主设备负责产生系统时钟,并决定整个 SPI 网络的通信速率。所有的 SPI 设备都采用相同的接口方式,可以通过调整处理器内部寄存器改变时钟的极性和相位。由于 SPI 器件并不一定遵循同一标准,如 EEPROM、DAC、ADC、实时时钟及温度传感器等器件的 SPI 接口的时序都有所不同,为了能够满足不同的接口需要,采用时钟的极性和相位可配置就能够调整 SPI 的通信时序。

SPI 设备传输数据过程中总是先发送或接收高字节数据,每个时钟周期接收器或收发器左移一位数据。对于小于 16 位的数据发送之前必须左对齐,如果接收的数据小于 16 位则采用软件将无效的数位屏蔽,如图 14.6 所示。

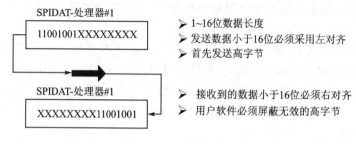

图 14.6　SPI 通信数据格式

4. FIFO 操作

下面通过具体步骤来说明 FIFO 的特点,在使用 SPI FIFO 功能时,这些步骤有助于编程。系统在上电复位时,SPI 工作在标准 SPI 模式,禁止 FIFO 功能。FIFO 的寄存器 SPIFFTX、SPIFFRX 和 SPIFFCT 不起作用。通过将 SPIFFTX 寄存器中的 SPIFFEN 的位置为 1,使能 FIFO 模式。SPIRST 能在操作的任一阶段复位 FIFO 模式。

FIFO 模式有 2 个中断,一个用于发送 FIFO、SPITXINT,另一个用于接收 FIFO、SPIINT/SPIRXINT。对于 SPI FIFO 接收来说,产生接收错误或者接收 FIFO 溢出都会产生 SPIINT/SPIRXINT 中断。对于标准 SPI 的发送和接收,唯一的 SPIINT 将被禁止且这个中断将服务于 SPI 接收 FIFO 中断。发送和接收都能产生 CPU 中断。一旦发送 FIFO 状态位 TXFFST(位 12~8)和中断触发级别位 TXFFIL(位 4~0)匹配,就会触发中断。这给 SPI 的发送和接收提供了可编程的中断触发器。接收 FIFO 的触发级别位的默认值是 0x11111,发送 FIFO 的触发级别位的默认值是 0x00000。

发送和接收缓冲器使用 2 个 16×16FIFO,标准 SPI 功能的一个字的发送缓冲器作为在发送 FIFO 和移位寄存器间的发送缓冲器。移位寄存器的最后一位被移出后,发送缓冲器中的这一个字符将从发送 FIFO 装载。FIFO 中的字发送到发送移位寄存器的速率是可编程的。SPIFFCT 寄存器位 FFTXDLY7~FFTXDLY0 定义了在 2 个字发送间的延时,这个延时以 SPI 串行时钟周期的数量来定义。该 8 位寄存器可以定义最小 0 个串行时钟周期的延时和最大 256 个串行时钟周期的延时。0 时钟周期延时的 SPI 模块能将 FIFO 字一位紧接一位地移位,连续发送数据。256 个时钟周期延时的 SPI 模块能在最大延迟模式下发送数据,每个 FIFO 字的移位间隔 256 个 SPI 时钟周期的延时。可编程延时的特点使得 SPI 接口可以方便地同许多速率较慢的 SPI 外设(如 EEPROM、ADC、DAC 等)直接连接。

发送和接收 FIFO 都有状态位 TXFFST 或 RXFFST(位 12~0),状态位定义在任何时刻在 FIFO 中可获得的字的数量。当发送 FIFO 复位位 TXFIFO 和接收复位位 RXFIFO 被设置为 1 时,FIFO 指针指向 0。一旦这两个复位位被清除为 0,则 FIFO 将重新开始操作。

14.3   SPI 寄存器

SPI 接口寄存器的地址及功能如表 14.1 所列。

表 14.1   SPI 接口寄存器

地　址	寄存器	功能描述	地　址	寄存器	功能描述
0x007040	SPICCR	SPI－A 配置控制寄存器	0x007048	SPITXBUF	SPI－A 发送缓冲寄存器
0x007041	SPICTL	SPI－A 操作控制寄存器	0x007049	SPIDAT	SPI－A 串行数据寄存器
0x007042	SPISTS	SPI－A 状态寄存器	0x00704A	SPIFFTX	SPI－A FIFO 发送寄存器
0x007044	SPIBRR	SPI－A 波特率寄存器	0x00704B	SPIFFRX	SPI－A FIFO 接收寄存器
0x007046	SPIEMU	SPI－A 仿真缓冲寄存器	0x00704C	SPIEECT	SPI－A FIFO 控制寄存器
0x007047	SPIRXBUF	SPI－A 串行接收缓冲寄存器			

1. SPI 配置控制寄存器(SPICCR)

SPI 配置控制寄存器的各位分配情况(地址 7040h)如表 14.2 所列。

表 14.2   SPI 配置控制寄存器功能定义

位	名　　称	功能描述
7	SPI SW RESET	SPI 软件复位位 当改变配置时,用户在改变配置前应把该位清除,并在恢复操作前设置该位 0:初始化 SPI 操作标志位到复位条件。特别地,接收器超时位(SPISTS.7),SPI 中断标志位(SPISTS.6)和 TXBUF FULL 标志位(SPISTS.5)被清除,SPI 配置保持不变。如果该模块作为主控制器使用,用 SPICLK 信号输出返回其无效级别 1:SPI 准备发送或接收下一个字符。当 SPI SW RESET 位是 0 时,写入发送器的字符在该位被设置时将不会被移出。新的字符必须写入串行数据寄存器中

手把手教你学 DSP——基于 TMS320F28335(第 2 版)

续表 14.2

位	名　称	功能描述
6	CLOCK POLARITY	移位时钟极性位 改位控制 SPICLK 信号的极性。CLOCK POLARITY 和 CLOCK PHASE (SPICTL.3)控制在 SPICLK 引脚上的 4 种时钟控制方式 0:数据在上升沿输出且在下降沿输入。当无 SPI 数据发送时,SPI 处于低电平。数据输入和输出边缘依靠的时钟相位位(SPICTL.3)的值如下所示: ➤ CLOCK PHASE = 0:数据在 SPICLK 信号的上升沿输出;输入数据锁存在 SPICLK 信号的下降沿 ➤ LOCK PHASE = 1:数据在 SPICLK 信号的一个上升沿前的半个周期和随后的下降沿输出;输入信号锁存在 SPICLK 信号的上升沿 1:数据在下降沿输出且在上升沿输入。当没有 SPI 信号发送时,SPICLK 处于高阻状态。输入和输出数据所依靠的时钟相位位(SPICTL.3)的值如下所示: ➤ CLOCK PHASE = 0:据在 SPICLK 信号的下降沿输出;输入信号被锁存在 SPICLK 信号的上升沿 ➤ CLOCK PHASE = 1:数据在 SPICLK 信号第一个下降沿的前的半个周期和后来的 SPICLK 信号的上升沿输出;输入信号被锁存在 SPICLK 信号的下降沿
5	保留	保留
4	SPILBK	SPI 自测试模式 自测试模式在芯片测试期间允许模块的确认。这种模式只有在 SPI 的主控制方式中有效 0:SPI 自测试模式禁止,为复位后的默认值 1:SPI 自测试模式使能,SIMO/SOMI 线路被内部连接在一起。用于模块自测
3~0	SPI CHAR3~0	字符长度控制位 3~0 这 4 位决定了在一个位移排序期间作为单字符的移入或移除的位的数量 0000~0……1111~15

2. SPI 操作控制寄存器(SPICTL)

SPICTL 控制数据发送、SPI 产生中断、SPICLK 相位和操作模式(主或从模式)。SPI 操作控制寄存器的各位分配情况如表 14.3 所列。

表 14.3　SPI 操作控制寄存器功能定义

位	名　称	功能描述
15~5	保留	保留

位	名　称	功能描述
4	OVERRUN INT ENA	超时中断使能 当接收溢出标志位(SPISTS.7)被硬件设置时,设置位引起一个中断产生。由接收溢出标志位和 SPI 中断标志位产生的中断共享同一中断向量 0:禁止接收溢出标志位(SPISTS.7)中断 1:使能接收溢出标志位(SPISTS.7)中断
3	CLOCK PHASE	SPI 时钟相位选择 控制 SPI 信号的相位,时钟相位和时钟极性位(SPICCK.6)屏蔽 4 种可能不同的时钟控制方式。当时钟相位高电平时,在 SPICLK 信号的第一个边沿以前 SPIDAT 寄存器被写入数据后,SPI(主动或从动)获得可得到数据的第一位,除非 SPI 模式正在使用中 0:正常的 SPI 时钟方式,依靠位 CLOCK POLARITY (SPICR.6) 1:SPICLK 信号延迟半个周期;极性由 CLOCK OLAITY 位决定
2	MASTER/ SLAVE	SPI 网络模式控制 改位决定 SPI 是网络主动还是从动。在复位初始化期间,SPI 自动地配置为网络从动模式 0:SPI 配置为从动模式 1:SPI 配置为主动模式
1	TALK	主动/从动发送使能 该 TALK 位能通过放置串行数据输出在高阻状态以禁止数据发送(主动或从动)。如果该位在一个发送期间是禁止的,则发送移位寄存器继续运作直到先前的字符被移出。当 TALK 位禁止时,SPI 仍能接收字符且更新状态位。TALK 由系统复位清除(禁止) 0:禁止发送: ➤ 模式操作:如果不事先配置为通用 I/O 引脚,SPISOMI 引脚将会被配置于高阻状态 ➤ 主动模式操作:如果不事先配置通用 I/O 引脚,SPISIMO 引脚将会被置于高阻状态 1:使能发送:对于 4 引脚选项,保证使能接收器的 $\overline{\text{SPISTE}}$ 引脚
0	SPI INT ENA	SPI 中断使能位 该位控制 SPI 产生发送/接收中断的能力。SPI 中断标志位(SPISTS.6)不受该位影响 0:禁止中断 1:使能中断

3. SPI 状态寄存器(SPISTS)

SPI 状态寄存器的各位分配情况如表 14.4 所列。

表 14.4　SPI 状态寄存器功能定义

位	名　称	功能描述
15～8	保留	保留
7	RECEIVER OVERRUN FLAG	SPI 接收溢出标志位 该位只读/只清除标志位。在前一个字符从缓冲器读出之前又完成一个接收或发送操作,则 SPI 硬件将设置该位。该位显示最后接收到的字符已被覆盖写入,并因此而丢失(在先前的字符被用户应用读出之前,SPIRXBUF 被 SPI 模块覆盖写入时)。如果这个溢出中断使能位(SPICTL.4)被置为高,则该位每次被设置时 SPI 就发生一次中断请求。该位由下列从操作之一清除: ➢ 写 1 到该位 ➢ 写 0 到 SPI SW RESET 位 ➢ 复位系统 如果 OVERRUN INT ENA 位(SPICTL.4)被设置,则 SPI 仅仅第一次 RECEIVER OVERRUN FLAG 置位时产生一个中断。如果该位已被设置,则后来的溢出将不会请求另外的中断。这意味着为了允许新的溢出中断请求,在每次溢出事件发生时用户必须通过写 1 到 SPISTS.7 位清除该位。也就是说,如果 RECEIVER OVERRUN FLAG 位有中断服务子程序保留设置(未被清除),则当中断服务子程序退出时,另一个溢出中断将不会立即产生。无论如何,在中断服务子程序期间应清除 RECEIVER OVERRUN FLAG 位,因为 RECEIVER OVERRUN FLAG 位和 SPI INT FLAG 位(SPISTS.6)共用同样的中断向量。在接收下一个数据时这将减少任何可能的疑问
6	SPI INT FLAG	SPI 中断标志 SPI 中断标志位是一个只读标志位。SPI 硬件设置该位时为了显示它以完成发送和接收最后一位且准备下一步操作。在该位被设置的同时,已接收的数据被放入接收器缓冲器中。如果 SPI 中断使能位(SPICTL.0)被设置,这个标志位会引起一个中断请求。该位由下列 3 种方法之一清除:读 SPIRXBUF 寄存器中的数据;写 0 到 SPI SW RESET 位(SPICCR.7);复位系统
5	TX BUF FULL FALG	发送缓冲器满标志位 当数据写入 SPI 发送缓冲器满标志位 SPITXBUF 时,该只读被设置为 1。在数据被自动地装入 SPIDAT 中且先前的数据移出完成时,该位会被清除。该位复位时被清除
4～0	保留	保留

4. SPI 波特率设置寄存器(SPIBRR)

SPI 模块支持 125 种不同的波特率和 4 种不同时钟方式。当 SPI 工作在主模式时,SPICLK 引脚为通信网络提供的时钟;当 SPI 工作在从模式时,SPICLK 引脚接收外部时钟信号。

在从模式下,SPI 时钟的 SPICLK 引脚使用外部时钟源,而且要求该时钟信号的频率不能大于 CPU 时钟的 1/4;在主模式下,SPICLK 引脚向网络输出时钟,且该时钟频率不能大于 LSPCLK 频率的 1/4。

下面给出 SPI 波特率的计算方法:

➤ 当 SPIBRR = 3～127 时,SPI 波特率 =LSPCLK/(SPIBRR+1);

➤ 当 SPIBRR = 0、1 或 2 时,SPI 波特率 =LSPCLK/4。

其中,LSPCLK 为 DSP 的低速外设时钟频率,SPIBRR 为主动 SPI 模块 SPIBRR 的值。

要确定 SPIBRR 需要设置的值,用户必须知道 DSP 的系统时钟(LSPCLK)频率和用户希望使用的通信波特率。表 14.5 描述了 SPI 波特率设置寄存器的各位分配情况及各位的功能定义。

表 14.5　SPI 波特率选择控制寄存器功能定义

位	名　称	功能描述
15～7	保留	保留
6～0	SPI BIT RATE 6～0	SPI 波特率控制位 如果 SPI 处于网络主动模式,则这些位决定了位发送率。共有 125 种数据发送率可供选择(对于 CPU 时钟 LSPCLK 的每一功能)。在每一 SPICLK 周期一个数据位被移位(SPICLK 是在 SPICLK 引脚的波特率时钟输出)。如果 SPI 处于网络从动模式,模块在 SPICLK 引脚从网络从动器接收一个时钟信号;因此,这些位对 SPICLK 信号无影响。来自从动器的输入时钟的频率不应超过 SPI 模块的 SPICLK 信号的 1/4。在主动模式下,SPI 时钟有 SPI 产生且在 SPICLK 引脚上输出

5. SPI 仿真缓冲寄存器(SPIRXEMU)

SPIRXEMU 包含接收到的数据。读 SPIRXEMU 寄存器不会清除 SPI INT FLAG 位(SPISTS.6)。这不是一个真正的寄存器,而是来自 SPIRXBUF 寄存器的内容,且在没有清除 SPI INT FLAG 位的情况下能被仿真器读的位地址,位信息如表 14.6 所列。

表 14.6 SPI 仿真缓冲寄存器功能定义

位	名 称	功能描述
15~0	ERXB15~ERXB0	仿真缓冲器接收数据位。除了读 SPIRXEMU 时不清除 SPI INT FLAG 位(SPISTS. 6)之外,SPIRXEMU 寄存器功能几乎等同于 SPIRXBUF 寄存器的功能。一旦 SPIDAT 收到完整的数据,这个数据就被发送到 SPIRXEMU 寄存器和 SPIRXBUF 寄存器,在这两个地方数据能读出。与此同时,SPI INT FLAG 位被设置。这个镜子寄存器被创造以支持仿真。读 SPIRX-BUF 寄存器清除 SPI INT FLAG 位(SPISTS. 6)。在仿真器的正常操作下,读控制寄存器不断地更新在显示屏上这些寄存器的内容。创造 SPIRXEMU 以使仿真器能读这些寄存器且更新在显示屏幕上的内容。读 SPIRXEMU 不会清除 SPI INT FLAG 位,但是读 SPIRXBUF 会清除该位。换句话说,SPIRX-EMU 使能仿真器更准确地仿真 SPI 的正确操作。用户在正常的仿真运行下观察 SPIRXEMU 是推荐方式

6. SPI 串行接收缓冲寄存器(SPIRXBUF)

SPIRXBUF 包含接收到的数据,读 SPIRXBUF 会清除 SPI INT FLAG 位 (SPISTS. 6),各位信息如表 14.7 所列(地址:7074H)。

表 14.7 SPI 接收缓冲寄存器功能定义

位	名 称	功能描述
15~0	RXB15~RXB0	接收数据位。一旦 SPIDAT 接收到完整的数据,数据就被发送到 SPIRXBUF 寄存器,在这个寄存器中数据可被读出。与此同时,SPI INT FLAG 位(SPISTS. 6)被设置。因为数据首选被移入 SPI 模块的最有效的位,在寄存器中它被右对齐存储

7. SPI 串行发送缓冲寄存器(SPITXBUF)

SPITXBUF 存储下一个数据是为了发送,向该寄存器写入数据会设置 TXBUF FULL FLAG 位(SPISTS. 5)。当目前的数据发送结束时,寄存器的内容会自动地装入 SPIDAT 中且 TX BUF FULL FLAG 位被清除。如果当前没有发送,写到该位的数据将会传送到 SPIDAT 寄存器中,且 TX BUF FULL 标志位不被设置。

在主动模式下,如果当前发送没有被激活,则向该位写入数据将启动发送,同时数据被写入到 SPIDAT 寄存器中。各位信息如表 14.8 所列(地址:7048H)。

表 14.8 SPI 发送缓冲寄存器功能定义

位	名 称	功能描述
15~0	TXV15~TXV0	发送数据缓冲位。在这里存储有准备发送的下一个数据。当目前的数据发送完成后，如果 TX BUF FULL 标志位被设置，则该寄存器的内容自动地被发送到 SPIDAT 寄存器中，且 TX BUF FULL 标志位被设置。向 SPITXBUF 中写入数据必须是左对齐的

8. SPI 串行数据寄存器(SPIDAT)

SPIDAT 是发送/接收移位寄存器。写入 SPIDAT 寄存器的数据在后续的 SPI-CLK 周期中(最高有效位)一次被移出。对于移出 SPI 的每一位(最高有效位)，有一位移入到移位寄存器的最低位 LSB。各位信息如表 14.9 所列(地址:7049H)。

表 14.9 SPI 数据寄存器功能定义

位	名 称	功能描述
15~0	SDAT15~SDAT0	串行数据位。写入 SPIDAT 的操作执行以下 2 个功能: 如果 TALK 位(SPICTL.1)被设置，则该寄存器提供将被输出到串行输出引脚的数据 当 SPI 处于主动工作方式，数据发送开始。在开始一个发送时，参看在 SPI 配置控制寄存器中的 CLOCK POLARITY 位(SPICCR.6)描述 在主动模式下，将伪数据写入到 SPIDAT 中用以启动接收器的排序。因为硬件不支持少于 16 位的数据进行对齐处理，所以要发送的数据必须先进行左对齐，而接收到的数据则用右对齐方式读出

9. SPI FIFO 发送寄存器 SPIFFTX

SPIFFTX 寄存器的各位分配如表 14.10 所列。

表 14.10 SPIFFTX 寄存器功能定义

位	名 称	复位值	功能描述
15	SPIRST	1	0:写 0 复位 SPI 发送和接收通道，SPI FIFO 寄存器配置位将被保留 1:SPI FIFO 能重新开始发送或接收。这不影响 SPI 的寄存器位
14	SPIFFENA	0	0:SPI FIFO 增强禁止，且 FIFO 处于复位状态; 1:SPI FIFO 增强使能
13	TXFIFO RESET	0	0:写 0 复位 FIFO 指针为 0，且保持在复位状态; 1:重新使能发送 FIFO 操作

续表 14.10

位	名　称	复位值	功能描述
8～12	TXFFST4 ～0	0000	00000 发送 FIFO 是空的; 00011 发送 FIFO 有 3 个字节; 00001 发送 FIFO 有一个字节; 0xxxx 发送 FIFO 有 x 个字节; 00010 发送 FIFO 有 2 个字节; 10000 发送 FIFO 有 16 个字节
7	TXFFINT	0	0:TXFIFO 是未发生的中断,只读位 1:TXFIFO 是已发生的中断,只读位
6	TXFFINT CLR	0	0:写 0 对 TXFFINT 标志位无影响,且位的读归 0 1:写 1 清除 TXFFINT 标志的第 7 位
5	TXFFIENA	0	0:基于 TXFFIVL 匹配(少于或等于)的 TX FIFO 中断禁止 1:基于 TXFFIVL 匹配(少于或等于)的 TX FIFO 中断使能
4～0	TFFL4～0	0000	TXFFIL4～0 发送 FIFO 中断级别位。当 FIFO 状态位(TXFFST4 ～0)和 FIFO 级别位(TXFFIL4～0)匹配时(少于或等于),位发送 FIFO 将产生中断。默认值为 0x00000

10. SPI FIFO 接收寄存器 SPIFFRX

SPIFFRX 寄存器的各位分配如表 14.11 所列。

表 14.11　SPIFFRX 寄存器功能定义

位	名　称	复位值	功能描述
15	RXFFOVF	0	0:接收 FIFO 未溢出,只读位 1:接收 FIFO 已溢出,只读位。大于 16 位的数据接收到 FIFO,且先接收到的数据丢失
14	RXFFOVF CLR	0	0:写 0 对 RDFFOVF 标志位无影响,位读归 0 1:写 1 对 RXFFOVF 标志的第 15 位
13	RXFIFO RESET	1	0:写 0 复位 FIFO 指针为 0,且保持在复位状态 1:重新使能发送 FIFO 操作
8～12	RXFFST4 ～0	00000	00000 接收 FIFO 是空的; 00001 接收 FIFO 有一个字; 00010 接收 FIFO 有 2 个字; 00011 接收 FIFO 有 3 个字; 0xxxx 接收 FIFO 有 x 个字; 注:10000 接收 FIFO 有 16 个字

位	名　称	复位值	功能描述
7	RXFFINT	0	0：RXFIFO 是未产生的中断,只读位 1：RXFIFO 是已场上的中断,只读位
6	RXFFINT CLR	0	0：写 0 对 RXFIFIN 标志位无影响,位读归 0 1：写 1 清除 RXFFINT 标志的第 7 位
5	RXFFIENA	0	0：基于 RXFFIVL 匹配的 RX FIFO 中断将被禁止 1：基于 RXFFIVL 匹配的 RX FIFO 中断将被使能
4～0	RXFFIL4～0	11111	接收 FIFO 中断级别位。当 FIFO 状态位(RXFFSTR～0)和 FIFO (RXFFL4～0)级别位匹配(大于或等于)时,接收 FIFO 将产生中断。这将避免频繁的中断,复位后,作为接收 FIFO 大多数时间是空的

11. SPI FIFO 控制寄存器 SPIFFCT

SPIFFCT 寄存器的各位分配如表 14.12 所列。

表 14.12　SPIFFCT 寄存器功能定义

位	名　称	复位值	功能描述
8～15	Reserved	0	保留
0～7	FFTXDLY7 ～0	0x00000000	FIFO 发送延迟位 这些位决定了每一个从 FIFO 发送缓冲器到发送移位寄存器间的延迟。这个延迟决定于 SPI 串行时钟周期的数量。该 9 位寄存器可以定义一个最小 0 串行时钟周期的延迟和一个最大 256 串行时钟周期的延迟 在 FIFO 模式下,仅仅在移位寄存器完成了最后一位的移位后,移位寄存器和 FIFO 之间的缓冲器(TXBUF)应该被加载。这要求在发送器和数据流之间传递延迟。在 FIFO 模式下,TXBUF 不应作为一个附加级别的缓冲器来对待

13. SPI 优先级控制寄存器(SPIPRI)

SPI 优先级控制寄存器的各位分配(地址:704FH)如表 14.13 所列。

表 14.13　优先级控制寄存器的功能

位	名　称	功能描述
6～7	Reserved	保留

位	名　称	功能描述
5～4	SPI SUSP SOFT SPI SUSPFREE	这两位决定了仿真挂起时(例如,当调试器遇到断点)的 SPI 操作。无论外设正处于什么状态(自由运行模式),都能继续运行。如果处于停止模式,也能立即停止或在完成当前操作(当前的接收/发送序列)时停止 位 5　位 4 Soft Free 0　　0　当 TSPEND 被设置时,发送将中途停止。一旦 TSUSPEND 被撤销,在 DDATBUF 中剩余的位值将被移位。例如:如果 SPIDAT 中的 8 位数据已经移出 3 位,通信将停止在该处。然而,如果 TSUSPEND 信号撤销而没有复位 SPI,SPI 将从它停止的地方开始发送(此例中是从第 4 位开始)。SCI 模块的操作将与此不同 1　　0　如果仿真器挂起发生在一次传送的开始前,传送将不会发生。如果仿真器挂起发生在一次发送的开始后,数据将会被移出。合适启动发送依赖于使用得波特率。在标准 SPI 模式下,发送完移位寄存器和缓冲中数据后停止。在 FIFO 模式下,移位寄存器和缓冲器发送数据后停止 X　　1　自由运行,SPI 操作
3～0	保留	保留

14.4　手把手教你实现 SPI 数据自发自收

1. 实验目的

掌握 SPI 数据自发自收编程。

2. 实验步骤

① 打开已经配置的 CCS6.1 软件。

② 将仿真器的 USB 与计算机连接,将仿真器的另一端 JTAG 端插到 YX-F28335 开发板的 JTAG 针处。

③ 在 CCS6.1 建立配置文件并连接 DSP 板卡。

④ 在 CCS6.1 菜单栏,首先选择 File→Import 菜单项,然后选择 Code Composer Studio→CCS Projects ,最后浏览找到 SPI 工程所在的路径文件夹并导入工程。

⑤ 选择 Run→Load→Load Program 菜单项,选中 SPI. out 并下载。

⑥ 选择 Run→Resume 菜单项运行,在 CCS 中选择 View→Expressions 菜单项,并输入 rdata,然后单击 Continuous Refresh 查看其值的变化。

3. 实验原理

YX‒F28335 底板上的 SPI 接口与 INT0‒3 复用,用户可以通过软件设置来区分它们。本例中主要对 SPI 进行自测,即自发自收。

```
//初始化 SPI 模块
void spi_init()
{
    SpiaRegs.SPICCR.all = 0x000F;        //复位 SPI,上升沿发送,下降沿接收,16 位数据
    SpiaRegs.SPICTL.all = 0x0006;        //无相位延时,主模式
    SpiaRegs.SPIBRR = 0x007F;            //确定 SPICLK
    SpiaRegs.SPICCR.all = 0x009F;        //自测模式,并从复位状态释放
    SpiaRegs.SPIPRI.bit.FREE = 1;        //自由运行
    //设置 SPI FIFO 功能
    SpiaRegs.SPIFFTX.all = 0xE040;       //使能 FIFO,清除发送中断
    SpiaRegs.SPIFFRX.all = 0x204f;       //使能 FIFO 接收 16 级深度
    SpiaRegs.SPIFFCT.all = 0x0;          //清除 FIFO 计数器
}
//SPI 发送数据函数
void spi_xmit(Uint16 a)
{
    SpiaRegs.SPITXBUF = a;
}
//主函数
void main(void)
{
    Uint16 sdata;                        //需要发送的数据
    Uint16 rdata;                        //接收到的数据
    InitSysCtrl();                       //初始化时钟
    //初始化 SPI 引脚功能
    InitSpiaGpio();
    //禁止中断
    DINT;
    //初始化 PIE 模块
    InitPieCtrl();
    //清除所有中断标志位
    IER = 0x0000;
    IFR = 0x0000;
    //初始化中断向量表
    InitPieVectTable();
    spi_init();                          //初始化 SPI 模块
    sdata = 0x0000;
    for(;;)
    {
        spi_xmit(sdata);                 //发送数据
        while(SpiaRegs.SPIFFRX.bit.RXFFST != 1) { } //等待 FIFO 里面有数据
        rdata = SpiaRegs.SPIRXBUF;       //将 FIFO 中数据读出,赋给 rdata
    if(rdata != sdata) error();          //验证数据是否相同,若不同,跳入错误函数
    sdata ++ ;                           //发送的数据加 1
    }
```

```
}
void InitSpiaGpio()
{
    ELLAW;
    GpioCtrlRegs.GPAPUD.bit.GPIO16 = 0;        //使能上拉 GPIO16（SPISIMOA）
    GpioCtrlRegs.GPAPUD.bit.GPIO17 = 0;        //使能上拉 GPIO17（SPISOMIA）
    GpioCtrlRegs.GPAPUD.bit.GPIO18 = 0;        //使能上拉  GPIO18（SPICLKA）
    GpioCtrlRegs.GPAPUD.bit.GPIO19 = 0;        //使能上拉  GPIO19（SPISTEA）
    GpioCtrlRegs.GPAQSEL2.bit.GPIO16 = 3;      //同步输入 GPIO16（SPISIMOA）
    GpioCtrlRegs.GPAQSEL2.bit.GPIO17 = 3;      //同步输入 GPIO17（SPISOMIA）
    GpioCtrlRegs.GPAQSEL2.bit.GPIO18 = 3;      //同步输入 GPIO18（SPICLKA）
    GpioCtrlRegs.GPAQSEL2.bit.GPIO19 = 3;      //同步输入 GPIO19（SPISTEA）
    GpioCtrlRegs.GPAMUX2.bit.GPIO16 = 1;       //配置 GPIO16 为 SPISIMOA
    GpioCtrlRegs.GPAMUX2.bit.GPIO17 = 1;       //配置 GPIO17 为 SPISOMIA
    GpioCtrlRegs.GPAMUX2.bit.GPIO18 = 1;       //配置 GPIO18 为 SPICLKA
    GpioCtrlRegs.GPAMUX2.bit.GPIO19 = 1;       //配置 GPIO19 为 SPISTEA
    EDIS;
}
```

4. 实验思考

① SPI 与 SCI 有什么差异，能不能用 SPI 来实现 SCI 功能？

② 如何与外部 SPI 设备进行通信？

第 15 章

串行通信 I²C

15.1 I²C 总线概述

  I²C(Inter – Integrated Circuit)是一种串行通信总线,使用多主从架构,由飞利浦公司在 1980 年为了让主板、嵌入式系统或手机用以连接低速周边装置开发的。I²C 的正确读法为"I – squared – C",国内多以"I 方 C"称之。它是同步通信的一种特殊形式,具有接口线少、控制方式简单、器件封装形式小、通信速率较高等优点。目前,常见的应用有诸如为了保存使用者的设定而存取 NVRAM 芯片、存取低速的数模转换数据(DAC)、存取低速的模数转换数据(ADC)、改变监视器的对比度、色调及色彩平衡设定(视讯资料通道)、改变音量大小、取得硬件监视及诊断资料,例如,中央处理器的温度及风扇转速读取实时的时钟、在系统设备中用来开启或关闭电源供应。图 15.1 为多个 I²C 模块连接在总线上实现多个器件之间的双路数据传输。

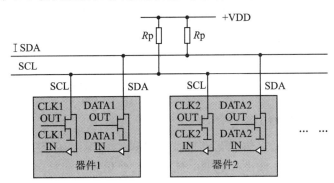

图 15.1　多个 I²C 总线模块连接图

  I²C 总线通过上拉电阻接正电源。当总线空闲时,两根线均为高电平。连到总线上的任一器件输出的低电平都将使总线的信号变低,即各器件的 SDA 及 SCL 都是线"与"关系。

1. I²C 总线的主机与从机

  每个接到 I²C 总线上的器件都有唯一的地址。主机与其他器件间的数据传送可以是由主机发送数据到其他器件,这时主机即为发送器。由总线上接收数据的器件则为接收器。主机不一定是发送器,主机的主要特征是初始化发送、产生时钟信号和终止发送的器件;它可以是发送器,也可以是接收器,通常微处理器在系统中作为主机。被主机寻址的器件即为从机,同样它也可以是发送器或接收器。在多主机系统中,可能同时有几个主机企图启动总线传送数据。为了避免混乱,I^2C 总线要通过总线仲裁,以决定由哪一台主机控制总线,如图 15.2 所示。

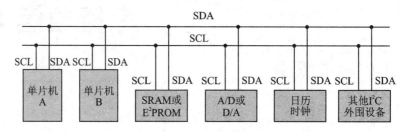

图 15.2　I^2C 总线的主要应用

2. I^2C 数据位的有效性规定

I^2C 总线进行数据传送时,时钟信号为高电平时,数据线上的数据必须保持稳定,只有在时钟线上的信号为低电平时,数据线上的高电平或低电平状态才允许变化,如图 15.3 所示。

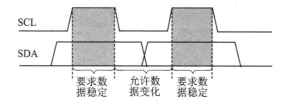

图 15.3　I^2C 总线的数据位的有效性规定

3. I^2C 的起始与停止

I^2C 总线中唯一违反上述数据有效性的是被定义为起始(S)和停止(P)条件。SCL 线为高电平时,SDA 线由高电平向低电平的变化表示起始信号;SCL 线为高电平期间,SDA 线由低电平向高电平的变化表示终止信号,如图 15.4 所示。

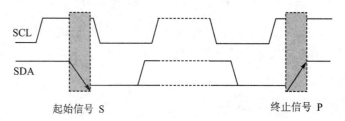

图 15.4　I^2C 总线的起始信号与终止信号

起始和终止信号都是由主机发出的,在起始信号产生后,总线就处于被占用的状态;在终止信号产生后,总线就处于空闲状态。

连接到 I²C 总线上的器件,若具有 I²C 总线的硬件接口,则很容易检测到起始和终止信号。对于不具备 I²C 总线硬件接口的有些单片机来说,为了检测起始和终止信号,则必须保证在每个时钟周期内对数据线 SDA 采样 2 次。

4. I²C 的数据传送

接收器件收到一个完整的数据字节后,有可能需要完成一些其他工作,如处理内部中断服务等,可能无法立刻接收下一个字节,这时接收器件可以将 SCL 线拉成低电平,从而使主机处于等待状态。直到接收器件准备好接收下一个字节时,再释放 SCL 线使之为高电平,从而使数据传送可以继续进行。

5. 数据传送格式

(1) 字节传送与应答

每一个字节必须保证是 8 位长度。数据传送时,先传送最高位(MSB),每一个被传送的字节后面都必须跟随一位应答位(即一帧共有 9 位),如图 15.5 所示。

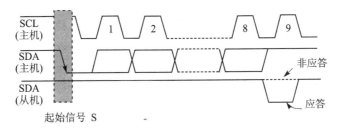

图 15.5　I²C 总线的字节传送与应答

由于某种原因从机不对主机寻址信号应答时(如从机正在进行实时性处理工作而无法接收总线上的数据),它必须将数据线置于高电平,而由主机产生一个终止信号以结束总线的数据传送。

如果从机对主机进行了应答,但在数据传送一段时间后无法继续接收更多的数据时,从机可以通过对无法接收的第一个数据字节的"非应答"通知主机,主机则应发出终止信号以结束数据的继续传送。

当主机接收数据时,它收到最后一个数据字节后,必须向从机发出一个结束传送的信号。这个信号是由对从机的"非应答"来实现的。然后,从机释放 SDA 线,以允许主机产生终止信号。

(2) 数据帧格式

I²C 总线上传送的数据信号是广义的,既包括地址信号,又包括真正的数据信号。在起始信号后必须传送一个从机的地址(7 位),第 8 位是数据的传送方向位(R/W),用"0"表示主机发送数据(T),用"1"表示主机接收数据(R)。

每次数据传送总是由主机产生的终止信号结束。但是,若主机希望继续占用总线进行新的数据传送,则可以不产生终止信号,马上再次发出起始信号对另一从机进行寻址。

在总线的一次数据传送过程中,可以有以下几种组合方式:

主机向从机发送数据,数据传送方向在整个传送过程中不变,如图 15.6 所示。

图 15.6   主机发送数据

灰底部分表示数据由主机向从机传送,无灰底部分则表示数据由从机向主机传送。A 表示应答,$\overline{A}$ 表示非应答(高电平)。S 表示起始信号,P 表示终止信号。

主机在第一个字节(寻址字节)后,立即由从机读数据,如图 15.7 所示。

图 15.7   主机寻址后从机读数据

在从机产生响应时,主机从发送变成接收,从机从接收变成发送。之后,数据由从机发送,主机接收,每个应答由主机产生,时钟信号仍由主机产生。若主机要终止本次传输,则发送一个非应答信号($\overline{A}$),接着主机产生停止条件。

在传送过程中,当需要改变传送方向时,起始信号和从机地址都被重复产生一次,但两次读/写方向位正好反相,如图 15.8 所示。

图 15.8   改变传送方向

6. 总线的寻址

I^2C 总线协议有明确的规定:采用 7 位寻址字节(寻址字节是起始信号后的第一个字节)。寻址字节的位定义如图 15.9 所示。

图 15.9   寻址字节的位定义

D7~D1 位组成从机的地址。D0 位是数据传送方向位,为"0"时表示主机向从机写数据,为"1"时表示主机由从机读数据。

主机发送地址时,总线上的每个从机都将这 7 位地址码与自己的地址进行比较,如果相同,则认为自己正被主机寻址,根据 R/W 位将自己确定为发送器或接收器。

从机的地址由固定部分和可编程部分组成。在一个系统中可能希望接入多个相同的从机,从机地址中可编程部分决定了可接入总线该类器件的最大数目。如一个从机的 7 位寻址位有 4 位是固定位,3 位是可编程位,这时仅能寻址 8 个同样的器件,即可以有 8 个同样的器件接入到该 I²C 总线系统中。

寻址字节中的特殊地址如表 15.1 所列。固定地址编号 0000 和 1111 已被保留作为特殊用途。

表 15.1　寻址字节中的特殊地址

地址位							R/$\overline{W}$	意　义
0	0	0	0	0	0	0	0	通用呼叫地址
0	0	0	0	0	0	0	1	起始字节
0	0	0	0	0	0	1	×	CBUS地址
0	0	0	0	0	1	0	×	为不同总线的保留地址
0	0	0	0	0	1	1	×	保留
0	0	0	0	1	×	×	×	
1	1	1	1	1	×	×	×	
1	1	1	1	0	×	×	×	十位从机地址

起始信号后的第一字节的 8 位为 0000 0000 时,称为通用呼叫地址。通用呼叫地址的用意在第二字节中加以说明。格式如图 15.10 所示。

第一字节（通用呼叫地址）									第二字节							LSB	
0	0	0	0	0	0	0	0	A	×	×	×	×	×	×	×	B	A

图 15.10　寻址格式

第二字节为 06H 时,所有能响应通用呼叫地址的从机器件复位,并由硬件装入从机地址的可编程部分。能响应命令的从机器件复位时不拉低 SDA 和 SCL 线,以免堵塞总线。

第二字节为 04H 时,所有能响应通用呼叫地址并通过硬件来定义其可编程地址的从机器件将锁定地址中的可编程位,但不进行复位。

如果第二字节的方向位为"1",则这两个字节命令称为硬件通用呼叫命令。

在这第二字节的高 7 位说明自己的地址。接在总线上的智能器件,如单片机或其他微处理器,能识别这个地址,并与之传送数据。硬件主器件作为从机使用时,也用这个地址作为从机地址。格式如图 15.11 所示。

S	0000 0000	A	主机地址	1	A	数据	A	数据	A	P

图 15.11　主机作为从机使用时寻址格式

在系统中另一种选择可能是系统复位时硬件主机器件工作在从机接收器方式,这时由系统中的主机先告诉硬件主机器件数据应送往的从机器件地址,当硬件主机器件要发送数据时就可以直接向指定从机器件发送数据了。I^2C 总线寻址公式如图 15.12 所示。

起始字节是提供给没有 I^2C 总线接口的单片机查询 I^2C 总线时使用的特殊字节。对于不具备 I^2C 总线接口的单片机,则必须通过软件不断地检测总线,以便及时地响应总线的请求。单片机的速度与硬件接口器件的速度就出现了较大的差别,为此,I^2C 总线上的数据传送要由一个较长的起始过程加以引导。

图 15.12 I^2C 总线寻址

引导过程由起始信号、起始字节、应答位、重复起始信号(Sr)组成。请求访问总线的主机发出起始信号后,发送起始字节(0000 0001),另一个单片机可以用一个比较低的速率采样 SDA 线,直到检测到起始字节中的 7 个"0"中的一个为止。在检测到 SDA 线上的高电平后,单片机就可以用较高的采样速率,以便寻找作为同步信号使用的第二个起始信号 Sr。

在起始信号后的应答时钟脉冲仅仅是为了和总线所使用的格式一致,并不要求器件在这个脉冲期间作应答。

7. I^2C 总线上的仲裁

在多主的通信系统中。总线上有多个节点,它们都有自己的寻址地址,可以作为从节点被别的节点访问,同时它们都可以作为主节点向其他的节点发送控制字节和传送数据。但是如果有 2 个或 2 个以上的节点都向总线上发送启动信号并开始传送数据,这样就形成了冲突。要解决这种冲突,就要进行仲裁的判决,这就是 I^2C 总线上的仲裁。

I^2C 总线上的仲裁分两部分:SCL 线的同步和 SDA 线的仲裁。

(1) SCL 线的同步(时钟同步)

SCL 同步是由于总线具有线"与"的逻辑功能,即只要有一个节点发送低电平时,总线上就表现为低电平。当所有的节点都发送高电平时,总线才能表现为高电平,如图 15.13 所示。

由于线"与"逻辑功能的原理,当多个节点同时发送时钟信号时,在总线上表现的是统一的时钟信号,这就是 SCL 的同步原理。

(2) SDA 线的仲裁

仲裁过程如图 15.14 所示。

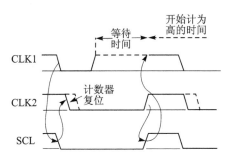

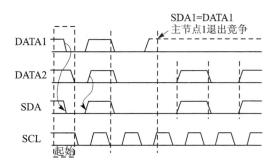

图 15.13 I²C 总线仲裁 SCL 同步　　　图 15.14 I²C 总线仲裁过程

　　DATA1 和 DATA2 分别是主节点向总线所发送的数据信号,SDA 为总线上所呈现的数据信号,SCL 是总线上所呈现的时钟信号。SDA 线的仲裁也是建立在总线具有线"与"逻辑功能的原理上的。

　　节点在发送一位数据后,比较总线上所呈现的数据与自己发送的是否一致,是则继续发送;否则,退出竞争。

　　SDA 线的仲裁可以保证 I²C 总线系统在多个主节点同时企图控制总线时,通信正常进行并且数据不丢失。总线系统通过仲裁只允许一个主节点可以继续占据总线。

　　第二个时钟周期中,2 个主节点都发送低电平信号,在总线上呈现的信号为低电平,仍继续发送数据。这样主节点 2 就赢得了总线,而且数据没有丢失,即总线的数据与主节点 2 所发送的数据一样,而主节点 1 在转为从节点后继续接收数据,同样也没有丢掉 SDA 线上的数据。因此,在仲裁过程中数据没有丢失。

　　当主节点 1、2 同时发送起始信号时,2 个主节点都发送了高电平信号。这时总线上呈现的信号为高电平,两个主节点都检测到总线上的信号与自己发送的信号相同,继续发送数据。

　　SDA 仲裁和 SCL 时钟同步处理过程没有先后关系,而是同时进行的。

　　I²C 总线主要特征总结如下:

　　① 只要求两条总线线路:一条串行数据线 SDA,一条串行时钟线 SCL。

　　② 每个连接到总线的器件都可以通过唯一的地址和一直存在的简单的主机/从机关系软件设定地址,主机可以作为主机发送器或主机接收器。

　　③ 它是一个真正的多主机总线,如果两个或更多主机同时初始化,数据传输可以通过冲突检测和仲裁防止数据被破坏。

　　④ 串行的 8 位双向数据传输位速率在标准模式下可达 100 kbps,快速模式下可达 400 kbps,高速模式下可达 3.4 Mbps。

　　⑤ 连接到相同总线的 IC 数量只受到总线的最大电容 400 pF 限制。

15.2　F28335 的 I²C 总线

1. F28335 的 I²C 总线主要特征

➢ 与菲利普半导体 I²C 母线标准兼容。

➢ 支持 8 位格式数据传输。

➢ 7 位和 10 位地址模式。

➢ 通用播叫功能。

➢ START 字节模式。

➢ 支持多个主发送器和从接收器。

➢ 支持多个从发送器和主接收器。

➢ 具有主发送/接收和接收/发送模式。

➢ 数据传输速率从 10～400 kbps。

➢ 一个 16 位接收 FIFO 和一个 16 位传输 FIFO。

➢ CPU 具有一个专用中断,该中断可以由以下条件产生:发送数据准备好,接收数据准备好,寄存器访问准备好,没有响应接收,仲裁丢失,检测到停止条件,作为从设备询址。

➢ 当工作在 FIFO 模式,CPU 可以使用另一个附加中断。

➢ 可以使能/禁止 I²C 模式。

➢ 自由数据格式模式。

2. F28335 的 I²C 总线不支持的功能

➢ 高速模式(HS 模式)。

➢ CBUS 兼容模式。

3. F28335 的 I²C 总线功能

　　每个连接到 I²C 总线的器件(包括与 I²C 模块一同连接到总线的 DSP)都有一个唯一的识别地址。根据器件功能的不同,每个器件都可以实现发送或接收功能。当进行数据传输时,连接到 I²C 总线的器件都可以作为主设备或从设备。主设备初始化总线上的数据传输并产生时钟信号。在传输过程中,任何由该主设备寻址的设备都可以看作是从设备。I²C 总线支持多个主设备模式,在这种模式下,能够控制 I²C 总线的一个或多个设备都可以连接到同一条总线上。

　　在实现数据传输时,I²C 总线模块有一个数据引脚(SDA)和一个时钟引脚(SCL),如图 15.15 所示。这 2 个引脚在 I²C 总线的 F28335 设备和其他设备的数据之间传输信息。SDA 和 SCL 引脚都可以双向传输信号,在使用时都必须通过一个上拉电阻给其加正电压。当总线空闲时,2 个引脚均为高电平。这 2 个引脚都采用漏极开路配置以实现线与操作。

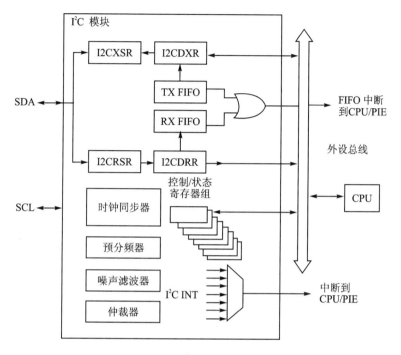

图 15.15　I²C 模块结构框图

(1) F28335 的 I²C 总线有 2 个主要的传输方式

➤ 标准模式:发送 n 个数据,n 指的是 I²C 模块寄存器设置的传输数据个数。

➤ 重复模式:一直发送数据,直到软件强制产生一个停止(STOP)信号或者一个新的启动(START)信号。

(2) I²C 总线的主要模块

① 一个串行接口:一个数据引脚(SDA)和一个时钟引脚(SCL)。

② 数据寄存器和 FIFO:用以暂时保存 SDA 引脚和 CPU 之间接收或发送的传输数据。

③ 控制和状态寄存器。

④ 外设总线接口:用以使 CPU 访问 I²C 模块寄存器和 FIFO。

⑤ 时钟同步器:用以完成来自 DSP 时钟发生器的 I²C 输入时钟和 SCL 引脚的时钟同步,在不同时钟频率下实现与主设备的同步数据传输。

⑥ 分频预定标:将输入时钟分频产生 I²C 模块时钟。

⑦ 噪声滤波器:对 SDA 和 SCL 引脚上的信号进行滤波。

⑧ 仲裁模块:用于完成 I²C 模块(作为主模块)与其他模块之间的仲裁处理。

⑨ 中断产生逻辑:用以向 CPU 发送中断信号。

⑩ FIFO 中断产生逻辑:可以使 FIFO 访问与 I²C 模块的数据接收和数据传输同步。

图 15.15 给出了在非 FIFO 模式下用于传输和接收的 4 个寄存器。在数据发送时,CPU 向 I2CDXR 写数据,在接收数据时,CPU 从 I2CDRR 中读数据。当 I²C 模块配置为发送器时,写入 I2CDRR 的数据被复制到 I2CXSR,并逐位地移位到 SDA 引脚。当 I²C 模块配置为接收器时,接收的数据移位到 I2CRSR,然后复制到 I2CDRR。

4. 时钟产生

DSP 时钟发生器从外部时钟源接收信号,并根据程序设置的频率产生 I²C 输入时钟。I²C 输入时钟与 CPU 时钟相等,并在 I²C 模块内 2 次分频产生模块时钟和主时钟,如图 15.16 所示。

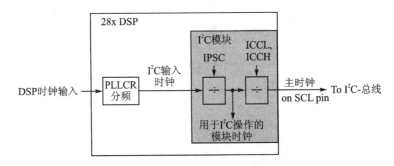

图 15.16 I²C 模块结构框图

模块时钟决定了 I²C 模块运行的频率。I²C 模块内的一个可编程预定标将 I²C 的输入时钟分频以产生模块时钟。为了确定分频值,可以初始化预定标寄存器的 ISPC 区域值,运算方法如下:

模块时钟频率＝I²C/(IPSC＋1)

注意,为符合所有 I²C 模块的事件标准,模块时钟必须配置在 7~12 MHz 范围内。

只有当 I²C 模块处于复位状态(IRS＝0)时才能初始化预定标。而只有当 IRS 由 0 变 1 时,预定标产生的频率才起作用。当 IRS＝1 预定标频率无效时才能改变 IPSC 的值。

当 I²C 模块配置为主机时,SCL 引脚输出时钟信号,该时钟即为同步通信时钟,控制 I²C 主机和从机之间通信的时序,如图 15.16 所示。输入模块的时钟经过再分频作为主机时钟信号,经过 I2CCLKL 的 ICCL 值对模块时钟信号的低位部分进行分频,采用 I2CCLKH 的 ICCH 值对模块的时钟信号的高位部分进行分频。

15.3 F28335 的 I²C 总线操作

1. 输入和输出电平

主设备为每一个数据传输产生一个时钟脉冲。由于不同设备采用的技术标准不同,连接的 I²C 总线上的器件逻辑 0(低电平)和逻辑 1(高电平)是不固定的,由设备的 VDD 值决定,具体要查看相应的技术手册。

2. 数据位有效状态

跟 I²C 总线规定是一致的,在时钟信号为高电平的过程中,SDA 数据必须保持稳定。只有在 SCL 的时钟信号为低电平时,才能够改变 SDA 数据信号的高/低电平状态。图 15.17 为 I²C 总线的数据传输状态。

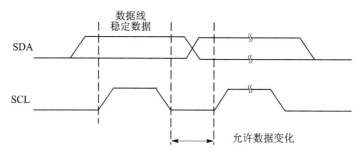

图 15.17 I²C 总线的数据传输状态

3. I²C 模块的主从操作模式

I²C 模块支持 4 种数据传输模式,如表 15.2 所列。如果 I²C 模块工作在主机模式,则它首先会作为一个主发送器,发送一串地址给指定的从机。当需要发送数据给从机时,I²C 仍保持在主发送器模式,当主机接收数据时,主机模块须变成主接收器模式。

同理,如果 I²C 模块工作在从机模式时,则它首先作为一个从接收器,从主模块发出的地址信号中识别出为它的从地址时,发送响应信号。如果接下来,主机需要通过 I²C 向该机发送数据,该从机就保持从接收器模式。如果主机请求 I²C 从机发送数据,则该从机必须变成从发送器模式。I²C 模块的主要工作模式如表 15.2 所列。

表 15.2 I²C 模块主要工作模式

操作模式	功能描述
从接收器模式	I²C 模块作为从机模块,接收主机发出的数据 所有的从机均从该模式启动,在该模式下,SDA 上接收的串行数据根据主模块产生的时钟脉冲进行移位。作为从机,I²C 模块不产生时钟信号,但当接收到一个字节之后请求 DSP 干预时(RSFULL=1),它可以将 SCL 置低
从发送器模式	I²C 模块作为从机,向主机发送数据 该模式只能由从接收器模式进入,I²C 模块必须首先从主模块接收命令。当使用 7 位/10 位地址格式时,如果从地址字节与其本身地址(I2COAR)相同时,且主机已发送 R/W,I²C 模块进入从发送器模式。作为从发送器,I²C 模块根据主模块产生的时钟脉冲将串行数据移位输出到 SDA。作为从机,I²C 模块不产生时钟信号,当发送一个字节之后,若请求 DSP 干预时(XSMT=0),它可将 SCL 置低

续表 15.2

操作模式	功能描述
主接收器模式	I²C 模块作为主机,接收从机发出的数据 该模式只能从主发送器模式进入。I²C 必须首先向从机发送命令。当使用 7 位/10 位寻址格式时,在发送从机地址和 R/W 之后,I²C 模块进入主接收器模式,SDA 上的串行数据根据 SCL 的时钟脉冲移位到 I²C 模块。当接收到 1 个字节之后请求 DSP 干预时(RSFULL=1),时钟脉冲被禁止,SCL 保持为低电平
主发送器模式	I²C 模块作为主机,向从机发送控制信息和数据 所有主模块由该模式启动。在该模式下,7 位/10 位寻址格式的数据将移位到 SDA。数据移位与 SCL 的时钟同步。当发送一个字节之后请求 DSP 干预时(XSMT=0),时钟脉冲被禁止,SCL 保持为低电平

4. I²C 模块的启动与停止条件

当模块配置为 I²C 总线的主机时,将由主机模块产生启动(START)与停止(STOP)信号,如图 15.18 所示。

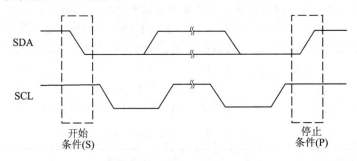

图 15.18 I²C 模块的启动与停止

➢ 启动(START)条件:当 SCL 为高电平时,SDA 信号由高电平转为低电平。主机输出 START 信号,表示数据传输开始。

➢ 停止(STOP)条件:当 SCL 为高电平时,SDA 信号由低电平转为高电平。主机输出 STOP 信号,表示数据传输结束。

在 START 信号之后,STOP 信号之前,I²C 总线处于繁忙状态,I2CSTR 总线繁忙标志位(BB)为 1。在 STOP 信号之后和下一个 START 信号来临之前,I²C 总线处于空闲状态,BB 为 0。

当发出 START 信号 I²C 模块开始数据传输时,I2CMDR 中的主模式位(MST)和 START 条件位(STT)必须置 1。当发出 STOP 信号 I²C 模块结束数据传输时,STOP 条件位(STP)必须置 1。当 BB 位和 SST 位都设置为 1 时,产生重复 START 操作。

5. 串行数据格式

I²C 模块支持 1～8 位数据值。数据线 SDA 上的每一位与 SCL 上的一个脉冲相对应,且发送过程总是先发送最高有效位(MSB)。传输或接收的数据个数没有限制。图 15.19 中所用的串行数据格式为 7 位地址格式。

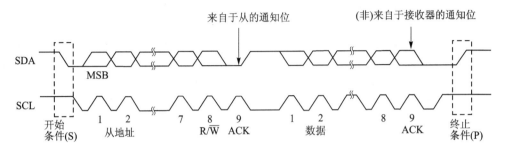

图 15.19　I²C 模块的串行数据格式

(1) 7 位地址格式

在 7 位地址格式下,START 信号之后的第一个字节包括 7 位从机地址和一位 R/W 位。R/W 位确定数据传输的方向,如图 15.20 所示。

图 15.20　I²C 模块的 7 位地址格式

➤ R/W=0:主机写数据入从机。

➤ R/W=1:主机读从机发出数据。

在每个字节传输完成之后,插入一个响应信号(ACK)专用的额外时钟周期。主机发送完第一个字节,从机发出响应信号后,根据 R/W 位的状态,在响应信号之后主机或从机就会发送 n 位数据;n 的值介于 1～8 之间,由寄存器 I2CMDR 的 BC 区确定。数据发送完成之后,接收器会插入一个响应位。

如果要选择 7 位地址格式,则向 I2CMDR 寄存器的扩展写入 0 以使能 XA 位,并确认自由数据格式模式处于关闭状态(FDF=0,I2CMDR 寄存器)。

(2) 10 位地址格式

10 位地址格式与 7 位地址格式类似,但不同的是主机发送从机地址采用 2 个分离的字节传输。第一个字节由 1110B、10 位从机地址的 2 个 MSBs 和 R/W 组成。第二个字节是 10 位从地址的剩余 8 位地址。从模块在每 2 字节传输完成之后必须发送一个响应信号。主模块将第二个字节的地址写到从机时,主机可以写数据或者使用 START 信号重复操作改变数据传输方向,如图 15.21 所示。

如果要选择 10 位寻址格式,则向 I2CMDR 寄存器的 XA 位写入 1,并确认自由数据格式模式处于关闭状态(FDF＝0,I2CMDR 寄存器)。

图 15.21 I²C 模块的 10 位地址格式

(3) 自由数据格式

在自由数据格式下,START 之后的第一个字节是一个数据字节。在每个数据字节结束后插入一个响应(ACK)位,数据字节的长度根据 I2CMDR 寄存器的 BC 区可以设置为 1～8 位,不发送地址或数据方向信息。因此,在该方式下发送器和接收器都必须支持自由数据格式,并且在数据传输过程中,数据传输的方向必须保持不变,如图 15.22 所示。

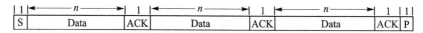

图 15.22 I²C 模块的自由数据格式

如果要选择自由数据格式,向 I2CMDR 寄存器的自由数据格式(FDB)位写 1。在 LOOP－back 循环测试模式下时,不支持自由数据格式。

(4) 重复 START 操作

在每个数据字节传输结束时,主机可以驱动另外的 START 操作。利用这一点,主机可以与多个从机通信,而不需要通过 STOP 操作放弃总线控制权。数据字节的长度可以设置为 1～8 位,由 I2CMDR 寄存器 BC 区选择。重复 START 操作可以使用 7 位地址格式、10 位地址格式和自由数据格式。图 15.20 给出了一个 7 位地址格式的重复 START 操作。

6. 不响应信号(NACK)方式

当 I²C 模块作为主/从接收器时,可以响应或忽略发送器发送的位。为了忽略任何总线上发送的信号,I²C 模块必须在总线响应过程中发送一个不响应信号(NACK)。表 15.3 总结了可以产生(NACK)的各种方式。

表 15.3 产生 NACK 的方式

I²C 模块操作	NACK 信号产生选择
从接收器模式	允许产生过载(RSFULL=1) 复位模块(IRS=0) 在需要接收最后一个数据的上升沿之前置位 NACK－MOD 位
主接收器模式与重复模式(RM=1)	产生 STOP 信号(STP=1) 复位模块(IRS=0) 在需要接收最后一个数据的上升沿之前置位 NACK－MOD 位

I^2C 模块操作	NACK 信号产生选择
主接收器模式与不重复模式(RM=1)	如果 STR=1,允许内部数据计数器到 0,并因此强制产生 STOP 信号 如果 STR=0,使 STR-1 产生一个 STOP 信号 复位模块 IRS=0,STP=1 产生 STOP 信号 在需要接收最后一个数据的上升沿之前置位 NACK-MOD 位

7. 时钟同步

在通常情况下,只有一个主设备产生时钟信号 SCL,而在仲裁程序中可以有 2 个或多个主设备。为了使输出数据具有比较性,时钟必须保持同步。图 15.23 给出了时钟同步时序图。SCL 的线与意味着一旦有一个设备在 SCL 产生低电平信号,则其他设备也被强制为低电平,即在这个由高电平到低电平的过程中,其他设备产生的时钟强制置低电平,并且只要有设备的时钟信号为低则 SCL 一直保持低电平。只有总线 SCL 的低电平状态结束,其他设备时钟的低电平状态才可以结束。在变换为高电平状态之前,首先获得一个 SCL 的同步信号。该同步信号低电平状态的长度由最慢的设备时钟信号决定,高电平状态的长度由最快的设备时钟信号决定。

如果有设备需要将时钟信号强制拉低并保持一个较长的时间,那么其他时钟发生器都进入等待状态。在这种工作状态下,从设备将主设备的工作时钟变慢,并为存储接收的字节或发送字节创造了足够的时间。

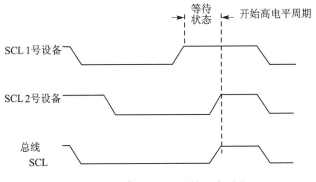

图 15.23 I^2C 模块的时钟同步时序

8. 仲 裁

如果 2 个或更多个主发送器要同时向同一个总线发送数据,就需要启动仲裁程序。通过仲裁决定如何选取串行数据总线上的数据。图 15.24 给出了 2 设备的仲裁过程。一个主发送器将 SDA 置高电平,被另一个将 SDA 置低电平的主发送器控制。也就是说,传输最低二进制串行数据流的设备具有优先权。如果 2 个或多个设备发送的数据首字节相等,则仲裁结果将继续选取随后的数据字节。

如果 I²C 模块丢失主机模式,它就转变为从接收器模式,发送仲裁丢失标志(AL),并产生一个仲裁丢失中断请求。

如果在串行传输过程中,向 SDA 发送重复 START 或 STOP 操作指令时一个仲裁程序也正在运行,其主发送器必须在同一位置以固定格式发送重复 START 或 STOP 操作指令,不能在以下数据信号之间产生仲裁:

① 重复 START 信号与一个数据位之间。

② STOP 信号与一个数据位之间。

③ 重复 START 信号与 STOP 信号之间。

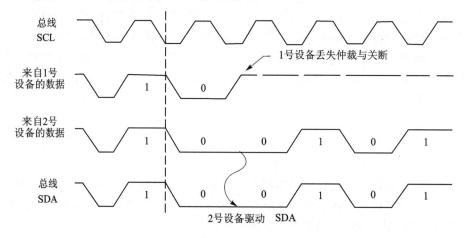

图 15.24   I²C 模块的设备仲裁时序

9. I²C 模块产生的中断请求

I²C 模块可以产生 7 种基本的中断请求,其中有 2 种中断用来确定 CPU 何时写入传输数据以及何时读取接收的数据。如果用 FIFO 进行传输和接收数据的操作,也可以调用 FIFO 中断。I²C 基本中断配置于 PIE 8 组的中断 1(I2CINT1A_ISR),FIFO 中断配置于 PIE8 组的中断 2(I2CINT2A_ISR)。

(1) I²C 模块的基本中断

I²C 模块的中断请求如表 15.4 所列。如图 15.25 所示,所有的中断请求都汇集到仲裁器,通过仲裁判断之后再向 CPU 发出一个 I²C 中断请求。在状态寄存器(I2CSTR)中给每个中断请求都分配了一个标志位,在中断使能寄存器 I2CIER 中给每个中断分配了一个使能位。当产生一个中断请求时,其标志位就置位,如果此时相应的使能位为 0,则不响应中断请求。如果使能位为 1,则该请求作为一个 I²C 中断发送到 CPU。

I²C 中断是 CPU 的可屏蔽中断之一。与其他可屏蔽中断一样,如果 CPU 能够响应该中断,便执行响应的中断服务程序 I2CINT1A_ISR。I²C 中断的 I2CINT1A_ISR 通过读取中断源寄存器 I2CISRC 中的相应信息来确定中断源,然后执行中断服

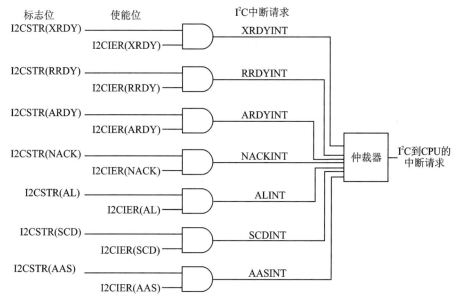

图 15.25 I²C 模块的中断

务子程序。

CPU 读取中断源寄存器 I2CISRC 之后，将进行以下步骤：

① 清除 I2CSTR 寄存器中相应的中断源标志位，但 I2CSTR 中的 ARDY、RRDY、XRDY 位不清除。当需要清除时，向该位写 1。

② 通过仲裁确定剩下的其他中断请求中哪个具有最高优先级，在寄存器 I2CISRC 中做出标记，并将该中断请求发送给 CPU。

表 15.4 I²C 模块中的中断请求

I²C 中断请求	中断源
XRDYINT	发送准备好条件，当前一个数据从数据发送寄存器 I2CDXR 复制到发送移位寄存器 I2CXSR 后，I2CDXR 便准备好接收数据 可以采用另一种方法代替使用 XRDYINT，CPU 查询 I2CSTR 状态寄存器的 XRDY 位。XRDY-INT 不适用于 FIFO 模式，而采用 FIFO 中断
RRDYINT	接收准备好条件：当数据已经从接收移位寄存器 I2CRSR 复制到数据接收寄存器 I2CDRR 之后，I2CDRR 便为读取做好准备 可以采用另一种方法代替使用 RRDYINT，CPU 查询 I2CSTR 状态寄存器的 PRDY 位，RRDY-INT 不适用于 FIFO 模式，而采用 FIFO 中断
ARDYINT	寄存器访问准备好条件：当之前的可编程地址、数据和指令值已使用之后，I²C 模块寄存器便为访问做好准备 发生 ARDYINT 的事件与设置 I2CSTR 寄存器中的 ARDY 位等效。可以采用另一种方法代替使用 ARDYINT；CPU 查询 I2CSTR 中的 ARDY 位

续表 15.4

I²C 中断请求	中断源
NACKINT	不应答条件:I²C 模块作为主发送器模块且没有接收到从接收器的应答信号 可以采用另一种方法代替使用 NACKINT:CPU 查询 I2CSTR 中的 AL 位
ALINT	仲裁丢失条件:I²C 模块在与另一个主发送器的竞争中丢失了仲裁权 可以采用另一种方法代替使用 ALINT:CPU 查询 I2CSTR 中的 AL 位
SCDINT	停止(STOP)条件检测:已检测到 I²C 总线上的 STOP 条件 可以采用另一种方法代替使用 SCDINT:CPU 查询 I2CSTR 中的 SCD 位
AASINT	地址为从设备条件:I²C 模块被 I²C 总线上的另一个主设备地址作为从设备 可以采用另一种方法代替使用 AASINT:CPU 查询 I2CSTR 中的 AAS 位

(2) I²C 模块的 FIFO 中断

除了 7 个基本 I²C 中断之外,每个发送 FIFO 与接收 FIFO 都能够产生一个中断(I2CINT2A)。可以配置发送 FIFO 在发送一定数量的字节之后产生一个中断,字节数最多 16。可以配置接收 FIFO 在接收一定数量的字节之后产生一个中断,字节数最多 16。这两个中断经"或"操作到一个可屏蔽 CPU 中断。中断服务子程序通过读取 FIFO 中断标志位来确定该中断属于哪个中断源。

10. I²C 模块复位/禁止

可以通过以下两种方式复位/禁止 I²C 模块:

① 将 I²C 模式寄存器 I2CMDR 的 I²C 复位位 IRS 置 0。I2CSTR 中的所有状态均被强制恢复到其默认值,I²C 模块保持禁止状态直到 IRS 位变为 1。SDA 和 SCL 引脚均为高阻抗状态。

② 通过将 XRS 引脚拉低初始化 DSP。该操作复位整个 DSP,并使 DSP 保持复位状态直到引脚位被拉高。当释放 XRS 引脚时,所有 I²C 模块寄存器复位到其默认值,IRS 位被强制置 0 从而复位 I²C 模块。I²C 模块保持复位状态直至 IRS 位置 1。

在配置或重新配置 I²C 模块时 IRS 必须保持为 0。将 IRS 强制置 0 可以节省电能或清除错误状态。

15.4　F28335 的 I²C 寄存器

1. I²C 模式寄存器(I2CMDR)

这个 16 位的寄存器主要包含了 I²C 模块的工作模式控制部分,如表 15.5 所列。

表 15.5 I²C 模式寄存器(I2CMDR)

位	名　称	描　述
15	NACKMOD	无应答信号模式位 0,从机接收模式:I²C 模块在每个应答时钟周期向发送方发送一个应答位。如果设置了 NACKMOD 位 I²C 模块只发送一个无应答位(NACK) 主机接收模式:I²C 模块在每个应答时钟周期向发送方发送一个应答位,但如果内部数据计数器自减到 0 的时候,I²C 模块发送一个无应答位(NACK)给发送方,因此初始化时设置了 NACKMOD 位 1,从机接收或者主机接收模式:I²C 模块在下一个应答时钟周期向发送方发送一个无应答位。一旦无应答位发送,NACKMOD 位就会被清除 注意,为了 I²C 模块能在下一个应答时钟周期向发送方发送一个无应答位,在最后一位数据位的上升沿到来之前必须置位 NACKMOD
14	FREE	如果遇到一个调试断点,该位将通过 I²C 模块控制总线状态 0,当 I²C 模块为主机:如果断点发生时 SCL 为低电平,I²C 模块立即停止工作并保持 SCL 为低电平,无论此时 I²C 模块是发送还是接收状态;如果断点发生时 SCL 为高电平,I²C 模块将等待 SCL 变为低电平然后再停止工作 当 I²C 模块为从机:在当前数据发送或者接收结束后断点将会强制 I²C 模块停止工作 1,I²C 模块无条件运行,也就是说,就算遇到了一个断点,I²C 还是照常运行
13	STT	开始位(START)(仅限于 I²C 模块为主机)。RM、STT 和 STP 共同决定 I²C 模块数据的开始(START)和停止(STOP)格式。STT 和 STP 可以用于终止循环发送模式,当 IRS=0 时此位不可写 0:在总线上接收到开始位(START)后 STT 将自动清除 1:此位置 1 会在总线上发送一个起始信号
12	保留	保留
11	STP	停止位(STOP)(仅限于 I²C 模块为主机)。RM、STT 和 STP 共同决定 I²C 模块数据的开始(START)和停止(STOP)格式。STT 和 STP 可以用于终止循环发送模式,当 IRS=0 时此位不可写 0:在总线上接收到停止位(STOP)后 STP 会自动清除 1:在 I²C 内部数据计数器自减到 0 时 STP 会被 DSP 置位从而在总线上发送一个停止信号
10	MST	主从模式位。当 I²C 主机发送一个停止位时 MST 将自动从 1 变为 0 0:从模式 1:主机模式

续表 15.5

位	名 称	描 述
9	TRX	发送/接收模式位 0:接收模式 1:发送模式
8	XA	扩充地址使能位 0:7 位地址模式(通常的地址模式)。I^2C 模块发送 7 位从地址(I2CSAR 的位 6～位 0),并且拥有自己的 7 位从地址(I2COAR 的位 6～位 0) 1:10 位地址模式(扩充地址模式)。I^2C 模块发送 10 位从地址(I2CSAR 的位 9～位 0),并且拥有自己的 10 位从地址(I2COAR 的位 9～位 0)
7	RM	循环模式位(仅限于 I^2C 模式为主机发送状态)。RM,STT 和 STP 共同决定 I2C 模块数据的开始(START)和停止(STOP)格式 0:非循环模式。数据长度寄存器(I2CCNT)的数值决定了有多少字节数据通过 I^2C 模块发送/接收 1:循环模式
6	DLB	自测模式 0:屏蔽自测模式。此模式下 MST 必须为 1 1:使能自测模式。由 I2CDXR 发送的数据被 I2CDRR 接收。发送时钟也是接收时钟
5	IRS	I^2C 模块复位 0:I^2C 模块处于复位/禁用状态 1:I^2C 模块使能
4	STB	起始字节模式位(仅限于 I^2C 模块为主机模式)。如果从机需要一定的时间才能检测到总线上的起始信号,那么起始字节模式位可以将起始信号延长。如果 I^2C 模块为从机,此位将不起作用 0:I^2C 模块起始信号无需延长 1:I^2C 模块起始信号需要延长。如果设置了起始信号位(STT),I^2C 模块将开始发送多个起始信号 循环起始信号包括以下信息: ➤ 一个起始信号; ➤ 一个起始字节(0000 0001B); ➤ 一个虚拟的应答时钟脉冲; ➤ 一个循环起始信号。 然后,通常情况下 I^2C 模块将发送存放于 I2CSAR 中的从机地址

位	名 称	描 述
3	FDF	全数据格式 0:屏蔽全数据格式。通过 XA 位选择发送的地址是 7 位还是 10 位 1:使能全数据格式。发送全数据格式(没有地址数据) 全数据格式不支持自测模式(DLB=1)
2~0	BC	数据位数。这 3 位决定了 I²C 收发数据位数(1~8 位)。BC 设置的是几位数据必须与实际的通信数据位数吻合。BC 的设置不影响地址位数,地址总是 8 位的 另外,如果 BC 的数据位数设置少于 8 位,那么接收到的数据在 I2CDRR 中为右对齐,其他位为未定义状态。同样,写到 I2CDXR 中要发送的数据也是右对齐 000:8 位数据 001:1 位数据 010:2 位数据 011:3 位数据 100:4 位数据 101:5 位数据 110:6 位数据 111:7 位数据

I²C 模块作为主机时,I2CMDR 中位 RM、STT 和 STP 不同值导致在总线上发送/接收数据的格式和总线状态有所不同。如表 15.6 所列。

表 15.6 总线状态

RM	STT	STP	总线状态	解 释
0	0	0	None	总线没有动作
0	0	1	P	总线有停止信号
0	1	0	S－A－D…(n)…D	起始信号-从机地址-n 个数据字节(n=I2CCNT)
0	1	1	S－A－D…(n)…D－P	起始信号-从机地址-n 个数据字节-停止信号(n=I2CCNT)
1	0	0	None	无动作
1	0	1	P	总线有停止信号
1	1	0	S－A－D－D－D	循环发送模式:起始信号-从机地址-连续不断的数据发送,直到有停止信号发生或者下一个起始信号发生
1	1	1	None	保留(无动作)

注:S＝START,A＝Address,D＝Data byte,P＝STOP。

2. I²C 中断使能寄存器（I2CIER）

I2CIER 包括 I²C 中断的使能与屏蔽位，如表 15.7 所列。

表 15.7　I²C 中断使能寄存器（I2CIER）

位	名　称	描　述
15～7	保留	保留
6	AAS	从机地址中断使能位 0：中断使能 1：屏蔽中断
5	SCD	停止信号中断使能位 0：中断使能 1：屏蔽中断
4	XRDY	数据发送就绪中断使能位。当使用 FIFO 时此位无需设置 0：中断使能 1：屏蔽中断
3	RRDY	数据接收就绪中断使能位 0：中断使能 1：屏蔽中断
2	ARDY	寄存器准备就绪中断使能位 0：中断使能 1：屏蔽中断
1	NACK	无应答信号中断使能位 0：中断使能 1：屏蔽中断
0	AL	总线仲裁失败中断使能位 0：中断使能 1：屏蔽中断

3. I²C 状态寄存器（I2CSTR）

I²C 状态寄存器包括中断标志状态和读状态信息，如表 15.8 所列。

表 15.8　I²C 状态寄存器（I2CSTR）

位	名　称	描　述
15	保留	保留

续表 15.8

位	名　称	描　述
14	SDIR	从器件方向位 0:作为从机接收的 I²C 不寻址。下列情况该位会被清除: ➢ 手动清除,向该位写 1; ➢ 自测模式使能; ➢ 总线发生一个起始信号或者一个停止信号。 1:作为从机接收的 I²C 寻址,I²C 模块接收数据
13	NACKSNT	发送无应答信号位(仅限于 I²C 模块为接收方) 0:没有无应答信号被发送。下列情况该位会被清除: ➢ 手动清除,向该位写 1; ➢ I²C 模块复位。 1:无应答信号被发送:一个无应答信号在应答信号时钟周期被发送
12	BB	总线忙位。向此位写 1 将清除此位 0:总线空闲。下面任何一种情况都将清除 BB 位: ➢ I²C 模块发送或者接收到停止信号(总线空闲情况下); ➢ BB 被手动清除,向 BB 位写 1; ➢ I²C 模块复位。 1:总线忙。I²C 模块在总线上发送或者接收到起始信号
11	RSFULL	接收移位寄存器满位。当移位寄存器接收到一个新的数据而之前的数据还没有从接收寄存器(I2CDRR)读走时,接收寄存器拒绝从移位寄存器中读取新的数据位,除非之前的数据被 CPU 读走 0:未拒绝。下面任何一种情况都将清除此位: ➢ I2CDRR 被 CPU 读取,仿真读不影响此位; ➢ I²C 模块复位。 1:拒绝读取移位寄存器
10	XSMT	发送移位寄存器空位。XSMT＝0 表明发送下溢。要发送的数据从 I2CDXR 中转移到 I2CXSR 后,直到发送移位寄存器(I2CXSR)值全部发送完毕,此时,如果没有后续的数据从 I2CDXR 转移到 I2CXSR,那么发送移位寄存器将发生下溢。除非有新的数据送到 I2CDXR 中,I2CDXR 才会将新的数据转移到 I2CXSR。如果新的数据没有及时的转移,那么之前发送过的数据有可能会被再次发送 0:下溢(I2CXSR 为空) 1:未下溢(I2CXSR 不为空)。下面任何一种情况都将清除此位: ➢ 数据被写到 I2CDXR 中; ➢ I²C 模块复位。

续表 15.8

位	名　称	描　述
9	AAS	从机地址位 0:在 7 位地址模式下,当 I²C 接收到一个无应答信号,一个停止信号或者一个循环起始信号时 AAS 位会被清除;在 10 位地址模式下,当 I²C 接收到一个无应答信号,一个停止信号或者一个与 I²C 本身外围设置的地址不符的从机地址时 AAS 位会被清除 1:I²C 模块确认收到的地址为它的从机地址或者一个全零的广播地址。如果在全数据格式下(I2CMDR 的 FDF＝1)收到了第一个字节数据 AAS 位也将被置位
8	AD0	全 0 地址位 0:AD0 位可以被起始信号或者停止信号清除 1:接收到一个全零地址(广播地址)
7～6	保留	保留
5	SCD	停止信号位。当 I²C 发送或者接收到一个停止信号时 SCD 将被置位 0:没有检测到停止信号。下面任何一种情况都将清除此位: ➤ 当 I2CISRC 的值为 110B(检测到停止信号)CPU 读取 I2CISRC,仿真读不影响此位; ➤ 手动清除,向该位写 1; ➤ I²C 模块复位。 1:在总线上检测到停止信号
4	XRDY	数据发送就绪中断标志位。如果不处于 FIFO 模式下,XRDY 表明数据发送寄存器(I2CDXR)已经准备好接收新的数据,因为之前的数据已经从 I2CDXR 中复制到了移位发送寄存器(I2CXSR)中。CPU 可以查询 XRDY 或者响应 XRDY 触发的中断请求;如果使用的是 FIFO 模式,那么使用的是与此位作用相似的 TXFFINT 位 0:I2CDXR 未做好准备。当数据写到 I2CDXR 时该位被清除 1:I2CDXR 准备就绪:数据已经从 I2CDXR 中复制到了 I2CXSR 中。I²C 复位该位也会被置 1
3	RRDY	数据接收就绪中断标志位。如果不处于 FIFO 模式下,RRDY 表明数据接收寄存器(I2CDRR)已经准备好被读取数据,因为数据已经从移位接收寄存器(I2CRSR)中复制到了 I2CDRR 中。CPU 可以查询 RRDY 或者响应 RRDY 触发的中断请求;如果使用的是 FIFO 模式,那么使用的是与此位作用相似的 RXFFINT 位 0:I2CDRR 未做好准备。此位将会被以下任何一种情况清除: ➤ I2CDRR 被 CPU 读取,仿真读不影响此位; ➤ 手动清除,写 1; ➤ I²C 复位。 1:I2CDXR 准备就绪:数据已经从 I2CDXR 中复制到了 I2CXSR 中。I²C 复位该位也会被置 1

续表 15.8

位	名 称	描 述
2	ARDY	寄存器读/写准备就绪中断标志位(仅限于 I²C 模块为主机)。该位表明 I²C 模块已经准备好了存取操作,因为之前的程序地址、数据和命令已经被使用用过了。CPU 可以查询 ARDY 或者响应 ARDY 触发的中断请求 0:寄存器未做好被存取的准备。此位将会被以下任何一种情况清除: ➤ I²C 模块开始使用当前寄存器内容; ➤ 手动清除,写 1; ➤ I²C 复位。 1:寄存器已经做好被存取的准备 在非循环模式下(I2CMDR. RM=0):如果 STP=0,在内部数据计数器被减到 0 时该位被置位;如果 STP=1,ARDY 没有影响(此种模式下在内部数据计数器被减到 0 的时候 I²C 模块将产生一个停止信号) 在循环模式下(I2CMDR. RM=1):在 I2CDXR 中每发送完一个字节 ARDY 都会被置位
1	NACK	无应答信号中断标志位(仅限于 I²C 模块为发送方,无论是做主机还是从机)。NACK 表明 I²C 模块从数据接收方接收到的是应答信号还是无应答信号 0:收到应答信号(未收到无应答信号)。此位将会被以下任何一种情况清除: ➤ 收到接收方发来的应答信号; ➤ 手动清除,写 1; ➤ CPU 读取中断源寄存器(I2CISRC)并且该寄存器有无应答信号中断; ➤ I²C 复位。 1:收到无应答信号。由硬件检测是否收到无应答信号 注意:在 I²C 模块处于广播地址数据交换的模式下,即使收到一个或者更多的应答信号,NACK 始终为 1
0	AL	仲裁失败中断标志位(仅限于 I²C 模块作为主机发送模式)。如果 I²C 模块与另外一个主机争夺总线控制权而发生冲突,由总线仲裁决定控制权给谁,AL 表明了在冲突的情况下总线仲裁结果是否将总线控制权给 I²C 模块 0:获得总线控制权。此位将会被以下任何一种情况清除: ➤ 手动清除,写 1; ➤ CPU 读取中断源寄存器(I2CISRC)并且该寄存器有 AL 中断; ➤ I²C 复位。 1:未获得总线控制权。此位将会被一下任何一种情况置位: ➤ I²C 模块判断出在多个主机争夺总线控制权中总线仲裁没有将控制权分配给自己; ➤ I²C 模块在总线忙期间(BB=1)尝试启动一个起始信号。

4. I²C 中断源寄存器（I2CISRC）

I²C 中断源寄存器（I2CISRC）位信息如表 15.9 所列。

表 15.9   I²C 中断源寄存器（I2CISRC）

位	名　称	描　述
15～3	保留	保留
2～0	INTCODE	中断事件位。3 位 INTCODE 位用于确定哪种事件触发的 I²C 中断 000:无事件中断 001:仲裁失败中断 010:收到无应答信号 011:寄存器存取准备就绪 100:数据接收准备就绪 101:数据发送准备就绪 110:检测到停止信号 111:作为从机地址 CPU 读该数据后此位自动清除。如果发生的是仲裁失败中断、收到无应答信号中断或者检测到停止信号中断,随着该位的清除 I2CSTR 中相应的中断标志位也会被同步清除

5. I²C 预分频寄存器（I2CPSC）

该 16 位寄存器用于对 I²C 输入时钟频率进行分频以获得所需要的 I²C 模块工作频率。需要注意的是所获得的工作频率应该在 I²C 所允许的频率范围内。在 I²C 模块复位的时候 IPSC 必须要初始化(I2CCMR.IRS＝0),只有当 IRS＝1 时分频频率才会起作用,此时无法修改 IPSC 的值。其各位信息如表 15.10 所列。

表 15.10   I²C 预分频寄存器（I2CPSC）

位	名　称	描　述
15～8	保留	保留
7～0	IPSC	I²C 分频系数 IPSC 确定供给 I²C 模块的工作频率是 I²C 模块输入频率的分频值 I²C 模块工作频率＝I²C 输入时钟频率/(IPSC＋1) 注意:在 I²C 模块复位的时候 IPSC 必须要初始化(I2CCMR.IRS＝0)

6. I²C 时钟细分寄存器组（I2CCLKL 和 I2CCLKH）

当 I²C 模块作为主机时,模块时钟频率经过分频以后将作为主机频率作用在 SCL 引脚上。以下 2 个数值决定了模块时钟频率特性,如图 15.26 所示:

> I2CCLKL 中的 ICCL。ICCL 决定了时钟信号的低电平时间,位信息如表 15.11 所列。

> I2CCLKH 中的 ICCH。ICCH 决定了时钟信号的高电平时间,位信息如表 15.12 所列。

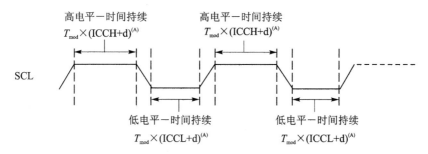

图 15.26 I²C 时钟高低电平时间

表 15.11 ICCL 信息

位	名　称	描　述
15~0	ICCL	时钟低电平时间值。模块时钟乘以(ICCL $+d$)确定主机时钟低电平宽度,d 可以是 5、6 或者 7,详见表 15.13

表 15.12 ICCH 信息

位	名　称	描　述
15~0	ICCH	时钟高电平时间值。模块时钟乘以(ICCL $+d$)确定主机时钟高电平宽度,d 可以是 5、6 或者 7,详见表 15.13

主机时钟电平宽度(T_{mst})计算公式如下:

$$T_{mst} = T_{mod} \times [(ICCL + d) + (ICCH + d)]$$

$$T_{mst} = \frac{(IPSC + 1)[(ICCL + d) + (ICCH + d)]}{I^2C \text{ 输入时钟频率}}$$

其中,T_{mod} 为模块时钟电平宽度,d 的数值由 IPSC 决定,如表 15.13 所列。

表 15.13 IPSC 与 d 的值

IPSC	d	IPSC	d
0	7	大于 1	5
1	6		

7. I²C 从地址寄存器 (I2CSAR)

当 I²C 模块作为主机时,它用来存储下一次要发送的地址值。它包含了一个 7 位或者 10 位从机地址空间,当 I²C 工作在非全数据模式时(I2CMDR.FDF=0),寄存器中的地址是传输的首帧数据。如果寄存器中地址值非全零,那该地址对应一个指定的从机;如果寄存器中的地址为全零,地址就为广播地址,呼叫所有挂在总线上的从机。如果选择 7 位地址模式(I2CMDR. XA=0),只有位 6~位 0 是可用的,位 9~位 7 写 0。详细位信息如表 15.14 所列。

表 15.14 I^2C 从地址寄存器 (I2CSAR)

位	名 称	描 述
15~10	保留	保留
9~0	SAR	在 7 位地址模式下(I2CMDR. XA=0): 0x00~0x7F:位 6~位 0 为处于主机发送模式下的 I^2C 模块提供 7 位将要发送数据的从机的地址,位 9~位 7 写 0 在 10 位地址模式下(I2CMDR. XA=1): 0x00~0x03FF:位 9~位 0 为处于主机发送模式下的 I^2C 模块提供 10 位将要发送数据的从机的地址

8. I^2C 自身地址寄存器(I2COAR)

I^2C 模块使用该寄存器从所有挂在总线上的从机中找出属于自己的从机。如果选择 7 位地址模式(I2CMDR. XA=0),只有位 6~位 0 是可用的,位 9~位 7 写 0。位信息如表 15.15 所列。

表 15.15 I^2C 自身地址寄存器 (I2COAR)

位	名 称	描 述
15~10	保留	保留
9~0	OAR	在 7 位地址模式下(I2CMDR. XA=0): 0x00~0x7F:位 6~位 0 提供 7 位从机地址,位 9~位 7 写 0 在 10 位地址模式下(I2CMDR. XA=1): 0x00~0x03FF:位 9~位 0 提供 10 位从机地址

9. I^2C 数据计数寄存器(I2CCNT)

它是一个用来表示有多少字节的数据将会被发送(DSP 作为发送方)或者接收(DSP 作为主机接收方),工作在循环模式下(RM=1)时,I2CCNT 不起作用。

向 I2CCNT 里写值以后,I^2C 模块将自动复制 I2CCNT 里的值到一个内部数据计数器中,只要有一个字节被发送数据计数器里的数值将会减 1(I2CCNT 里的值不改变)。在主机模式下如果有 STOP 停止信号请求(I2CMDR. STP=1),I^2C 模块的数据计数器在里面的值变为 0 时(最后一个字节被发送出去)响应停止请求而终止发送。位信息如表 15.16 所列。

表 15.16　I²C 数据计数寄存器 (I2CCNT)

位	名　称	描　　述
15～0	ICDC	数据计数值。ICDC 表明有多少个字节的数据要发送或者接收。当 I2CMDR.RM＝1 时 I2CCNT 的值不起作用 0x0000:装载到内部数据计数器中的初始值为 65 536 0x0001～0xFFFF:装载到内部数据计数器中的初始值为 1～65 536

10. I²C 数据接收寄存器 (I2CDRR)

I²C 模块能接收 1～8 位的数据字节。I2CMDR 中的 BC 位可以选择一个数据字节的位数。每次从 SDA 引脚上读取到的数据被复制到移位接收寄存器(I2CRSR)中,当一个设置的字节数据接收完以后,I²C 模块将 I2CSRS 中的数据复制到 I2CDRR 中。CPU 不能对 I2CSRS 直接存取。

如果在 I2CDRR 中的数据字节少于 8 位,那 I2CDRR 中的数据右对齐,其他位状态不定义。例如,如果 BC＝011(3 位数据长度),接收到的数据就存放在 I2CDRR 的位 2～位 0,位 7～位 3 状态未定义。

如果接收使用 FIFO 模式,I2CDRR 充当接收 FIFO 寄存器缓存的角色。各位信息如表 15.17 所列。

表 15.17　I²C 数据接收寄存器 (I2CDRR)

位	名　称	描　　述
15～8	保留	保留
7～0	DATA	接收到的数据

11. I²C 数据发送寄存器 (I2CDXR)

CPU 将要发送的数据写入 I2CDXR 中,这个 16 位的寄存器能够写入 1 位～8 位的数据字节。在将数据写入 I2CDXR 之前,必须要写一个适当的数值到 I2CMDR 的 BC 位,用以说明一个数据字节有多少位数据。如果要写入的数据少于 8 位,则必须要确保写入 I2CMDR 中的数据是右对齐的。

在一个数据字节写入 I2CDXR 后,I²C 模块将 I2CDXR 中的数据复制到移位发送寄存器(I2CXSR)中。CPU 不能对 I2CXSR 直接存取。I²C 模块每次移一位数据到 SDA 引脚上。如果发送使用 FIFO 模式,I2CDXR 充当发送 FIFO 寄存器缓存的角色。位信息如表 15.18 所列。

表 15.18　I²C 数据发送寄存器 (I2CDXR)

位	名　称	描　　述
15～8	保留	保留
7～0	DATA	要发送的数据

12. I²C 发送 FIFO 寄存器（I2CFFTX）

I²C 发送 FIFO 寄存器（I2CFFTX）的位信息如表 15.19 所列。

表 15.19 I²C 发送 FIFO 寄存器（I2CFFTX）

位	名　称	描　　述
15	保留	保留
14	I2CFFEN	I²C FIFO 模块使能位。使能发送 FIFO 和接收 FIFO 0:屏蔽 FIFO 模块 1:使能 FIFO 模块
13	TXFFRST	I²C 发送 FIFO 复位位 0:复位发送 FIFO 使其指针指向 0x00,保持发送 FIFO 处于复位状态 1:使能发送 FIFO
12~8	TXFFST4~0	FIFO 发送数据状态: 10000:发送 FIFO 为 16 字节 0xxxx:发送 FIFO 为 xxxx 字节 00000:发送 FIFO 为空
7	TXFFINT	发送 FIFO 中断标志位。当 CPU 向 TXFFINTCLR 写 1 时该位会被清除;如果 TXFFIEA 使能,该位的置位将引发一个中断信号 0:发送 FIFO 没有中断发生 1:发送 FIFO 有中断发生
6	TXFFINTCLR	发送 FIFO 中断标志清除位 0:写 0 无任何作用 1:写 1 清除 TXFFINT 中断标志
5	TXFFIENA	发送 FIFO 中断使能位 0:屏蔽。TXFFINT 中断标志位不触发中断 1:使能。TXFFINT 中断标志位触发中断
4~0	TXFFIL4~0	发送 FIFO 中断深度位 当 TXFFST4~0 里的值等于或者小于 TXFFIL4~0 的设定数值时,TXFFINT 将被置位。如果 TXFFIEA 位被使能的话就会触发一个中断信号

13. I²C 接收 FIFO 寄存器（I2CFFRX）

这个 16 位的寄存器里包含了 I²C 模块的 FIFO 控制和状态位。各位信息如表 15.20 所列。

表 15.20 I²C 接收 FIFO 寄存器 (I2CFFRX)

位	名 称	描 述
15～14	保留	保留
13	RXFFRST	I²C 接收 FIFO 复位位 0:复位接收 FIFO 使其指针指向 0x00,保持接收 FIFO 处于复位状态 1:使能接收 FIFO
12～8	RXFFST4～0	FIFO 接收数据状态: 10000:接收 FIFO 为 16 字节 0xxxx:接收 FIFO 为 xxxx 字节 00000:接收 FIFO 为空
7	RXFFINT	接收 FIFO 中断标志位。当 CPU 向 RXFFINTCLR 写 1 时该位会被清除;如果 RXFFIEA 使能,该位的置位将会引发一个中断信号 0:接收 FIFO 没有中断发生 1:接收 FIFO 有中断发生
6	RXFFINTCLR	接收 FIFO 中断标志清除位 0:写 0 无任何作用 1:写 1 清除 TXFFINT 中断标志
5	RXFFIENA	接收 FIFO 中断使能位 0:屏蔽。RXFFINT 中断标志位不触发中断 1:使能。RXFFINT 中断标志位触发中断
4～0	RXFFIL4～0	接收 FIFO 中断深度位 当 RXFFST4～0 里的值等于或者大于 RXFFIL4～0 的设定数值时,RXFFINT 将被置位。如果 RXFFIEA 位被使能的话就会触发一个中断信号 注意,如果接收 FIFO 操作使能而且 I²C 已经脱离了复位状态,那么接收 FIFO 中断标志位将会被置位,如果接收 FIFO 中断使能的话将会引起一个中断信号。为了避免这种情况,在置位 RXFFRST 之前应该修改这些位

15.5 手把手教你实现 I²C 数据传送

1. 实验目的

① 掌握采用 I²C 进行数据传送。

② 掌握实时时钟应用。

2. 实验步骤

① 打开已经配置好的 CCS6.1 软件。

② 将仿真器的 USB 与计算机连接,将仿真器的另一端 JTAG 端插到 YX-F28335 开发板的 JTAG 针处。

③ 在 CCS6.1 建立配置文件并连接 DSP 板卡。

④ 在 CCS6.1 菜单栏,首先选择 File→Import 菜单项,然后选择 Code Composer Studio→CCS Projects ,最后浏览找到 i2c _ rtc 工程所在的路径文件夹并导入工程。

⑤ 选择 Run→Load→Load Program 菜单项,选中 i2c _ rtc. out 并下载。

⑥ 选择 Run→Resume 菜单项运行,在 CCS 中选择 View→Expressions 菜单项,并输入 SECOND,然后单击 Continuous Refresh 查看其值的变化;若其值是递增的,则说明 X1226 工作正常。

3. 实验原理

在 YX-F28335 底板上有一个 X1226 实时时钟芯片,系统可以通过它来记录实时时间。当系统上电时,该芯片由电源供电。当系统掉电时,该芯片由电池供电,达到记录准确时间的目的。其测试思路为,先向 X1226 内部写入当前时间,然后不断地读出它所记录的时间,通过查看 SECOND 变量来判断它是否工作正常。

```
void main(void)
    {
        Uint16 i;
        CurrentMsgPtr = &I2cMsgOut1;
        InitSysCtrl();
        InitI2CGpio();
        DINT;
        InitPieCtrl();
        //禁止所有中断
        IER = 0x0000;
        IFR = 0x0000;
        //初始化 PIE 向量表
        InitPieVectTable();
        //使能 I²C 相关 PIE 中断
        EALLOW;
        PieVectTable.I2CINT1A = &i2c_int1a_isr;
        EDIS;
        //初始化 I²C 相关外设
        I2CA_Init();
        //用户定义的代码
        //使能本例中需要用到的中断
        //使能 I²C 中断 1 在 PIE 8 组第一中断
        PieCtrlRegs.PIEIER8.bit.INTx1 = 1;
        //使能跟 PIE 组 8 相连的 CPU 中断 INT8
        IER |= M_INT8;
        EINT;
        //应用循环
        for(;;)
        {
```

```
/////////////////////////////
// RTC 实际应用程序,写实际时间 //
/////////////////////////////
//检查运行信息,是否有需要发送的信息
//
if(I2cMsgOut1.MsgStatus == I2C_MSGSTAT_SEND_WITHSTOP)
{
    i = 0x02;
    WriteData(&I2cMsgOut1,&i,0x003f,1);
    i = 0x06;
    WriteData(&I2cMsgOut1,&i,0x003f,1);
    i = YEAR >> 8;
    WriteData(&I2cMsgOut1,&i,Y2K,1);
    i = YEAR & 0xff;
    WriteData(&I2cMsgOut1,&i,YR,1);
    i = MONTH;
    WriteData(&I2cMsgOut1,&i,MO,1);
    i = DAY;
    WriteData(&I2cMsgOut1,&i,DT,1);
    i = WEEK;
    WriteData(&I2cMsgOut1,&i,DW,1);
    i = HOUR;
    WriteData(&I2cMsgOut1,&i,HR,1);
    i = MINUTE;
    WriteData(&I2cMsgOut1,&i,MN,1);
    i = SECOND;
    WriteData(&I2cMsgOut1,&i,SC,1);
}  // end of write section
/////////////////////////////
//读 RTC 相关信息//
/////////////////////////////
if (I2cMsgOut1.MsgStatus == I²C_MSGSTAT_INACTIVE)
{
    //检查输入信息状态
    if(I2cMsgIn1.MsgStatus == I²C_MSGSTAT_SEND_NOSTOP)
    {
        // RTC 地址设置端
        while(I2CA_ReadData(&I2cMsgIn1) != I²C_SUCCESS)
        {
        }
        //更新当前信息
        CurrentMsgPtr = &I2cMsgIn1;
        I2cMsgIn1.MsgStatus = I²C_MSGSTAT_SEND_NOSTOP_BUSY;
    }
    //一旦设置好 RTC 的内部地址,发送一个重启从 RTC 读数据,完成读取后发
    //送停止位
    //信息状态的更新可以在中断服务中进行
    else if(I2cMsgIn1.MsgStatus == I2C_MSGSTAT_RESTART)
    {
        DELAY_US(1000000);
```

```
            YEAR = (I2cMsgIn1.MsgBuffer[7] << 8) + I2cMsgIn1.MsgBuffer[5];
            MONTH = I2cMsgIn1.MsgBuffer[4];
            DAY = I2cMsgIn1.MsgBuffer[3];
            WEEK = I2cMsgIn1.MsgBuffer[6];
            HOUR = I2cMsgIn1.MsgBuffer[2];
            MINUTE = I2cMsgIn1.MsgBuffer[1];
            SECOND = I2cMsgIn1.MsgBuffer[0];
            //读数据
            while(I2CA_ReadData(&I2cMsgIn1) != I2C_SUCCESS)
            {

            }
            //更新当前信息指针以及信息装填
            CurrentMsgPtr = &I2cMsgIn1;
            I2cMsgIn1.MsgStatus = I2C_MSGSTAT_READ_BUSY;
            }
        }  //结束读


    }   // end of for(;;)
}    // end of main
//I²C初始化
void I2CA_Init(void)
{
    //初始化 I²C
    I2caRegs.I2CMDR.all = 0x0000;          //复位 I²C
    //停止 I²C
    I2caRegs.I2CFFTX.all = 0x0000;         //禁止 FIFO
    I2caRegs.I2CFFRX.all = 0x0040;         //禁止接收 FIFO,清除相关中断位
    # if (CPU_FRQ_150MHZ)                  //默认的——系统时钟 150 MHz
        I2caRegs.I2CPSC.all = 14;          //预分频——时钟模块的频率
                                           //为 7～12 MHz, 150/15 = 10 MHz

    # endif
    # if (CPU_FRQ_100MHZ)                  // 100 MHz 的系统时钟
    I2caRegs.I2CPSC.all = 9;               //预分频 - 时钟模块(100/10 = 10 MHz)
                                           //需要设置的范围为 7～12 MHz

    # endif
    I2caRegs.I2CCLKL = 10;                 //注意:不能为 0
    I2caRegs.I2CCLKH = 5;                  //注意:不能为 0
    I2caRegs.I2CIER.all = 0x24;            //使能 I²C 数据线 SCD & 中断就绪
    I2caRegs.I2CMDR.all = 0x0020;          // I²C 就绪
    I2caRegs.I2CFFTX.all = 0x6000;         //使能发送 FIFO
    I2caRegs.I2CFFRX.all = 0x2040;         //使能接收 FIFO
    return;
}
//I²C读数据函数
Uint16 I2CA_WriteData(struct I2CMSG * msg)
{
    Uint16 i; '
    //等待一直到 STP 位被清除,主通信模式
    if (I2caRegs.I2CMDR.bit.STP == 1)
    {
```

```
        return I2C_STP_NOT_READY_ERROR;
    }
    //设置从设备地址
    I2caRegs.I2CSAR = msg->SlaveAddress;
    //检查总线是否忙
    if (I2caRegs.I2CSTR.bit.BB == 1)
    {
        return I2C_BUS_BUSY_ERROR;
    }
    //设置发送的字节数
    // MsgBuffer + Address
    I2caRegs.I2CCNT = msg->NumOfBytes + 2;
    //设置发送的数据
    I2caRegs.I2CDXR = msg->MemoryHighAddr;
    I2caRegs.I2CDXR = msg->MemoryLowAddr;
    for (i = 0; i<msg->NumOfBytes; i++)
    {
        I2caRegs.I2CDXR = *(msg->MsgBuffer + i);
    }
    //发送开始主发送
    I2caRegs.I2CMDR.all = 0x6E20;
    return I2C_SUCCESS;
}
//I²C读数据
Uint16 I2CA_ReadData(struct I2CMSG * msg)
{
if (I2caRegs.I2CMDR.bit.STP == 1)
{
    return I2C_STP_NOT_READY_ERROR;
}
I2caRegs.I2CSAR = msg->SlaveAddress;
if(msg->MsgStatus == I2C_MSGSTAT_SEND_NOSTOP)
{
    //检查总线是否忙
    if (I2caRegs.I2CSTR.bit.BB == 1)
    {
        return I2C_BUS_BUSY_ERROR;
    }
    I2caRegs.I2CCNT = 2;
    I2caRegs.I2CDXR = msg->MemoryHighAddr;
    I2caRegs.I2CDXR = msg->MemoryLowAddr;
    I2caRegs.I2CMDR.all = 0x2620;        //发送数据到设置的RTC地址
}
else if(msg->MsgStatus == I2C_MSGSTAT_RESTART)
{
    I2caRegs.I2CCNT = msg->NumOfBytes;   //设置期望的字节数
    I2caRegs.I2CMDR.all = 0x2C20;        //设置重启主接收模式
}
return I2C_SUCCESS;
```

```
}
interrupt void i2c_int1a_isr(void)        // I²C - A
{
    Uint16 IntSource, i;
    //读中断源
    IntSource = I2caRegs.I2CISRC.all;
    // Interrupt source = stop condition detected
    if(IntSource == I2C_SCD_ISRC)
    {
        //读完数据后,设置 MSG 为非激活状态
        if (CurrentMsgPtr ->MsgStatus == I2C_MSGSTAT_WRITE_BUSY)
        {
            CurrentMsgPtr ->MsgStatus = I2C_MSGSTAT_INACTIVE;
        }
        else
        {
            if(CurrentMsgPtr ->MsgStatus == I2C_MSGSTAT_SEND_NOSTOP_BUSY)
            {
                CurrentMsgPtr ->MsgStatus = I2C_MSGSTAT_SEND_NOSTOP;
            }
            //如果读完 RTC 数据,复位 MS 为非激活状态,并且从 FIFO 读数据
            else if (CurrentMsgPtr ->MsgStatus == I2C_MSGSTAT_READ_BUSY)
            {
                CurrentMsgPtr ->MsgStatus = I2C_MSGSTAT_SEND_NOSTOP;//I2C_MSGSTAT_IN-
                                            ACTIVE;
                for(i = 0; i < CurrentMsgPtr ->NumOfBytes; i ++ )
                {
                    CurrentMsgPtr ->MsgBuffer[i] = I2caRegs.I2CDRR;
                }
            }
        }
    }
    else if(IntSource == I2C_ARDY_ISRC)
    {
        if(I2caRegs.I2CSTR.bit.NACK == 1)
        {
            I2caRegs.I2CMDR.bit.STP = 1;
            I2caRegs.I2CSTR.all = I2C_CLR_NACK_BIT;
        }
        else if(CurrentMsgPtr ->MsgStatus == I2C_MSGSTAT_SEND_NOSTOP_BUSY)
        {
            CurrentMsgPtr ->MsgStatus = I2C_MSGSTAT_RESTART;
        }
    }  // end of register access ready
    else
    {
        //发出无效中断源错误提示
        asm("   ESTOP0");
    }
```

```
        //使能 I2C 中断,下次 I2C 中断就绪
        PieCtrlRegs.PIEACK.all = PIEACK_GROUP8;
    }
void pass()
    {
        asm("    ESTOP0");
        for(;;);
    }
void fail()
    {
        asm("    ESTOP0");
        for(;;);
    }
void WriteData(struct I2CMSG * msg,Uint16 * MsgBuffer,Uint16 MemoryAdd,Uint16 NumOf-
                Bytes)
{
    Uint16 i,Error;
    for(i = 0; i < NumOfBytes; i ++ )
    {
        msg ->MsgBuffer[i] = MsgBuffer[i];
    }
    msg ->MemoryHighAddr = MemoryAdd >> 8;
    msg ->MemoryLowAddr = MemoryAdd & 0xff;
    msg ->NumOfBytes = NumOfBytes;
    Error = I2CA_WriteData(&I2cMsgOut1);
    if (Error == I2C_SUCCESS)
    {
        CurrentMsgPtr = &I2cMsgOut1;
        I2cMsgOut1.MsgStatus = I2C_MSGSTAT_WRITE_BUSY;
    }
    while(I2cMsgOut1.MsgStatus != I2C_MSGSTAT_INACTIVE);
    DELAY_US(1000);
}
```

第 **16** 章

引导模式和程序 BOOT ROM

在系统设计时会碰到这样一个普遍的问题，F28335 的 CPU 时钟高达 150 MHz，而大部分存储设备的访问速度都不高，尤其是掉电不丢失数据的串行存储设备，其访问时间最快的也要几十 ns，通常程序运行时，CPU 需要从掉电后不丢失数据的存储器中读取指令然后运行，这样地频繁访问 ROM，会花费 CPU 大量的读/写等待时间，从而影响效率，无法满足复杂且实时性较高的系统需要，所以目前在实时性要求较高、程序规模不是非常大的系统中，常常使用 BOOT 引导方式。此时，将程序存放在掉电不丢失数据的 ROM 存储器中，如片内的 FLASH、片外 SPI‐EEP-ROM 或 SPI‐FLASH 等，CPU 复位后首先进入引导加载程序，将 ROM 中程序加载到内部访问速度相对比较快的 SARAM 中，然后根据引导加载程序指定的程序入口地址，在片内 SARAM 中运行相应的程序。这个过程主要涉及系统的启动引导（BootLoader）。BootLoader 一般涉及引导模式的设定、程序搬移、程序运行首地址的设定等几个主要步骤。F28335 有多种引导模式，在一些特定的启动模式中，可以利用 TI 集成在片上的 BootLoader 程序。这个 BootLoader 程序与中断向量表、浮点计算数学表都存放在一个 8K×16 大小的 BOOT ROM 中。

16.1 BOOT ROM 简介

F28335 中的 BOOT ROM 是一块 8K×16 的只读存储器，位于地址空间 0x3FE000～0x3F FFFF。片内 BOOT ROM 在出厂时固化了引导加载程序以及定点和浮点数学表。片上 BOOT ROM 的存储映射如图 16.1 所示。

1. 内 BOOT ROM 数学表

在 BOOT ROM 中保留了 4K×16 位空间，用以存放浮点和 IQ 数学公式表，这些数学公式表有助于改善性能和节省 SARAM 空间。主要包括：

① Sin/Cosine 函数表：单精度浮点型，函数大小为 1 282 字，Q 格式为 Q30，对 5/4 周期正弦波的 32 位浮点采样。这个函数有助于产生精确的正弦波和进行 32 位的 FFT 分析。

② 规格化转置函数：单精度浮点型，函数大小为 528 字，Q 格式为 Q29，对规格

化转置的 32 位采样并有饱和限制。这个函数有助于初步计算牛顿拉夫逊－转置矩阵，除了精确地计算外，收敛快，转换速度也快。

③ 平方根函数：单精度浮点型，函数大小为 274 字，Q 格式为 Q30，内容为平方根的 32 位采样。这个函数有助于采用牛顿拉夫逊平方根算法初步计算平方根，运算精确，收敛快，从而转换速度快。

④ 标准的反正弦函数：单精度浮点型，函数大小为 452 字，Q 格式为 Q30，内容为 2 阶线性度的反正弦函数表。这个函数有助于采用迭代法计算反正弦的初值，运算精确，转换快，收敛快。

图 16.1　F28335 片上 BOOT ROM 存储映射

⑤ 标准圆函数：大小为 360 字，Q 格式为 Q30，制圆函数。

⑥ 最小化/最大化函数：大小为 120 字，Q 格式为 Q1 ～Q30，内容为对不同的 Q 值有 32 位最小化/最大化值。

2. CPU 向量表

CPU 向量表位于 ROM 存储器 0x3F E000～0x3F FFFF 段内，如表 16.1 所列。复位后，当 VMAP＝1，ENPIE＝0(PIE 向量表禁止)时，该向量表激活。

① VMAP 位位于状态寄存器 ST1 中，VMAP 在复位后总是 1，它能够在软件复位后发生变化，在正常操作模式下保持 VMAP＝1。

② ENPIE 位位于 PIECTRL 寄存器。该位在复位的情况下默认状态是 0，这将禁止外设中断扩展模块(PIE)。

表 16.1　F28335 BOOT ROM CPU 向量表

Vector	Location in Boot ROM	Contents (i. e. , points to)	Vector	Location in Boot ROM	Contents (i. e. , points to)
RESET	0x3F FFC0	InitBoot(0x3F FB50)	RTOSINT	0x3F FFE0	0x00 0060
INT1	0x3F FFC2	0x00 0042	Reserved	0x3F FFE2	0x00 0062
INT2	0x3F FFC4	0x00 0044	NMI	0x3F FFE4	0x00 0064
INT3	0x3F FFC6	0x00 0046	ILLEGAL	0x3F FFE6	ITRAPIsr
INT4	0x3F FFC8	0x00 0048	USER1	0x3F FFE8	0x00 0068
INT5	0x3F FFCA	0x00 004A	USER2	0x3F FFEA	0x00 006A
INT6	0x3F FFCC	0x00 004C	USER3	0x3F FFEC	0x00 006C
INT7	0x3F FFCE	0x00 004E	USER4	0x3F FFEE	0x00 006E

续表 16.1

Vector	Location in Boot ROM	Contents (i. e. , points to)	Vector	Location in Boot ROM	Contents (i. e. , points to)
INT8	0x3F FFD0	0x00 0050	USER5	0x3F FFF0	0x00 0070
INT9	0x3F FFD2	0x00 0052	USER6	0x3F FFF2	0x00 0072
INT10	0x3F FFD4	0x00 0054	USER7	0x3F FFF4	0x00 0074
INT11	0x3F FFD6	0x00 0056	USER8	0x3F FFF6	0x00 0076
INT12	0x3F FFD8	0x00 0058	USER9	0x3F FFF8	0x00 0078
INT13	0x3F FFDA	0x00 005A	USER10	0x3F FFFA	0x00 007A
INT14	0x3F FFDC	0x00 005C	USER11	0x3F FFFC	0x00 007C
DLOGINT	0x3F FFDE	0x00 005E	USER12	0x3F FFFE	0x00 007E

在内部 BOOT ROM 引导区中能够调用的唯一向量就是位于 0x3F FFC0 的复位向量。复位向量在出厂时被烧录为直接指向存储在 BOOT ROM 空间中的 InitBoot 函数,该函数用于开启引导过程。通过 I/O(GPIO)引脚上的检验判断决定具体引导模式。引导模式与控制引脚间关系如表 16.2 所列。

在 BOOT ROM 中一些其他向量在正常操作模式下并不使用,当启动引导过程完成后,应该初始化 PIE 向量表并且使能 PIE 模块。一旦 PIE 向量表复位后,所有的向量除了复位向量外都从 PIE 模块中获取而并不会从 CPU 向量表中获取。

表 16.2 引导模式与控制引脚间的关系

GPIO87/XA15	GPIO86/XA14	GPIO85/XA13	GPIO84/XA12	引导模式
1	1	1	1	跳转到 FLASH(BOOT to FLAS)
1	1	1	0	SCI - A 引导
1	1	0	1	SCI - B 引导
1	1	0	0	I^{2}C 引导
1	0	1	1	Ecan - A 引导
1	0	1	0	McBSP - A 引导
1	0	0	1	跳转到 XINTF x16
1	0	0	0	跳转到 XINTF x32
0	1	1	1	跳转到 OTP
0	1	1	0	并行 GPIO/O 引导
0	1	0	1	并行 XINTF 引导
0	1	0	0	跳转到 SARAM
0	0	1	1	检测引导模式分支
0	0	1	0	跳转到 FLASH,忽略 ADC 校准
0	0	0	1	跳转到 SARAM,忽略 ADC 校准
0	0	0	0	SCI - A 引导,忽略 ADC 校准

3. BootLoader 简介

BootLoader 位于片内 BOOT ROM,是一种在复位后执行的引导程序,用于在上电复位后,将程序代码从外部源转移到内部存储器。这允许代码暂时存储在掉电不丢失数据的外部存储器内,然后被转移到高速存储器中执行。

BootLoader 提供了多种下载代码的方式,可以适应不同的系统需求。具体引导方式由 GPIO 引脚信号决定,如表 16.2 所列。

在执行设备初始化后,BootLoader 将会检查 GPIO 引脚的状态以决定用户所希望执行的

引导模式选项包括跳转到 FLASH,跳转到 OTP,跳转到 SARAM,跳转到 XINTF,或者调一个片上引导加载程序。

在选择完启动模式之后,如果所需的引导加载完成,处理器执行地址由所选引导模式决定。如果 BootLoader 被调用,那么由外设加载的输入决定这一入口地址。反之,若用户选择直接引导到 FLASH、OTP、XINTF 或者 SARAM,这些存储器块的入口地址在系统内是被预先定义好的。

16.2　DSP 的引导过程

1. DSP 启动与引导过程

DSP 芯片上电之后,首先处于复位状态。在上电过程中,F28335 的上电顺序要求与 F2812 不一样,没有 F2812 的要求严格,F28335 上电要求内核先于 I/O,这样做的好处是 I/O 引脚将不会产生不稳定的未知状态。若 I/O 模块先于内核上电时,由于此时内核不工作,I/O 输出缓冲器中的晶体管有可能打开,从而在输出引脚上产生不确定状态,对整个系统造成影响。为了避免这种情况的发生,VDD 引脚上电应早于 VDDIO 引脚上电,或与之同时,以确保 VDD 引脚在 VDDIO 引脚达到 0.7 V 之前先达到 0.7 V。

当复位引脚变高时,器件退出复位状态,器件首先从复位向量处开始运行,即 0x3FFFC0 地址处。该地址存放着 BOOT ROM 中的第一个汇编初始引导程序 Init-Boot 程序的入口地址,InitBoot 程序出厂前已固化到 BOOT ROM 上,此时,程序跳转到 0x3FFC00 执行 InitBoot 程序。该程序主要初始化 F28335 器件工作的目标模式。然后读取安全保护模块的密码,如果 CSM 密码被擦除(全部等于 0xFFFF),则自动解锁,否则 CSM 仍被锁定。

对 CSM 密码读取完成后,初始化例程调用模式选择功能函数(SelectBootMode);该函数根据 GPIO 引脚 84、85、86、87 的状态确定处理器引导方式与控制引脚间的关系如表 16.2 所列。上电复位后,默认使能这 4 个 GPIO 引脚的内部上拉功

能,如果选择 Boot to Flash 引导方式,则不需为这 4 个引脚外接控制电路。上电复位过程结束后,系统启动引导加载程序,此时必须设定好相应控制引脚的电平状态,在引导加载程序中将会对相应的引脚电平进行采样,之后决定进入何种引导方式。SCI、SPI、并行引导等几个启动模式还需要进一步调用 BootLoader 搬移程序,而其他启动模式是直接跳转到相应指定的地址,这就要求相应的指定地址处存放有用户程序的入口地址。一旦完成,SelectBootMode 将会把入口地址返回给初始化引导函数(InitBoot)。然后初始化引导函数调用恢复 CPU 寄存器的退出例程(ExitBoot),并退出到由引导模式确定的程序入口地址,如图 16.2 所示。

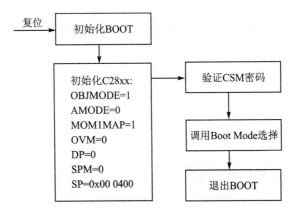

图 16.2 初始化引导函数功能框图

至此,硬件引导过程完成,接下来是用户程序引导过程。在用户应用程序中会有 rts2800.lib 或 rts2800_ml.lib,这个库里面包含引导程序进入用户编写的 Main 函数的引导函数_c_init0()函数。该函数是 C 程序的入口函数,正常程序编译完成后,该函数的地址会自动存在相应的入口地址处,如 0x3F800、0x3F7FF6 等,与选择的启动模式有关。这样,程序完成硬件引导后,就会到库中运行_c_init0()函数,完成 C 语言程序的环境建立。退出后,自动调用 Main 主函数,程序真正进入用户编写的函数。整个引导过程时间一定要短,要保证看门狗不复位,否则程序未完成引导就进入复位而重新进行引导,这样就陷入死循环,永远完成不了程序引导。因此,如果是 SCI、SPI、并行启动引导模式,则自动关闭看门狗;在软件上一般在启动过程中关闭看门狗,以防止这种情况发生。

2. BootLoader 模式

在上电过程中对于 F28335 处理器有 16 种不同的启动模式,可以通过处理器的 GPIO84~87 这 4 个端口控制,如表 16.2 所列,模式的选择流程如图 16.3 所示。无论用户选择哪种引导方式,程序最终只能从 FLASH、OTP 和 H0 - SARAM 存储空间执行。

处理器具体引导流程如图 16.4 所示。

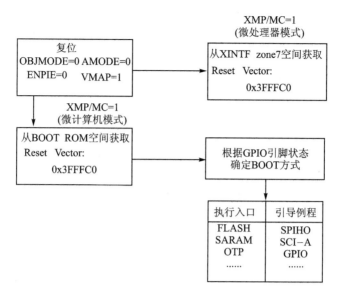

图 16.3　处理器复位操作及模式选择

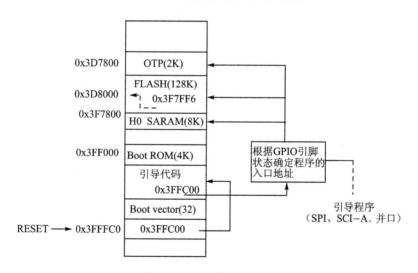

图 16.4　处理器引导过程

① 系统复位后总是跳到地址 0x3FFFC0 处,此处为 DSP 内部的 BOOT ROM。

② BOOT ROM 执行跳转指令跳转到 0x3FFC00(引导代码),该段代码主要完成基本的初始化任务和 Boot 模式的选择。

③ 仍然执行代码,根据 GPIO 的引脚状态确定执行程序的入口。

④ 如果选择了 SCI、SPI 或者端口 B 其中一种引导模式,则引导代码将同相应的接口建立标准的通信连接。

⑤ 将代码复制到指定的内部代码执行区,控制程序开始执行。

每一个中断线连接到存储空间的独立入口。如果 CPU 响应中断,处理器内核将会为中断分配专门的服务程序入口地址。由于用户不能改变 TI - ROM 的内容,必须将跳转到中断服务程序的汇编指令放到 M0 - SARAM(0x00 0040～0x00 007F)固定的位置。在采用 DSP 设计系统时,可以使用 M0 - SARAM 作为中断向量表重新定位各中断服务程序的入口。

3. BootLoader 数据流

BootLoader 数据流基本结构都是 16 进制。数据流中的第一个 16 位字作为引导程序的关键值,该值主要用来确定引导程序采用 8 位还是 16 位宽度的数据,对于 SPI 引导只能支持 8 位的引导装载。如果系统采用 8 位宽度装载程序该值设置为 0x08AA,如果采用 16 位宽度装载程序该值设置为 0x10AA。如果 BootLoader 接收到无效的关键字,那么装载程序出现异常,系统从 Flash 存储空间(0x33 7FF6)执行。

接下来第 2～9 个字用来初始化寄存器的值,或者用来扩展 BootLoader 操作。如果不使用这些值则作为保留字,引导程序读到这些字后直接将其丢弃,目前只有在使用 SPI 模式、I^2C、并行 XINTF 引导时才会使用这些字初始化寄存器。

第 10～11 个字构成 22 位入口地址,在引导程序加载程序完成后使用该值初始化程序指针,因此该值作为应用程序的入口地址。

数据流的第 12 个字表示第一个程序数据块的大小,无论采用 8 位还是 16 位的数据格式该值都以 16 位定义。如传输 32 个 8 位程序数据,块的大小则定义为 0x0010 表示 16 个 16 位字的程序数据。接下来的 2 个字定义程序数据块的目的地址。

每个数据块都按上述格式组织(数据块大小、目的地址),系统在引导装载过程中重复传输。一旦遇到需要传输的数据块的大小等于 0,就表示所有数据传输完毕。然后装载程序将返回到入口地址调用程序,由数据流中确定的程序入口地址开始执行应用程序。BootLoader 的数据流结构如表 16.3 所列。

表 16.3 BootLoader 的数据流结构

字 节	内 容	字 节	内 容
1	0x10AA:存储宽度＝16 bit	14	程序的目的地址:Addr[15～0]
2～9	保留	15	程序的第一个字
10	入口地址 PC[22～16]	…	…
11	入口地址 PC[15～0]	N	程序的最后一个字
12	程序数据块大小(字);如果等于 0,传输结束	N+1	程序数据块大小(Word)
		N+2	程序的目的地址:Addr[31～16]
13	程序的目的地址:Addr[31～16]	N+3	程序的目的地址:Addr[15～0]

下面是一个引导数据流的实例,装载 2 个数据块到 C28xx 不同的地址空间。第一个数据块的 5 个字(1、2、3、4、5)装载到地址 0x3F 9010,第二个数据块的 2 个字装载到地址 0x3F 8000。

```
10AA                ;16 位数据宽度
0000                ;8 位预留字
0000
0000
0000
0000
0000
0000
0000
003F                ;PC——装载完成后程序的起始地址为 0x3F 8000
8000
0005                ;数据块 1 中包含 5 个字
003F
9010                ;第一个数据块装载到地址 0x3F 9010
0001                ;第一个数据字
0002
0003
0004
0005                ;随后一个数据字
0002                ;第二个程序数据块包含 2 个字
003F                ;第二个数据块装载到 0x3F 8000
8000
7700                ;第一个数据字
7625                ;最后一个数据字
0000                ;下一个数据块的长度为 0,则传输结束
```

在加载完成后,存储器值将会按如表 16.4 所列的值进行初始化。程序指针从 03xF8000 处开始执行。

4. BootLoader 传输流程

处理器的 BootLoader 传输流程在处理器退出复位,并根据 GPIO 状态确定了引导模式后执行,如图 16.5 所示。

表 16.4　加载过程中初始化的存储器的值

地　　址	值	地　　址	值
0x3F9010	0x0001	0x3F9014	0x0005
0x3F9011	0x0002	0x3F8000	0x7700
0x3F9012	0x0003	0x3F8001	0x7625
0x3F9013	0x0004		

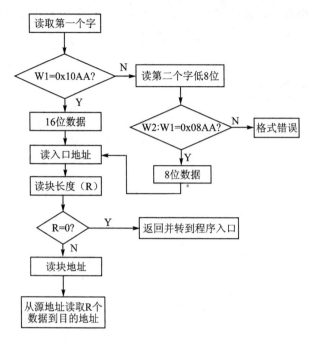

图 16.5　处理器的引导装载过程

引导程序读取第一个 16 位值,与 0x10AA 比较,如果不相等,则会读取第二个值并和第一个共同组成一个 16 位字,然后再同 0x08AA 比较。如果引导程序发现该特征值同 8 位或 16 位的特征值不相符,或者同指定的引导模式不相符,则自动退出引导程序。在这种情况下,系统会从内部 FLASH 存储器执行程序。

5. 初始引导汇编函数 InitBoot

系统复位完成以后,首先调用 BOOT ROM 中的第一个汇编初始引导程序(Init-Boot),流程如图 16.6 所示。该程序首先初始化 C28xx 器件工作在目标模式,然后读取安全保护模块的密码,如果 CSM 密码被擦除(全部等于 0xFFFF),则自动解锁,否则 CSM 仍被锁定。

对 CSM 密码读取完成后,初始化例程调用模式选择功能函数(SelectBootMode),该函数根据 GPIO 引脚的状态确定处理器引导方式,一旦完成 SelectBootMode 将会把入口地址返回给初始化引导函数(InitBoot)。然后初始化引导函数调用恢复 CPU 寄存器的退出例程(ExitBoot),并退出到由引导模式确定的程序入口地址。

6. 模式选择函数

通过将所要选择的引导模式对应的 GPIO 引脚拉高或拉低,引导模式被确定。需要注意的是选择引脚的状态不是在复位时被锁定,而是在 SelectBootMode 函数执行后的几个周期才被锁定。模式选择引脚复位时,内部电阻上拉功能被使能。

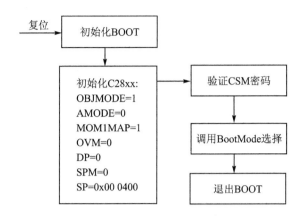

图 16.6　初始化引导函数功能框图

SelectBootMode 检查 PLLSTS 寄存器中的丢失时钟检测位（MCLKSTS），以决定 PLL 是否在 limp 模式下进行操作。如果 PLL 在 limp 模式下操作，引导模式选择功能则根据所选的引导模式进行适当的操作。

7. ADC_cal 汇编程序

ADC_cal 程序被固化在 TI 预留的 OTP 存储器内，BOOT ROM 可自动地调用 ADC_cal 程序，用特定的校准数据初始化 ADCREFSEL 和 ADCOFFTRIM 寄存器。正常情况下，这一过程不需要设置而自动地执行。如果在开发过程中，BOOT ROM 被 CCS 忽略，那么这 2 个寄存器需要通过应用程序来初始化。

注意，若初始化这 2 个寄存器失败，将会引起 ADC 功能不确定。应用程序中调用该程序的步骤如下：

① 添加 ADC_cal 汇编函数到工程项目中。源函数由头文件与外设样例组成。如下所示：

```
.def _ADC_cal
.asg "0x711C", ADCREFSEL_LOC
.sect ".adc_cal"
_ADC_cal
MOVW DP, #ADCREFSEL_LOC >> 6
MOV @28, #0xAAAA
MOV @29, #0xBBBB
LRETR
```

② 添加 .adc_cal 段到连接命令文件，如下所示：

```
MEMORY
{
PAGE 0 :
...
ADC_CAL : origin = 0x380080, length = 0x000009
...
```

```
}
SECTIONS
{
...
.adc_cal : load = ADC_CAL, PAGE = 0, TYPE = NOLOAD
...
}
```

③ 在使用 ADC 之前调用 ADC_cal 函数,在进行这个调用之前先使能 ADC 时钟,如下所示:

```
extern void ADC_cal(void);
...
EALLOW;
SysCtrlRegs.PCLKCR0.bit.ADCENCLK = 1;
ADC_cal();
SysCtrlRegs.PCLKCR0.bit.ADCENCLK = 0;
EDIS;
```

8. CopyData 函数

BootLoader 中用 CopyData 函数从指定端口复制数据到 SARAM 中。CopyData 函数用一个指针指向 GetWordData 函数。GetWordData 函数通过加载器初始化为从端口读取数据。例如,当 SPI 加载器被激活后,GetWordData 函数指针被初始化为指向 SPI 特定的 SPI_GetWordData 函数,因此,CopyData 函数执行时可以访问到正确的端口。

9. SCI 引导装载

SCI BOOT 模式采用异步方式从 SCI－A 端口将代码引导到 F2833x 处理器,采用这种方式支持 8 位数据模式。可以通过串口将上位机(如其他处理器构成的系统或 PC 主机)同 F28335 处理器连接,从而实现程序的加载,如图 16.7 所示。

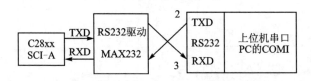

图 16.7 SCI－A 引导硬件连接关系

F28335 通过 SCI－A 外设同上位机进行通信,其波特率自动检测功能可以用来锁定上位机的通信速率,因此用户可以采用多种波特率实现主机与 DSP 之间的通信。每次数据传输,DSP 都会返回一个从主机接收到的 8 位字符,通过这种方式,主机可以检验 DSP 接收到的字符。在高速率通信模式下,校验输入数据位可能会影响接收器与连接器的性能,但是在低速通信时会建立良好的通信连接。SCI－A 的引导流程如图 16.8 所示。

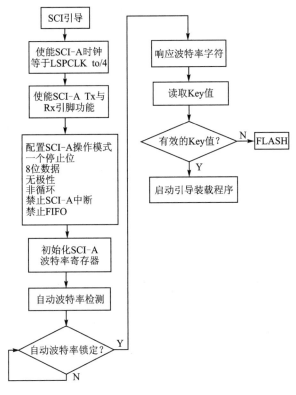

图 16.8 SCI - A 引导流程图

10. SPI 引导模式

采用 SPI 引导模式时要求外部扩展 8 位宽度兼容的 EEPROM 存储器,不支持 16 位数据引导方式,具体硬件连接方式如图 16.9 所示。

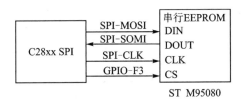

图 16.9 SPI 引导硬件连接图

SPI BOOT ROM 装载程序初始化 SPI 模块,以便能够同 SPI EEPROM 接口,比如可以选用 M95080(1K×8)、X25320(4K×8)和 X25256(32K×8)等芯片固化程序。在初始化过程中主要完成 SPI 配置:FIFO 使能、8 位数据、内部 SPICLK 主模式、时钟相位等于 0、极性等于 0 以及最低的通信速率。EEPROM 内的数据存放如表 16.5 所列。

表 16.5 EEPROM 内数据存放表

字 节	内 容	字 节	内 容
1	LSB＝0xAA(8 位传输的 Key 字的低字节)	20	入口地址[31～24]
2	MSB＝0x08(8 位传输的 Key 字的高字节)	21	入口地址[7～0]
3	LSB＝LSPCLK 值	22	入口地址[15～8]
4	HSB＝SPIBRR 值	23	数据块:块大小、目的地址、数据
5～18	保留	……	……
19	入口地址[23～16]		

BOOT 模式加载流程如图 16.10 所示。

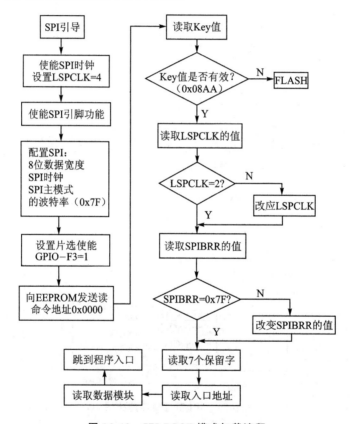

图 16.10 SPI BOOT 模式加载流程

采用 SPI 引导整个数据传输都采用字节模式,具体操作如下:

① SPI－A 端口初始化。

② GPIOF3 引脚作为 SPI EEPROM 的片选信号。

③ SPI－A 输出读命令到串行 SPI EEPROM 存储器。

④ SPI－A 向 EEPROM 的 0x0000 地址发送命令,因此要求 EEPROM 的起始

地址 0x0000 必须有可下载的空间。

⑤ 紧接的地址空间数据必须满足 8 位数据流的控制字(0x08AA),先读取高字节再读取低字节组成整个数据,所有 SPI 的数据传输都如此。如果 Key 的值不满足要求,则系统会从内部 FLASH(0x3F 7FF6)执行应用程序。

⑥ 接下来的 2 个字节可以改变低速外设时钟寄存器(LOSPCP)和 SPI 波特率设置寄存器(SPIBRR)的值,后面的 7 个字节作为保留字,SPI 引导装载程序读取其内容后直接将其丢弃。

⑦ 下面 2 个字组成 32 位的入口地址,引导装载过程完成后该地址作为应用程序的入口地址,应用程序从该地址开始执行。

⑧ 多块代码和数据通过 SPI 端口从外部 SPI EEPROM 复制到内部存储器,每块代码和数据都是按前面描述的结构组织。在数据传输过程中若遇到代码和数据块长度为 0,则传输结束退出引导程序,系统将从特定的地址执行应用程序。

其余的引导模式与以上 2 种引导模式相近,详情参照 TI 提供的数据手册。

16.3　FLASH 引导及应用

F28x 系列 DSP 上都有 FLASH 存储器和一次性可编程存储器 OTP。OTP 能够存放程序或数据,只能编程一次且不能擦除。在 F2833x DSP 上,包含 128 K×16 位的 FLASH 存储器,FLASH 存储器被分成 4 个 8 K×16 位单元和 6 个 16 K×16 位的单元,用户可以单独地擦除、编程和验证每个单元,而不会影响其他 FLASH 单元。F2833x 处理器采用专用存储器流水线操作,保证 FLASH 存储器能够获得良好的性能。FLASH/OTP 存储器可以映射到程序存储空间存放执行的程序,也可以映射到数据空间存储数据信息。

1. FLASH 存储器特点

F2833x 的 FLASH 主要有以下特点:

➢ 整个存储器分成多段。
➢ 代码安全保护。
➢ 低功耗模式。
➢ 可根据 CPU 频率调整等待周期。
➢ FLASH 流水线模式能够提高线性代码的执行效率。

2. FLASH 存储器寻址空间分配

F28335 的内部 FLASH 存储器单元的寻址空间地址分配情况如图 16.11 所示,在使用 FLASH 的过程中需要掌握 FLASH 内部扇区的地址分配情况,以便使用 FLASH 插件或 API 函数对整个扇区进行操作。

程序段	程序段起始地址		程序段长度	
FLASHA	origin	= 0x300000	length	= 0x008000
FLASHB	origin	= 0x308000	length	= 0x008000
FLASHC	origin	= 0x310000	length	= 0x008000
FLASHD	origin	= 0x318000	length	= 0x008000
FLASHE	origin	= 0x320000	length	= 0x008000
FLASHF	origin	= 0x328000	length	= 0x008000
FLASHH	origin	= 0x338000	length	= 0x007F80
保护单元	origin	= 0x33FF80	length	= 0x000076
跳转FLASH	origin	= 0x33FFF6	length	= 0x000002
安全密码	origin	= 0x33FFF8	length	= 0x000008

图 16.11　F28335 内部 FLASH 存储器单元寻址

3. F2833x FLASH 启动流程

在程序开发调试阶段,通常将编译链接产生的可执行代码装载到内部 RAM 中。一旦程序调试完成,则需要系统作为产品独立运行,就需要将应用程序固化到非易失性存储器中(如 ROM、FLASH、EEPROM 等)。系统每次上电后能够用特定的引导操作自动运行应用程序。F2833x 上电后有 16 种不同的启动模式,主要通过 GPIO84、85、86、87 的 4 个引脚上电复位过程中所处的状态确定选择哪一种方式启动。引脚状态同启动方式的关系如表 16.2 所列。

在调试程序时,程序主要在内部 SRAM 存储器中运行。如果希望程序从内部的 FLASH 运行,则需要在系统上电过程中改变以上 4 个引脚的状态。FLASH 启动流程如下:

① 系统复位后跳转到 0x3F FFC0 地址,该地址是 DSP 内部的 BOOT ROM 起始地址。

② BOOT ROM 执行跳转指令跳到 0x3F FC00,引导代码主要完成基本的初始化任务和引导模式的选择。

③ 如果 GPIO84、85、86、87 全部是高电平时,PC 指针直接跳到 0x3F FFF6。但是该段仅有 2 个字长,因此如果使用 FLASH 固化并执行用户程序,需要在这 2 个地址处增加跳转到应用程序入口的跳转指令。如果采用 C 语言编写用户程序,则需要跳转到 c_int00 函数。

④ c_int00 函数完成 C 环境和全局变量的初始化,该段必须放在 FLASH 内。

⑤ 在 c_int00 函数执行完毕后,调用用户主程序 main。

4. FLASH 初始化

采用任何处理器设计系统都希望能够最大限度地发挥处理器能力。如果采用 F2833x 处理器的内部 FLASH 直接执行程序,则需要配置访问 FLASH 的等待状态。处理器退出复位时默认访问 FLASH 增加了 16 个等待状态,一个 150 MHz 的处理器实际只有 $150/(16+1)$ MHz 的处理能力,在实际应用中是不允许的。为此,在系统设计时需要根据实际选择的处理器的要求配置 FLASH 等待状态的数量。根据 C28x 数据手册增加了等待状态,但并没有最少数量限制。

150 MHz 的 F28x 处理器如果增加了 5 个访问等待,则执行单周期指令的实际频率为 $150/(5+1)=25$ MHz,即处理器的速度为 25 MIPS,相对于 150 MHz 显然降低很多,但可以采用流水线方式访问 FLASH,如图 16.12 所示。每 $(5+1)$ 个周期访问 4 条指令,则采用内部 FLASH 执行程序的速度为 100 MHz。如果使用 FLASH 流水线获取程序代码,需要将 EMPIPE 控制位置 1。系统上电,FLASH 流水线禁止。

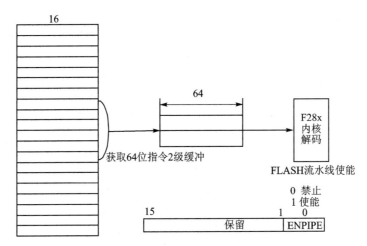

图 16.12　采用流水线从 FLASH 中获取指令

```
void InitFlash(void)
{
    EALLOW;
    //使能流水线操作,提高处理器程序在 FLASH 中执行系统的性能
    FlashRegs.FOPT.bit.ENPIPE = 1;
    // 注意:减少 FLASH 操作的等待状态,必须根据 TI 提供的数据手册设置
    //设置 FLASH 的随机访问等待状态
    #if CPU_FRQ_150MHZ
        FlashRegs.FBANKWAIT.bit.PAGEWAIT = 5;
        FlashRegs.FBANKWAIT.bit.RANDWAIT = 5;
        FlashRegs.FOTPWAIT.bit.OTPWAIT = 8;
    #endif
```

```
# if CPU_FRQ_100MHZ
    FlashRegs.FBANKWAIT.bit.PAGEWAIT = 3;
    FlashRegs.FBANKWAIT.bit.RANDWAIT = 3;
    FlashRegs.FOTPWAIT.bit.OTPWAIT = 5;
# endif
//设置处理器由睡眠状态转换到独立运行状态过程的等待状态
FlashRegs.FSTDBYWAIT.bit.STDBYWAIT = 0x01FF;
//设置处理器由独立运行状态转换到睡眠状态过程的等待状态
FlashRegs.FACTIVEWAIT.bit.ACTIVEWAIT = 0x01FF;
EDIS;
//等待流水操作完成,保证最后一个设置操作完成后才从该函数返回
asm(" RPT #7 || NOP");
}
```

5. FLASH 编程

由于 DSP 工作在微计算机模式下与工作在微处理器模式下程序的启动地址不同,所以程序的位置需要根据运行模式的不同进行调整。在微处理器模式下,将调试好的程序增加一个代码启动文件,修改 .cmd 文件,使程序的运行空间处于 FLASH段;编译生成 .out 文件,使用 CCS 插件或者通过 SCI - A、SPI 或 GPIO 将 FLASH 应用代码和数据下载到 DSP 处理器,如图 16.13 所示。

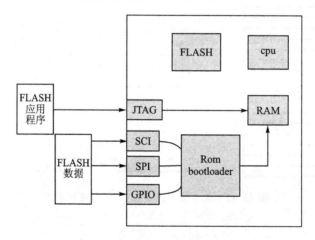

图 16.13   FLASH 程序下载方式

用户程序在 RAM 中调试完毕后,下一步就是如何将其转换烧录到 FLASH 存储器中。首先需要在原有调试程序项目中增加跳转代码文件 DSP2833x _ Code-StartBranch. asm,在处理器完成引导后跳转到用户应用过程入口。然后修改 .cmd文件中的代码和数据段的地址映射以及程序的装载起始地址、装载结束地址以及程序运行地址,具体参考以下配置:

```
* * * * * * * * * * * * * * * * * * * * * * * * * * * * * * * * * * * * * *
WD_DISABLE      .set    1           ;set to 1 to disable WD, else set to 0
```

```
        .ref _c_int00
        .global code_start
* * * * * * * * * * * * * * * * * * * * * * * * * * * * * * * * * * * * * * * *
*  Function: codestart section
*
*  Description: Branch to code starting point
* * * * * * * * * * * * * * * * * * * * * * * * * * * * * * * * * * * * * * * *
        .sect "codestart"
code_start:
        .if WD_DISABLE == 1
            LB wd_disable          ;Branch to watchdog disable code
        .else
            LB _c_int00            ;Branch to start of boot.asm in RTS library
        .endif
;end codestart section
* * * * * * * * * * * * * * * * * * * * * * * * * * * * * * * * * * * * * * * *
*  Function: wd_disable
*
*  Description: Disables the watchdog timer
* * * * * * * * * * * * * * * * * * * * * * * * * * * * * * * * * * * * * * * *
        .if WD_DISABLE == 1
        .text
wd_disable:
        SETC OBJMODE           ;Set OBJMODE for 28x object code
        EALLOW                 ;Enable EALLOW protected register access
        MOVZ DP, #7029h >> 6   ;Set data page for         WDCR register
        MOV @7029h, #0068h     ;Set WDDIS bit in WDCR to disable WD
        EDIS                   ;Disable EALLOW protected register access
        LB _c_int00            ;Branch to start of boot.asm in RTS library
        .endif
```

第 17 章

基于 F28335 的 μC/OS – II 移植

一般情况下,F28335 的程序逻辑结构不会太复杂,主程序中采用顺序执行逐一完成任务,或者对于一些外部响应,采用在 while 死循环中执行中断服务程序。可是若 F28335 执行多任务逻辑,这样的程序结构会造成实时体验差,或中断丢失等问题,CPU 的资源利用率也不充分。在多任务执行的时候,如何既要保证任务处理的实时性,又要保证 CPU 的充分利用? 解决方案是把 CPU 分成多个任务时间片处理,假设当前有 10 个任务,每个任务执行时间需要 1 s,所有任务全部执行完需要 10 s,顺序执行的话,任务 1~任务 10 顺序排队,任务 10 在前 9 s 内都得不到任何响应。从任务 10 的角度来看,实时体验很差。CPU 时间分片处理时,在第一秒的时候就分别处理这 10 个任务进程的 10%。从各个任务来看的话,在第一秒时,各个任务都得到了响应,这样的执行逻辑平等对待这 10 个任务,对各个任务来说,实时体验有所改善,但问题也是很明显的。问题 1,这 10 s 内 CPU 频繁做着任务切换。CPU 资源利用率甚至降低了,但实际操作中 CPU 利用率有可能提高,因为执行的任务很多是 CPU 与外设之间的交互。CPU 是高速设备,外设访问速度都要比 CPU 慢得多,任务 1 很可能需要 CPU 执行的工作只要 0.1 s,中间的 0.9 s 都是空转等待,这样时间片处理方式就能充分利用这种等待时间处理其他任务,从而会提高 CPU 的利用率。问题 2,所有的任务都是在第 10 s 才完成的,在这 10 个任务中,也许有执行时间严格要求的任务,也许任务 1 希望在 3 s 内完成,这样,CPU 时间片处理方式看上去提高了各个任务的实时性,但实际上降低了高优先级任务的实时性,从任务 1 来看的话,实时性要求就满足不了。其实造成这 2 个问题归根结底的原因是一致的,处理的 10 个任务并不完全一样,完全对等,有的任务适合 CPU 时间片处理,有的任务并不适合,有的任务实时性要求高,有的任务没有特殊实时性要求,这就要求我们对任务要区分对待,所以需要定义这 10 个任务不同阶段的优先级,有高优先级的须得到优先执行。在把 CPU 划分时间片的时候,实际上在对 CPU 资源进行管理时,须区分对待 10 个任务;判断 10 个任务的优先级别的时候,实际上在对任务进行管理,这种管理在多任务的时候就不简单了,这时候就需要借助于一个实时操作系统(RTOS)来帮助我们完成这些事。μC/OS 就是这样一个操作系统,不仅能帮你完成任务的时间片处理、任务的管理,还能帮你处理各种超时、进行内存管理、完成任务间的通信等。有了它,程序的层次会更加清晰,给系统添加功能也更方便。当然,也完全可以自己来设计处理以上的逻辑,这样实际上是定制了一个适合自己的 RTOS。

17.1　嵌入式实时操作系统的基本概念

操作系统(Operating System,OS)是一种软件系统。它在计算机硬件与计算机应用程序之间,通过提供应用程序接口(Application Programming Interface,API),屏蔽了计算机硬件工作的一些细节,从而使应用程序的设计人员得以在一个友好的平台上进行应用程序的设计和开发上进行应用程序的设计和开发,大大提高了应用程序的开发效率。

运行在嵌入式硬件平台上,对整个系统及其所操作的部件、装置等资源进行统一协调、指挥和控制的系统软件就叫嵌入式操作系统。由于嵌入式操作系统的硬件特点、应用环境的多样性和开发阶段的特殊性,使它与普通的操作系统有着很大的不同,其主要特点如下:

① 系统资源占用小。嵌入式系统芯片内部存储器的容量一般不会很大(1 MB 以内),因此不允许嵌入式操作系统占用较多的资源。

② 可裁减性。嵌入式操作系统中提供的各个功能模块可以让用户根据需要选择使用,即要求它具有良好的可裁减性。

③ 实时性好。嵌入式系统广泛应用于生产过程控制、数据采集、传输通信等场合,这些应用的共同特点就是要求系统能快速响应事件。因此,要求嵌入式操作系统要有较强的实时性。

④ 高可靠性。嵌入式系统广泛应用于军事武器、航空航天、交通运输、重要的生产设备领域,所以要求嵌入式操作系统必须有极高的可靠性,对关键、要害的应用还要提供必要的容错和防错措施,以进一步提高系统的可靠性。

⑤ 易移植性。为了适应多种多样的硬件平台,嵌入式操作系统应可在不做大量修改的情况下稳定地运行于不同的平台。嵌入式操作系统的以上特点非常适合应用于对实时性、可靠性要求很高的运动控制领域。

17.2　μC/OS - II 概述

目前,比较常见的嵌入式操作系统有 WindRiver 公司的 VxWorks、pSOS,微软公司的 Windows CE,QNX 公司的 QNX OS,但是使用这些商业操作系统是需要高昂的费用的。面对这种情况,一些组织和个人也开发了一些免费的、源码开放的操作系统,在互联网发布,比较有名的是 μCLinux 和 μC/OS - II。

μC/OS - II 由 Micrium 公司提供,是一个可移植、可固化的、可裁减的、占先式多任务实时内核,它适用于多种微处理器、微控制器和数字处理芯片(已经移植到超过 100 种以上的微处理器应用中)。同时,该系统源代码开放、整洁、一致,注释详尽,适合系统开发。

$\mu C/OS-II$ 的前身是 $\mu C/OS$,最早出自于 1992 年美国嵌入式系统专家 Jean J. Labrosse 在《嵌入式系统编程》杂志的 5 月和 6 月刊上刊登的文章连载,并把 $\mu C/OS$ 的源码发布在该杂志的 BBS 上。

$\mu C/OS$ 和 $\mu C/OS-II$ 是专门为计算机的嵌入式应用设计的,绝大部分代码是用 C 语言编写的。CPU 硬件相关部分是用汇编语言编写的,总量约 200 行的汇编语言部分被压缩到最低限度,为的是便于移植到任何一种其他的 CPU 上。用户只要有标准的 ANSI 的 C 交叉编译器,有汇编器、链接器等软件工具,就可以将 $\mu C/OS-II$ 嵌入到开发的产品中。$\mu C/OS-II$ 具有执行效率高、占用空间小、实时性能优良和可扩展性强等特点,最小内核可编译至 2 KB。$\mu C/OS-II$ 已经移植到了几乎所有知名的 CPU 上。严格地说,$\mu C/OS-II$ 只是一个实时操作系统内核,它仅仅包含了任务调度、任务管理、时间管理、内存管理和任务间的通信和同步等基本功能。没有提供输入/输出管理、文件系统、网络等额外的服务。但由于 $\mu C/OS-II$ 良好的可扩展性和源码开放,这些非必须的功能完全可以由用户自己根据需要分别实现。$\mu C/OS-II$ 的结构以及与硬件的关系如图 17.1 所示。

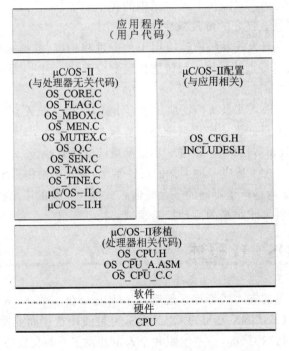

图 17.1　$\mu C/OS-II$ 的硬件/软件体系结构

$\mu C/OS-II$ 是一个抢先式实时多任务操作系统,不支持时间片轮转调度,其内核包括任务管理、时间管理、内部通信管理和内存管理 4 大部分。$\mu C/OS-II$ 可以管理 64 个任务,其中,4 个最高优先级和最低优先级的任务保留给系统,用户可使用的有

54 个。系统把任务的优先级数作为任务的标识符,优先级值越小,优先级越高。每个任务都是无限的循环,系统内核会根据任务的优先级和通信标志位的情况安排其处于以下 5 种状态之一:

① 睡眠状态:任务只是以代码的形式驻留在程序空间(ROM 或 RAM),还没有交给操作系统管理时的情况叫做睡眠状态。

② 就绪状态:如果系统为任务配备了任务控制块且在任务就绪表中进行了就绪登记,则任务进入了就绪状态。

③ 运行状态:处于就绪状态的任务如果经调度器判断获得了 CPU 的使用权,则任务就进入运行状态。

④ 等待状态:正在运行的任务需要等待一段时间或需要等待一个事件发生再运行时,该任务就会把 CPU 的使用权让给其他任务而进入等待状态。

⑤ 中断状态:一个正在运行的任务一旦响应中断申请就会中止运行而去执行中断服务程序,这时该任务就进入了中断状态。

在系统的管理下,一个任务可以在 5 种不同的状态之间发生转换,这些转换是分别通过系统内部提供的同步通信机制(信号量、消息信箱、消息队列)、中断、延时等实现的。转换关系如图 17.2 所示。μC/OS‐II 是一个可剥夺型内核,工作时总是让就绪态的高优先级的任务先运行。内核的作者 Jean J. Labrosse 通过精心设计任务间、任务与中断间调度函数,使任务级系统响应时间得到了最优化,且是可预知的,这对实时系统很重要。

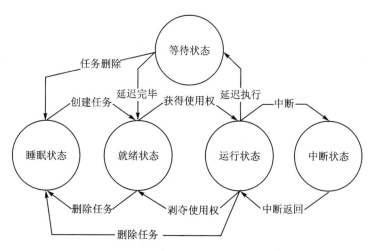

图 17.2 μC/OS‐II 的任务状态极其转换

μC/OS‐II 工作核心原理是近似地让最高优先级的就绪任务处于运行状态。操作系统将在下面情况中进行任务调度:调用 API 函数(用户主动调用),中断(系统占用的时间片中断 OsTimeTick(),用户使用的中断)。

① 在调用 API 函数时,有可能引起阻塞,如果系统 API 函数察觉到运行条件不

满足,则需要切换时就调用 OSSched()调度函数,这个过程是系统自动完成的,用户没有参与。OSSched()判断是否切换,如果需要切换,则此函数调用 OS_TASK_SW()。这个函数模拟一次中断,好像程序被中断打断了,其实是 OS 故意制造的假象,目的是任务切换。既然是中断,那么返回地址(即紧邻 OS_TASK_SW()的下一条汇编指令的 PC 地址)就被自动压入堆栈,接着在中断程序里保存 CPU 寄存器(PUSHALL)……。堆栈结构不是任意的,而是严格按照 μC/OS-II 规范处理的。OS 每次切换都会保存和恢复全部现场信息(POPALL),然后用 RETI 回到任务断点继续执行。这个断点就是 OSSched()函数里的紧邻 OS_TASK_SW()的下一条汇编指令的 PC 地址。切换的整个过程就是,用户任务程序调用系统 API 函数,API 调用 OSSched(),OSSched()调用软中断 OS_TASK_SW()即 OSCtxSw,返回地址(PC 值)压栈,进入 OSCtxSw 中断处理子程序内部。反之,切换程序调用 RETI 返回紧邻 OS_TASK_SW()的下一条汇编指令的 PC 地址,进而返回 OSSched()下一句,再返回 API 下一句,即用户程序断点。因此,如果任务从运行到就绪再到运行,它是从调度前的断点处运行。

② 中断会引发条件变化,在退出前必须进行任务调度。μC/OS-II 要求中断的堆栈结构符合规范,以便正确协调中断退出和任务切换。前面已经说到,任务切换实际是模拟一次中断事件,而在真正的中断里省去了模拟。只要规定中断堆栈结构和 μC/OS-II 模拟的堆栈结构一样,就能保证在中断里进行正确切换。任务切换发生在中断退出前,此时还没有返回中断断点。仔细观察中断程序和切换程序最后两句,它们是一模一样的,POPALL+RETI。即要么直接从中断程序退出,返回断点;要么先保存现场到 TCB,等到恢复现场时再从切换函数返回原来的中断断点(由于中断和切换函数遵循共同的堆栈结构,所以退出操作相同,效果也相同)。用户编写的中断子程序必须按照 μC/OS-II 规范书写。任务调度发生在中断退出前是非常及时的,不会等到下一时间片才处理。OSIntCtxSw()函数对堆栈指针做了简单调整,以保证所有挂起任务的栈结构看起来是一样的。

③ 在 μC/OS-II 里,任务必须写成两种形式之一。在有些 RTOS 开发环境里没有要求显式调用 OSTaskDel(),这是因为开发环境自动做了处理,实际原理都是一样的。μC/OS-II 的开发依赖于编译器,目前没有专用开发环境,所以出现这些不便之处是可以理解的。

17.3　μC/OS-II 在 F28335 上移植及应用

μC/OS-II 在设计时充分考虑到可移植性,大部分代码是用 C 语言编写的,可以直接移植,只有与处理器相关的代码需要根据处理器的特点重新编写。

另外,要使 μC/OS-II 正常运行,处理器必须符合以下要求:

① 处理器的 C 编译器能产生可重入型代码。

② 处理器支持中断,并且能产生定时中断(通常为 10~100 Hz)。

③ 用 C 语言就可以开关中断。

④ 处理器能支持一定数量的数据存储硬件堆栈(可能是几千字节)。

⑤ 处理器有将堆栈指针以及其他 CPU 存储器的内容读出并存储到堆栈或内存中去的指令。

F28335 和其编译器符合移植的要求,移植的工作主要集中在与处理器相关的 4 个文件的编写上,分别是 OS_CPU. H、OS_CPU. C、OS_CPU_A. ASM、OS_CFG. H 和处理器本身的 CMD 文件。

1. 改写文件 OS_CPU. H

OS_CPU. H 包括了内核定义的、与处理器相关的常数、宏以及类型。

① 数据类型的定义,由于不同的编译器对 int、char、long 等数据类型位数的定义是不同的,为确保可移植性,μC/OS-II 定义了一系列自己的数据类型,这一部分在移植时要根据编译器的特点进行改写。具体如下:

```
typedef unsigned char BOOLEAN;
typedef unsigned char INT8U; * Unsigned 8 bit quantity * /
typedef signed char INT8S; /* Signed 8 bit quantity * /
typedef unsigned int INT16U; /* Unsigned 16 bit quantity * /
typedef signed int INT16S; /* Signed 16 bit quantity * /
typedef unsigned long INT32U; /* Unsigned 32 bit quantity * /
typedef signed long INT32S; /* Signed 32 bit quantity * /
typedef float FP32; /* Single precision floating point * /
typedef double FP64; /* Double precision floating point * /
typedef unsigned int OS_STK; /* Each stack entry is 16-bit wide * /
#define BYTE INT8S /* Define data types for backward compatibility * /
#define UBYTE INT8U /* ... to uC/OS V1.xx. Not actually needed for * /
#define WORD INT16S / * ... uC/OS-II. * /
#define UWORD INT16U
#define LONG INT32S
#define ULONG INT32U
```

② 与所有实时内核一样,μC/OS-II 在访问临界代码时要先开中断,访问后关中断。

通常每个处理器都会提供一定的汇编指令来开/关中断,针对 F28335 的汇编语言,具体如下:

```
#define    OS_ENTER_CRITICAL()    asm(" SETC INTM ")
#define    OS_EXIT_CRITICAL()     asm(" CLRC INTM ")
```

③ μC/OS-II 从低优先级任务切换到高优先级任务时需要模拟一次中断,这里使用 TRAP 指令来产生中断向量表中的第 31 个中断 USER11,然后在系统初始化时定义"PieVectTable. USER11 = &OSCtxSw;",使 USER11 中断的入口函数为任务切换函数 OSCtxSw(),从而实现模拟中断,再进行任务切换。具体如下:

```
#define    OS_TASK_SW()                    asm("        TRAP #31")
```

④ F28335 没有硬件堆栈,所以要在数据区存储器中开辟堆栈空间。堆栈的增长方向是自上向下,这就要进行两步的工作,一是开辟堆栈空间,这一步在编写 CMD 文件时会说明;二是定义堆栈增长方向。具体如下:

```
#define    OS_STK_GROWTH        0
```

2. 改写文件 OS_CPU. C

OS_CPU. C. C 包含 10 个 C 函数,其中 9 个函数是在应用系统时根据不同的需要添加内容的,移植唯一必须改写的函数是 OSTaskStkInit(),它的作用是初始化任务的栈结构。F28335 在响应中断时,硬件会按 ST0、T、AL、AH、PL、PH、AR0、AR1、ST1、DP、IER、DBGSTAT、PC、DP、ST1 顺序自动保存相应寄存器的内容,其他的寄存器(RPC、AR1、AR0、XAR2、XAR3、XAR4、XAR5、XAR6、XAR7、XT)需要手工保存,所以在堆栈结构时也是按照上面的顺序(ST0、T、AL……RPC、AR1、AR0……DP、ST1)初始化。可以看出,DP 和 ST1 寄存器重复保存了,后面会说明其中的原因。(其中,ST1、IER、DBGSTAT 初始值是要根据 μC/OS - II 使用哪个系统时钟 (TIM0、1、2) 和以后应用的需要而确定的。)

文件 OS_CPU. C 中主要改写任务堆栈初始化函数,如下所示:

```
void * OSTaskStkInit (void ( * task)(void * pd), void * pdata, void * ptos, INT16U opt)
{
        INT16U * stk;
        INT16U temp;
        opt = opt; /* 'opt' is not used, prevent warning */
        stk = (INT16U * )ptos;
        * stk ++  = (INT16U)(pdata);
        * stk ++  = (INT16U)(pdata);
        * stk ++  = 0x00C1; /* ST0 = 0x1111 */
        * stk ++  = 0x0000; /* T = 0x0000 */
        * stk ++  = 0x3333; /* AL = 0x3333 */
        * stk ++  = 0x2222; /* AH = 0x2222 */
        * stk ++  = 0x5555; /* PL = 0x5555 */
        * stk ++  = 0x4444; /* PH = 0x4444 */
        * stk ++  = 0x7777; /* AR0 = 0x7777 */
        * stk ++  = 0x6666; /* AR1 = 0x6666 */
        * stk ++  = 0x8A4a; /* ST1 = 0x080B */
        * stk ++  = 0x0000; /* DP = 0x8888 */
        * stk ++  = 0xffff;//1001; /* IER = 0xBBBB */
        * stk ++  = 0xAAAA; /* DBGSTAT = 0xAAAA */
        temp = ((INT32U)task)&0x0000ffff;
        * stk ++  = (INT16U)temp; /* 保存低 16 位 */
        temp = ((INT32U)task) >> 16; /* Save task entry */
        * stk ++  = (INT16U)(temp); /* 保存高 16 位 */
        temp = ((INT32U)task)&0x0000ffff; /* RPCL = 0xCCCC */
```

```
    * stk ++  =  (INT16U)temp; /* 保存低 16 位 */
    temp = ((INT32U)task) >> 16; /* RPCH = 0xCCCC */
    * stk ++  =  (INT16U)(temp); /* 保存高 16 位 */
    stk ++ ;
    return ((void * )stk);
}
```

3. 改写 OS_CPU_A. ASM

OS_CPU. A. ASM 包含 4 个用户需要根据处理器的特点来用汇编语言编写的函数,分别是 OSStartHighRdy()、OSCtxSW()、OSIntCtxSw()、OSTickISR()。由于 F28335 在响应中断时只会自动将部分寄存器出入栈,剩下的寄存器 CSS 编译器在遇到 interrput 关键字时会根据中断函数的需要进行个别出入栈,这对 μC/OS‑Ⅱ 来说却会造成堆栈结构不确定的问题。所以这里不使用这个关键字,编写 2 个函数 PUSHALL()和 POPALL(),将没有保存的寄存器手工压入/弹出堆栈,其处理寄存器的顺序必须与堆栈结构初始化时的顺序一致,具体如图 17.3 所示。

```
.POPALL .macro                      .PUSHALL .macro
        POP     DP:ST1                      PUSH    RPC
        NASP                                PUSH    AR1H:AR0H
        POP     XT                          PUSH    XAR2
        POP     XAR7                        PUSH    XAR3
        POP     XAR6                        PUSH    XAR4
        POP     XAR5                        PUSH    XAR5
        POP     XAR4                        PUSH    XAR6
        POP     XAR3                        PUSH    XAR7
        POP     XAR2                        PUSH    XT
        POP     AR1H:AR0I                   ASP
        POP     RPC                         PUSH    DP:ST1
        .endm                               .endm
```

图 17.3   PUSHALL()函数与 POPALL()函数代码

这里特别要说明,处理器自动保存的寄存器中已经包括了 ST1 和 DP,重复将它们手工压入/弹出堆栈是因为调整堆栈指针指令 ASP 和 NASP 会根据 ST1 寄存器的内容起作用,所以出栈时要先恢复 ST1 的内容再执行 NASP 指令。

① OSStartHighRdy()函数的功能是使就绪态任务中优先级最高的任务开始运行。μC/OS‑Ⅱ 通过调用 OSStart()函数把处于就绪态的最高优先级的值赋给参数 OSPridHighRdy,并让指针 OSTCBHighRdy 和 OSTCBCur 指向就绪任务中优先级最高的任务控制块,然后再通过调用 OSStartHighRdy()恢复高优先级任务,具体如图 17.4 所示。

```
_OSStartHighRdy:
MOVW    DP, #_OSRunning              OSRunning=TURE
MOV     @_OSRunning, #0x0001

MOVW    DP, #_OSTCBHighRdy          将最高优先级的任
MOVL    XAR4, @_OSTCBHighRdy       务的堆栈针复制
MOV     AL, *+XAR4[0]              到当前堆栈指针
MOV     @SP, AL

.POPALL         恢复新任务手工保存寄存器
IRET            中断返回,恢复自动保存寄存器
```

图 17.4 OSStartHighRdy( )函数

② OSCtxSW( )是实现任务级的任务切换函数。μC/OS-Ⅱ实现任务之间的切换,这是通过执行 TRAP 指令来产生中断,再从中断向量表中找到 OSCtxSW( )。具体如图 17.5 所示。

```
_OSCtxSw:
.PUSHALL                            手工保存处理器寄存器

MOVW    DP, #_OSTCBCur              将当前任务的任务控制
MOVL    XAR4, @_OSTCBCur           块中保存当前任务的堆
MOV     AL, SP                     栈指针
MOV     *+XAR4[0], AL

MOVW    DP, #_OSTCBHighRdy
MOVL    ACC, @_OSTCBHighRdy
MOVW    DP, #_OSTCBCur
MOVL    @_OSTCBCur, ACC

MOVW    DP, #_OSPrioHighRdy         得到将要重新运行的
MOV     AL, @_OSPrioHighRdy        的高优先级任务的堆
MOVW    DP, #_OSPrioCur            栈指针和优先级数
MOV     @_OSPrioCur, AL

MOVW    DP, #_OSTCBHighRdy
MOVL    XAR4, @_OSTCBHighRdy
MOV     AL, *+XAR4[0]
MOV     @SP, AL

.POPALL         从新任务的任务堆栈中恢复手工保存寄存器
IRET            中断返回,恢复自动保存寄存器
.end
```

图 17.5 OSCtxSW( )函数

③ OSIntCtxSw( )是中断级的任务切换函数,它的大部分代码与 SCtxSW( )相同,只是前者是在中断过程中执行的,处理器寄存器已经被正确地保存,所以不再需要保存相应的寄存器,也就是不需要调用 PUSHALL( )函数。

④ OSTickISR( )是 μC/OS-Ⅱ用于提供周期性时钟源的函数,主要实现时间的延迟和超时功能。这里根据 F28335 的特点,用系统定时器 TIM0 作为时钟源。通过初试化 TIM0 产生每秒钟 10～100 次的中断,中断入口指向 OSTickISR( ),从而产生 μC/OS-Ⅱ 的时钟节拍。OSTickISR( )的代码如图 17.6 所示。

```
_OSTickISR:
. PUSHALL                                手工保存处理器寄存器
MOVW        DP,#_PieCtrlRegs+1           清除TIM0的中断标志位
MOV         @_PieCtrlRegs+1,#1

MOVW        DP,#_OSIntNesting           给中断嵌套次数寄存器
INC         @_OSIntNesting              OSIntNesting加1

LCR _OSTimeTick                          调用OSTimeTick()函数
LCR _OSIntExit                           调用OSIntExit()函数
. POPALL                                 恢复手工保存寄存器
IRET                                     中断返回,恢复自动保存寄存器
```

图 17.6　OSTickISR()函数

4. 改写 OS_CFG. H

OS_CFG. H 文件包含了 μC/OS‑II 所有条件编译的条件标识符。通过对 OS_CFG. H 各个标识符的定义,就可以决定系统功能模块是否参加编译、是否包含到内核中去。通过对这个文件的修改实际上就实现了对 μC/OS‑II 的裁减。

5. CMD 的编写

CMD 文件是 TI 公司在设计 DSP 时为了方便用户来管理、分配处理器所有物理存储器和地址空间的文件。μC/OS‑II 的每个任务都需要自己的堆栈空间,用于切换任务时保存当前任务的运行状态,方便以后重新恢复任务。所以要在 CMD 文件中定义相应的堆栈区域,再通过♯pragma 语句定义一个存储在该区域的二维数组作为任务的堆栈空间,具体如图 17.7 所示。

```
MEMORY      {
PAGE 1 :
 MULSTACK : origin = 0x000100, length = 0x000200    定义一块堆栈区域
}
SECTIONS    {
 MulStackFile          : > MULSTACK,      PAGE = 1
}

#pragma DATA_SECTION(TaskStk,"MulStackFile");      定义一个二维数组
Volatile OS_STK  TaskStk[N_TASKS][TASK_STK_SIZE];  TaskStk作为堆栈空间
```

图 17.7　CMD 文件改写

17.4　手把手教你实现 μC/OS‑II 在 F28335 上的应用

1. 实验目的

① 掌握 μC/OS‑II 的移植应用。

② 了解液晶 12864 的工作原理。

③ 了解 F28335 怎样通过总线控制 LCD。

2. 实验步骤

① 首先 LCD12864 通过扁平线连接到 LCD 接口。

② 将板子通过仿真器与计算机成功连接。

③ 在 CCS6.1 菜单栏,首先选择 File→Import 菜单项,然后选择 Code Composer Studio→CCS Projects,最后浏览找到 DSP_UCOS_run_in_flash_non-BIOS 工程所在的路径文件夹并导入工程。

④ 选择 Run→Load→Load Program 菜单项,选中 DSP_UCOS.out 并下载。

⑤ 断开电源后,重新上电就会出现如图 17.8 所示的效果。

图 17.8　LCD12864 显示

3. 实验原理

12864C-1 是一种具有 4 位/8 位并行、2 线或 3 线串行的多种接口方式,内部含有国标一级、二级简体中文字库的点阵图形液晶显示模块;其显示分辨率为 128×64,内置 8 192 个 16×16 点汉字和 128 个 16×8 点 ASCII 字符集。利用该模块灵活的接口方式和简单、方便的操作指令,可构成全中文人机交互图形界面。可以显示 8×4 行 16×16 点阵的汉字,也可完成图形显示,低电压低功耗是其另外一个显著特点。表 17.1 说明其引脚和对应功能。

表 17.1　12864 引脚及对应功能说明

引脚号	引脚名称	电　平	引脚功能描述
1	VSS	0 V	电源地
2	VCC	3.0+5 V	电源正
3	V0	—	对比度(亮度)调整
4	RS(CS)	H/L	RS="H",表示 DB7～DB0 为显示数据 RS="L",表示 DB7～DB0 为显示指令数据
5	R/W(SID)	H/L	R/W="H",E="H",数据被读到 DB7～DB0 R/W="L",E="H→L", DB7～DB0 的数据被写到 IR 或 DR
6	E(SCLK)	H/L	使能信号
7	DB0	H/L	三态数据线
8	DB1	H/L	三态数据线

引脚号	引脚名称	电　平	引脚功能描述
9	DB2	H/L	三态数据线
10	DB3	H/L	三态数据线
11	DB4	H/L	三态数据线
12	DB5	H/L	三态数据线
13	DB6	H/L	三态数据线
14	DB7	H/L	三态数据线
15	PSB	H/L	H:8 位或 4 位并口方式,L:串口方式
16	NC	—	空脚
17	$\overline{\text{RESET}}$	H/L	复位端,低电平有效
18	VOUT	—	LCD 驱动电压输出端
19	A	VDD	背光源正端(+5 V)
20	K	VSS	背光源负端

由上表可以看出,12864 工作模式的配置主要是由 RS、R/W 和 E 这 3 个信号来决定的。12864 工作模式的配置如表 17.2 所列。E 信号说明如表 17.3 所列。

表 17.2　RS、R/W 的配合选择决定控制界面的 4 种模式

RS	R/W	功能说明
L	L	MPU 写指令到指令暂存器(IR)
L	H	读出忙标志(BF)及地址记数器(AC)的状态
H	L	MPU 写入数据到数据暂存器(DR)
H	H	MPU 从数据暂存器(DR)中读出数据

表 17.3　E 信号

E 状态	执行动作	结　果
高→低	I/O 缓冲→DR	配合/W 进行写数据或指令
高	DR→I/O 缓冲	配合 R 进行读数据或指令
低/低→高	无动作	

由表 17.3 可知,可以采用 DSP 的 3 个 GPIO 口来控制这 3 个信号。除此之外用户还需要注意的是 DSP 控制 LCD 的时钟一定要选择合适,否则 LCD 的配置由于时钟太高而不能反应,在此实验中把 DSP 的系统时钟设置为 2 MHz。

基于 μC/OS - II 多任务调度系统的基本思想是通过将目标系统要完成的所有任务根据相互关系间的紧密程度进行任务的划分,并根据重要性分配优先级,然后将任务交给操作系统的内核统一管理。

在本例中,目标系统就是 LCD12864 的液晶显示控制,任务相对简单,主要任务为 LDC 驱动。

操作系统应用的说明如下:

① 创建任务 Task1;

```
OSTaskCreate(Task1,(void * )0,(void * )&TaskStk[1][0],2);
```

对需要用到的宏定义要写在程序的开始,如对 LCD 控制的引脚宏定义有:

```
#define LCD_DATA ( * ((volatile Uint16 * )0x45EF))//数据口
#define EN GpioDataRegs.GPBDAT.bit.GPIO33
#define RS GpioDataRegs.GPBDAT.bit.GPIO38
#define RW GpioDataRegs.GPBDAT.bit.GPIO32
```

对 LCD 液晶命令控制的宏定义有:

```
#define LOW 0
#define HIGH 1
#define CLEAR_SCREEN 0x01        //清屏指令:清屏且 AC 值为 00H
#define AC_INIT 0x02             //将 AC 设置为 00H。且游标移到原点位置
#define CURSE_ADD 0x06           //设定游标移到方向及图像整体移动方向(默认游标
                                 //右移,图像整体不动)
#define FUN_MODE 0x30            //工作模式:8 位基本指令集
#define DISPLAY_ON 0x0c          //显示开,显示游标,且游标位置反白
#define DISPLAY_OFF 0x08         //显示关
#define CURSE_DIR 0x14           //游标向右移动:AC = AC + 1
#define SET_CG_AC 0x40           //设置 AC,范围为:00H~3FH
#define SET_DD_AC 0x80
```

② 在函数 void Task1(void * data)中填写相应的模块驱动程序,LCD 显示控制具体驱动见本书附带的例程文件。

4. 实验思考

如何采用 μC/OS‐II 完成更复杂的任务?

第 **18** 章

基于 **F28335** 的无刷直流电机控制应用

18.1 无刷直流电机及其控制器概述

自 1831 年法拉第发现电磁感应现象、1834 年雅克比发明旋转电磁铁芯直流电动机后,电动机作为能量转换装置,其应用范围逐渐遍及工业生产和日常生活的各个方面。在电动机发展过程中,直流电动机最先被发明以及广为应用,直流电动机有电压、电流关系简单、运行效率高、调速特性好等优点,但直流电动机结构复杂、成本较高,尤其是直流电动机电刷和机械换向器环节所引起的机械结构磨损、高频的噪声、火花、无线电干扰以及寿命短、难维护等致命问题限制了其应用范围,在交流电动机被发明后,在多个应用领域逐渐被交流电动机取代。

针对传统直流电动机的弊病,在 20 世纪 30 年代,人们开始研制以电子换相来代替电刷机械换相的直流无刷电动机(Brushless Direct Current Motor, BLDCM),并取得一定成果。1955 年,美国 D. 哈利森等人首次申请了应用晶体管换相代替电动机机械换相器换相的专利,这就是现代直流无刷电动机的雏形。随着电力电子工业的飞速发展,许多新型的高性能半导体器件,如 GTR、MOSFET、IGBT 等相继出现,如以霍尔效应为基础的霍尔传感器,以及高性能永磁材料,如钐钴、钕铁硼等的问世,均为无刷电动机的广泛应用奠定了坚实的基础。20 世纪 80 年代,人们发现了钕铁硼材料,简称稀土永磁材料,使用它可以明显地减轻电机的重量和减小电机的外型尺寸,还可以获得高的节能效果和提高电机的性能。采用稀土高性能永磁材料做转子的稀土永磁无刷直流电机,具有体积小、重量轻、电磁转矩脉动小、出力大、结构简单、工作可靠、调速性能好、免维护等优点,非常适用于数控设备中的伺服驱动。

目前无刷直流电动机主要的应用领域为以下几类:

(1) 定速驱动机械

一般工业场合不需要调速的领域往往采用三相或单相交流异步和同步电机。随着电力电子技术的进步,在功率不大于 10 kW 且连续运行的情况下,为了减小体积,节省材料,提高效率和降低损耗,越来越多的电机正被无刷直流电机所取代,这类应用有自动门、电梯、水泵、风机等。而在功率较大的场合,由于一次成本和投资较大,除了永磁电机以外还需要增加驱动器等设备,目前较少应用无刷电机。

(2) 可调速驱动机械

速度需要任意设定和调节,但控制精度要求不高的调速系统。这类系统分为两种:一种是开环调速系统,另一种是闭环调速系统(此时的速度反馈器件多采用低分辨率的脉冲编码器或交、直流测速等)。通常使用的电机主要有 3 种:直流有刷电机、异步电机和直流无刷电机。这在包装机械、食品机械、印刷机械、物料输送机械、纺织机械和交通车辆中有大量应用。

可调速系统应用领域最初用得最多的是直流电机,随着交流调速技术特别是电力电子技术和控制器的发展,交流变频技术获得了广泛的应用,变频器和交流电机渗透到原来直流调速系统应用的绝大多数领域。近几年来,由于无刷直流电机体积小、重量轻和高效节能等优点的日益突出,中小功率交流变频系统正逐渐被无刷直流调速系统所取代,特别是在纺织机械、印刷机械等原来变频系统应用较多的领域。而在一些直接由蓄电池供电的应用领域,现在更多地使用直流无刷电动机。

(3) 精密控制

伺服电动机在工业自动化领域的高精度控制中一直扮演着十分重要的角色,应用场合不同,对伺服电动机的控制性能要求也不尽相同。在实际的应用中,伺服电动机有各种不同的控制形式:转矩控制、电流控制、速度控制、位置控制。无刷直流电动机由于良好的控制性能,在高速、高精度定位系统中可逐步取代直流电机和步进电机,成为现代伺服系统首选的电机之一。目前,扫描仪、摄影机、CD 光驱驱动、医疗诊断 CT、计算机硬盘驱动和数控车床驱动中等都广泛采用了无刷直流电机伺服系统用于精密控制。

(4) 其他应用

其他应用包括家用电器(如自动洗衣机、CD 唱机等)、军事应用(如潜艇、军舰),还有大型同步电机的启动等。

对于无刷直流电动机的控制器,当前主要有专用集成电路(ASIC)控制器、微处理器(MCU)和数字信号处理器(DSP)3 种。

对于专用集成电路(Application Specific Integrated Circuit,ASIC),当今几乎所有先进半导体厂商都进行设计和生产,如 Motorlora 的 MC33035、MicroLinear 的 ML4425/4426、TI 的 UC1/2/3625 等。电动机专用芯片不具有用户可编程的特点,而且实现的控制作用非常简单(受芯片内部结构决定),难以做到将来的升级,这就为整个电动机控制系统的控制灵活性和升级带来不便。

从 20 世纪 70 年代以来,通用单片机开始在电动机控制系统中广泛应用,如 89C51 和 PIC18FXX31 单片机等。在单片机控制系统中,单片机作为系统的硬件核心,主要用来完成一些控制算法,同时还要处理一些输入/输出、显示任务等。单片机的使用使电动机控制系统的性能得到了很大提高。然而,受单片机本身结构的限制,以此为核心所组成的单片机控制系统仍然需要较多的元器件,例如,需要外部扩展存储器、外接模拟/数字(A/D)转换器等来实现模拟信号输入和控制等。系统中元器件的增加使得系统的可靠性、可维护性降低,增加了印制电路板的尺寸,同时也增加了系统的成本;单片机的处理速度都比较慢,因此,对于一些可以提高系统性能的复杂控制算法,如 Kalman 滤波、模糊控制、鲁棒控制等,很难做到实时执行。此外,现代电动机广泛采用 PWM 控制方法,而在一般单片机中都没有可产生 PWM 脉冲的硬件设备。为了产生 PWM 波,单片机中都是通过软件编程来实现的,这从一个侧面限制了该类系统性能的提高。

因此,基于单片机的电动机控制系统主要适用于那些控制精度、性能要求不高的场合。

电子技术、半导体技术最近的进步导致了控制技术的大变革,特别是微处理器(Microprocessor)和数字信号处理器(Digital Signal Processor,DSP)的出现,使得伺服系统计算机化,控制装置的功能由软件所决定,即所谓 soft - ware 形式。

为了使电动机控制系统既可以适用于一般的应用场合,又可以满足一些高精度、高性能的控制要求。TI 公司推出了面向运动控制、电动机控制的 C2000 系列 DSP 控制器,F28335 是该系列产品中佼佼者,在电机控制中大有可为。

18.2　无刷直流电机控制基本原理

直流无刷电动机控制的原理如图 18.1 所示。

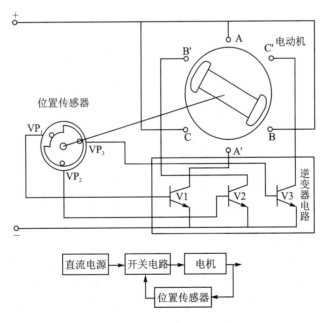

图 18.1　BLDC 控制原理框图

无刷电机控制系统主要由电动机本体、位置传感器和逆变器电路 3 部分组成。

无刷电机的转子一般为含有稀土的永磁体,当定子一相绕组通电后,该相绕组产生的磁场与定子磁场产生力作用,驱动定子转动。由转子位置传感器把转子的位置信号反馈给控制器或电子开关线路,控制器或开关线路控制定子绕组按照一定次序导通,产生旋转的磁场驱动转子连续旋转。由于电子开关线路的导通次序和转子转角是同步的,所以电子开关线路就起到了与机械换相器类似的控制作用。

1. 无刷直流电动机的结构

无刷电动机本体在结构上与永磁同步电动机相似,但没有鼠笼型绕组和其他启动装置。其定子绕组一般制成多相(3 相、4 相、5 相不等),转子由永久磁钢按照一定的极对数(2p＝2,4 等)组成。电动机转子的永久磁钢与永磁有刷电动机中所使用的永久磁钢的作用相似,均是在电动机的气隙中建立足够的磁场,其不同之处在于无刷电动机中永久磁钢装在转子上,而有刷直流电机的磁钢装在定子上。无刷电机定子各相轮流通电使电机转子旋转,其转速取决于逆变电路分配给定子各相通电的时间。

2. 逆变器

直流无刷电动机的逆变器用来控制电动机定子上各相绕组通电的顺序和时间,主要由功率逻辑开关单元和位置传感器信号处理单元两部分组成。功率逻辑开关单元是控制电路的核心,其功能是将电源的功率以一定的逻辑关系分配给电动机定子上的各相绕组,以使电动机产生持续不断的转矩。而各相绕组导通顺序和时间主要取决于来自位置传感器的信号。但是位置传感器的信号一般不能直接用来控制功率逻辑开关单元,往往需要经过一定逻辑处理后才能去控制逻辑开关单元。

逆变器主电路有桥式和非桥式两种,虽然电枢绕组与逆变器的连接形式多种多样,但应用最广泛的是 3 相星型 6 状态和 3 相星型 3 状态(如图 18.2 所示)。早期的直流无刷电动机的逆变器多由晶闸管组成,由于其关断要借助反电动势或电流过零,造成换流困难,而且晶闸管开关频率较低,使得逆变器只能工作在较低频率范围内。随着新型可关断全控型电力电子器件的发展,现在的逆变器在大功率、低频率时多由GTO、GTR 器件组成,在中小功率的电动机中逆变器多由功率 MOSFET 或 IGBT构成,具有控制容易、开关频率高、可靠性高等诸多优点。

3. 转子位置传感器

转子位置传感器在直流无刷电动机中起着测定转子磁极位置的作用,为逻辑开关电路提供正确的换相信息,即将转子磁钢磁极的位置信号转换为电信号,然后去控制定子绕组换相。位置传感器的种类很多,且各具特点。目前,在直流无刷电动机中常用的位置传感器有以下几种类型:

(1) 电磁式位置传感器

电磁式位置传感器是利用电磁效应来实现其位置测量作用的,主要有开口变压

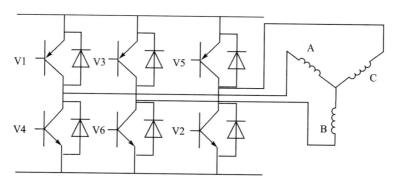

图 18.2　三相星型全桥驱动电路

器、铁磁谐振电路、接近开关等多种类型,在直流无刷电动机中,用得最多的是开口变压器。电磁式位置传感器具有输出信号大、工作可靠、寿命长、使用环境要求不高、结构简单和紧凑等优点。但是这种传感器的信噪比比较低,体积较大,同时输出信号为交流,一般需要整流、滤波以后才能使用。

(2) 光电式位置传感器

这种传感器利用光电效应制成,由跟随电动机转子一起旋转的遮光板和固定不动的光源及光电管等部件组成。光电式位置传感器的性能比较稳定,但存在光源灯泡寿命短、使用要求较高等缺陷,若采用新型光电元件,可克服这些不足之处。

(3) 磁敏式位置传感器

磁敏式位置传感器是指它的某些电参数按照一定规律随周围磁场变化的半导体敏感元件,其基本原理为霍尔效应和磁阻效应。目前,常见的磁敏传感器有霍尔元件或霍尔集成电路、磁敏电阻器及磁敏二极管等多种。目前霍尔集成电路的磁敏式位置传感器应用最为广泛。用霍尔元件做转子位置传感器通常有两种方式:第一种方式是将霍尔元件粘贴于电机端盖内表面,靠近霍尔元件并与之有一小间隙处,安装着与电机轴同轴的永磁体,如图 18.3 所示。对于两相导通星形 3 相 6 状态直流无刷电机,3 个霍尔元件在空间彼此相隔 120°,永磁体极弧宽度为 180°。这样,当电机转子旋转时,3 个霍尔元件便交替输出 3 个宽度为 180°、相位互差 120°的矩形波信号。第二种方式是直接将霍尔元件敷贴在定子电枢铁心气隙表面或绕组端部紧靠铁心处,利用电机转子上的永磁体主极作为传感器的永磁体,根据霍尔元件的输出信号即可判断转子磁极位置,将信号放大处理后便可驱动逆变器工作。

除了上述 3 大类位置传感器外,还有正余弦旋转变压器和编码器等多种位置传感器。但是,这些元件成本较高,体积较大,而且所配电路复杂,因而在一般的直流无刷电动机中很少采用。

4. 无刷直流电机工作基本原理

下面以图 18.2 为例说明直流无刷电机的运行原理和特点。此处主要说明图示

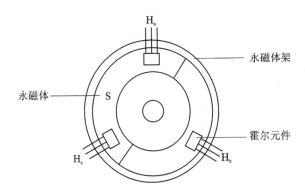

图 18.3　霍尔元件式位置传感器结构

的 3 相全控桥两两导通原理。所谓两两导通方式是指每一瞬间有两个功率管导通，每个 1/6 周期(60°)换相一次，每次换相一个功率管，每一个功率管导通 120°。各功率管的导通顺序是 V1V6, V6V3, V3V2, V2V5, V5V4, V4V1。

当功率管 V1V6 导通时，电流从 V1 管流入 A 相绕组，再从 C 相绕组流出，经 V6 管回到电源。设 T_a、T_b、T_c 为 3 相绕组产生的力矩矢量，当电流从 A 相流入 C 相流出时，它们合成的转矩如图 18.4(a)所示，其大小为 $\sqrt{3}\,T$，方向在 T_a 和 $-T_c$ 的角平分线上。当电动机转过 60°之后，由 V1V6 通电换成 V3V6 通电。这时，电流从 VF3 流入 B 相绕组再从 C 相绕组流出，经 V6 管回到电源，此时合成转矩如图 18.4(b)所示，其大小同样为 $\sqrt{3}\,T$。但合成转矩 T 的方向转过了 60°。而后每次换相一个功率管，合成转矩矢量方向就随着转过 60°，但大小始终保持不变。

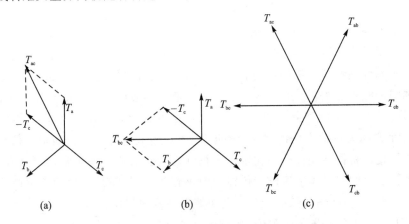

图 18.4　两两通电时合成转矩矢量图

所以同样一台直流无刷电动机，每相绕组通过与 3 相半控电路同样的电流时，采用 3 相 Y 连接全控电路，在两两换向的情况下，其合成转矩增加了 $\sqrt{3}$ 倍。每隔 60°换相一次，每个功率管通电 120，每个绕组通电 240，其中正向通电和反向通电各 120。

当然为了增大电机的转矩,可以采用三三通电的控制方式,分析方法与上面类似。

4. 有位置传感器的无刷电机的控制方法

在大多数直流无刷电机的应用场合,电机常常带有霍尔位置传感器。位置传感器为转子位置提供了最直接有效的检测方法。霍尔位置传感器是以霍尔效应做理论基础、以霍尔元件为核心部件的磁敏传感器。在直流无刷电机的内部嵌有 3 个霍尔位置传感器,它们在空间上相差 120°。由于电机的转子是永磁体,当它在转动的时候,它所产生的磁场也随之转动,每个霍尔传感器都会产生 180°脉宽的输出信号,如图 18.5 所示,并且,3 个霍尔传感器输出的信号互差 120°。

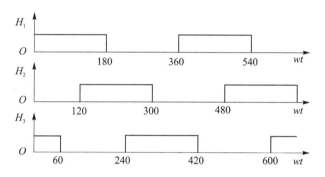

图 18.5 霍尔传感器输出波形相位关系

对于单极对数的无刷电机,在每个机械转中共有 6 个上升或者下降沿,正好对应着 6 个换相时刻,因此根据这 6 个换相时刻便可以对电机进行换相,并且可以进行速度计算。

5. 无位置传感器的无刷电机的控制方法

位置传感器为电机增加了体积,需要多条信号线,更增加了电动机制造的工艺要求和成本。如果 3 个传感器安装得不对称,很容易出现换相时刻不准的问题。在有些场合,如油压系统和风机,由于受条件的限制,往往需要无位置传感器的无刷电机控制。不过由于无传感器的无刷电机启动力矩不足,因此其应用条件很有限。

对无位置传感器的无刷电机的控制,感应电动势法是最常见和应用最广泛的一种方法。

对于单极对数的 3 相直流无刷电机,每转 60°就需要换相一次,每转一转需要换相 6 次,因此需要 6 个换相信号。如图 18.6 所示,每相的感应电动势都有 2 个过零点,这样 3 相就有 6 个过零点。因此只须测量或者计算出这 6 个过零点,再将其延迟30°,就可以获得 6 个换相信号。

6. 无刷直流电机的调速方法

直流无刷电动机定子相绕组的电势幅值由下面的公式确定的:

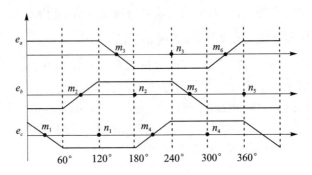

图 18.6　直流无刷电机感应电动势波形

$$E = \omega\psi = 2\pi f N_1 \Phi = 2\pi \frac{P_n}{60} N_1 \Phi n = C_e \Phi n$$

式中，$C_e = 2\pi \dfrac{P_n}{60} N_1$ 为电势系数，N_1 为定子相绕组等效匝数。

如果考虑线路损耗及电机内部的压降(已归入 R_Σ)，而且，导通型逆变器的输出电压幅值为 $U = \dfrac{1}{2} U_d$ (两两导通)，则电机电势 E 与外加电压相平衡，$U = E + \dfrac{1}{2} U_d$，即

$$\frac{1}{2} U_d = C_e \Phi n + \frac{1}{2} I_d R_\Sigma$$

可以得到：

$$n = \frac{\frac{1}{2}(U_d - I_d R_\Sigma)}{C_e \Phi}$$

式中，R_Σ 为回路等效电阻，包括电机两相绕组的电阻和开关管压降等效电阻。上式表明，无刷直流电机的转速表达式和直流电动机的转速表达式十分相似。而且，当无刷电机内部气隙分布为方波，电机绕组为整距集中时，无刷直流电机的转速公式和有刷直流电机是完全相同的。这样就可以用有刷直流电机的调速方法推出无刷直流电机的调速方法，可以改变电源母线电压，就可以调节电机转速。通常，直流无刷电机转速的调节方式有脉冲幅值调制 PAM(Pulse Amplitude Modulation)和脉宽调制 PWM(Pulse Width Modulation)两种。在 PAM 中，直流母线电压可调，逆变器中的功率开关部件只负责电机的换相控制，通过调节直流母线电压的大小调节电机转速。在 PWM 方式中，直流母线电压不变，逆变器功率开关器件不但负责直流电机的换相控制，而且通过斩波调节电机输入电压的平均值，从而达到调节转速的目的。另外，逆变器还可以采用 SPWM(Sinusoidal Pulse Width Modulation)技术或滞环控制技术等调制出脉宽按正弦规律变化的电压并与电机反电势保持适当的相位关系，产生有效的电磁转矩。

当直流母线电压只有十几伏或几十伏时,多采用 PAM 调节方式,如医疗器械中的电钻、空调室内风机用的无刷电机。当直流母线电压为上百伏时,多采用 PWM 调节方式,如电动汽车、洗衣机、空调室外压缩机等使用的直流无刷电机。但是这也不是绝对的,主要是看控制系统的需要。

7. 无刷直流电机的闭环调速

理想的直流无刷电机的感应电动势和电磁转矩的公式如下:

$$E = \frac{2}{3}\pi N_p Blr\omega \qquad T_e = \frac{4}{3}\pi N_p Blri_s$$

式中,N_p 为通电导体数,B 为永磁体产生的气隙磁通密度,l 为转子铁心长度,r 为转子半径,ω 为转子的机械角速度,i 为定子电流。

由以上两个公式可见,感应电动势与转子转速成正比,电磁转矩与定子电流成正比,因此,直流无刷电机与有刷直流电机一样具有很好的控制性能。

任何电机的调速系统都以转速为给定量,并使电机的转速跟随给定值进行控制。为使系统具有很好的调速性能,通常要构建一个闭环系统。

一般来说,电机的闭环调速系统可以是单闭环系统(速度闭环),也可以是双闭环系统(速度外环和电流内环)。速度调节器的作用是对给定速度与反馈速度之差按一定规律进行运算,并通过运算结果对电机进行调速控制,最终使速度稳定下来,缺点是需要的时间较长。电流调节器的作用主要有 2 个,一个是在启动和大范围加减速时起电流调节和限幅作用,另一个是使系统的抗电源扰动和负载扰动的能力增强。不过对于大多数场合来说,速度闭环就能达到很好的效果,相反双闭环往往增加系统的复杂性和参数选择的难度,如果电流环处理不好,往往给调速带来不利影响。本书介绍的实用程序主要利用的是速度闭环调速。

8. 基于 PID 调节的无刷直流电机的调速

在电机调速系统中,有不少调节方法,如 PID 调节和模糊控制等。由于 PID 调节简单实用,在实际应用中 90% 采用这种方法。PID 控制系统原理图如图 18.7 所示。

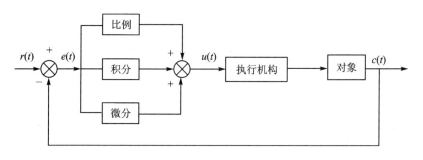

图 18.7 PID 控制系统原理图

图 18.7 为 PID 控制系统原理图。$r(t)$ 是系统给定值，$c(t)$ 是系统的实际输出值，给定值与实际输出值构成控制偏差 $e(t)$。$e(t)$ 作为 PID 调节器的输入，$u(t)$ 作为 PID 调节器的输出和被控对象的输入。模拟 PID 控制器的控制规律为：

$$u(t) = K_P \left[e(t) + \frac{1}{T_I} \int_0^t e(t)\mathrm{d}t + T_D \frac{\mathrm{d}e(t)}{\mathrm{d}t} \right]$$

PID 调节器的传输函数为：

$$D(S) = \frac{U(S)}{E(S)} = K_P \left[1 + \frac{1}{T_I S} + T_D S \right]$$

PID 的 3 个参数比例系数 K_P、积分系数 T_I、微分系数 T_D 在应用时通常起到不同的作用。

增大比例系数 K_P 将加快系统的响应，它的作用在于输出值较快，但不能很好稳定在一个理想的数值，不良的结果是虽较能有效地克服扰动的影响，但有余差出现，过大的比例系数会使系统有比较大的超调，并产生振荡，使稳定性变坏。积分能在比例的基础上消除余差，它能对稳定后有累积误差的系统进行误差修整，减小稳态误差。微分具有超前作用，对于具有容量滞后的控制通道，引入微分参与控制，在微分项设置得当的情况下，对于提高系统的动态性能指标有着显著效果，它可以使系统超调量减小、稳定性增加、动态误差减小。

综上所述，P 为比例控制系统的响应快速性，快速作用于输出；I 为积分控制系统的准确性，消除过去的累积误差；D 为微分控制系统的稳定性，具有超前控制作用。当然，这 3 个参数的作用不是绝对的，对于一个系统，在进行调节的时候，就是在系统结构允许的情况下，在这 3 个参数之间权衡调整，达到最佳控制效果，实现稳快准的控制特点。

在系统调节时，可参考以上参数对控制过程的响应趋势，对参数实行先比例、后积分、再微分的整定步骤。

具体做法如下：

① 整定比例部分，将比例系数由小变大，并观察相应的系统响应，直至得到反应快、超调小的响应曲线。

② 如①不能满足要求，加入积分环节。例如，先设置 K_I 比较小，并将①中比例系数缩小(如缩小为原值的 0.8)，然后增大 K_I，使得在保持系统良好动态的情况下，静差得到消除。在此过程中，可根据响应曲线的好坏反复改变比例系数和积分时间，从而得到满意的控制过程，得到整定参数。

③ 若使用比例积分控制消除了静差，但动态过程经反复调整仍不能满意，则可加入微分控制。整定时，T_D 先置零，在②的基础上增大 T_D，同样相应地改变 K_P 和 K_I，逐步试凑以期获得满意的调节效果和控制参数。

以上是 PID 参数选择的一种方法，实际中应根据不同的系统进行选择。本书主要采用的是 PI 调节。控制器的输出量还要受一些物理量的极限限制，如电源额定电压、额定电流、占空比最大值和最小值等,因此对输出量还需要检验是否超出极限范围。

18.3 无刷直流电机驱动电路设计

1. 驱动器控制电路总体设计

电机驱动器主要包括驱动功率电路与控制电路,控制电路主要包括数字信号处理器核心电路、外围设备电路、通信电路、CAN 接口、UART 接口、JTAG 接口等电路,如图 18.8 所示。这里主要用 F28335 的 PWM 模块产生功率电路的 PWM 驱动信号,用 F28335 的 A/D 模块采集电机的电压、电流信号,用 F28335 的 CAP 模块采集电机的速度信号以及位置信号,并且通过键盘电路与 LCD 电路进行人机界面的显示,通过 UART 或 CAN 与外围控制器或上位机进行通信。

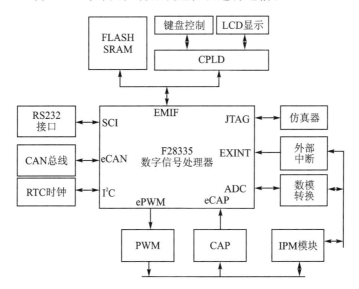

图 18.8 驱动器控制电路

在本书介绍中采用 YX－F28335 作为驱动器的控制电路,YX－BLDC 作为驱动器的功率电路。

2. PWM 的产生

F28335 的 ePWM 模块有 6 个 ePWM 子模块,分别是 ePWMx,每个通道由两个 PWM 输出组成:ePWMxA 和 ePWMxB。控制电路中的电流桥有 6 个功率开关,而且每个桥臂上的 2 个功率开关的控制信号是相关的,所以只需要用到前 3 个 ePWM 子模块 ePWM1、ePWM2 和 ePWM3,控制信号分别为 ePWM1A 和 ePWM1B、eP-WM2A 和 ePWM2B、ePWM3A 和 ePWM3B。由处理器芯片引脚输出的控制信号的负载能力是有限的,所以输出的脉冲信号要先经过功率放大器件提升负载能力,这里选用芯片 74HC245,具体电路如图 18.9 所示。图中 ePWM1A 对应 PWM1,ePWM1B 对应 PWM2,经过功率放大后依次对应 XPWM1 和 XPWM2,其余信号如此类推,在 YX－F28335 开发板底板上实现。为了防止电机运行时产生的

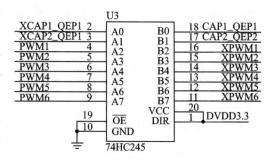

图 18.9　PWM 缓冲电路

噪声信号对处理器及其电路产生影响,经过功率放大的脉冲信号还需要进行隔离处理,这里选用的是光电耦合门电路芯片 HCPL－0631,其电路如图 18.10 所示,图中只列出其中的两路转换,其余类似。XPWM1～XPWM6 信号经过光耦隔离后的信号对应为 GPWM1～GPWM6。光耦隔离电路在 YX－BLDC 中实现。

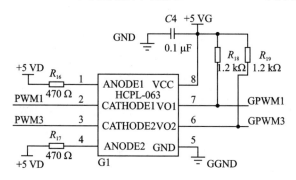

图 18.10　PWM 信号光耦隔离电路

3. 功率电路

开关主电路主要是将直流母线电压逆变成交流电压来驱动无刷电机,上下桥臂功率管导通顺序的不同以及导通时间的长短不同,从而使电机准确换相并且进行调速。其开关主电路设计如图 18.11 所示。

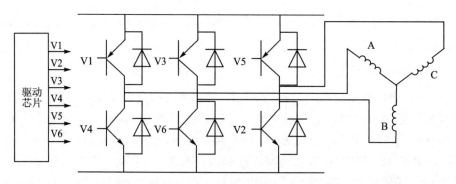

图 18.11　开关主电路设计

逆变电路由功率开关管 V1~V6 等组成,可以为功率晶体管 GTR、功率场效应管 MOSFET、绝缘栅极管 IGBT、可关断晶闸管 GTO 等功率电子器件。晶闸管适用于较大功率电机,晶体管适用于中小功率电动机。目前,常用的开关主电路有以下几种:

① 采用驱动芯片+IGBT 的形式,适用于大功率电机。

② 采用智能功率模块(IPM),本身具有过压、欠压、过流和温度过高的保护功能,但体积较大,价钱较高。

③ 采用驱动芯片+MOSFET 的形式,适用于中小电机。

YX-BLDC 中选用驱动芯片+MOSFET 的形式,DSP 输出的 PWM 经过光电隔离后送入驱动芯片,由驱动芯片驱动 MOSFET。

驱动芯片选用 International Rectifier 公司的 IR2136,此芯片为 3 相逆变器驱动器集成电路,适用于变速电机驱动器系列,如直流无刷、永磁同步和交流异步电机等。其主要特点为:

① 600 V 集成电路能兼容 CMOS 输出或 LSTTL 输出。

② 门极驱动电源 10~20 V。

③ 所有通道的欠压锁定。

④ 内置过电流比较器。

⑤ 隔离的高/低端输入。

⑥ 故障逻辑锁定。

⑦ 可编程故障清除延迟。

⑧ 软开通驱动器。

IR2136 的功能框图如图 18.12 所示。IR2136 的输入/输出时序图如图 18.13 所示。其中,HIN1,2,3 为上桥臂的 3 个输入端,LIN1,2,3 为下桥臂的 3 个输入端;HO1,2,3 和 LO1,2,3 分别为上桥臂和下桥臂的 3 个输出端。其中,HIN1,2,3 和 LIN1,2,3 都为反向输出。FAULT 表示故障输出,低电平有效。

IR2136 的连接图如图 18.14 所示。图 18.14 电路中,二极管 D1、D2、D3 分别与电容 CT4、CT3、CT2 组成自举电路(升压电路),其中,二极管是防止电流倒灌,电容是存储电压,当脉冲频率较高时,自举电路的电压就是电路输入电压加上电容上的电压,起到了升压的作用。自举电路的目的是通过提高驱动电压使芯片能更可靠地驱动高压侧的功率器件。GPWM1~GPWM6 信号经过 IR2163 对应输出信号分别为 H01、L01、H02、L02、H03、L03,该输出信号分别输出到控制逆变器电桥上的场效应管 Q1、Q2、Q3、Q4、Q5、Q6 的栅极,如图 18.11 所示。其中,Q1 与 Q2 桥臂控制 A 相绕阻导通与否,Q3 与 Q4 桥臂控制 B 相绕阻导通与否,Q5 与 Q6 桥臂控制 C 相绕阻导通与否。

4. 定子电流与电压的检测

实际应用中需要对定子电流检测,如过流的检测、输出转矩控制等,可以采用两

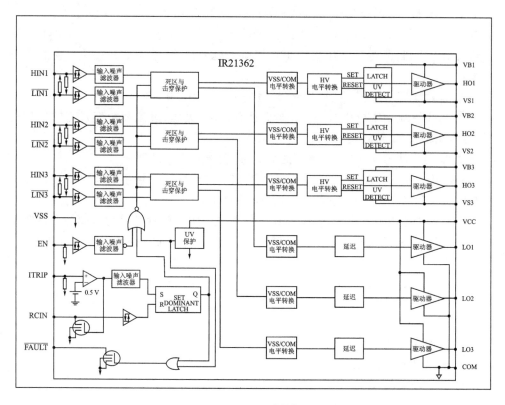

18.12　IR2136 功能框图

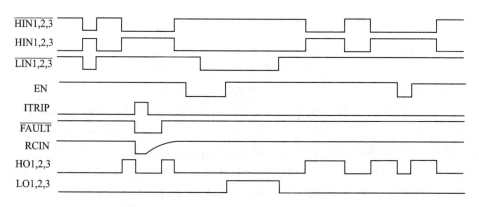

图 18.13　IR2136 输入/输出波形

种方法：

① 通过检测电流的霍尔传感器，如 LEM 模块。

② 通过主回路中串采样电阻的方法。

本系统的电流比较小，选用串采样电阻的方法。采样电阻两端的电压经过有源滤波，放大然后经过隔离后送入模数转换器 A/D，通过 A/D 采样来获得电流的大

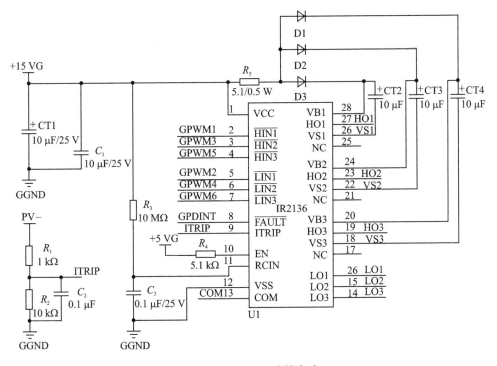

图 18.14   IR2136 连接电路

小。这里选用线性隔离放大器 HCNR200,具有很好的线性度,信号带宽达到 1 MHz,其应用电路如图 18.15 所示。

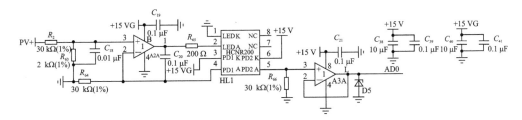

图 18.15   HCNR200 应用电路图

直流母线电压通过电阻分压,然后经过初级运放进行信号放大与去除噪声,再输入线性光耦 HCNR200 实现信号隔离,最后经过末级运放后输入到 F28335 的 A/D 模块中,通过 A/D 采样就能知道此时母线电压的大小,从而进行过压或者欠压的检测等。

5. 速度信号(或位置信号)的检测

对于有位置传感器的直流无刷电机,电机上集成霍尔元件,即转子位置传感器上带有霍尔元件。传感器输出为 3 路高速脉冲信号 H1、H2、H3,用于检测转子的位置。根据转子位置信号改变电动机驱动电路中功率管的导通顺序,从而实现对电动机转速和转动方向的控制。设计中,须将传感器的输出信号经过光耦隔离后送入 DSP 的 CAP 单元,根据每个上升或者下降沿后 CAP 口的状态来决定位置和计算速度。对于单极对数的电机,每个机械周期产生 6 个沿,每两个沿间的时间间隔代表 1/6 个机械周期。

由于传感器的输出信号常常带有一些干扰信号,所以在送入 DSP 的捕获单元时需要对其进行滤波。在本书例子中选用的是施密特触发反相器,如 74LS14,传感器的输出信号经过 2 次反向后送入 DSP 的捕获单元,达到了很好的滤波效果,如图 18.16 所示。

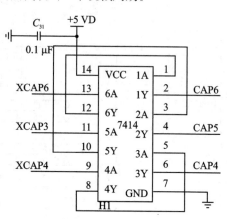

图 18.16 霍尔传感器信号反相电路

对于无位置传感器的直流无刷电机,由于不能直接通过传感器获得换相信号,须通过检测感应电动势的过零信号来获得换相信号。将电机的相电压 U_a、U_b、U_c 和此时的电势 $V_x = (U_a+U_b+U_c)/3$。经过比较器,根据比较器的输出来决定如何换相,如图 18.17 所示。

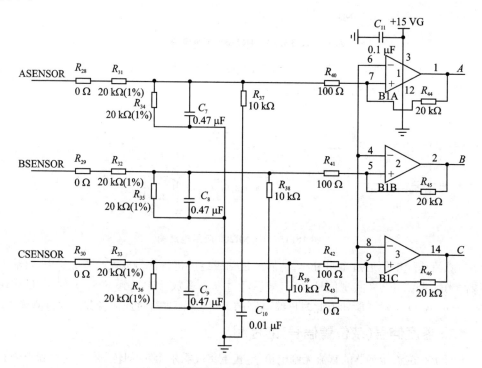

图 18.17 无位置传感器的 BLDC 过零点检测图

由于无位置传感器的无刷电机启动力矩不足,并且经过电容滤波后延时了,所以实际应用场合比较受限。

6. 电源设计

对于电机的驱动控制,由于驱动部分常常给控制部分带来干扰,这里采用隔离的方式将这两部分完全隔离,因此需要获得各种电源。+5 VG 与+15 G、-15 G 采用的独立的隔离电源模块。无刷直流电机供电采用外部接口供电,采用 DC-24 V。

18.4　程序演示

1. 有位置传感器无刷电机的开环控制

操作步骤如下:

① 将 YX-BLDC 的 P3 和 3 相无刷电机的 U、V、W 连接,将电机的霍尔传感器输出与 YX-BLDC 的 P4 相连。

② 将 YX-BLDC 的 P1 与+24 V 的外接电源相连。

③ 将 YX-BLDC 的 P2 的第 21 脚(或者 22、23、24 脚)接入电源+5 V,第 17 脚(或者 18、19、20 脚)接入电源地。

④ 将 YX-BLDC 的 P2 的第 1~6 脚分别连接到开发板的 PWM1~PWM6,第 25 和 26 脚连接到开发板的 ADCIN0~ADCIN1,第 11、12、13 脚依次连接到开发板的 GPIO27、GPIO52 和 GPIO53 脚。

⑤ 分别把 CAP_HALL 座子的 2、3、4 与开发板的 CAP4、CAP5、CAP6 依次相连,勿接反。

⑥ 上电观察 E4 和 E5 指示灯是否点亮,否则断电检查系统。

⑦ 在 CCS6.1 菜单栏,首先选择 File→Import 菜单项,然后选择 Code Composer Studio→CCS Projects,最后浏览找到 sensor openloop 工程所在的路径文件夹并导入工程。

⑧ 选择 Run→Load→Load Program 菜单项,选中 sensor openloop. out 并下载。

⑨ 选择 Run→Resume 运行,电机便以一定的速度旋转起来。通过观察数组 speed[]的值就可以知道过去一段时间内速度的值。

⑩ 程序运行过程中,灯 E1 闪烁,表示程序在运行;如果灯 E2 点亮,则表明有过压现象出现;如果灯 E3 点亮,则表明有过流现象出现。

2. 有位置传感器无刷电机的闭环控制

操作步骤如下:

① 与无位置传感器的硬件连接一样,按照 1 中的①~⑥步进行。

② 在 CCS6.1 菜单栏,首先选择 File→Import 菜单项,然后选择 Code Composer Studio→CCS Projects,最后浏览找到 sensor closeloop 工程所在的路径文件夹并导

入工程。

③ 选择 Run→Load→Load Program 菜单项,选中 sensor closeloop. out 并下载。

④ 选择 Run→Resume 菜单项运行,电机便以一定的速度旋转起来。通过观察数组 speed[]的值,就可以知道过去一段时间内速度的值。

⑤ 在 weizhisudupid. c 文件中改变参数 kp、ki、kd 的值,重新编译下载运行后按上一步查看 speed[]的值;对比修改参数前后值的变化情况,从而熟悉 PID 控制原理。

⑥ 程序运行过程中,若灯 E1 闪烁,则表示程序在运行;如果灯 E2 点亮,则表明有过压现象出现;如果灯 E3 点亮,则表明有过流现象出现。

3. 无位置传感器无刷电机的开环控制

YX‐BLDC 模板也支持无位置传感器无刷电机的开环控制。

操作步骤如下:

① 如无位置传感器的硬件连接一样,则按照 1 中的①～⑥步进行。

② 在 CCS6. 1 菜单栏,首先选择 File→Import 菜单项,然后选择 Code Composer Studio→CCS Projects,最后浏览找到 sensorloss 工程所在的路径文件夹并导入工程。

③ 选择 Run→Load→Load Program 菜单项,选中 sensorloss. out 并下载。

④ 选择 Run→Resume 运行,电机便以一定的速度旋转起来;通过观察数组 speed[]的值,就可以知道过去一段时间内速度的值。

⑤ 程序运行过程中,若灯 E1 闪烁,则表示程序在运行;如果灯 E2 点亮,则表明有过压现象出现;如果灯 E3 点亮,则表明有过流现象出现。

参考文献

[1] 符晓，朱洪顺. TMS320F2833x DSP 应用开发与实践 [M]. 北京：北京航空航天大学出版社，2013.

[2] 韩安太，刘峙飞，黄海. DSP 控制器原理及其在运动控制系统中的应用 [M]. 北京：清华大学，2003.

[3] 刘陵顺，高艳丽. TMS320F28335DSP 原理及开发编程 [M]. 北京：北京航空航天大学出版社，2011.

[4] 徐科军，陶维青. DSP 及其电气与自动化工程应用 [M]. 北京：北京航空航天大学出版社，2010.

[5] 王晓明. 电动机的 DSP 控制——TI 公司的 DSP 应用 [M]. 第 2 版. 北京：北京航空航天大学出版社，2009.

[6] 顾卫钢. 手把手教你学 DSP——基于 TMS320X281X [M]. 北京：北京航空航天大学出版社，2011.

[7] 孙丽明. TMS320F2812 原理及其 C 语言程序开发 [M]. 北京：清华大学出版社，2008.

[8] 刘明，付金宝. TMS320C2000DSP 技术手册－硬件篇 [M]. 北京：科学出版社，2012.

[9] 刘杰. 基于模型的设计——MSP430/F28027/F28335 DSP 篇 [M]. 北京：国防工业出版社，2011.

[10] (美)德州仪器. TI DSP 集成化开发环境使用手册——TI DSP 系列中文手册 [M]. 彭启琮，张诗雅，译. 北京：清华大学出版社，2005.

[11] 高山. 华尔街操盘手日记 [M]. 北京：清华大学出版社，2011.

[12] 张雄伟. DSP 芯片的原理与开发应用 [M]. 第 4 版. 北京：电子工业出版社，2009.

[13] 王玮. 感悟设计：电子设计的经验与哲理 [M]. 北京：北京航空航天大学出版社，2009.